Typen von Wissen

TRANSFER WISSENSCHAFTEN

Herausgegeben von Gerd Antos und Sigurd Wichter

Band 7

PETER LANG
Frankfurt am Main · Berlin · Bern · Bruxelles · New York · Oxford · Wien

Tilo Weber/Gerd Antos
(Hrsg.)

Typen von Wissen

Begriffliche Unterscheidung
und Ausprägungen in der Praxis
des Wissenstransfers

PETER LANG
Internationaler Verlag der Wissenschaften

Bibliografische Information der Deutschen Nationalbibliothek
Die Deutsche Nationalbibliothek verzeichnet diese Publikation
in der Deutschen Nationalbibliografie; detaillierte bibliografische
Daten sind im Internet über <http://www.d-nb.de> abrufbar.

Gedruckt auf alterungsbeständigem,
säurefreiem Papier.

ISSN 1615-0031
ISBN 978-3-631-57109-5
© Peter Lang GmbH
Internationaler Verlag der Wissenschaften
Frankfurt am Main 2009
Alle Rechte vorbehalten.

Das Werk einschließlich aller seiner Teile ist urheberrechtlich
geschützt. Jede Verwertung außerhalb der engen Grenzen des
Urheberrechtsgesetzes ist ohne Zustimmung des Verlages
unzulässig und strafbar. Das gilt insbesondere für
Vervielfältigungen, Übersetzungen, Mikroverfilmungen und die
Einspeicherung und Verarbeitung in elektronischen Systemen.

Printed in Germany 1 2 3 4 5 7

www.peterlang.de

Inhaltsverzeichnis

Gerd Antos (Halle)/Tilo Weber (Nairobi) *1*
Einleitung

I. Typologie des Wissens

Tilo Weber (Nairobi) *13*
Explizit vs. implizit, propositional vs. prozedural, isoliert vs.
kontextualisiert, individuell vs. kollektiv – Arten von Wissen
aus der Perspektive der Transferwissenschaften

Matthias Ballod (Koblenz/Halle) *23*
Wer weiß was? Eine synkritische Betrachtung

Nina Janich (Darmstadt) *31*
Kommunikative Kompetenz und Sprachkultiviertheit –
ein Modell von Können und Wollen

Gesine Lenore Schiewer (Bern) *50*
Wissenstypologie im Horizont von Wissenschaftssprache und
Texttheorie – oder: Kant-Theorien vs. F.-Schlegel-Theorien

Silke Jahr (Greifswald) *76*
Strukturelle Unterschiede des Wissens zwischen Naturwissenschaften
und Geisteswissenschaften und deren Konsequenzen für den Wissenstransfer

II. Einzelne Typen von Wissen

Oliver Stenschke (Göttingen) *101*
Emotionales Wissen

Jürgen Spitzmüller (Zürich) *112*
Metasprachliches Wissen diesseits und jenseits der Linguistik

Mette Skovgaard Andersen (Kopenhagen) *143*
Konjunktur auf Deutsch und *konjunktur* auf Dänisch –
eine kontrastive Untersuchung zweier Begriffe

Karl-Heinz Best (Göttingen) *164*
Sind Prognosen in der Linguistik möglich?

III. Der praktische Umgang mit Wissen in unterschiedlichen Domänen und Probleme seiner Vermittlung

Silke Dormeier (Köln) *179*
„Bilder der Wissenschaft": Der Beitrag populärwissenschaftlicher Zeitschriften im Wissenstransfer

Daniel C. Dreesmann (Köln) *200*
Was Hans nicht versteht, wird Hänschen erst recht nicht verstehen. Zur Rolle von Jugendlexika für das Verständnis aktuellen biologischen Wissens

Matthias Vogel (Halle) *219*
Warum ist der Himmel blau? Populärwissenschaftlicher Wissenstransfer als Verniedlichung fachlicher Sachverhalte als Inhalt und Zweck der Wissenschaft

Taeko Takayama-Wichter (Göttingen) *237*
Wissenstransfer als PR-Maßnahme: Insiderwissen im Comic-Element

Heike Elisabeth Jüngst (Leipzig) *277*
Wissenstransfer und Narration: der Sachcomic

Ina Karg (Göttingen) *290*
Gegenstands- und Handlungswissen im Deutschunterricht. Zur Frage der Vermittlung von Schreibfähigkeiten in der Sekundarstufe I

Christian Efing (Heidelberg) *308*
Berufsbezogene Schreib- und Lesekompetenz – ein Sprachenportfolio als Mittel der Wissensdokumentation in der Berufsschule

Einleitung

Gerd Antos (Halle)/Tilo Weber (Nairobi)

1.

Johann Sebastian Bach wurde – einer Anekdote nach – gefragt, was man denn tun müsse, um so außergewöhnlich gut Orgel spielen zu können wie er. Das sei ganz einfach, soll die Antwort gewesen sein: „Man muss nur die richtige Taste zur richtigen Zeit drücken!" Dies ist sicherlich eine präzise Beschreibung einer zur (Finger-)Fertigkeit heruntergestuften komplexen Fähigkeit. Der eigentliche Witz dieser Anekdote beruht aber natürlich auf einer anderen Einsicht: Selbst so etwas Alltägliches wie *motorisches Wissen/Können* lässt sich – so wissen wir – nicht oder nur schlecht allein mit und über Sprache vermitteln. Die Bach-Anekdote ist daher ein eingängiges Beispiel zunächst einmal für die *Grenzen* des Wissenstransfers durch Sprache. Bleibt dann für ein etwas vertieftes Verständnis des Wissenstyps *Können* vielleicht noch jene Antwort, die in einem anderen Musikerwitz die Pointe bildet: Fragt ein junger Mann einen Passanten im Berliner Hauptbahnhof: „Wie komme ich in die Philharmonie?" – „Durch Üben, durch tägliches stundenlanges Üben, junger Mann!", so die Antwort einer „Berliner Schnauze".

Wie steht es aber mit den Chancen der sprachlichen Vermittlung bei anderen Wissenstypen als dem *Können*? Konkret: Für welche Typen des Wissens eignen sich welche Formen und Strategien des Wissenstransfers? Bereits eine solche Frage ist nicht unproblematisch, weil sie zu einseitig den Standpunkt des Wissens-„Produzenten" einzunehmen scheint und im Sinne der heute zu Recht betonten Lerner-Autonomie Lernkulturen ebenso außer Acht lässt wie verschiedene Lernertypen (Wolff 1999). Hinzu kommt: Heute wird Wissenstransfer – insbesondere im Hinblick auf die (massen-)mediale Vermittlung – als Wissens*transformation* beschrieben (Dewe 1988; Liebert 2002; Weber 2008). Es wäre verfehlt, sich den Wissenstransfer im Sinn eines Transport-Modells (oder im Sinne des „Nürnberger Trichters") als eine Verschiebung von Wissen in die Köpfe von Empfängern vorzustellen. Vielmehr muss beim Wissenstransfer das zu vermittelnde Wissen so inszeniert werden, dass dadurch die Chance auf Rezeption bei potentiellen Adressaten erhöht wird. Wir kennen heute eine Fülle solcher Inszenierungsstrategien aus (Lehr-)Büchern, populärwissenschaftlichen Magazinen, aus Radio, TV, dem Internet oder aus Power-Point-Präsentationen. Dabei ist die Aufmerksamkeitsökonomie von potentiellen Adressaten ebenso in Rechnung zu stellen wie deren Interessen und Vorwissen.

Im Zeitalter der Informationsüberflutung ist heute aber auch wichtig, Wissen im Idealfall „barrierefrei" wahrnehmbar zu machen (Antos 2008).

Aber selbst wenn diese durchaus nicht randständigen Fragen des Wissenstransfers geklärt wären, bleibt die Frage, was man unter „Wissen" zu verstehen hat und welche einschlägigen Haupttypen es dafür gibt. Nicht untypisch ist, was dazu Matthias Ballod feststellt. Schaut man sich nämlich die aktuellen, gesellschaftlichen und wissenschaftlichen Debatten genauer an, erweist sich der Wissensbegriff selbst als sehr problematisch.

> Autoren- und disziplinabhängig werden [...] Orientierungswissen, wissenschaftliches Wissen, Metawissen, implizites, explizites, individuelles, kollektives, narratives, diskursives, deklaratives, prozedurales und operatives Wissen [...] oder aber Informationswissen, Handlungswissen, Verfügungswissen, Erfahrungswissen und weitere Formen mehr unterschieden. Zudem sind verschiedene Formen der Organisation von Wissen möglich: Wissen kann medial-technisch (wie z.B. in Datenbanken), kommunikativ-pragmatisch (beispielsweise im Dialog), begrifflich-logisch (z.B. in Lexika) oder assoziativ (etwa im Gedächtnis) strukturiert sein (Ballod 2007: 161 und 263ff.).

Nun könnte man auf diese Ausdifferenzierung des Wissens und auf die damit verbundenen begrifflichen Abgrenzungsschwierigkeiten reagieren, indem man feststellt: Im Zuge der Kulturalisierung und der zunehmenden Arbeitsteilung hat sich die Erkenntnis herausgebildet, dass unterschiedliche Menschen offensichtlich ein sehr unterschiedliches Können und Wissen erworben haben. In der Geschichte der Linguistik sind zwei Ausdifferenzierungsformen von Wissen berühmt geworden: Jost Trier hat in seinem 1931 erschienenen Werk *Der deutsche Wortschatz im Sinnbezirk des Verstandes. Die Geschichte eines sprachlichen Feldes* gezeigt, dass um 1200 *kunst* die Bezeichnung für das Wissen und Können des Adels war (etwa bei Turniertechniken oder bei der Falkenjagd), *list* war die Bezeichnung für das Wissen und Können der Handwerker, und *wîsheit* war der Oberbegriff für beides. In dieser wirtschaftlichen und kulturellen Blütezeit des Hochmittelalters differenziert sich nun dieses Wortfeld aus: Um 1300 bedeutet *kunst* so viel wie „künstlerisches Wissen", *wizzen* beruflich-technisches Wissen, *list* wird zu der uns bekannten „List", und *wîsheit* entwickelt sich zur Bezeichnung für abstraktes, spirituelles Wissen.

Ein modernes Beispiel für eine fachspezifische Ausdifferenzierung von „Wissen" bietet der Begriff der „linguistic competence" von Noam Chomsky (1965), dessen Prestige weit über die engeren Grenzen der Generativen Grammatik hinaus zu einer Inflationierung, aber auch zu einer erstaunlichen Ausdifferenzierung geführt hat. Dell Hymes (1985) hat, anknüpfend an seine eigene Prägung, die „communicative competence", aus der einschlägigen Literatur folgende sprachlich-kommunikative Kompetenzaspekte bzw. -bezeichnungen zusammengetragen:

„widened linguistic competence", „poetic competence", „literary competence", „rhetorical competence", „narrative competence", „conversational competence", „interactional competence", „structural competence", „social competence", „sociolinguistic competence", „pragmatic competence", „receptive and productive competence" (Hymes 1985: 16f.).

Beide Beispiele zeigen, wie mit der Ausdifferenzierung von Wortfeldern zugleich eine inhaltliche (Neu-)Strukturierung, hier: des Wissensspektrums, verbunden ist. Eine besondere Rolle bei dieser Ausdifferenzierung spielen Probleme der Wissensvermittlung. Der Wunsch nach Weitergabe und Erwerb von etwas, was andere in irgendeiner bemerkenswerten Hinsicht können oder beherrschen, führt wie in der Bach-Anekdote zu der Frage, wie dieses Etwas im Hinblick auf seine Vermittlung strukturiert ist (Schulz 1999) – vor allem aber, was dieses Etwas denn überhaupt sei. Und wie das Bach-Beispiel zeigt: Eine komplexe Fähigkeit wie Orgelspielen setzt sich aus sehr unterschiedlichen Teilfähigkeiten und Fertigkeiten zusammen – von der der „Kunst des Kontrapunktes" bis hin zu motorischen „Finger- und Fußfertigkeiten".

Die Fragen, welche Wissenstypen in einem Wissensspektrum sinnvollerweise zu unterscheiden und damit auch begrifflich zu erfassen sind und wie das Zusammenspiel solcher (basalen) Typen aussieht, werden – so unsere These – aus dem praktischen Bedürfnis nach angemessener Vermittlung gespeist und nicht (primär) aus einer übertriebenen wissenschaftlichen Freude an begrifflicher Unterscheidung. Ferner: Die terminologische Gegenüberstellung etwa von individuellem und kollektivem oder von deklarativem und prozeduralem Wissen wirft Fragen auf, die bei der verallgemeinernden Rede von *dem* Wissen leicht aus dem Blick gerät. Hierzu gehört etwa die Notwendigkeit, die wechselseitige Beziehung zwischen *Wissen* und *Können*, zwischen *Wissen, dass* und *Wissen, wie* zu klären. Konkret: Wie interagieren die beiden Typen von Wissen miteinander? Wie kann *Wissen* in *Können* oder deklaratives in prozedurales Wissen überführt werden? Sind individuelles und kollektives Wissen tatsächlich zwei Ausprägungen derselben Erscheinung, nämlich von Wissen, oder handelt es sich nicht doch um prinzipiell Unterschiedliches?

2.

Vor diesem Hintergrund hat es nicht an Versuchen gefehlt, „Ordnung" in die Vielfalt der Konzeptualisierungen von Wissen zu bringen (Antos 2003): Als Ausgangspunkt könnten dabei die „drei Welten des Wissens" dienen, die der Neurowissenschaftler Ernst Pöppel mit Blick nicht zuletzt auf unser Gehirn unterscheidet:

1. Explizites (begriffliches) Wissen

> Explizites Wissen bedeutet, Bescheid zu wissen, Auskunft erteilen zu können. Explizites Wissen ist Information mit Bedeutung. Explizites Wissen ist einem bewusst, und wenn man es vergessen hat, dann kann man es sich zurückholen. Explizites Wissen ist katalogisiert und katalogisierbar; es steht in Enzyklopädien und Lehrbüchern;

man eignet es sich als Kenntnisse an, die man dann besitzt. Es ist jenes Wissen, das uns in der Geschichte der Neuzeit dominiert hat und das manche als das eigentliche Wissen ansehen (Pöppel 2000: 22).

2. Implizites (Handlungs-)Wissen bzw. „Können"

Im impliziten Wissen drücken sich unsere Intuitionen aus, ohne die ein Künstler, ein Wissenschaftler, ein Handwerker, ein Politiker, ein Unternehmer, ein Sportler, eine Hausfrau nicht wirken und nichts erreichen kann. Die Fülle und Reichtum des impliziten Wissens jedes Einzelnen sind explizit nicht berechenbar, weil zu viele Faktoren zu berücksichtigen wären, die zum größten Teil nicht bekannt sind, und die auch nicht bekannt sein können (ebd.: 24).

3. Bildliches Wissen

Die dritte von Pöppel herausgestellte „Welt" des Wissens ist das bildliche Wissen, das uns in dreifacher Form erscheint, „als Anschauungswissen, als Erinnerungswissen und als Vorstellungswissen":

Die Welt stellt sich uns bildlich vor in Formen und Gegenständen, in ruhenden und bewegten Gestalten. Diese Konstruktion der visuellen Welt erfolgt völlig mühelos, indem unser Auge die Umrisse von Objekten wahrnimmt und sie als Figuren und Muster vom Hintergrund abtrennt (ebd.: 25).

Diese drei neuronal unterscheidbaren Wissenswelten geben nun die Grundlage für die (inter-)kulturellen und zeittypischen Ausdifferenzierungen von Wissensdimensionen und -typen sensu Ballod ab. Aus dem Bedürfnis nach Vermittlung tut sich nun hier ein weites, theoretisch und empirisch zu bearbeitendes Problem- und Forschungsfeld auf.

3.

Der Aufgabe, dieses Feld zu bearbeiten, widmet sich der hier vorgelegte Band. Er versammelt überarbeitete Beiträge zum 6. Kolloquium *Transferwissenschaften*, die sich aus unterschiedlichen Perspektiven den Problemen nähern, die die Komplexität von Wissen für eine Transferwissenschaft aufwirft. Die Aufsätze lassen sich je einem von drei Gesichtspunkten zuordnen, denen die drei Abteilungen des vorgelegten Sammelbands entsprechen:

1. Typologie des Wissens

2. Einzelne Typen von Wissen

3. Der praktische Umgang mit Wissen in unterschiedlichen Domänen und Probleme seiner Vermittlung.

Die erste Gruppe umfasst Beiträge, die sich aus unterschiedlichen Perspektiven mit Fragen der Typologie von Wissen befassen. All diesen Aufsätzen liegt die

Überzeugung zugrunde, dass die umfassende und undifferenzierte Rede von Wissen fälschlicherweise suggeriert, es handele sich hier um einen homogenen Gegenstandsbereich. Einer solchen durch die Terminologie nahegelegten vereinfachenden Sichtweise bleiben dann Unterschiede und Gegensätze verborgen, die erst durch sorgfältige empirische, aber eben auch begriffliche Analyse zutage treten und verstanden werden können.

Der Beitrag *Explizit vs. implizit, propositional vs. prozedural, individuell vs. kollektiv, isoliert vs. kontextualisiert – Arten von Wissen aus der Perspektive der Transferwissenschaften* von Tilo Weber steht am Beginn des ersten Teils und veranschaulicht bereits im Titel, worum es auch in den folgenden Aufsätzen gehen wird: Wissenstypologisierung und Sprache. Das Hauptaugenmerk gilt hier der Unterscheidung zwischen individuellem und (so genanntem) kollektivem Wissen. Ausgehend von einer kritischen Analyse von Jan Assmanns (1999) Konzept des kollektiven Gedächtnisses wird gezeigt, dass Wissen zunächst einmal Individuen zuzuordnen ist und dass die Rede vom kollektiven Wissen stets metaphorisch und in wesentlichen Aspekten unexplizierbar bleibt.

Matthias Ballod beantwortet anschließend seine Ausgangsfrage *Wer weiß was?* mit einer „synkritischen Betrachtung" aus didaktischer Sicht. Ballod konstatiert das rapide Anwachsen und die Ausdifferenzierung des Wissens und stellt Überlegungen zu den Konsequenzen aus diesem Befund für die schulische Vermittlung von Wissen an. Sein Plädoyer zielt auf einen zweistufigen Vermittlungsprozess in einer sich dynamisch entwickelnden Wissensgesellschaft: Zunächst gelte es, Schülern einen „– lieber breiten als schmalen – Sockel an Allgemeinbildung" zu vermitteln, was auf eine Kanonisierung von Wissen hinausläuft. Darauf aufbauend habe die Schule heute mehr denn je die Aufgabe, Schüler in die Lage zu versetzen, Wissen gezielt zu erwerben und vor allem auch zu bewerten.

Der Beitrag *Kommunikative Kompetenz und Sprachkultiviertheit – ein Modell von Können und Wollen* von Nina Janich fokussiert einen spezifischen Typ von Wissen, die kommunikative Kompetenz. Er verdeutlicht, dass auch in dieser eng begrenzten Domäne, Differenzierungen angebracht sind, die nicht allein durch den Anspruch an begriffliche Genauigkeit, sondern vor allem durch die praktischen Anforderung der Wissensvermittlung und Persönlichkeitsentwicklung gerechtfertigt sind. Diese Ausdifferenzierung leistet Janich mit einem siebenstufigen Modell. Das von ihr formulierte Ziel der „Sprachkultiviertheit" könne für Einzelne nur erreicht werden, wenn sie eine „lebenslange" Ausbildung kommunikativer Kompetenzen auf allen Ebenen verwirklichen.

In ihrem Aufsatz *Wissenstypologie im Horizont von Wissenschaftssprache und Texttheorie – oder: Kant-Theorien vs. F.-Schlegel-Theorien* unternimmt Gesine Lenore Schiewer den Versuch eines wissenschaftshistorischen Zugangs zur Wissenstypologie. Ausgehend von der Gegenüberstellung der strikten Kant'schen Trennung zwischen „,diskursiv'-sachlichem einerseits und ‚intuitiv'-anschaulichem

Sprechen andererseits" und Schlegels Plädoyer zur Verschmelzung verschiedener Sprechweisen entwickelt Schiewer unter Bezugnahme auf aktuelle textlinguistische Überlegungen eine vermittelnde Position.

Dass Wissen selbst in der Domäne von Forschung und Lehre kein unumstrittenes und homogenes Konzept darstellt, wird im letzten Aufsatz dieser ersten Abteilung deutlich. Hier greift Silke Jahr die wohlbekannte Dichotomie zwischen Naturwissenschaften und Geisteswissenschaften auf. Sie geht auf strukturelle Unterschiede zwischen diesen Paradigmen ein und erörtert, welche Konsequenzen unterschiedliche Verständnisse von (gesichertem) Wissen für den Wissenstransfer der jeweiligen Disziplinen und auch aus diesen Disziplinen in die Gesellschaft hinein mit sich bringen.

In der zweiten Gruppe von Beiträgen sind Untersuchungen zusammengetragen, die sich vor dem Hintergrund der Einsicht in die Mannigfaltigkeit von Wissen jeweils aus einer spezifischen Perspektive mit einem einzelnen Wissenstyp beschäftigen.

Oliver Stenschke wendet sich dem *Emotionalen Wissen* zu. Aufbauend auf eine Klärung der Konzepte *Wissen* und *Emotion*, zeigt Stenschke, wie beide, die zunächst geradezu als Gegensätze aufgefasst werden können, miteinander in Beziehung zu setzen sind. Die Prägung *Emotionales Wissen* zielt dabei darauf ab, dass alles Wissen von Emotionen geformt ist und dass daher Wissen *über* Emotionen eine Voraussetzung für effizienten Wissenstransfer bildet.

Jürgen Spitzmüller reflektiert unter der Überschrift *Metasprachliches Wissen diesseits und jenseits der Linguistik* auf die Gründe für das Auseinanderklaffen von Einschätzungen sprachlicher Phänomene im öffentlichen Diskurs einerseits und aus linguistisch-fachwissenschaftlicher Perspektive andererseits, wie dies etwa bei den Debatten um die Rechtschreibreform oder um den Gebrauch von Anglizismen im Deutschen zu beobachten ist. Spitzmüller macht deutlich, dass es sich hier nicht etwa um ein Problem des Wissenstransfers aus einer Wissenschaft in die Öffentlichkeit hinein handelt, sondern „dass den unterschiedlichen Einschätzungen vielmehr grundlegend verschiedene Formationen von Wissen zugrunde liegen, die auf unterschiedliche Perspektiven auf den Gegenstand, unterschiedliche Interessen und unterschiedliche Diskursmuster zurückzuführen sind".

Kersten Sven Roth stellt einen Typus von Wissen vor, den er als *Diskurswissen* bezeichnet. Am Beispiel des deutschen *Diskurses über „Ostdeutschland"* nach 1989/1990 führt er aus, wie Diskurswissen sprachlich formatiert ist, „virtuelle Wissens- und Erfahrungsgemeinschaften" konstituiert und ein Wissen repräsentiert, das seinen Trägern implizit zur Handlungsorientierung dient und nicht in explizitem Sachwissen besteht.

In ihrer *kontrastiven Untersuchung zweier Begriffe* unter dem Titel *„Konjunktur" auf Deutsch und „konjunktur" auf Dänisch* geht es Mette Skovgaard Anderson um das (Sach-), über das Übersetzer, hier aus dem Dänischen ins Deutsche, verfügen müssen, um sprachlich und sachlich adäquat zu arbeiten. Auf der Basis der kognitiven Metapherntheorie George Lakoffs und Mark Johnsons (1980) analysiert sie dabei den Zusammenhang zwischen Sprache, kognitiven Wissensstrukturen und Handlungskompetenz anhand der Tätigkeit des Übersetzens.

Die Abteilung mit Beiträgen zu einzelnen Wissenstypen schließt mit Karl Heinz Bests Antwort auf die Frage *Sind Prognosen in der Linguistik möglich?*. Indirekt ist damit ein Typ von Wissen angesprochen, der üblicherweise den Naturwissenschaften zugeordnet wird (s. den Beitrag von Silke Jahr). Best demonstriert jedoch am Beispiel der Entlehnung von Fremdwörtern ins Deutsche, dass auch in einigen Teilbereichen der Sprachwissenschaft Daten gewonnen werden, die quantitative Analysen und darauf aufbauend Prognosen über Entwicklungsverläufe erlauben.

In der dritten und letzten Abteilung des Sammelbands finden sich Aufsätze, die sich mit Problemen der Vermittlung und Bewertung von Wissen unterschiedlicher Typen beschäftigen.

Sowohl Silke Dormeier als auch Daniel C. Dreesmann und Matthias Vogel untersuchen in diesem Zusammenhang Möglichkeiten und Grenzen populärer Darstellungen wissenschaftlicher Erkenntnisse. Dormeier stellt drei *„Bilder der Wissenschaft"* vor, indem sie auf der Basis eines Textkorpus die sprachlich-kommunikativen Strategien der Wissensvermittlung vergleicht, die drei populärwissenschaftliche deutschsprachige Zeitschriften realisieren. Zur Sprache kommen hier Aspekte wie das Verhältnis von Text und Bild, die Komplexität der Syntax, aber auch die Mittel zur „emotionalen Stimulation" von Lesern, die auch für die Rezeption von Sachtexten eine wichtige Rolle spielt (s. den Beitrag von Oliver Stenschke).

Die *Rolle von Jugendlexika für das Verständnis aktuellen biologischen* Wissen ist der Gegenstand des Interesses von Daniel C. Dreesmann, der vier Jugendlexika einander gegenüberstellt. Er stellt fest, dass die von ihnen repräsentierte Form der Vermittlung von Sach- und Fachwissen auch in Zeiten der neuen Medien ihren Platz hat, dass jedoch der Versuch, die adressatenspezifische Ansprache von Jugendlichen mit sachlicher Angemessenheit zu verknüpfen, nicht selten zulasten Letzterer geht.

In eine ähnliche Richtung weist Matthias Vogels Titel *Warum ist der Himmel blau? Populärwissenschaftlicher Wissenstransfer als Verniedlichung fachlicher Sachverhalte als Inhalt und Zweck der Wissenschaft*. Vom Standpunkt des technischen Schreibens konstatiert Vogel hier Mängel populärwissenschaftlicher Sachtexte und skizziert das Programm einer Wissenschaftsrhetorik, die die Grundlage journalistischer Arbeit im Feld der Wissenschaften bilden sollte.

Die folgenden Beiträge befassen sich jeweils mit einem – zumindest im deutschsprachigen Raum – (noch) ungewöhnlichen Mittel des Wissenstransfers: dem Sach-Comic. Taeko Takayama-Wichter führt den Leser in die Welt des Sach-Comics, der in der japanischen Fach- und Sachliteratur eine durchaus wichtige Rolle spielt. Sie analysiert Funktionen dieser Textsorte für den Transfer von Wissen und die komplexen Beziehungen zwischen Text und Bild innerhalb der Comics sowie zwischen Comics und dem umgebenden Text.

Dass der Comic mittlerweile auch in deutschsprachigen Sachtexten kein Fremdkörper mehr ist, wird in Heike Jüngsts Aufsatz *Wissenstransfer und Narration* deutlich. Jüngst weist dabei nach, dass die besonderen Möglichkeiten, aber auch die Probleme des von ihr analysierten Darstellungsformats in der Verbindung zwischen einer den Leser fesselnden Erzählung und der Sachinformation bestehen.

In den beiden Untersuchungen, die die dritte Abteilung und damit den Sammelband als Ganzes beschließen, geht es um die Ausbildung von Schreib- bzw. Lesekompetenz im Schulunterricht und insbesondere um didaktische Ressourcen zur Förderung dieser Kompetenzen.

Ina Karg erörtert in diesem Kontext die *Frage der Vermittlung von Schreibfähigkeiten in der Sekundarstufe* im Rahmen einer empirischen Studie mit drei deutschen Lernergruppen und unterschiedlichen Strategien unterrichtlichen Vorgehens. Karg konstatiert, dass der muttersprachliche Deutschunterricht auch heute nicht selten geprägt ist durch „die Spannung, Opposition, ja mitunter Widersprüchlichkeit und Unvereinbarkeit von Bindung und Freiheit, Nützlichkeit, Alltagstauglichkeit und Schulübung". Dies gehe einher mit einem Festhalten an traditionellen Schreibvermittlungsformen – Stichwort *Aufsatz* – in den Schulen, während die wissenschaftliche Fachdidaktik in den letzten Jahrzehnten eine Reihe von alternativen Konzepten entwickelt habe, ohne diese jedoch in der schulischen Praxis verankern zu können. Einen möglichen Ausweg sieht Karg in jüngeren Versuchen, die Auffassung von Texten als Elemente von dynamischen und unabgeschlossenen Diskursen für den Schulunterricht fruchtbar zu machen.

Christian Efing stellt in seinem Beitrag zu *Berufsbezoger Schreib- und Lesekompetenz* Sprachenportfolios *als Mittel der Wissensdokumentation in der Berufsschule* vor. Er konstatiert, dass die Arbeit mit Portfolios ein sinnvolles Instrument zu Dokumentation des Schülerwissens sowie zur Verbesserung der Lehrer-Schüler-Kommunikation sein kann, indem es die Schüler „durch die Schaffung von Sprachbewusstheit, Selbstbeurteilungskompetenz sowie von Einsicht in den Aufbau und die Wichtigkeit von Sprachkompetenzen" zum „selbstregulierten Neu-, Um-, Weiterlernen und Wissensaufbau auch über die Schule hinaus" motiviert.

Abschließend sei noch all jenen gedankt, die durch ihre Beiträge, ihre Bereitschaft zur Zusammenarbeit im redaktionellen Prozess und nicht zuletzt durch ihre Geduld zum Gelingen dieses Sammelbands beigetragen haben. Unser besonderer Dank richtet sich an Robert Straube für seine erstaunliche und unermüdliche Genauigkeit beim Korrekturlesen. Die Fehler, die trotz einer sorgfältigen Redaktion im Band verblieben sind, gehen zulasten der Herausgeber.

Literatur:

Antos, Gerd (2005): Die Rolle der Kommunikation bei der Konzeptualisierung von Wissensbegriffen. In: Gerd Antos/Sigurd Wichter (Hg.): Wissenstransfer durch Sprache als gesellschaftliches Problem (= Transferwissenschaften 3). Frankfurt a.M., 339–364.

Antos, Gerd (2008): „Verständlichkeit" als Bürgerrecht? Positionen, Alternativen und das Modell der „barrierefreien Kommunikation". In: Karin Eichhoff-Cyrus/Gerd Antos (Hg.): Verständlichkeit als Bürgerrecht? Die Rechts- und Verwaltungssprache in der öffentlichen Diskussion (= Thema Deutsch 9). Mannheim, 1–12.

Ballod, Matthias (2007): Informationsökonomie – Informationsdidaktik: Strategien zur gesellschaftlichen, organisationalen und individuellen Informationsbewältigung und Wissensvermittlung. Bielefeld.

Dewe, Bernd (2005): Von der Wissenstransferforschung zur Wissenstransformation: Vermittlungsprozesse – Bedeutungsveränderungen. In: Gerd Antos/ Sigurd Wichter (Hg.): Wissenstransfer durch Sprache als gesellschaftliches, 365–379.

Günther, Christian/Gerd Antos/Nico Elste (2008): Verständigung zwischen Wahrnehmungskulturen. Ein theoretischer und ein praktischer Beitrag zur barrierefreien Kommunikation. In: Andrea Jäger et al. (Hg.): Wahrnehmungskulturen. Halle (Saale), 56–70.

Hymes, Dell (1985): Towards linguistic competence. In: AILA Review 2, 9–24.

Franck, Georg (1998/2007): Ökonomie der Aufmerksamkeit. München.

Liebert, Wolf-Andreas (2002): Wissenstransformationen. Handlungssemantische Analysen von Wissenschafts- und Vermittlungstexten. (= Studia Linguistica Germanica 63). Berlin/New York.

Pöppel, Ernst (2000): Drei Welten des Wissens. Koordinaten einer Wissenswelt. In: Christa Maar/Hans Ulrich Obrist/Ernst Pöppel (Hg.): Weltwissen Wissenswelt. Das globale Netz von Text und Bild. Köln, 21–39.

Schulz, Wolfgang K. (Hg.) (1999): Aspekte und Probleme der didaktischen Wissensstrukturierung. Frankfurt a.M.

Weber, Tilo (2008): Wissenstransformationen im Gespräch am Beispiel telefonischer Beratungen zu Versicherungen. In: Oliver Stenschke/Sigurd Wichter (Hg.): Wissenstransfer und Diskurs (= Transferwissenschaften 6). Frankfurt a.M.

Wolff, Dieter (2002): Fremdsprachenlernen als Konstruktion. Grundlagen für eine konstruktivistische Fremdsprachendidaktik. Frankfurt a.M.

I. Typologie des Wissens

Explizit vs. implizit, propositional vs. prozedural, isoliert vs. kontextualisiert, individuell vs. kollektiv – Arten von Wissen aus der Perspektive der Transferwissenschaften

Tilo Weber (Nairobi)

1 Vorbemerkungen
2 Arten von Wissen – einige Unterscheidungen
3 *Kollektives Wissen* – ein ungelöstes Problem
4 Fazit
5 Literatur

1 Vorbemerkungen

„Wir leben in einer Wissensgesellschaft" (Zypries 2003). So lautet einer der Allgemeinplätze, die in Variation in fast jedem Gespräch zur Zukunft moderner Gesellschaften im Allgemeinen und des „Bildungsstandorts Deutschland" im Besonderen formuliert werden und auf eine verkürzende Lesart (Bonß 2002) soziologischer Studien aus den letzten 15 Jahren zurückgehen (vgl. z.B. Stehr 1994; Hubig 2000). Und wenn die oben zitierte Bundesjustizministerin im gleichen Zusammenhang feststellt, dass die Abgeordneten des Bundestages „[...]darüber [beschließen], wie das Urheberrecht in der Informationsgesellschaft aussehen soll" (ebd.), dann wird hier eine Auffassung deutlich, die Wissen in eine große Nähe zu Information rückt und die Grenzen zwischen beiden mindestens unbestimmt lässt, wenn sie hier überhaupt eine Unterscheidung trifft.

Von Wissen in einem abstrakten Sinne ist öffentlich jedoch nicht nur in jüngerer Zeit viel die Rede. Wissen ist Macht. Dies gehört zu den kulturellen Gewissheiten, die sich wie viele andere in Phraseologismen verfestigt haben. Dabei haben wir es mit einer der obigen verwandten, in einer entscheidenden Hinsicht jedoch anderen Verwendungsweise des Ausdrucks *Wissen* zu tun. Zwar bleibt auch hier im Unbestimmten, um welches Wissen es sich inhaltlich handelt. Doch ist Macht im gemeinten Sinne – und damit auch das damit in Verbindung gebrachte Wissen – immer an einzelne Personen oder zumindest an begrenzte Personengruppen gebunden. Die Macht in Aussicht gestellt wird nicht selten den unmittelbaren Adressaten des als Lehrsatz Gemeinten, also etwa Schülerinnen und Schülern oder den eigenen Kinder und Enkeln, deren Wissensdurst und Motivation zu lernen stimuliert werden sollen. Das Wissen, das die Wissensgesellschaft definieren soll, scheint demgegenüber geradezu vom Individuum unabhängig zu sein. Stattdessen muss darunter etwas verstanden werden, das das Kollektiv als Ganzes produziert und auf das der oder die Einzelne dann nach Maßgabe persönlicher Bildung und Zugang zu Medien „zugreifen" kann.

Hier deutet sich bereits an, dass WISSEN keineswegs ein einziges homogenes Konzept ist, wie es die Tatsache suggeriert, dass der sprachliche Ausdruck *Wissen* in öffentlichen und in wissenschaftlichen Diskursen in vielfältigen Zusammenhängen in Erscheinung tritt. In diesem Beitrag lege ich dar, in welchen Bedeutungsdimensionen sich diese Verwendungsweisen voneinander unterscheiden. Dabei wird deutlich, dass in unterschiedlichen Kontexten mit *Wissen* auf Unterschiedliches und miteinander nur lose Verwandtes referiert wird. Ich möchte insbesondere zeigen, dass es sinnvoll ist, von Wissen, insofern es dabei um kognitive Strukturen und Prozesse geht, als an einzelne Personen gebunden zu sprechen. *Kollektives Wissen* hingegen wird als ein Ausdruck vorgestellt, der ein Verhältnis zwischen Kollektiven und Wissen nur präsupponiert. Es liegt im Wesen der Präsupposition, also der Voraussetzung, dass das Präsupponierte nicht eigens behauptet oder gar mit Argumenten gestützt wird. Im Folgenden soll unter anderem deutlich werden, dass sich so genanntes kollektives Wissen von personalem Wissen durch eine Reihe von Faktoren unterscheidet, die es rechtfertigen, von zwei Erscheinungen prinzipiell unterschiedlicher Art zu sprechen.

Im weiteren Verlauf dieses Beitrags und im Anschluss an diese einleitenden Überlegungen (1) werden zunächst Wissens*typen* voneinander geschieden und die Dimensionen aufgezeigt, in denen diese Unterschiede begründet liegen (2). Anschließend wende ich mich im Detail den Problemen zu, die für die Kommunikationswissenschaften von dem Ausdruck *kollektives Wissen* und verwandten Formulierungen aufgeworfen werden. Insbesondere gehe ich auf Jan Assmanns (1999) These ein, dass „die Rede vom ,kollektiven Gedächtnis' nicht metaphorisch zu verstehen" (ebd.: 36) sei, woran sich unmittelbar die Frage knüpft, in welcher Weise ein Kollektiv ein Gedächtnis haben kann. Vor diesem Hintergrund geht es anschließend darum, das Verhältnis zwischen personengebundenem Wissen und kollektivem „Wissen" zu bestimmen (3). Der Beitrag schließt mit einer Zusammenfassung und der Formulierung weiterführender Fragen (4).

2   Arten von Wissen – einige Unterscheidungen

Die (Wissens-)Transferwissenschaften definieren sich durch ihre die Grenzen der traditionellen Disziplinen übergreifende Beschäftigung mit Fragen wie den folgenden:

- Was ist Wissenstransfer und sollten wir statt von *Transfer* nicht besser von *Transformation* sprechen?
- Unter welchen Bedingungen gelingt *Wissen*stransfer?

- Wie ist *Wissen*stransferqualität definiert?
- Wie lässt sich die Qualität von *Wissen*stransfer sicherstellen, kontrollieren, messen? (Vgl. die Beiträge zu den Bänden Wichter/Antos 2001; Antos/Weber 2005; Wichter/Busch 2006)

Wenn man diese Fragen nicht in abstrakter Weise, sondern empirisch und auf der Basis konkreter Beispiele von Transfer- und Transformationsprozessen beantworten möchte (vgl. z.B. Weber 2005), ergibt sich ein gravierendes Problem. Das Wissen, das zum Beispiel im Deutschunterricht vermittelt, erworben, konstruiert wird oder doch werden soll, ist vielschichtig, heterogen und komplex. Eine Gedichtinterpretation etwa verlangt vom Schüler nicht nur das Wissen um bestimmte Metren, Reimschemata etc., um Gattungen, Epochen und Autoren, sondern auch die Fähigkeit, eine Aufgabenstellung zu verstehen, einen Text zu planen und zu verfassen, sich der Aufgabe entsprechend auszudrücken usw. Wer jemandem erklären möchte, wie man einen Apfelkuchen bäckt, muss seinem „Lehrling" möglicherweise nicht nur das Rezept mit den Zutaten und deren Zubereitung darlegen. Vielleicht wird er, je nachdem für wie erfahren er seinen Schüler hält, darüber hinaus auch Hinweise geben, wie etwa die, dass man die Milch vorher besser kühl stellen sollte und der zur Verfügung stehende Ofen einige Besonderheiten aufweist. Anderes aber wird er voraussetzen *müssen*. Wie man einen Mixer bedient, wie man Eier trennt, dass man die Backform einfettet, bevor man den Teig hineingibt – dies wird nicht explizit erläutert oder vorgeführt, sondern im Vertrauen darauf, dass es bekannt und gekonnt ist, ungesagt gelassen.

Einem anderen Beispiel für die Vielschichtigkeit des Wissens, das in bestimmten Situationen relevant wird, begegnet man, wenn man die in jüngster Zeit so populären TV-Quizshows betrachtet. In Sendungen wie *Wer wird Millionär* (RTL) wird einerseits reines Faktenwissen abgefragt. Dies bedeutet jedoch nicht, dass diese Art propositionalen, sprachlichen bzw. versprachlichten Wissens die einzige Art von Wissen ist, über das die Kandidaten verfügen müssen, um erfolgreich zu sein. Vielmehr sollten sie darüber hinaus in der Lage sein, ihre Nervosität zu beherrschen, die gestellten Fragen zu verstehen und die versteckten Hinweise, rhetorischen Strategien etc. zu durchschauen, die die Moderatoren verfolgen und die für das Publikum den Reiz der Veranstaltung verstärken. Janich (2009) grenzt diese Arten von Wissen als *Kompetenzen* vom propositionalen Wissen ab und folgt damit einer Tradition, die bis auf Ryle (1949) zurückreicht.

Aus einer kommunikationsanalytischen Perspektive deutet sich die Vielschichtigkeit von Wissen auch an, wenn die Qualität von Wissenstransformationen bewertet wird. Hier unterscheidet die Literatur zwischen *gutem, erfolgreichem, gelungenem, effektivem* und *effizientem* Wissenstransfer (Roelcke 2005). Diese verschiedenen Prädikate sind u.a. deshalb nicht synonym, weil sie Wissen unterschiedlicher Arten näher bestimmen.

Die Wissenswissenschaften haben die Aufgabe, die oben skizzierte Vielgestaltigkeit von dem, was übergreifend *Wissen* genannt wird, zu erkennen und zu analysieren. Typen von Wissen sind zu unterscheiden, und es ist zu klären, wie Wissen unterschiedlicher Art aufeinander bezogen ist und miteinander interagiert. Zur analytischen Herausforderung wird die Komplexität, wenn man sich konkreten Fällen von Wissenstransformationen und der Überprüfung ihres Erfolgs zuwendet. Die erwähnten Quizshows beziehen ihren Reiz für den Fernsehzuschauer zum Teil daraus, dass offen bleibt, ob ein scheiternder Kandidat über ein bestimmtes Faktenwissen tatsächlich nicht verfügt oder im Hinblick auf eine sprachlich-kommunikative Kompetenz überfordert ist.

Aus anderen Perspektiven ist diese Offenheit nicht erwünscht. Wenn wir als Kommunikationswissenschaftler beobachten, dass ein Wissenstransferversuch misslingt, interessiert uns, welche Faktoren zu diesem Misslingen beigetragen haben und welche nicht. Hat der Adressat – z.B. jemand, der nach dem Weg zum Bahnhof gefragt hatte – die Erklärung nicht verstanden oder war er aus anderen Gründen nicht in der Lage, ihr zu folgen? Warum hat er sie nicht verstanden; war seine sprachliche Kompetenz nicht ausreichend oder hat sich für ihn inhaltlich ein Problem ergeben?

Auch vom Standpunkt des Lehrers ist es, um adäquat auf eine für ihn unbefriedigende Leistung reagieren zu können, wichtig zu unterscheiden, ob sein Schüler ein bestimmtes Wissen tatsächlich nicht besitzt, ob er eine Aufgabe aufgrund ihrer Formulierung nicht verstanden hat, oder ob seine eigene begrenzte Formulierungskompetenz ihm nicht erlaubte, einen adäquaten Text zu produzieren.

Der Gegensatz von propositionalem und prozeduralem Wissen und ihre jeweiligen Ausdifferenzierungen[1] beschreibt nur eine Dimension des Wissensraums. Weitere gängige Unterscheidungen in Bezug auf Typen von Wissen sind bereits im Titel dieses Beitrags genannt. Wissen wird demnach charakterisiert als

- explizit oder implizit
- isoliert oder kontextualisiert
- individuell oder kollektiv.

Alle diese Gegensatzpaare sind erläuterungsbedürftig. Das erste der drei, das auf Polanyi (1985 [1966]; s.a. Klappbacher 2006) zurückgeht, ist eng verwandt mit der *Propositional-prozessural*-Unterscheidung. Allerdings fokussiert es stärker auf die Frage, ob Wissen, von dem die „Besitzer" nicht wissen und vor allem auch nicht sagen können, dass sie es haben, in „bewusstes" und als solches sagbares Wissen überführt werden kann. Dieser Gesichtspunkt wird durch den englischen Terminus *tacit knowledge* (‚stilles Wissen') noch stärker hervorgehoben. Der Unterschied

---

[1] Für eine differenzierte Struktur- und Funktionsbeschreibung kommunikativer Kompetenzen vgl. Janich (2004, 2008).

zwischen *isoliertem* und *kontextualisiertem* Wissen wird anhand eines Vergleichs zwischen einem gebildeten Laien und einem Naturwissenschaftler hinsichtlich ihres Wissens um die Relativitätstheorie deutlicher. Während beide wissen, dass die Energie eines Körpers gleich dem Produkt seiner Masse und seiner Geschwindigkeit zum Quadrat ist ($E = m\,c^2$), ist diese Formel nur für den Wissenschaftler in ein System eingebunden, innerhalb dessen sich daraus Folgerungen ziehen lassen, damit gerechnet werden kann etc. Quizshow-Wissen ist häufig isoliertes Wissen, das umgangssprachlich auch als „reines Faktenwissen" bezeichnet wird.

Im Folgenden geht es nun aber um die letzte der drei oben aufgeführten Unterscheidungen, also um das Verhältnis von *individuellem* und *kollektivem* Wissen und um die theoretischen Fragen, die mit der Bestimmung dieses Verhältnisses verbunden sind. Dabei werde ich in erster Linie auf kollektives *propositionales* Wissen eingehen.

3 *Kollektives Wissen* – Ein ungelöstes Problem

In den Kulturwissenschaften – und damit auch in den Sprach- und Sozialwissenschaften – ist es von größtem Interesse zu bestimmten, über welches gemeinsame Wissen die Mitglieder einer Gemeinschaft verfügen, was es bedeutet, dass diese Mitglieder ein Wissen „teilen" und durch welches gemeinsame Wissen ihrer Mitglieder Gemeinschaften definiert sind. In diesem Diskussionszusammenhang stehen der Begriff des kollektiven Wissens und seine Verwandten, z.B. Jan Assmanns (1999) Konzept des kulturellen Gedächtnisses, stellvertretend für die Annahme, dass ein in näher zu spezifizierender Weise geteiltes Wissen einer Gemeinschaft angehört. Demnach besteht diese Gemeinsamkeit in mehr als nur der Übereinstimmung bezüglich bestimmter Annahmen oder Wissensbestände. Die Rede vom Kollektiven präsupponiert, dass es sich dabei um mehr und um etwas qualitativ anderes handelt als um die Summe, das Produkt oder die Schnittmenge individueller Wissensbestände. Diese intuitiv plausible Charakterisierung wirft jedoch die Fragen auf, worin das Kollektive kollektiven Wissens besteht und in welcher qualitativen Weise das kollektive Wissen innerhalb einer Gemeinschaft über die Schnittmenge der individuellen Wissensbestände von Mitgliedern dieser Gemeinschaft hinausgeht.

Eine erste einflussreiche Antwort auf diesen Fragen hat David Lewis (1969) anlässlich seiner Analyse von Konventionen gegeben. Als wesentliches Merkmal gemeinsamen Wissens arbeitet er die Verschränktheit des Wissens mehrerer Individuen bezüglich einer beliebigen Proposition p heraus. Bei gemeinsamem Wissen handelt es sich also um Annahmen, die aufeinander Bezug nehmen, einander „replizieren", wie Lewis das nennt. In einer stark verkürzenden, für die Zwecke dieses Beitrags jedoch ausreichenden Weise, lässt sich beispielsweise die Struktur des Gemeinsamen Wissens von Peter und Anke, dass p (z.B., dass Paris die Hauptstadt von Frankreich ist), wie folgt darstellen:

Peter weiß, dass *p*.	Anke weiß, dass *p*,
UND	
Peter weiß, dass Anke weiß, dass *p*.	Anke weiß, dass Peter weiß, dass *p*.
UND	
Peter weiß, dass Anke weiß, dass er weiß, dass *p*.	Anke weiß, dass Peter weiß, dass sie weiß, dass *p*.
UND	
...	...

Diese Analyse des verschränken Wissens meint Lewis sicher nicht als Teil einer kognitiven Theorie; vielmehr expliziert sie die logische Struktur des gemeinsamen Wissens. Dennoch: Was wir hier sehen, ist nicht die Struktur des *einen* Wissensbestands einer kognitiven Entität (bestehend aus Peter und Anke), sondern eine *Konstellation* zweier individueller Wissensbestände, die sich allerdings aufeinander beziehen. Durch diesen Bezug entsteht nicht qualitativ Neues, hier verschmilzt nichts zu einer neuen Einheit. Man könnte mit einem Bild sagen: Die Parallelen treffen sich nicht, auch nicht im Unendlichen. Gerade in diesem Nicht-Verschmelzen liegt ja auch die unaufhebbare Möglichkeit begründet, dass (vermeintliche) Konventionen scheitern, weil sich einer der Beteiligten im Hinblick auf die Annahmen des Partners irrt.

Lewis' Analyse des Gemeinsamen Wissens als Konstellation des Wissens von Individuen beantwortet also nicht die oben gestellte Frage nach dem qualitativ Besonderen des kollektiven Wissens. Ein Autor, der mit seinen einschlägigen Arbeiten zu diesem Thema seit den 1990er Jahren auf große Resonanz stößt, ist Jan Assmann. Er knüpft an die Überlegungen von Maurice Halbwachs (1985 [1950]) an, wenn er sich mit dem Begriff des *kollektiven Gedächtnisses* auseinandersetzt. Nun wäre es sicher falsch, Gedächtnis und Wissen ohne weiteres gleichzusetzen. Ohne dass dies hier ausführlich dargelegt werden könnte, erscheint jedoch eine Parallele offensichtlich und für die gegenwärtige Erörterung relevant: Gedächtnis wie Wissen wird zunächst einmal Individuen zugerechnet. In der Alltagssprache äußert sich das u.a. darin, dass wir Sätze bilden, die wie folgt beginnen: „Ich weiß, ...", „Ich erinnere mich ...", etc. Aussagen der Form „Unsere Gesellschaft erinnert sich, dass ..." oder „Die Gemeinschaft weiß, ..." erscheinen demgegenüber erläuterungsbedürftig. Wenn sich also sagen ließe, um was für eine Art von Gedächtnis es sich beim *kollektiven* Gedächtnis handelt und wie es sich zum *individuellen* Gedächtnis verhält, dann müssten sich daraus auch Einsichten zum Begriff des kollektiven Wissens ableiten lassen.

Zum Wesen des kollektiven Gedächtnisses hält Assmann Folgendes fest:

> Gedächtnis wächst dem Menschen erst im Prozeß seiner Sozialisation zu. [...D]ieses Gedächtnis ist kollektiv geprägt. *Daher* ist die Rede vom „kollektiven Gedächtnis" nicht metaphorisch zu verstehen (Assmann 1999: 35f.; meine Hervorhebung; T.W.).

Die argumentative Struktur, die auf diese Weise zum Ausdruck kommt, scheint die folgende zu sein: Weil (jedes individuelle) Gedächtnis kollektiv *geprägt* ist, muss es ein kollektives Gedächtnis in einem irgendwie eigentlichen, nicht-metaphorischen Sinne geben. Doch auch, wenn man den ersten beiden Sätzen, Assmanns Prämissen, zustimmt, ist durchaus nicht evident, dass der dritte Satz daraus folgt, wie es der Autor nahelegt. Vielmehr wird hier das Problem, das Verhältnis zwischen individuellem und kollektivem Gedächtnis zu bestimmen, nur noch dringender, zumal wenn er fortfährt:

> Subjekt von Gedächtnis und Erinnerung bleibt immer der einzelne Mensch, aber in Abhängigkeit von den „Rahmen", die seine Erinnerung organisieren. [...] Zwar „haben" Kollektive kein Gedächtnis, aber sie bestimmen das Gedächtnis ihrer Glieder (Assmann 1999: 36).

Es ist also mit Assmann festzuhalten: Individuen, nicht Kollektive, haben Gedächtnis. Aber Individuen formen, bilden Gedächtnis – und man darf im gegenwärtigen Zusammenhang feststellen: Sie bilden Wissen – in Abhängigkeit von durch Kollektive organisierten Rahmen. Dies bedeutet aber doch, dass diese Rahmen nicht selbst Gedächtnis- oder Wissensstatus haben können. Wenn Assmann also auf dem nicht-metaphorischen Charakter kollektiven Wissens besteht, belässt er es bei einer emphatisch vorgetragenen These. Er sagt, was kollektives Wissen nicht ist, unterlässt es dann aber, dieses Konzept positiv zu bestimmen und damit von individuellem Wissen abgrenzbar zu machen. Hier liegt – nicht nur vonseiten Assmanns – bis heute ein Desiderat.

Damit sind seine Leser gezwungen, die Beziehung zwischen dem Gedächtnis der individuellen Mitglieder einer Gemeinschaft und den kollektiven „Rahmen" auf der Basis des von Assmann Dargelegten eigenständig zu klären. Ein Versuch, dies zu tun, kann von der Überlegung ausgehen, dass die bei Assmann ein wenig im Unklaren bleibenden kollektiven „Rahmen" durch Texte oder andere semiotische Gebilde gegeben sind. Diese sind als wahrnehmbare Äußerungen unterschiedlichen Individuen in gleicher oder doch ähnlicher Weise zugänglich; diese Äußerungen werden dann interpretiert und verstanden. Was diese Zeichenformen zum Ausdruck bringen, kann als *Information* bezeichnet werden. Information allerdings schließt ihre Interpretation und ihr Verstanden-Werden noch nicht ein. Deshalb wäre es auch irreführend, sie mit Wissen oder – in speziellen Fällen – mit Gedächtnis gleichzusetzen. Indem Individuen Zeichen verstehen, transformieren sie Informationen in Wissen. Somit können allenfalls Informationen kollektiv sein, insofern sie als Aspekte von Zeichen angesehen werden, die außerhalb von Individuen existieren.

Wissen, das auf Verstehen von Informationen beruht, kann jedoch vor dem Hintergrund der Assmann'schen Voraussetzungen nur als individuelles begriffen werden. Damit aber bleibt die These vom nicht-metaphorischen Charakter des Ausdrucks *kollektives Gedächtnis* (bzw. *kollektives Wissen*) uneingelöst.

Am Ende dieser Diskussion bleibt festzustellen: Derjenige Wissensbegriff, in Bezug auf den die zentrale Frage nach seinem „Träger", nach demjenigen, der (etwas Bestimmtes) weiß, beantwortet werden kann, handelt vom *individuellen* Wissen. Wenn Kollektive Wissen „haben", „über" Wissen „verfügen" oder Wissen „herausbilden" oder „erwerben", dann tun sie das in ganz anderer Weise als Individuen. Das bedeutet jedoch keinesfalls, dass individuelles Wissen unabhängig von kollektiven Prozessen ist. Im Gegenteil erwerben Einzelne Wissen zu einem großen Teil im Zuge kommunikativer Interaktionen, in deren Verlauf sie Äußerungen interpretieren und in ihr bereits vorhandenes Wissen integrieren. Diese Äußerungen, bzw. die Äußerungsformen werden in den interindividuellen Raum hinein vollzogen, sie können und sollen von Vielen wahrgenommen werden. Insofern die individuellen Mitglieder von Sprech- und Kulturgemeinschaften in weiten Teilen ähnliche kommunikative Erfahrungen machen – man denke an die Bildungsinstitutionen und die Massenmedien –, kann man hier mit Assmann sehr wohl davon sprechen, dass kollektive kommunikative Rahmen individuelles Wissen (mit-)prägen. Das Kollektive ist damit eine *Voraussetzung für* Wissen, nicht ein *Typ von* Wissen.

4 Fazit

Die Begriffe *Wissen, Transferqualität, Transfererfolg* etc. verlieren ihre Einheitlichkeit, sobald man sie auf konkrete Fälle von Wissenstransfers anzuwenden sucht. Spätestens, wenn es zu verstehen gilt, in welcher Hinsicht ein Wissenstransfer gescheitert ist und man nach Optimierungsmöglichkeiten sucht, muss man deutlich sagen, um welches Wissen und um Wissen welchen Typs es sich handelt.

Dabei scheint noch ganz ungeklärt, wie sich die verschiedenen Phänomene, die wir alle mit dem Terminus *Wissen* bezeichnen, zueinander verhalten. Ganz besonders gilt das für das Verhältnis von propositionalem und prozeduralem Wissen.

Bezüglich eines Begriffspaars jedoch scheint die Unklarheit geringer zu sein. Ich meine hier den Gegensatz zwischen individuellem und so genanntem kollektivem Wissen. Hier schlage ich eine radikale Lösung vor: Wissen ist immer individuell. Von kollektivem Wissen kann erst dann sinnvoll gesprochen werden, wenn geklärt ist, wie Kollektive ein Wissen „haben" können, dass sich von der Schnittmenge der Wissensbestände ihrer Mitglieder qualitativ unterscheidet. Damit wird gerade nicht die zentrale Bedeutung des Kollektiven für die Entstehung und Dynamik von Wissen bestritten. Dass das Kollektive in der Form unterschiedlicher sozialer und kommunikativer Rahmen eine Grundlage für individuelles Wissen darstellt, wurde oben dargelegt. Wie genau dies im Zuge sozialer Interaktionen realisiert wird, ist der Gegenstand empirischer Analysen von Wissenstransformationen (vgl. z.B. Weber i.V.; vgl. auch Weber 2003 zu konversationellen Reparaturen als interaktionale Mittel der Herstellung Gemeinsamen Wissens).

5 Literatur

Antos, Gerd/Tilo Weber (Hg.): Transferqualität. Bedingungen und Voraussetzungen für Effektivität, Effizienz, Erfolg des Wissenstransfers (= Transferwissenschaften 4). Frankfurt a.M.

Assmann, Jan (1999): Das kulturelle Gedächtnis. Schrift, Erinnerung und politische Identität in frühen Hochkulturen. 2. Auflage dieser Ausgabe. München.

Bonß, Wolfgang (2002): Riskantes Wissen. Zur Rolle der Wissenschaft in der Risikogesellschaft. In: Heinrich-Böll-Stiftung (Hg.): Gut zu Wissen – Links zur Wissensgesellschaft. Münster.

Halbwachs, Maurice (1985): Das kollektive Gedächtnis. Frankfurt a.M. [Frz. Original: Paris 1950.]

Hubig, Christoph (2000): Unterwegs zur Wissensgesellschaft. Grundlagen, Trends, Probleme (= Technik – Gesellschaft – Natur 3). Berlin.

Janich, Nina (2004): Die bewusste Entscheidung. Eine handlungsorientierte Theorie der Sprachkultur). Tübingen.

Janich, Nina (2009): Kommunikative Kompetenz und Sprachkultiviertheit – ein Modell von Können und Wollen. In diesem Band.

Klappacher, Christine (2006): Implizites Wissen und Intuition. Warum wir mehr wissen, als wir zu sagen wissen – die Rolle des impliziten Wissens im Erkenntnisprozess. Saarbrücken.

Lewis, David K. (1969): Convention. Cambridge, MA.

Neuweg, Georg Hans (2004): Könnerschaft und implizites Wissen. Zur lehr-lerntheoretischen Bedeutung der Erkenntnis- und Wissenstheorie Michael Polanyis (= Internationale Hochschulschriften 311). 3. Auflage. Münster u.a.

Polanyi, Michael (1985). Implizites Wissen (= stw 543). Frankfurt a.M. [Engl. Original: Garden City, NY, 1966.]

Roelcke, Thorsten (2005): Ist ein gelungener Wissenstransfer auch ein guter Wissenstransfer? Effektivität und Effizienz als Maßstab der Transferqualität. In: Gerd Antos/Tilo Weber (Hg.). Transferqualitätm 41–53.

Ryle, Gilbert (1949): The concept of mind. Oxford.

Stehr, Nico (1994): Arbeit, Eigentum und Wissen. Zur Theorie von Wissensgesellschaften. Frankfurt a.M.

Weber, Tilo (2002): Reparaturen – Routinen die Gespräche zur Routine machen. In: Linguistische Berichte 192, 419–454.

Weber, Tilo (2005): Wissenstransfer – Transferqualität – Transferqualitätskontrolle. In: Gerd Antos/Tilo Weber (Hg.). Transferqualität. Frankfurt, M., 71–81.

Weber, Tilo (2008). Wissenstransformationen im Gespräch am Beispiel telefonischer Beratungen zu Versicherungen. In: Oliver Stenschke/Sigurd Wichter (Hg.): Wissenstransfer und Diskurs (= Transferwissenschaften 6). Frankfurt a.M.

Wichter, Sigurd/Gerd Antos (Hg.) (2001): Wissenstransfer zwischen Experten und Laien. Umriss einer Transferwissenschaft (= Transferwissenschaft 1). Frankfurt a.M.

Wichter, Sigurd/Albert Busch (Hg.) (2006): Wissenstransfer – Erfolgskontrolle und Rückmeldungen aus der Praxis (= Transferwissenschaften 5). Frankfurt a.M.

Zypries, Brigitte (2003): Rede von Bundesjustizministerin Zypries anlässlich der Verabschiedung des Gesetzes zur Regelung des Urheberrechts in der Informationsgesellschaft / Gesetz zu den WIPO-Verträgen vom 11. April 2003. http://www.bmj.bund.de/enid/0,775a51706d635f6964092d09383537093a09 79656172092d0932303033093a096d6f6e7468092d093034093a095f747263 6964092d09383537/Ministerin/Reden_129.html (letzter Zugriff: 19. März 2008).

Wer weiß was?
Eine synkritische Betrachtung

Matthias Ballod (Koblenz/Halle)

1   Ausgangsposition
2   Welches Wissen ist gemeint?
3   Was soll ich wissen?
4   Was kann ich wissen?
5   Ausblick
6   Literatur

1   Ausgangsposition

Wir alle sind Laien ... fast überall! Die Wissensbereiche, in denen Experten Experten sind, werden immer kleiner, denn genau betrachtet zersplittert das immens wachsende wissenschaftliche Wissen in immer kleinere Partikel und Segmente. Das bedeutet: Es ist überhaupt immer schwieriger, Experte für etwas zu sein. Immer weniger gelingt es, alle relevanten Zusammenhänge zu erkennen oder aktuelle Entwicklungen zu verfolgen, selbst dann, wenn uns das Thema besonders stark interessiert. Überspitzt ausgedrückt: Jeder weiß etwas, aber jeder etwas anderes! Im Endeffekt führt dies zu immer kleineren Schnittmengen geteilten Wissens.

Und nicht nur das – feste Wissensbestände und Wissenspositionen verlieren in globalisierten und technisierten Wissensgesellschaften immer schneller an Bedeutung. Zwar lässt sich die viel zitierte Halbwertszeit des Wissens empirisch nur schwer nachweisen, die Bedingungen der *Gewinnung* und der *Weitergabe* von Wissen aber haben sich seit Mendel, Einstein oder Heisenberg stark verändert. Als *Wissensexplosion* wird das Phänomen bezeichnet, wonach die enorme Menge an Informationen, als das Ergebnis von Forschung, wiederum in den Wissenschaftsprozess einfließt (Marx/Gramm 2002). Dass wissenschaftlicher Fortschritt gewünscht, notwendig und unumkehrbar ist, steht außer Frage. Wissen wird dabei oft nur noch als bloße Ware bzw. Rohstoff verstanden, um Innovationen zu beflügeln. Spätestens dann aber ist die Frage berechtigt, unter welchen Bedingungen Wissen nützlich ist und für wen. Ist Wissen ein Wert an sich oder ist es nicht vielmehr an Wissensträger und Bedeutungsfelder geknüpft? Wann lohnt es sich, von einer Wissensgesellschaft zu sprechen? Führt der Zuwachs des Wissens nicht gerade dazu, dass der Einzelne immer dümmer wird?

> „Wissenschaft" ist eben nicht nur, was wir uns von ihr wünschen – ein Instrument des Fortschritts und der Aufklärung –, sie ist auch nicht einfach nur eine „Herausforderung", zu der die Kulturphilosophien sie im vorigen Jahrhundert erklärt haben; sie ist, wie vieles, was wir Menschen kollektiv, arbeitsteilig, erfolgreich tun, eine leider falsche, ungeprüfte Selbstverständlichkeit (Hentig 2005: 12).

Mit dieser provozierenden Feststellung wertet von Hentig die Frage nach dem „gemeinsamen" Wissensbestand einer Kultur- oder Sprachgemeinschaft nicht ab, sondern auf.

Zumindest seit der Zeit der Aufklärung sicherte ein Grundbestand gemeinsamen Wissens den Fundus gesellschaftlicher und kultureller Identität einer Generation. Noch die Abiturienten der 1960er Jahre verfügten über eine relativ breite gemeinsame Wissensbasis. Lässt sich zu Beginn des 21. Jahrhunderts überhaupt noch von Allgemeinwissen sprechen? Führt nicht die fortschreitende Ökonomisierung des gesamten Bildungswesens zu immer mehr partiellem Wissen oder Halbwissen? Und verstärkt nicht gerade der verkürzte, reflexartige und standardisierte Zugriff auf das vermeintlich omnipräsente *online* verfügbare Wissen (Stichwort: Google, Wikipedia) den Effekt aus Sicht des Einzelnen? Ist es dann nicht richtiger, von einer *Singularisierung* des Wissens zu sprechen?

Wenn sich Bildungseinrichtungen zu Wissenschaftsbetrieben wandeln, wenn Erkenntnisgewinn auf ökonomische Wissensgenerierung reduziert wird, wo bekommen Bildungsprozesse dann ihren Platz zugewiesen? Noch einmal von Hentig:

> Bildung ist ein individueller, sich an und in der Person, am Ende durch sie vollziehender Vorgang. „Ich bilde mich", lautet die richtige Beschreibung. Eine Form, die mir ein anderer aufprägt, macht mich nicht zum Gebildeten, sondern zu einem Gebilde. Und die Ertüchtigung für eine gesellschaftliche Tätigkeit ist etwas ganz anderes und heißt Ausbildung (ebd.: 13).

Sofern man diesen Überlegungen zustimmt, drängt sich die Anschlussfrage auf, wie ein Bildungskanon heute aussehen müsste oder – noch stärker zugespitzt – ob es einen solchen überhaupt noch geben kann. Zwei Gedanken werden hierzu im Folgenden weiter ausgeführt:

1) Bildungsrelevantes Wissen reicht in jedem Fall weit über den klassischen Fächerkanon hinaus.

2) In allen Fächern und Disziplinen werden neben fachlichen Kenntnissen (Faktenwissen) immer auch zugehörige Kompetenzen (Orientierungswissen) zu vermitteln sein.

2 Welches Wissen ist gemeint?

Wenn *Wissen* als zentrale Leitmetapher des gesamten Gesellschaftssystems fungiert, hat das Folgen für das Leben, das Arbeiten und das Lernen. Die Losung vom lebenslangen Lernen mutiert vom politischen Schlagwort zur täglichen Anforderung in Schulen und Hochschulen, in Organisationen und Unternehmen. E-Learning und Wissensmanagement werden als Lösungswege beschritten; anfangs getreu dem Motto: „Was Medien anhäufen, sollte man auch mit Hilfe von Medien wegbaggern können" (Hentig 1996: 44). Diese schlichte Formel wird abgelöst von dem Bewusstsein, dass eine Wissensgesellschaft ihren Namen erst dann verdient, wenn eine veränderte Wissens-Kultur Einzug hält.

Eine Vorklärung zum Wissensbegriff scheint nun unabdingbar, aber die divergierenden Typen, Formen und Auffassungen von Wissen können hier weder befriedigend noch erschöpfend thematisiert werden. Verschiedene Autoren unterscheiden: implizites – explizites Wissen, propositionales – prozedurales Wissen, Verfügungswissen, Handlungswissen, Erfahrungswissen, Orientierungswissen, wissenschaftliches Wissen, Metawissen, individuelles – kollektives Wissen, Diskurswissen und einige andere Formen mehr. Zumindest drei Wissensarten werden i.d.R. unterschieden:

- Das deklarative Wissen bzw. das wissenschaftlich gesicherte Wissen, wie es in Lexika steht
- das prozedurale Wissen, also ein handlungsbezogenes Wissen (Rad fahren können) und
- das konzeptuelle Wissen, das uns hilft, Prinzipien und Erklärungen zu verstehen, um so das gewonnene Wissen eigenständig und sinnvoll zu vernetzen (z.B. Springfeld 2003).

Fest steht – bei allem Konsens – aber auch: Der Wissensbegriff hat in den letzten Jahrzehnten einen erkennbaren Bedeutungswandel erfahren. Zwar wird Wissen noch immer als subjektbezogene Größe aufgefasst, also als das, was jemand weiß, aber weiterführend wird es heute zunehmend im Sinne eines Verfügungswissens verstanden. Wissen wird zur Ware, zum Inhalt, zum Wissensbestand, zum *Content* als Grundstoff für Innovation. Entsprechend wird ein subjektloser, technokratischer Wissensbegriff konzeptuiert. Dabei ergeben sich mehr als graduelle Unterschiede von Wissen in der kontextuellen Verwendung: Der *Börsianer* spricht von Wissen und meint tagesaktuelle, dynamische Kurswerte; der *Betriebswirt* denkt an Prozessdaten oder an Workflow, der *Wissenschaftler* an neue, stabile Ergebnisse aus der Laborforschung und der *Lehrer* an zu vermittelnden Lernstoff.

Wird die Bezeichnung *Knowledge-Gap* zumeist bezüglich des Gefälles zwischen oder innerhalb von Kulturen und Gruppen benutzt, so weitet sich diese Kluft auch zwischen der rasant anwachsenden Menge an Wissen insgesamt und unseren eigenen bescheidenen Aufnahme- und Verarbeitungskapazitäten. Genau betrachtet, öffnet sich auch eine Schere zwischen dem, was prinzipiell wissbar ist, und dem, was ein einzelner überhaupt noch wissen kann.

Das hat Konsequenzen: Hieraus erwächst nämlich ein Problem, das der Philosoph Mittelstraß wie folgt beschreibt. In der faktischen Begrenztheit unseres eigenen Wissens, die nur teilweise etwas mit der Ausschöpfbarkeit der Natur oder unserer Informationskapazitäten zu tun hat, liegt auch seine Unbegrenztheit, nämlich im Sinne eines unabschließbaren Fortschritts (vgl. Mittelstraß 2000: 29). Weiterhin ist ein bedeutendes Charakteristikum des wissenschaftlichen Wissens die ihm innewohnende Tendenz zur Vermehrung. Hubert Markl, ehemaliger Präsident der Max-Planck-Gesellschaft, hat das Wissen daher einmal bildhaft mit einer Kugel verglichen, die von Nichtwissen umgeben ist und beständig größer wird. Mit ihrem Anwachsen vergrößert sich ihre Oberfläche und damit auch ihre Berührungspunkte mit dem Nichtwissen (Markl 2002). Sofern diese Analogie eine gewisse Plausibilität aufweist, ergeben sich neue, weiterführende Fragen.

3   Was soll ich wissen?

Welches Wissen wird als bildungsrelevant angesehen? Zunächst ist es das Wissen, das in Bildungsanstalten vermittelt wird. Diese Haltung entspricht dem klassischen Verständnis von einem Kanon, also kanonisiertem Wissen:

> Bei der Vermittlung von Wissen geht es um intendierte Prozesse, deren Planung, Auswahl und Begründung in enger Verbindung mit der Didaktik einerseits und dem Verständnis von Bildung andererseits steht. Die zielgruppen- und zweckorientierte Vermittlung von Wissen impliziert einen reflektierten Bildungsbegriff (Ballod 2007: 176).

Zugleich muss einem zeitgemäßen Bildungsbegriff die Neuorganisation von Bildungsinhalten inhärent sein. Denn bildungsrelevantes Wissen umfasst mehr als die kanonisierten Wissensdomänen in den wissenschaftlichen Disziplinen oder den Lehr- und Studienplänen von Schulen und Universitäten. Der Fächerkanon steht dieser notwendigen Neuorientierung vielfach als hemmendes Bollwerk im Wege. Der Bildungsprozess gerät zur „Wissensmast", der Vielwisser zum Gebildeten, der er gar nicht sein kann.

Nicht alles Wissen ist materialisiert, geschweige denn digitalisierbar. Und noch wichtiger: Bücher waren und sind zu allen Zeiten etwas Kostbares gewesen. Trotzdem: Sie sind letztlich nur der materialisierte Rohstoff von Wissen. Nicht gelesene Bücher sind tote Materie. Erst durch das Lesen und unser Mitdenken wird das darin Geschriebene lebendig. Das heißt, gerade in den Bildungsinstitutionen muss es darum gehen, Erfahrungen zu sammeln, die einem helfen, in der Welt zurechtzukommen. Es geht also im Kindergarten nicht vorrangig darum, mit Laptops zu arbeiten; in den U.S.A. beispielsweise werden mancherorten Computer bereits wieder aus den Klassenzimmern verbannt.

Es sind gerade die basalen Erfahrungen: das Fühlen, das Riechen und das Schmecken, die zu ungeahnter Intensität und einem vertieften Erfassen oder Verständnis der Dinge führen. Der sinnliche Eindruck beim Barfußlaufen auf moos- oder laubbedeckten Waldboden, das Duften blühender Rosen oder das Schmecken klaren Quellwassers, die Akustik eines Kirchenkonzerts.

Vieles von dem, was mit Genuss oder Ästhetik zu tun hat, gehört in diesen Bereich: Musik, Literatur, Kunst usw. Mehr noch:

> Explizites Wissen ist klassifiziertes Wissen, und wenn eine Klassifikation nicht gegeben ist, entwickelt man seine eigenen Schemata. Das Kriterium für eine gelungene Klassifikation ist deren Stimmigkeit und deren Klarheit; dies sind ästhetische Kriterien. Für die Stimmigkeit des impliziten Wissens gilt ebenfalls das ästhetische Kriterium; nur wenn Handlungs- oder Bewegungsabläufe harmonisch sind, wenn sie eine Gestalt bilden, dann werden sie als richtig und auch persönlich als befriedigend empfunden. [...] Wenn Ästhetik [...] nicht eingegrenzt wird auf die Philosophie der Kunst oder die Theorie des Schönen, dann gilt in der Tat das ästhetische Prinzip auch für das Anschauungs- und das Erinnerungswissen (Pöppel 2002).

Lernen ist daher mitnichten ein bloß kognitiver Akt; Lernen ist im Gegenteil stark mit Sinnlichkeit verbunden und an Emotionen geknüpft. Auch das Wort *Bildung* weist – in Analogie zu *Wissen* – ursprünglich auf einen stattgefundenen Prozess hin: Ein Individuum ist durch das, was ihm begegnet ist, was es kennen gelernt hat, womit es sich auseinandergesetzt hat, verändert worden. Die Person ist gebildet worden, einem Bild immer ähnlicher geworden, durch das sich ein „entfalteter" Mensch von einem „weniger entfalteten" unterscheiden lässt. Bildung vollzieht sich demnach nur durch reale Auseinandersetzung, durch Ausprobieren, durch An- und In- und Mit-uns-selber-Erfahren. Dadurch werden wir nachhaltiger verändert als durch bloßes Lernen, Auswendiglernen, Auswendigwissen. Wissen ist bloßer „Bildungsstoff", sodass sich in Anlehnung an Kant formulieren lässt: „Wissen ohne Bildung ist leer, aber Bildung ohne Wissen bleibt blind".

4 Was kann ich wissen?

Als *Informationsflut* wird metaphorisch ein weiteres Phänomen der Neuzeit bezeichnet, mit weit reichenden Konsequenzen für alle gesellschaftlichen Bereiche (vgl. z.B. Antos 2001). Dazu ein kleines Gedankenspiel: Auf der Frankfurter Buchmesse des Jahres 2007 wurden rund 16.000 Neuerscheinungen vorgestellt. Wie lange würde es wohl dauern, alle „neuen" Bücher zu lesen? Bei durchschnittlich 300 Seiten, bräuchten Sie für die 5 Millionen Seiten insgesamt etwa 11 Jahre. Vorausgesetzt Sie lesen konsequent 50 Seiten in der Stunde, 24 Std. rund um die Uhr. Falls Sie es bei 2 Stunden konzentriertem Lesen am Tag belassen, benötigen Sie bereits 132 Jahre. Wohl gemerkt: nur für die Neuerscheinungen auf dem Büchermarkt eines Jahres eines Landes.

Anderseits boomt in der Unterhaltungsindustrie die telegene Vermarktung von Wissen in ganz unterschiedlichen Formen und Formaten. Quiz-Shows sind nach fast 10 Jahren noch immer Quotengaranten. Taugt diese Form von Unterhaltung aber auch zur Vermittlung von Wissen, wenn doch vorwiegend Wissensinhalte als Faktenwissen abgefragt wird? Mehrere Studien befassen sich mit der Frage, inwiefern Quizsendungen Alltagswissen bzw. kulturelles Bildungswissen ausbauen helfen. Ein Potenzial zum „Wissensaufbau" bei den Zuschauern ist offenkundig gegeben, sofern das Wissen verständlich und anschaulich erklärt sowie zielgruppen- und mediengerecht didaktisch aufbereitet ist (Panyr et al. 2005). Aus den Strategien, die die Teilnehmer anwenden, lässt sich gut ablesen, wie sie ihr Vorwissen neu verknüpfen oder aber nach dem Ausschlussprinzip Optionen verwerfen. Beim Beantwortung der Fragen nützt ihnen ein hohes Maß an logischem Denkvermögen, aber auch sehr gute Sprachkenntnisse.

Warum ist das Sprachvermögen so entscheidend? Weil die individuelle Wissensbewältigung und das Erschließen fachlicher und sachlicher Zusammenhänge fundierte Kenntnisse von Begriffen, Benennungen und sprachliche Strukturen sowie ihrer Anwendung voraussetzt. Der Philosoph Peter Bieri bringt es in guter Tradition von Immanuel Kant, Wilhelm von Humboldt oder Karl Bühler auf den Punkt: Sprache ist das elementare und eigentliche *Medium* bei der Aufnahme, Verarbeitung und Bewertung von Wissen und zugleich der *Generalschlüssel* für unsere Umwelt, unser Denken und für den Austausch mit anderen Menschen. Denn:

> Sprache gibt uns eine begriffliche Organisation von Erfahrung. Begriffe sind Prädikate, also Wörter in Aktion. Sie helfen uns, das Erfahrene zu klassifizieren. Anschauung ohne Begriffe, und also ohne Sprache, ist blind. Erst wenn wir ein Repertoire von Prädikaten haben, können wir etwas als etwas sehen und verstehen: als Maschine, als Geld, als Revolution. Sprache gibt uns ein System von Kategorien, das gedankliches Licht auf die Dinge wirft (Bieri 2007: 44f.).

Ohne dieses sprachliche Koordinatensystem kann Wissen weder erworben noch vermittelt werden. Um diese Welten zu öffnen, bedarf es darüber hinaus der Neugier und des Muts: neue Ideen entwickeln, kreative Ansätze verfolgen, Querdenken zulassen und unbequeme Fragen stellen.

5   Ausblick

Die aktuellen Bedarfslagen zum individuellen, institutionellen und gesellschaftlichen „Umgang mit Wissen" erfordern ein Umdenken bezüglich bildungsrelevantem Wissen. Auf einem – lieber breiten als schmalen – Sockel an Allgemeinbildung und den stofflichen Grundlagen eines Fachs sollte und muss vermehrt „Wissen über Wissen", mit den oben genannten Bedingungen vermittelt werden. Denn: Die Forderung nach lebenslangem Lernen bleibt in der Wissensgesellschaft keine Phrase, sondern wird zur konkreten Anforderung. In der Konsequenz ist jeder Einzelne genötigt, seine persönliche Bildungsbiographie weiter zu entwickeln und immer wieder neu zu hinterfragen. Denn: Persönliches Wissen sichert dem Einzelnen seine Position, seine Vor(macht)stellung, seinen Vorsprung gegenüber anderen;

entweder im Sinne von Herrschaftswissen, als Alleinstellungsmerkmal oder auch als Anschlussfähigkeit für fortwährende Selbstbildungsprozesse.

Die Sicherung der Anschlussfähigkeit hilft, erlerntes Wissen – aus einem vertieften fachwissenschaftlichen und interdisziplinären Verständnis heraus – weiter ausdifferenzieren zu können. In der Schule müssen die relevanten Fertigkeiten eingeübt werden, damit die Schüler mit der zunehmenden Komplexität und Vernetzung von Wissen adäquat umgehen lernen, damit ein Selbstlernen, ein informelles Lernen stattfinden kann. Lehrer ihrerseits müssen dazu befähigt werden und ausgebildet sein, entsprechende Lernstrategien und -methoden zu vermitteln (vgl. Ballod 2007: 185ff.).

Die kompetente Nutzung der Informations- und Kommunikationstechnologien ist ebenfalls eine wichtige Grundbedingung für eine zweckmäßige individuelle Wissensorganisation. Sprachlich-kommunikative Kompetenz aber ist der Generalschlüssel für alle Wissensprozesse: beim Zugang, bei der Aufnahme, bei der Weitergabe und bei allen Formen der Wissensorganisation. Insbesondere der Deutschunterricht darf daher seine basale Orientierungsfunktion nicht aufgeben, sondern muss sie ausbauen.

Schüler müssen lernen mit der zunehmenden Komplexität und Vernetzung von Informationen adäquat umzugehen; je früher, desto besser. Daher muss es gelingen, bildungsrelevante Anschlüsse aufzuzeigen, wollen die Lerner und Lehrer Ordnung in ihre eigenen Wissenswelten bringen. Nur auf dieser Grundlage können sich individuelle Fähigkeiten und Fertigkeiten zum *kritischen*, *emanzipierten* und *toleranten* Umgang mit allen möglichen Wissenstypen ausbilden. Dies zu fördern, ist eine zentrale Aufgabe aller Bildungsinstitutionen und ein wichtiges Feld für die Transferwissenschaft.

6 Literatur

Antos, Gerd (2001): Transferwissenschaft. Chancen und Barrieren des Zugangs zu Wissen in Zeiten der Informationsflut und der Wissensexplosion. In: Sigurd Wichter/Gerd Antos (Hg.): Wissenstransfer zwischen Experten und Laien: Umriss einer Transferwissenschaft. Frankfurt a.M., 3–33.

Ballod, Matthias (2007): Informationsökonomie – Informationsdidaktik: Strategien zur gesellschaftlichen, organisationalen und individuellen Informationsbewältigung und Wissensvermittlung. Bielefeld.

Bieri, Peter (2007): Brücke zum fremden Geist. In: DIE ZEIT, Nr. 52, 19. Dezember 2007, 44f. http://www.zeit.de/2007/52/Peter-Bieri-6 (letzter Zugriff: 24. September 2008).

Hentig, Hartmut von (1996): Bildung. München/Wien.

Hentig, Hartmut von (2005): Wissenschaft. Eine Kritik. Weinheim/Basel.

Markl, Hubert (2002): Schnee von gestern. In: DER SPIEGEL, Nr. 32, 5. August 2002. http://www.spiegel.de/spiegel/0,1518,208272,00.html (letzter Zugriff: 24. September 2008).

Marx, Werner/Gramm, Gerhard (2002): Literaturflut – Informationslawine – Wissensexplosion. Wächst der Wissenschaft das Wissen über den Kopf? http://www.mpi-stuttgart.mpg.de/ivs/literaturflut.html (letzter Zugriff: 24. September 2008).

Mittelstraß, Jürgen (Hg.) (2000): Zwischen Naturwissenschaft und Philosophie. Konstanz.

Panyr, Sylva/Kiel, Ewald/Meyer, Swantje/Grabowski, Joachim (2005): Quizshowwissen vor dem Hintergrund empirischer Bildungsforschung. In: bildungsforschung 2(1). http://www.bildungsforschung.org/Archiv/2005-01/quiz/ (letzter Zugriff: 24. September 2008).

Pöppel, Ernst (2002): Was ist Wissen? http://www.uni-koeln.de/uni/aktuell_rede_ws0102_02.html (letzter Zugriff: 24. September 2008).

Springfeld, Uwe (2003): Wie entsteht Wissen? http://www.podster.de/episode/62533 (letzter Zugriff: 24. September 2008).

Kommunikative Kompetenz und Sprachkultiviertheit – ein Modell von Können und Wollen

Nina Janich (Darmstadt)

1 Einleitung
2 „Wissen" und „Kompetenz"
3 Modell der Kommunikativen Kompetenz
4 Bewusstheit und implizites Wissen
5 Ziel des Wissenstransfers: Sprachkultiviertheit als Können und Wollen
6 Literatur

1 Einleitung

Im Rahmen des Tagungsthemas „Typen von Wissen – ihre begriffliche Unterscheidung und Ausprägungen in der Praxis des Wissenstransfers" möchte ich mich auch in diesem Jahr wieder dem speziellen Problem des sprachlichen Wissens zuwenden und im Folgenden ein Modell zur begrifflichen Unterscheidung verschiedener Teilbereiche des sprachlichen Wissens und der damit zusammenhängenden kommunikativen Kompetenzen vorschlagen. Mich interessieren daher zuerst die ersten beiden Fragen, die in der Ausschreibung genannt sind, nämlich die theoretische Frage nach verschiedenen Wissenstypen: nach welchen Kriterien sie sich einerseits unterscheiden lassen und wie sie andererseits aufeinander bezogen sind. In diesem Zusammenhang und angesichts der Tagungstradition möchte ich jedoch auch kurz auf die dritte Frage eingehen, d.h. auf die praxisbezogene Perspektive des Transfers.

2 „Wissen" und „Kompetenz"

Im Ausschreibungstext zur Tagung wird betont, dass das deklarative Was-Wissen in der Regel zu sehr im Vordergrund stehe und das Wie-Wissen, das (möglicherweise implizite) Handlungswissen, zu wenig beachtet werde. Meines Erachtens liegt dies unter anderem am Ausdruck *Wissen*, der in seiner alltagssprachlichen Bedeutung eher eine Art Zustand und weniger eine Fähigkeit nahelegt. So sprechen wir im Alltag über Faktenwissen auch fast immer mit Hilfe des Verbs *wissen*, während wir für prozedurales bzw. Handlungswissen eher das Verb *können* vorziehen.

Ich möchte daher vorschlagen, im Falle von Können eher von „Kompetenz" zu sprechen, nicht zuletzt um diesem Können dann jeweils wieder ein spezifisches (deklaratives) Wissen zuordnen zu können. *Kompetenz* scheint mir den Aspekt der Fähigkeit zur Anwendung und Umsetzung von Wissen besser zu transportieren als der Ausdruck *Wissen*. Kompetenz wird also im Folgenden als ein handlungsbezogenes Können verstanden, das u.a. auf Wissen, sicherlich aber auch auf Erfahrung und Übung basiert. Das Sprechen von Kompetenz impliziert dabei keineswegs, dass dieses Können perfekt sein muss. Auch Kompetenzen können – ebenso wie Wissensbestände – in unterschiedlichen Ausprägungen und Graden vorliegen. (Zur sog. „Imperfektibilitätsthese" vgl. Antos 1996: bes. 152 und ihre Diskussion bei Janich 2004: 100–109). Insbesondere bei sprachlichen bzw. kommunikativen Kompetenzen ist erfolgreiche Kommunikation durchaus möglich, auch wenn die Kommunikationspartner nicht „perfekt" und über sämtliche Kompetenzen verfügen oder unterschiedlich kompetent sind:

> Inhalt und Struktur natürlicher Gespräche legen die Vermutung nahe, daß unser sprachliches (Was- und Wie-)Wissen beschränkt sein kann, ohne daß dies erhebliche Einbußen unserer kommunikativen Kompetenz zur Folge haben müßte. Das scheint gegen ein Wissensmodell zu sprechen, das von der Annahme ausgeht, (a) unser Wissen müßte (mehr oder minder) vollständig, (b) wohlgeordnet und (c) im wesentlichen propositional repräsentiert sein (Foppa 1994: 109).

3 Modell der Kommunikativen Kompetenz

Ich möchte ein Modell von theoretisch (idealiter) differenzierbaren, in der Praxis aber eng ineinander greifenden Kompetenzen für sprachliches Handeln vorschlagen, über die ein Sprecher zumindest in einer basalen Ausprägung verfügen muss, um erfolgreich sprachlich handeln zu können, die im individuellen Spracherwerb jedoch zum Teil unterschiedlich stark ausgebaut und entwickelt sein können. Diese Kompetenzen, die Sprachproduktion wie auch Sprachrezeption umfassen und damit immer in einer zweifachen Ausprägung (aktiv vs. passiv) zu sehen sind, verstehe ich dabei keinesfalls in einem nativistischen Sinn als „Module" mit isolierten und spezifischen Wissensinhalten und spezifischen kognitiven Prozessen, die unabhängig voneinander erworben oder beim Sprechen aktiviert würden! Stattdessen geht es mir darum, Anforderungen, die sprachliches Handeln an die Sprecher stellt, aus verschiedenen Perspektiven zu betrachten und das Ineinandergreifen kognitiver Prozesse durch eine theoretisch-analytische Trennung besser zu verstehen.

Jede der angenommenen Kompetenzen stützt sich dabei auf (teilweise unterschiedliche) Wissensbestände, wobei diese Wissensbestände prinzipiell einzelsprachlich gebunden und in enger Verflechtung mit dem sog. Weltwissen eines Sprechers zu sehen sind, während ich die Kompetenzen als solche für universal im sprachlichen Handeln halte. Das Kompetenzenmodell erhebt damit den Anspruch, übereinzelsprachlich gültig zu sein.

Die folgende Tabelle (Abb. 1) gibt vorab einen Überblick über die von mir postulierten Kompetenzen und die ihnen zugeordneten Wissensbestände. (Zur ausführlichen Darstellung und Diskussion des Kompetenzenmodells, auf die sich die folgenden Ausführungen wesentlich stützen, vgl. Janich 2004: 88–141.)

Abb. 1: Sprachliche Kompetenzen und Wissensbestände

	Kurzdefinition	Wissensbestände
1. grammatische Kompetenz	aktive Fähigkeit zur Konstruktion grammatisch korrekter Sätze und passive Fähigkeit zur Erschließung von grammatischem Sinn	grammatisches Normen- und Strukturwissen
2. Semantisierungskompetenz	aktive und passive Fähigkeit zur Zuordnung von Bedeutung höherer Stufe: Wissen von der Zeichenarbitrarität	lexikalisches Wissen (inkl. Varietätenwissen), Weltwissen
3. Kontextualisierungskompetenz	Fähigkeit zur Konstruktion und Erschließung von Kontexten und entsprechenden Bedeutungszuweisungen	idiomatisches Wissen, Text- und Varietätenwissen, kulturelles Wissen, situatives Wissen
4. kreative Kompetenz	1) Fähigkeit zur Übertragung von Bekanntem auf Unbekanntes 2) Fähigkeit zum kreativen Umgang mit Sprache im weiteren Sinn	basiert auf Wissensbeständen der Kompetenzen 1-3, (Übertragungsfähigkeit, „Abweichungsbewusstsein")
5. Strukturierungskompetenz	Fähigkeit der sinnvollen und logischen Strukturierung von Äußerungen und Texten sowie zur strategischen Abweichung davon	Weltwissen, semantisches und grammatisches Strukturwissen
6. transsubjektive Kompetenz	Fähigkeit, den Partner absichtsvoll in den eigenen Kommunikationsbeiträgen zu berücksichtigen, dabei aber die Eigenperspektive auf den Kommunikationspartner als eine solche prinzipiell zu erkennen	(Sprachdifferenzbewusstsein), kulturelles und situatives Wissen
7. metakommunikative Kompetenz	Fähigkeit, bei Problemen auf eine handlungsentlastete Ebene zu wechseln und Probleme metasprachlich zu thematisieren	basiert auf Kompetenzen 1-6 und deren Wissensbeständen

Ich erläutere die einzelnen Kompetenzen im Folgenden kurz und gehe mit Blick auf den Wissenstransfer auch jeweils darauf ein, inwiefern sie miteinander vernetzt sind und welche Rolle sie im Spracherwerb spielen, d.h. ob sie eher (1) durch eigene Erkenntnis, (2) durch Lernen am Vorbild oder (3) durch Lernen in Lehr-Lern-Kontexten erworben und trainiert werden (ausführlicher siehe Janich 2004: 110–141).

Um die knappe Darstellung anschaulich zu gestalten und zugleich den Bezug zur Frage des Transfers nicht aus dem Blick zu verlieren, wird jeder Kompetenz ein kurzes Textbeispiel aus einem Kinder- oder Jugendbuch beigesellt: Die Beispiele sollen einerseits die Art der Kompetenz verdeutlichen und andererseits beweisen, dass Kinder- und Jugendliteratur neben schulischer Lektüre ein großes Potenzial für die Vermittlung sprachlichen Wissens besitzt (vgl. dazu ausführlicher Janich 2004: 212–224).

3.1 Grammatische Kompetenz

Textbeispiel:

> „In der deutschen Sprache ist das Dichten ein bisschen leichter als in anderen Sprachen", sagte mein Urgroßvater. „Wieso?", fragte die Obergroßmutter. „Weil man im Deutschen die Wörter dauernd umstellen kann." „Verstehe ich nicht", brummte die Obergroßmutter. „Dann wollen wir es mal ausprobieren, Margaretha. Nehmen wir zum Beispiel den Satz: Erbsensuppe ist ein nahrhaftes Essen für die Familie." [...] „Erbsensuppe ist ein nahrhaftes Essen für die Familie. Erbsensuppe ist für die Familie ein nahrhaftes Essen. Erbsensuppe ist ein nahrhaftes Familien-Essen. Ein nahrhaftes Essen für die Familie ist Erbsensuppe. Ein nahrhaftes Essen ist Erbsensuppe für die Familie. Für die Familie ist Erbsensuppe ein nahrhaftes Essen. Für die Familie ..." (James Krüss: Mein Urgroßvater und ich. Oetinger 1998 [1959], S. 147).

Die grammatische Kompetenz ist die Fähigkeit eines Sprechers, aufgrund ihm bekannter Konstruktionsregeln und grammatischer Formen immer wieder neue grammatisch korrekte Sätze zu bilden bzw. den „grammatischen Sinn" einer Aussage zu erschließen:

> Dieses Erkennen der Muster und damit der Zusammengehörigkeitssignale hat schematische Aspekte, die sich mit einem ‚Rechnen' vergleichen lassen; man denke an Flexionsendungen und die durch sie ausgedrückte Zuordnung z.B. von Substantiv und Adjektiv. Daß wir mit dem Erwerb einer Sprache dieses ‚Rechnen' erwerben, erspart es uns, ihre Sätze einzeln und als ganze zu lernen (Schneider 1992: 412).

Da die grammatische Kompetenz das Verfügenkönnen über ein gemeinsames Strukturwissen ist, ermöglicht sie Kommunikation und ist damit notwendig für alle kommunikativen Sprachhandlungen, d.h. Sprachhandlungen, die ein Gegenüber voraussetzen. Sie ist dabei zugleich eine Basis für die kreative Kompetenz (2.4), da nur bei vorhandenem Regel- und Strukturwissen Abweichungen erkannt und in ihrer Funktion verstanden oder selbst funktional genutzt werden können. Die Erkenntnisse der Spracherwerbsforschung zeigen, dass sich der Erwerb formalsprachlicher Strukturen und Taxonomien auch auf die kognitive Entwicklung auswirkt, weil Kategorisierungen und Hierarchisierungen (nicht nur lexikalischer, sondern auch grammatischer Art) das Denken strukturieren und dadurch kognitiv entlasten (vgl. Szagun 2000: 159–167). Es ist also anzunehmen, dass Grammatizität auch für den Erfolg nicht-kommunikativer kognitiver Sprachhandlungen (wie Selbstgespräch oder Notizen für den persönlichen Gebrauch) eine Rolle spielt.

Die Wissensbestände, auf die man mit der grammatischen Kompetenz zurückgreift, sind meines Erachtens entgegen nativistischer oder generativistischer Annahmen einzelsprachlich gebunden. Wie sprachkontrastive Studien zeigen, werden sie immer in Zusammenhang mit und in Bezug auf die Inputsprache (d.h. die Muttersprache) gelernt (vgl. Szagun 2000: 61–64).

Grammatische Kompetenz wird zwar in frühen Spracherwerbsstadien auch im Zusammenhang mit sensomotorischen Raum-Zeit-Erfahrungen und Erkenntnissen der Bedeutungshaftigkeit formaler Strukturen erworben (vgl. Szagun 2000: 43–52, 83–92), sie wird jedoch im Vergleich mit den anderen Kompetenzen am stärksten gelernt und geübt: zuerst durch Orientierung am Vorbild (vermutlich durch den Aufbau probabilistischer Strukturen prototypischer Art), später als explizites Regellernen, besonders in der Schule im Muttersprachunterricht.

3.2 Semantisierungskompetenz

Textbeispiel:

> Die Mama wird auf eine Trage gehoben. Die Trage hat Räder. Sie surren auf dem Kaufhausboden eine wunderschöne sanfte Melodie. Die Räder sitzen an langen Beinen. Ich denke an eine Giraffe. Die Beine knicken automatisch ein, als die Männer den Rettungswagen erreicht haben. Das ist patent. Zu *Rettungswagen* kann man auch *Krankenwagen* sagen. Das hört sich ein bisschen besser an (Dagmar Chidolue: Nicht alle Engel sind aus Stein. Dressler 2000, S. 39).

Unter Semantisierungskompetenz verstehe ich eine noch grundlegendere Kompetenz als die grammatische, nämlich die für Sprechen unverzichtbare Fähigkeit, Sprachzeichen eine Bedeutung zuzuordnen. Die Semantisierungskompetenz verdankt sich der frühkindlichen Erkenntnis, dass die Dinge einen Namen haben, und der Fähigkeit, Sprache aufgrund dessen in Bedeutungseinheiten zu segmentieren (vgl. Szagun 2000: 101–103). Sie ist in diesem Sinne zuerst einmal eine Begriffsbildungs- und Benennungskompetenz.

Bei der Semantisierungskompetenz stützen wir uns auf die Bestände unseres lexikalischen Wissens, das wir in der Interaktion und in steter Wechselwirkung mit Weltwissen erwerben (vgl. Szagun 2000: 99–103, 142), und nutzen es zur Erschließung auch neuer, unbekannter Ausdrücke. Klassischerweise werden dabei aktive und passive Wissensbestände unterschieden, die es ermöglichen, auch Äußerungen und Ausdrücke zu verstehen, die man selbst nicht verwenden würde oder könnte.

Die Semantisierungskompetenz ist eng mit der grammatischen Kompetenz verwoben, nicht zuletzt deshalb, weil wir grammatische Formen besonders dann früh und leicht erlernen, wenn sie semantisch konsistent und formal deutlich markiert sind und wir ihre Bedeutung verstehen (z.B. die Verlaufsformen im Englischen oder Verbflexionsendungen im Deutschen; vgl. Szagun 2000: 48–52, 64). Allerdings zeigt zum Beispiel das Stadium der Zweiwortäußerungen, dass im Spracherwerb Bedeutung vor Form kommt, auch wenn Grammatik- und Vokabelerwerb offensichtlich durch die gleichen informationsverarbeitenden Prozesse gesteuert werden (vgl. Szagun 2000: 25–29, 31–33, 260f.).

Ruft man sich die verschiedenen möglichen Haltungen zur Arbitrarität von Sprachzeichen in Erinnerung, dann dürfte nachvollziehbar sein, warum ich von mindestens zwei Stufen der Semantisierungskompetenz ausgehe, die sich durch das Reflexionsniveau in Bezug auf die sprachliche Symbolfunktion unterscheiden: Eine (unreflektierte) Stufe liegt vor, wenn der Zusammenhang von Wörtern und Dingen als ein unmittelbarer im Sinne der Abbildung gesehen wird und sprachliche Ausdrücke daher *nicht* als arbiträre und konventionelle Zeichen erkannt werden, deren Bedeutungen durch den Sprachgebrauch begründet sind und auf diesen bezogen werden müssen. Die zweite (reflexionsfähige) Stufe der Semantisierungskompetenz liegt in der Erkenntnis, dass sich Wortbedeutungen durch den Sprachgebrauch synchron als semantische Normen verfestigen und sie nicht als sprecherunabhängige, irgendwie naturhafte Substanz von Wörtern zu verstehen sind. Auf dieser Stufe werden erstens Phänomene wie Synonymie, Polysemie, Tropen und Bedeutungswandel unmittelbar verständlich; zweitens wird die zentrale Rolle von Sprache bei der Konstruktion von Welt nachvollziehbar. (Dass die Welt für die Begriffsbildung und Bedeutungskonstitution dennoch nicht unwichtig ist, zeigen Ansätze wie Prototypentheorie und kognitive Semantik.)

Es geht also nicht nur darum, Bedeutungen von Wörtern zu „wissen", sondern auch darum, mit ihnen produktiv und rezeptiv umzugehen, sie zu „können". Dafür ist allerdings zusätzlich eine Kontextualisierungskompetenz (3.3) nötig, also die Fähigkeit, aus einer Menge von Bedeutungen bzw. Ausdrücken situationsspezifisch auszuwählen. Die situationsangemessene Auswahl setzt jedoch die grundsätzliche Kenntnis von möglichen Wortbedeutungen und die Fähigkeit, diese in Abhängigkeit vom Gebrauch zu sehen, voraus. Die Semantisierungskompetenz wird im Erstspracherwerb vor allem durch Erfahrung und durch Lernen am Vorbild (beispielsweise durch das Lesen von Texten) erworben und ausgebaut; das Lernen in Lehr-Lern-Kontexten spielt dagegen nur beim Fremdsprachenerwerb eine zentrale Rolle.

3.3 Kontextualisierungskompetenz

Textbeispiel:

> Vor meiner Zeit: Das sagt man, wenn etwas geschieht, an das man sich nicht mehr erinnern kann. Ich finde solche Ausdrücke gut. Sie sind praktisch. Man kann sie wie Wäscheklammern benutzen und Sätze damit aufhängen:
>
> Die Beine in die Hand nehmen...
> Im Trüben fischen...
> In aller Munde sein...
> Nicht mehr unter den Lebenden weilen...
>
> Eigentlich meint man immer was anderes, aber jeder weiß trotzdem Bescheid.
>
> (Dagmar Chidolue (2000): Nicht alle Engel sind aus Stein. Dressler, 47f.)

Die Kontextualisierungskomptenz ergänzt die Semantisierungskompetenz, indem wir mit ihrer Hilfe nicht nur die literale Bedeutung von Wörtern verstehen oder erschließen können, sondern auch, wie sie im Kontext gemeint sind, welche Ausdrucksmöglichkeiten je nach Kontext außerdem zur Verfügung stehen und wie sich Interpretationsprobleme mit Hilfe von Kontextualisierungshinweisen lösen bzw. vermeiden lassen. Durch Kontextualisierung wird beispielsweise das Wissen um Denotationen, Konnotationen, Mehrdeutigkeit usw. situationsspezifisch genutzt, um Humor, Ironie, Mitgemeintes usw. produktiv umzusetzen bzw. rezeptiv nachzuvollziehen.

Die Kontextualisierungskompetenz umfasst damit zum einen das deklarative Wissen um sprachliche Routineformeln (wie Grüße, Abschieds-, Dankes-, Glückwunsch- oder Kondolenzformeln), Sprachstereotype und kontext- und varietätenspezifische Gebrauchsweisen von Ausdrücken, zum anderen die prozedurale Fähigkeit zur Ver- und Entschlüsselung verbaler, paraverbaler und nonverbaler Kontextualisierungshinweise. Sie wird also entweder handlungsleitend bzw. rezeptionssteuernd zur Interpretation eines (relativ stark festgelegten) Kontextes aktiviert; die Interpretation erfolgt dabei anhand der Situation und/oder anhand der sozialen Beziehung und/oder anhand von Kontextualisierungshinweisen des Gegenübers. Oder sie wird aktiviert, um einen offenen, uneindeutigen Situations- und/oder sozialen Kontext mit Hilfe von Kontextualisierungshinweisen zu vereindeutigen bzw. in ganz offenen Kommunikationssituationen ohne Vorgeschichte auch erst zu schaffen. Die Kontextualisierungskompetenz spielt damit vor allem für die kommunikativen Sprachhandlungen eine bedeutende Rolle: Sie schafft die Voraussetzungen für Anschlusskommunikation, da durch sie „gemeinsame Kontexte des Meinens und Verstehens" in Handlungszusammenhängen erkannt oder notfalls erzeugt werden können und damit die „Anschließbarkeit von Kommunikation an Kommunikation" gewährleistet wird (vgl. Feilke 1994).

Bei der Kontextualisierung stützen wir uns auf kulturell und zeitlich bestimmtes Sach- und Weltwissen ebenso wie auf sprachliches und situatives Wissen, meist mit handlungsentlastender Funktion und zur Ermöglichung routinierten Sprachhandelns.[1] Da die Kontextualisierungskompetenz in der Interaktion mit anderen entwickelt wird, dürften eigene Erfahrung und Lernen am Vorbild die entscheidenden Wege der Aneignung sein, weniger zentral und viel versprechend dagegen systematisches Lernen in Lehr-Lern-Kontexten.

Auf einer höheren, reflexionsfähigen Stufe ließe sich auch das von Eva Neuland für sprachliche Bildung als zentral angesehene „Sprachdifferenzbewusstsein" hinzuzählen, d.h. das Wissen und Verstehen, dass in verschiedenen Situationen Sprachhandeln in unterschiedlicher Form stattfindet und dass andere aufgrund unterschiedlicher Normgeorientierung möglicherweise sogar in der *gleichen* Situation anders sprachlich handeln (vgl. z.B. Neuland 1993 und 2002) – in diesem Fall muss zusätzlich eine transsubjektive Kompetenz (2.6) aktiviert werden.

3.4 Kreative Kompetenz

Textbeispiel:

> Aufgezwackt und hingemotzt
> angezickt und abgestotzt
> jetzt die Kipfe auf die Bliesen
> langsam butzen, tapfen, schniesen
> dreimal schwupf dich
> knitz dich
> lüpf
> siehstewoll – da flatzt der Büpf
>
> (Hans Adolf Halbey: Kleine Turnübung)[2]

In Anlehnung an Hans Julius Schneider (1992) gehe ich von einer eigens anzusetzenden kreativen Kompetenz aus, obwohl die bisher beschriebenen Kompetenzen bereits alle auch einen kreativen Aspekt im Sinne einer Übertragungsfähigkeit von Bekanntem auf neue Situationen einschließen. Damit möchte ich das Spielerische und Schöpferische als einen ganz wesentlichen (kognitiven) Aspekt des sprachlichen Handelns hervorheben – ähnlich wie Schneider dies tut, wenn er neben dem „Kalkül" grammatischer Strukturbildung die „Phantasie" in der konkreten Anwendung und Übertragung und den „Sprung" bei jedem sprachlichen Akt hervorhebt:

---

[1] Der Begriff der Kontextualisierungskompetenz orientiert sich nur teilweise (nämlich nur im Falle der uneindeutigen Situationen) am Kontextualisierungsbegriff der ethnographischen Diskursanalyse (z.B. Auer 1986) und der auf der Ethnographie aufbauenden Common-Sense-Theorie von Helmuth Feilke (1994, 1996).

[2] In: Hans Joachim Gelberg (Hg.)(1989): Überall und neben dir. Gedichte für Kinder, Beltz und Gelberg, 112.

Von einer ‚*Polarität*' von Phantasie und Kalkül ist hier deshalb die Rede, weil diese beiden Seiten der Sprache sich im folgenden Sinne gegenseitig durchdringen und befördern: Die phantasievolle, ungewöhnliche kommunikative Handlung tritt im Fall der Sprache charakteristischerweise im Rahmen eines von Sprecher und Hörer geteilten Strukturverständnisses auf, und umgekehrt können die ‚Kalkülregeln', mit denen grammatische Strukturen erzeugt werden, nur in Schritten angewendet werden, deren jeder einzelne einen nicht weiter fundierbaren ‚Sprung' erfordert (Schneider 1992: 29; Hervorhebungen im Original).

Die kreative Kompetenz wird also, anders als die das routinierte Sprachhandeln ermöglichende Kontextualisierungskompetenz, vor allem für diejenigen Situationen benötigt, in denen das Vertraute (z.B. grammatisches Regelwissen, Wortschatzkenntnisse, Semantisierung und Kontextualisierung) nicht mehr ausreicht, sondern die vorhandenen Mittel modifiziert und erweitert werden müssen, um neue Lösungsmöglichkeiten zu schaffen. Dadurch bezieht sie sich einerseits eng auf die drei bisher genannten Kompetenzen, andererseits aktiviert man sie oft in Verflechtung mit der metakommunikativen Kompetenz (3.7), wenn nämlich eine Problemlösung z.B. nur über den handlungsentlasteten Diskurs (Habermas 1975: 114ff.), nicht aber durch Korrekturen oder Experimente im laufenden Gespräch möglich ist (siehe auch 4).

Auch die kreative Kompetenz lässt sich in einer zweistufigen Ausprägung annehmen: Ganz basal bezieht sie sich auf die Fähigkeit zur Übertragung von Bekanntem auf neue Situationen (auf allen sprachsystematischen Ebenen). Sie ist damit eine im kommunikativen Alltag ständig aktivierte Kompetenz im Sinne Schneiders (wenn nicht gar im Sinne von Chomskys „Performanz"), wenn man den „Sprung wagt", ohne jedes Mal die zugrunde liegenden Normen thematisieren zu müssen. Auf einer höheren Stufe, weitgehend erworben durch Erfahrung und selbständiges Ausprobieren, befähigt sie jedoch zur bewussten und absichtsvollen Abweichung von Bekanntem, entweder um konkrete Probleme zu lösen oder um bestimmte Zwecke zu erreichen (z.B. zu provozieren, zu unterhalten, sich zu amüsieren usw.). In dieser Form ist sie in der Regel auch bewusstheitsfähig (siehe 4).

3.5 Strukturierungskompetenz

Textbeispiel:

(Hans Manz: Lies vorwärts oder rückwärts und beginn, wo du willst!)[3]

Unter Strukturierungskompetenz verstehe ich zuerst einmal eine produktionsorientierte Kompetenz, die es ermöglicht, entsprechend einer methodischen Ordnung, d.h. einer sinnvollen und notwendigen Abfolge von Handlungsschritten vorzugehen, oder aber aus strategischen Gründen Alternativen abzuwägen und möglicherweise von einer solchen Ordnung abzuweichen. Damit dient die Strukturierungskompetenz im Optimalfall der sachadäquaten und verständnissichernden Textorganisation (vgl. genauer Antos 1981: 427). Rezeptionssteuernd wird die Strukturierungskompetenz intensiv z.B. bei Hypertexten genutzt, bei denen der Leser die Abfolge der Rezeption selbst bestimmt und ihm aufgrund der nicht-linearen Struktur ungewohnte Möglichkeiten zur Verfügung stehen, aus einzelnen Texteinheiten einen eigenen Text zu generieren.

Im Grunde handelt es sich dabei nicht um eine sprachspezifische Kompetenz: Auch für herstellende nicht-sprachliche Handlungen wie die Reparatur eines Autos oder das Kochen eines Gerichts ist eine Strukturierungskompetenz notwendig, die dazu befähigt, Arbeitsschritte in der richtigen Reihenfolge zu planen und auszuführen. Angesichts der Möglichkeit der strategischen Abweichung sowie der Ergebnisse

---

[3] In: Hans Joachim Gelberg (Hg.)(1989): Überall und neben dir. Gedichte für Kinder, Beltz und Gelberg, 131.

der Texlinguistik erscheint es jedoch sinnvoll, für das sprachliche Handeln eine spezifische Strukturierungskompetenz anzunehmen (statt sie wie das Weltwissen einer prinzipiellen schon vorsprachlichen Handlungsfähigkeit zuzuordnen): Christiane von Stutterheim weist empirisch nach, dass Textkonzeption und -produktion weniger von globalen kognitiven Einflussgrößen wie zum Beispiel Welt- bzw. Sachverhaltswissen oder vorgängigen Formen der Wissensaneignung beeinflusst werden, sondern vor allem von der zugrunde liegenden „kommunikativen Aufgabe", der so genannten „Quaestio" (vgl. Stutterheim 1997: 199f., 255-258). Diese kommunikative Aufgabe impliziert inhaltliche Vorgaben (wie Informationsselektion und ihre Serialisierung), kognitive Vorgaben (wie die sprecherseitige Zugänglichkeit bestimmter Wissensausschnitte) und strukturelle Vorgaben (wie Verhältnis von Haupt-/Nebenstruktur, Topik/Fokus). Der Schritt von der Textkonzeption zur -produktion (im Sinne der Auswahl aus möglichen Versprachlichungsalternativen) erfolgt in Abhängigkeit von diesen Vorgaben. Die Quintessenz des Quaestio-Ansatzes besteht in der These, dass jede kohärente Rede auf diesen Vorgaben aufbaue und damit als Antwort auf eine einleitende „offene" Frage zu verstehen sei (vgl. Stutterheim 1997: 19-45).

Die Ausbildung einer Strukturierungskompetenz hängt sehr stark von Menge und Art der kommunikativen Herausforderungen ab, vor die der Einzelne gestellt wird. Vielfach wird sie über *trial and error*, d.h. also aufgrund der (sprachlichen und nicht-sprachlichen) Reaktionen unserer Kommunikationspartner auf unsere Äußerungen, erworben; sie kann jedoch natürlich auch durch gezieltes Schreibtraining in Lehr-Lern-Kontexten (z.B. in Schule und Universität) gestärkt werden.

3.6 Transsubjektive Kompetenz

Textbeispiel:

> „Wir sollen sie doch nicht füttern, Linnea", sagt er. „Das ist nicht gesund für sie."
> Linnea guckt zu ihm hoch. „Aber das Kaninchen dürfen wir", sagt sie bestimmt.
> „Das hat er gesagt. *Nur die Hühner nicht füttern*, hat er gesagt. Das Kaninchen dürfen wir." Magnus guckt sie zweifelnd an. „Nee, das glaub ich nicht, Linnea", sagt er. „Ich glaub nicht, dass der Mann das so gemeint hat." Aber Linnea ist sich ganz sicher. „*Nur die Hühner nicht*, hat er gesagt!", sagt sie streng. „Das Kaninchen dürfen wir!" Und da denkt Magnus, dass Linnea ja ganz vielleicht doch Recht hat. *Nur die Hühner* sind nur die Hühner, und wenn der Mann das nicht so gemeint hat, soll er das auch nicht so sagen. Sonst hat er selber Schuld. Man muss sich immer ganz genau ausdrücken, sagt Mama. Dass die anderen einen auch richtig verstehen. Sonst muss man sich nicht wundern, wenn etwas schief geht (Kirsten Boie: Linnea rettet Schwarzer Wuschel. Oetinger 2000, S. 26f.).

Jeder hat eine eigene Form der sprachlich-kommunikativen Sozialisation erfahren, ist durch bestimmte soziale Gruppen (Familie, Freunde, Ausbildungs- und Arbeitskollegen) und Kommunikationserfahrungen geprägt und beherrscht eine individuelle und unterschiedlich ausgebaute Mischung von Varietäten. Mögliche

Kommunikationsprobleme zwischen Fachmann und Laie, zwischen Dialekt- und Standardsprecher, zwischen Jugendlichen und älteren Leuten beruhen nicht zuletzt darauf, dass die Kommunikationspartner aufgrund unterschiedlicher Lebenserfahrungen und unterschiedlichem kommunikativen Umfeld mit unterschiedlichen Wertorientierungen leben und ihre „eigenkulturelle" Perspektive entweder gar nicht als eine solche, also als eine sich von der Perspektive des jeweils Anderen unterscheidenden erkennen – oder dass sie sich auf diese andere Perspektive nicht einlassen wollen.

Auch unterschiedliche dominante Handlungsorientierungen (z.B. Zielorientierung, Klärungsorientierung oder Beziehungsorientierung) und Perspektivenübernahmen können zu Kommunikationsproblemen führen:

> Eine ‚gegenständliche' Perspektivenübernahme stellt den Versuch dar, die Perspektive des Interaktionspartners auf den *Interaktionsgegenstand* zu verstehen, während eine ‚emotionale' Perspektivenübernahme der Versuch ist, die Perspektive des Interaktionspartners auf die *interpersonale Beziehung* der Akteure zu verstehen. Demgegenüber stellt schließlich eine ‚konzeptuelle' Perspektivenübernahme den Versuch dar, die Perspektive des Interaktionspartners auf den *soziokulturellen Kontext* zu verstehen, in den die Interaktion eingebettet ist (Layes 2000: 99; Hervorhebungen im Original).

Wir haben zwar keinen unmittelbaren Zugang zu den Erfahrungen und Ansichten des Anderen, aber wir können seine Perspektive aufgrund seiner Äußerungen zumindest zu erschließen versuchen. Voraussetzung dafür ist, sich bewusst zu machen, dass die eigenen Erwartungen und Normvorstellungen nicht zwangsläufig die gleichen sind wie die Erwartungen des Anderen (die man immer nur aus seinem Handeln und seiner Reaktion erschließen kann), dass man aber dazu neigt, sie ihm automatisch zuzuschreiben und sein Handeln danach zu bewerten (und umgekehrt: dass auch der Andere einem die gleichen Erwartungen zuschreibt wie sich selbst und Handlungen entsprechend bewertet). Transsubjektive Kompetenz äußert sich damit zumindest in dem *Versuch*, absichtsvoll die Perspektive des Anderen einzunehmen, und zwar indem die eigene Perspektive als eine solche erkannt und reflektiert wird.

Erworben wird transsubjektive Kompetenz im Spracherwerb zusammen mit argumentativen Fähigkeiten, die nicht nur ein vernünftiges Ich-Bewusstsein und damit die Wahrnehmung des Anderen als Person voraussetzen, sondern auch das Vermögen, den anderen als ein Subjekt mit eigenen Interessen und Ansichten einzuschätzen und entsprechend zu handeln (vgl. Völzing 1982: 134f.). Laut Völzing wird – in Abweichung zu den Thesen Jean Piagets – kooperatives sprachliches Handeln als die einfachste (weil komplexitätsreduzierende und handlungsentlastende) Form zuerst erworben, bevor strategisches Handeln möglich wird: Dieses sei punktuell schon bei zwei- bis vierjährigen Kindern nachweisbar und zeige, dass diese erkannt hätten, dass eigene Ziele auch unter *Vorspiegelung* kooperativen Handelns erreicht werden können, wenn dieses den Erwartungen ihres Gegenübers entspricht (vgl. Völzing 1982: 134, 202f.). Wichtig erscheint mir dabei die Feststellung, dass transsubjektive Kompetenz im Kontakt mit anderen, in Auseinandersetzung mit den sprachlichen und nicht-sprachlichen Reaktionen des Gegenübers, d.h. durch Erfahrung und eigene Erkenntnis erworben und ausgebaut wird. Für die interkulturelle Kommunikation werden inzwischen eigene Trainings angeboten, um die eigenkulturelle Perspektive bewusst und die fremdkulturelle Perspektive nachvollziehbar zu machen – für den intralingualen Bereich gibt es so etwas meines Wissens (noch) nicht, doch zielen sprachdidaktische Vorschläge wie die zur Entwicklung eines Sprachselbst- und Sprachdifferenzbewusstseins auf die Stärkung auch der transsubjektiven Kompetenz ab (vgl. z.B. Neuland 1993 und 2002).

3.7 Metakommunikative Kompetenz

Textbeispiel:

> Was deine Stimme so flach macht
> so dünn und blechern
> das ist die Angst
> etwas Falsches zu sagen
> oder immer dasselbe
> oder das zu sagen was alle sagen
> oder etwas Unwichtiges
> oder Wehrloses
> oder etwas das mißverstanden werden könnte
> oder den falschen Leuten gefiele
> oder etwas Dummes
> oder etwas schon Dagewesenes
> etwas Altes
> Hast du es denn nicht satt
> aus lauter Angst
> aus lauter Angst vor der Angst
> etwas Falsches zu sagen
> immer das Falsche zu sagen?
>
> (Hans Magnus Enzensberger: Nicht Zutreffendes streichen)[4]

Die metakommunikative Kompetenz wird in ihren Grundzügen unmittelbar zusammen mit dem Sprechen erlernt (vgl. Völzing 1982: 60f.), z.B. wenn Kinder nach Wörtern, Wortbedeutungen oder dem kommunikativen Sinn von Äußerungen fragen. Eltern antworten in der Regel auf derselben metasprachlichen und/

---

[4] In: Hans Joachim Gelberg (Hg.)(1989): Überall und neben dir. Gedichte für Kinder. Beltz und Gelberg, 220.

oder metakommunikativen Ebene, korrigieren oder nennen Beispiele. Damit lässt sich *metasprachliche* Kompetenz als Basis der *metakommunikativen* Kompetenz[5] ansehen: Mit dem Sprechen über Sprache beginnt Metakommunikation. Je nach erlebten kommunikativen Herausforderungen (und erlerntem Normenwissen) wird dann möglicherweise auch eine weiterführende und reflektierende Argumentationsfähigkeit bezüglich der zugrunde liegenden Regeln und Normen erworben.

Für den metakommunikativen Diskurs benötigen wir daher in der Regel ein elaboriertes und explizites Normenwissen, so dass die metakommunikative Kompetenz unmittelbar auf grammatischer, Semantisierungs- und Kontextualisierungskompetenz aufbaut. Andererseits lassen sich mit Hilfe der metakommunikativen Kompetenz im Falle eines kommunikativen Misserfolgs Defizite bei diesen und den übrigen Kompetenzen kompensieren. Metakommunikative Kompetenz meint demnach die Distanzierungsfähigkeit von der unmittelbaren Interaktion und die Fähigkeit zur Reflexion grammatisch-semantischer und pragmatischer Normen. Dabei sind – wie bei den anderen Kompetenzen auch – verschiedene Ausprägungen oder Niveaus der metakommunikativen Kompetenz anzunehmen, da „Probleme bemerken und ansprechen können" nicht unbedingt beinhaltet, dass eigene und fremde Normen auch begründet bzw. gerechtfertigt werden können. Daher ist es möglich, den Erwerb dieser Kompetenz schon im frühen Spracherwerb anzusetzen und sie dennoch auch für Erwachsene als oft noch zu erreichendes Lernziel anzusehen.

4 Bewusstheit und implizites Wissen

Hier ist nicht der Raum, um ausführlich die Frage nach dem impliziten Wissen im sprachlichen Handeln und das Problem der Bewusstheit bzw. Bewusstmachung zu diskutieren. Einige wenige Thesen müssen daher genügen (für eine ausführlichere Diskussion sei ebenfalls auf Janich 2004: 142–154 verwiesen):

- Ich verstehe unter *Sprachbewusstsein* nicht ein Prädikat für einen Zustand einer Person, sondern in Anlehnung an Sybille Krämer ein „Prinzip des Personverstehens" (Krämer 1996: 37) in Bezug auf sprachliche Handlungen und Kommunikation: Man schreibt Sprachbewusstsein anderen zu oder spricht es ihnen ab, wenn man sich ihre sprachlichen Handlungen erklären will oder wenn man von ihnen ein bestimmtes Sprachhandeln einfordert. Auf das eigene sprachliche Handeln bezogen spricht man rechtfertigend oder begründend dagegen entweder von sprachlichem (z.B. grammatischem, lexikalischem) Wissen oder von Sprachgefühl. Mit „Sprachgefühl" meint man dann im Kontrast zu „Wissen"

---

[5] *Metasprachlich* nenne ich Äußerungen über die Sprache an sich, über grammatische Formen, Bedeutungen von Wörtern u.Ä. *Metakommunikativ* sind Äußerungen, in denen es um die Kommunikation geht, also zum Beispiel um die Begründung oder Rechtfertigung von Normen bei Normenkonflikten (ähnlich Völzing 1982: 63).

zumeist ein eben nicht-bewusstes und sprachlich nicht formulierbares Wissen (*tacit knowledge*), eine Intuition über die Angemessenheit, seltener auch die Korrektheit sprachlicher Äußerungen.

- Implizites Wissen lässt sich daher als ein Wissen bestimmen, das sich handlungswirksam im Können zeigt und sich weitgehend Erfahrung und Übung und oft gerade nicht sprachlicher Instruktion verdankt. Explizit wird es unter Umständen aufgrund der nachträglichen Reflexion des Könnens und seiner Formalisierung, nicht immer lässt es sich jedoch angemessen oder vollständig sprachlich formulieren (vgl. Neuweg 2001: Kap. 1, bes. 22). Es ist das, was zu deklarativem Wissen hinzukommen muss, damit von Können oder Kompetenz gesprochen werden kann.

- Alltägliches Sprachhandeln läuft aufgrund dieses impliziten Wissens weitgehend routiniert ab; die Sprachkompetenzen durch Wissenstransfer auszubauen hat daher nicht zum Ziel, dass jeder Aspekt einer sprachlichen Handlung (also Grammatik, Wortwahl, Stil, Adressatenbezug usw.) bei ihrer Realisierung aktuell „bewusst" sein solle.

- Unter dem von vielen formulierten didaktischen Ziel „Sprachbewusstsein" verstehe ich daher vielmehr eine *Distanzierungsfähigkeit vom routinierten Sprachhandeln, die als Sprachbewusstheit aktualisiert werden kann*. Ich schließe mich zwar der Meinung von Ingwer Paul (1999) an, dass alltagspraktische Sprachreflexion eigene Ziele (nämlich eine unmittelbare Problemlösung in der laufenden Interaktion) verfolgt, daher nach eigenen Modi (nämlich selten handlungsentlastet, sondern als „Reparatur bei laufendem Motor") abläuft und zu anderen (nicht ohne weiteres revidierbaren) Ergebnissen als die wissenschaftliche Sprachreflexion kommt. Ich halte aber – anders als offensichtlich Paul (1999: 80, 249–255) – Vermittlung von Sprachwissen mit dem Ziel der Bewusstmachung einerseits, der Anregung von Erkenntnis- und Lernprozessen durch kommunikative Herausforderungen andererseits für notwendig und aussichtsreich.[6] Mir scheint gerade die individuelle Kompetenz entscheidend, auf den handlungsentlasteten Diskurs als letztes Mittel zurückgreifen zu können. Ich halte sie als Anspruch

---

[6] Paul weist aufgrund seiner empirischen Befunde die Thesen von Habermas und anderen als kontrafaktisch zurück, explizite Sprachreflexion und damit der Wechsel auf die handlungsentlastete Diskursebene werde von den Kommunikationsteilnehmern tatsächlich und regelmäßig als Problemlösestrategie genutzt (Paul 1999: 70f., siehe auch 83). Er verallgemeinert damit jedoch die Bevorzugung impliziter Verfahren ebenso pauschal wie andere Autoren die zugegebenermaßen idealistische Vorstellung, dass Kommunikationskonflikte immer gemeinsam und erfolgreich diskursiv ausgehandelt würden.

für sinnvoll, weil erst die Fähigkeit, nicht nur routiniert Konventionen zu folgen, sondern auch aufmerksam und in diesem Sinne „bewusst" über die Art des eigenen sprachlichen Handelns zu entscheiden, zu echter Eigenverantwortlichkeit und damit Mündigkeit führt. Distanzierungsfähigkeit und damit auch gelegentliche Sprachaufmerksamkeit einzufordern steht jedoch in keinem Widerspruch dazu, dass „Reparaturen bei laufendem Motor" im Paul'schen Sinne wahrscheinlich häufiger und weniger gesprächshemmend sind.

5 Ziel des Wissenstransfers: Sprachkultiviertheit als Können und Wollen

Auch wenn es nicht das Ziel sein kann, die genannten Kompetenzen bei jedem Sprecher vollendet auszubilden (was schlichtweg nicht möglich wäre, da Perfektibilität kontrafaktisch ist, siehe 1), sollte der Transfer sprachlichen Wissens doch auf (anhaltenden) Kompetenzenausbau abzielen. Da, wie dargestellt, bei den meisten Kompetenzen im Spracherwerb das eigene sprachliche Handeln, d.h. also durch Erfahrung erworbene und eigenständig reflektierte Erkenntnis sowie das Lernen am Vorbild, fast immer eine wichtigere Rolle spielt als das Lernen in Lehr-Lern-Kontexten, sollte Wissenstransfer im Bereich sprachlicher Bildung darauf abzielen, durch Anknüpfung an Erfahrungskontexte der Lerner das (vermittelte) Lernen dem (eigenständigen) Erkennen weitest möglich anzunähern, also zwischen „Analyse und Integration" zu wechseln (vgl. Neuweg 2001: bes. 252–256; siehe dazu auch verschiedene Beiträge der letzten Transfer-Tagung in Halle 2002). Keinesfalls helfen jedenfalls mit Blick auf sprachliches Wissen und kommunikative Kompetenzen didaktische Annahmen, wie sie Neuweg polemisch als „intellektualistische Legende" zusammenfasst: „Lernen durch Erfahrung stellt einen Produktionsumweg dar" – „Primäre Aufgabe des Lehrenden ist die Vermittlung expliziten Wissens" – „Lernen stellt sich unmittelbar durch Mitteilung ein" – „Können ist am Wissen zu prüfen" (Neuweg 2001: 64–66).

Da die Interaktion mit anderen also nicht nur für das Lernen von sprachlichem Wissen und den Erwerb der Sprachkompetenzen grundlegend ist, sondern weil sie ja letztlich auch das Ziel des Lernens darstellt – also: erfolgreich kommunizieren zu können –, müsste Teil der sprachlichen Bildung (und damit jeder Art des auf Sprache bezogenen Wissenstransfers) nicht zuletzt die Thematisierung situationsspezifisch geltender Kommunikationsmaximen und der zentralen Bedeutung des Kooperationsprinzips für die Kommunikation sein.

Damit ließe sich als Ziel eines sprachbezogenen Wissenstransfers *Sprachkultiviertheit* fixieren: das ständige (auch selbstständige) Bemühen um Kompetenzenausbau, verbunden mit der prinzipiellen Bereitschaft, kooperativ an Kommunikation teilzunehmen. Dadurch wird eigene Freiheit im individuellen Sprachgebrauch (im aufklärerischen Sinne) möglich, die dennoch die Freiheit der anderen nicht verletzt. Durch die – durchaus moralisch verstandene – (Selbst-)Verpflichtung zur Kooperation erhält diese ihre gesellschaftliche Dimension: Eine Folge der Förderung individueller Sprachkultiviertheit im hier vorgeschlagenen Sinn müsste demnach auch eine Öffnung des „sprachlichen Ideals" bedeuten: von der Neigung, literarische Sprache als Maßstab zu bevorzugen, zu einer zunehmenden, wenn auch kritisch bleibenden Wertschätzung sprachlicher Vielfalt und damit je nach Kontext auch von Substandardformen (die natürlich innerhalb der sie verwendenden Gruppen durchaus bereits prestigebesetzt sein können).[7]

Für sprachliche Bildung lassen sich in weitgehender Übereinstimmung mit Eva Neuland (1997: 252) abschließend folgende Thesen formulieren:

1. Sprachliche Bildung muss als lebenslanger Prozess und daher im Sinne von Selbstbildung und Selbstaufklärung verstanden werden. Sprachunterricht in der Schule ist daher nicht Anfang und Ende sprachlicher Bildung, sondern sollte eine bewusste, auch über die Schulzeit hinausführende Auseinandersetzung mit Sprache anregen und fördern.

2. Als sprachliche Bildung darf daher nicht schlicht die Anpassung an vorgegebene Normen (nämlich des Standards), d.h. ein „‚Hinauferziehen' zu traditionellen Bildungswerten" gelten. Sprachliche Bildung sollte stattdessen einen Beitrag zur Persönlichkeitsbildung und Identitätsfindung leisten, indem sie statt eines Wertekanons Wertmaßstäbe vermittelt und reflektierte Bewertung schult.

3. Sprachliche Bildung beschränkt sich weder auf gesellschaftliche Eliten noch „besondere Gelegenheiten", sondern muss sich in einem emanzipatorischen Sinn als „Bildung für alle" im alltäglichen Handeln bewähren.

Das anspruchsvolle Globalziel „Sprachkultiviertheit" muss dabei allerdings sicherlich in Form von Teilzielen formuliert und verfolgt werden. Das vorgestellte Kompetenzenmodell bietet dafür jedoch zahlreiche Anknüpfungspunkte.

6 Literatur

Antos, Gerd (1981): Formulieren als sprachliches Handeln. Ein Plädoyer für eine produktionsorientierte Textpragmatik. In: Wolfgang Frier (Hg.): Pragmatik. Theorie und Praxis (= Amsterdamer Beiträge zur neueren Germanistik 13). Amsterdam, 403–440.

Antos, Gerd (1996): Laien-Linguistik. Studien zu Sprach- und Kommunikationsproblemen im Alltag. Am Beispiel von Sprachratgebern und Kommunikationstrainings (= Reihe Germanistische Linguistik 146). Tübingen.

---

[7] Die grundsätzliche Vernünftigkeit und Geltung des Kooperationsprinzipis schließt also nicht die Möglichkeit zu bewusster sprachlich-kommunikativer Abgrenzung aus, wenn sich nämlich die Kooperationsbereitschaft nur auf eine festumrissene soziale Gruppe bezieht.

Auer, Peter (1986): Kontextualisierung. In: Studium Linguistik 19, 22–47.

Feilke, Helmuth (1994): Common sense-Kompetenz. Überlegungen zu einer Theorie „sympathischen" und „natürlichen" Meinens und Verstehens. Frankfurt a.M.

Feilke, Helmuth (1996): Sprache als soziale Gestalt. Ausdruck, Prägung und die Ordnung der sprachlichen Typik. Frankfurt a.M.

Foppa, Klaus (1994): Wie muß man was wissen, um sprechen (und verstehen) zu können? In: Hans-Joachim Kornadt et al. (Hg.): Sprache und Kognition. Perspektiven moderner Sprachpsychologie. Heidelberg, 93–111.

Habermas, Jürgen (1975): Vorbereitende Bemerkungen zu einer Theorie der kommunikativen Kompetenz. In: ders./Niklas Luhmann (Hg.): Theorie der Gesellschaft oder Sozialtechnologie – Was leistet die Systemforschung? 2. Auflage. Frankfurt a.M., 101–141.

Janich, Nina (2004): Die bewusste Entscheidung. Eine handlungsorientierte Theorie der Sprachkultur. Tübingen.

Krämer, Sybille (1996): „Bewußtsein" als theoretische Fiktion und als Prinzip des Personverstehens. In: dies. (Hg.): Bewußtsein. Philosophische Beiträge. Frankfurt a.M., 36–53.

Layes, Gabriel (2000): Grundformen des Fremderlebens. Eine Analyse von Handlungsorientierungen in der interkulturellen Interaktion (= Internationale Hochschulschriften; 345). Münster u.a.

Neuland, Eva (1993): Sprachbewußtsein und Sprachvariation. Zur Entwicklung und Förderung eines Sprachdifferenzbewußtseins. In: Peter Klotz/Peter Sieber (Hg.): Vielerlei Deutsch. Umgang mit Sprachvarietäten in der Schule. Stuttgart u.a., 173–191.

Neuland, Eva (1997): Perspektiven sprachlicher Bildung heute. In: Gerhard Rupp (Hg.): Wozu Kultur? Zur Funktion von Sprache, Literatur und Unterricht. Frankfurt a.M. u.a., 243–259.

Neuland, Eva (2002): Sprachbewusstsein – eine zentrale Kategorie für den Sprachunterricht. In: Der Deutschunterricht 54(3), 4–10.

Neuweg, Georg Hans (2001): Könnerschaft und implizites Wissen. Zur lehr-lerntheoretischen Bedeutung der Erkenntnis- und Wissentheorie Michael Polanyis. 2., korrigierte Aufl. Münster u.a.

Paul, Ingwer (1999): Praktische Sprachreflexion (= Konzepte der Sprach- und Literaturwissenschaft; 61). Tübingen.

Schneider, Hans Julius (1992): Phantasie und Kalkül. Über die Polarität von Handlung und Struktur in der Sprache. Frankfurt a.M.

Stutterheim, Christiane von (1997): Einige Prinzipien des Textaufbaus. Empirische Untersuchungen zur Produktion mündlicher Texte (= Reihe Germanistische Linguistik 184). Tübingen.

Szagun, Gisela (2000): Sprachentwicklung beim Kind. Weinheim/Basel. [Nachdruck der 6., vollständig überarbeiteten Auflage 1996.]

Völzing, Paul-Ludwig (1982): Kinder argumentieren. Die Ontogenese argumentativer Fähigkeiten (= Informationen zur Sprach- und Literaturdidaktik 36). Paderborn u.a.

Wissenstypologie im Horizont von Wissenschaftssprache und Texttheorie – oder: Kant-Theorien vs. F.-Schlegel-Theorien

Gesine Lenore Schiewer (Bern)

1 Gattungsmodelle der Wissenschaftssprache
2 Anmerkung in wissenschaftstheoretischer Hinsicht: Begriffe und Definitionen
3 Wissensbegriffe: explizites und implizites Wissen
4 Literatur
5 Anhang: Synopse – Wissenstypologie im Horizont von Wissenschaftssprache und Texttheorie

Obwohl im Feld der Wissensthematik und Wissensbegriffe alles andere als Klarheit herrscht, besteht weitgehend Einigkeit darüber, dass wissenschaftliche Erkenntnis auf Formen des „Wissens als abstraktem Bestand" (Gerhard Rahmstorf) gründet, mit maximal expliziten und vorzugsweise formalisierten Darstellungsformen einhergeht und in standardisierten Textsorten und -mustern niedergelegt wird. Dem sollen die beiden großen Bereiche des „subjektiven" und des „objektivierten Wissens" gegenüberstehen, gekennzeichnet durch die Merkmale der Individualität sowie der Nicht-Sprachlichkeit im ersten Fall respektive alltäglich-informeller Formen der Versprachlichung im zweiten. Von dieser Polarisierung wissenschaftlicher und nicht-wissenschaftlicher Erkenntnis- und Darstellungsformen wird zumindest der Tendenz nach in den meisten wissenstheoretischen Konzeptionen ausgegangen, unabhängig davon, ob es sich um Ansätze der Philosophie, der Psychologie, der Neuro- und Kognitionswissenschaften, der Linguistik oder des Wissensmanagements handelt. In dem vorliegenden Beitrag soll diese Parzellierung des Feldes der Wissensbegriffe hinsichtlich der wissenschaftlichen Erkenntnis- und Darstellungsformen in einigen Aspekten neu gezeichnet werden.

In einem historischen Zugang zur Wissenstypologie – der hier durchaus in systematischer Absicht erfolgt – erlaubt die Diskussion der Paradigmen von *Kant-Theorien* und *Friedrich Schlegel-Theorien* nämlich, nicht nur eine, sondern mindestens zwei grundsätzliche Stellungen im Feld wissenschaftlicher Darstellungsformen und, damit verbunden, der Wissensbegriffe zu erfassen: Während Kant die konsequente Scheidung von „diskursiv"-sachlichem einerseits und „intuitiv"-anschaulichem Sprechen andererseits von Wissenschaft, Ethik und Kunst vertritt, moniert Friedrich Schlegel einen Mangel Kants an „Mittheilungssinn und -fähigkeit" (Schlegel, KA

XVIII, [II], Nr. 52). Eine strikte Trennung verschiedener Wissensbereiche, ihrer Vermittlungsweisen sowie von wissenschaftlichen und nicht-wissenschaftlichen Textsorten hält Schlegel für undurchführbar und – mit Blick auf eine dynamische Wissensentwicklung – sogar für unproduktiv. Die Mischung von Textsorten, Gattungen und Stilen macht sich Friedrich Schlegel daher zur Aufgabe.

Die Kant/Schlegel-Alternative von klarer Trennung unterschiedlicher Textsorten mit jeweils spezifischen Charakteristika einerseits und ihrer Mischung andererseits verweist somit auf eine weitere Dimension: Im Hintergrund steht hier eine Kategorisierung von *explizitem* und *implizitem* Wissen (Polanyi 1985) oder – je nach der verwendeten Terminologie – auch von *statischen* gegenüber *dynamischen* respektive *pragmatischen* Wissenstypen (Ryle 1949) im Verhältnis zu den mit ihnen verbundenen Wahrheitsbegriffen, Vermittlungsformen und Anwendungsfeldern. Besonderer Stellenwert kommt in diesem Zusammenhang auch der Frage exakter Begriffsdefinitionen zu, deren Problematik unter anderem mit Bezug auf eine der zentralen Natur- und Leitwissenschaften des zwanzigsten Jahrhunderts von den Physikern Werner Heisenberg und Niels Bohr nachdrücklich akzentuiert wurde.

Die Grundlegungen textlinguistischer Forschung können insofern zu einer Klärung der verschiedenen wissenschaftlichen Erkenntnisformen im Horizont einer allgemeinen Szientographie oder Wissenstheorie beitragen, als hier die sprachlichen Gegebenheiten *sowohl* der klaren Abgrenzung von Wissenschaftssprachen und anderen Textsorten aufgezeigt werden können *als auch* der Mischung von Stilen, Registern und Gattungen. Die Darstellung von semiotisch-stiltheoretischen Bedingungen sowohl der Differenzierung als auch der Integration von Wissenstypen mit ihren jeweiligen Vermittlungsformen ist Gegenstand des Beitrags. Im Anhang am Ende dieses Beitrags findet sich eine synoptische Darstellung der im Text angesprochenen Aspekte, zentralen Begriffe und Namen.

Eine Bemerkung hinsichtlich des methodischen Vorgehens mag hier angebracht sein: Es werden Argumente und Konzepte aus der Geschichte der Wissenschafts- und Erkenntnistheorie aufgegriffen und zu den aktuellen Entwicklungen der Wissensdiskussion und der Textlinguistik in Beziehung gesetzt. Auf diese Weise kann die Perspektive der systematisch angelegten Studie durch den Rückblick auf die historischen Ansätze um wichtige Facetten ergänzt werden. Dieses methodologische Prinzip hat Karl Bühler (1933) im Untertitel zu seiner *Ausdruckstheorie* äußerst pointiert formuliert, indem er akzentuiert, dass das System an der Geschichte aufzuzeigen sei; denn, so Bühler im Vorwort, die Geschichte der Theorie lasse ihr sachgerechtes System aufscheinen (vgl. Bühler 1933: III).

1 Gattungsmodelle der Wissenschaftssprache

1.1 Zwei Beispiele der Textsortenmischung aus Wissenschaft und Literatur

Ansatzpunkt der Überlegungen soll eine knappe Skizze von zwei Beispielen sein, die jeweils durch einen Verstoß gegen geltende Konventionen gekennzeichnet sind. Anders als in geläufigen Konzepten von Wissenschaftssprache und damit einhergehenden Auffassungen der klaren Unterscheidbarkeit und Trennung wissenschaftlicher Textsorten von alltäglichen und insbesondere, als Gegenpol am anderen Ende der Skala, literarischen Texten, werden hier die Gattungen durcheinander gewürfelt. Es handelt sich bei den herangezogenen Beispielen erstens um ein wissenschaftliches Konzept, das mit narrativen Elementen operiert, sowie zweitens um einen literarischen Text, der sich wissenschaftlicher Strukturelemente bedient.

1.1.1 Alexander Lurijas Konzept der „romantischen Wissenschaft"

Der Begründer der kulturhistorischen Schule der sowjetischen Psychologie und der Neuropsychologie, Alexander Romanowitsch Lurija, geht nicht von einer einzigen, sondern von zwei Grundorientierungen in der Wissenschaft aus: der klassischen und der romantischen. Seine eigene Haltung beschreibt er als zugleich klassisch *und* romantisch. Dies ist in der Natur seines Forschungsfeldes begründet: Denn die Neuropsychologie beschäftigt sich mit den höheren kortikalen Funktionen und den kognitiven Tätigkeiten des Menschen; sie wurzelt daher sowohl im Biologischen als auch im Sozialen, in der Natur und in der Kultur. Der Lurija-Forscher Wolfgang Jantzen spricht von der Entwicklung einer kulturhistorischen Humanwissenschaft durch Lurija (vgl. Lurija 2002).

Lurija hält es für erforderlich, das Erklärende mit dem Beschreibenden zu verbinden, um das Individuum in seinen organischen Funktionen und seiner kulturellgeschichtlichen Verhaftung begreifen zu können. Fallgeschichten sollen zu „biologischen Biographien" ausgearbeitet werden, die die Persönlichkeitsentwicklung von Individuen nachvollziehbar machen. In *Der Mann, dessen Welt in Scherben ging* (Lurija 1991, in deutscher Übersetzung) beschreibt er einen Mann, der im zweiten Weltkrieg von einem Granatsplitter getroffen worden war, welcher den Scheitel der linken Hirnhemisphäre zum Teil zerstörte. Es kam zu einem ungeheuren Gedächtnisverlust:

> Bei unserem ersten Gespräch [...] bat ich ihn, einen Text zu lesen: „Nein, was ist das? ... ich weiß nicht ... ich verstehe nicht, was das ist ... Nein, was ist das? Er versuchte, sich das Blatt näher anzusehen, hielt es vor sein linkes Auge, bewegte sich dann weiter zur Seite und untersuchte befremdet jeden Buchstaben. „Nein ... ich kann es nicht!" Danach bat ich ihn, seinen Namen [...] aufzuschreiben. Er versuchte es, nahm ungeschickt einen Bleistift, zuerst mit dem falschen Ende, tastete nach dem Papier.

Doch er konnte keinen einzigen Buchstaben schreiben. Er war bestürzt, weil ihm plötzlich bewußt wurde, daß er Analphabet geworden war. (Lurija 1993: 188)

Ich beobachtete diesen Kranken mehr als drei Jahrzehnte lang. [...] Um ihn zu porträtieren, benutze ich Auszüge aus seinem Tagebuch. Ich wollte zeigen, wie eine solche Verletzung empfunden wird. Aber das Buch enthält auch [...] Passagen, in denen ich die psychische Struktur der Beeinträchtigungen erläutere und ihren Bezug zur Hirnverletzung untersuche. Dieses Buch zeichnet also nicht nur das Porträt eines realen Menschen, sondern ist auch der Versuch, die Neuropsychologie zum besseren Verständnis [...] psychologischer Fakten zu nutzen (Lurija 1993: 190 f.).

Für Lurija darf die Erforschung des menschlichen Lebens nicht ausschließlich theoretisch erfolgen, sondern muss auch bestimmte Einzelverläufe analysieren; daher wendet er sich gegen einen formalen statistischen Ansatz und befürwortet die qualitative Untersuchung. Der amerikanische Neuropsychologe Oliver Sacks sieht gerade hierin die herausragende Leistung Lurijas:

Wirklich einzigartig jedoch werden sie [die Fallbeschreibungen Lurias, G.L.S.] durch ihren Stil, die Verknüpfung von exakter Analyse mit einer zutiefst persönlichen Einfühlung (Sacks in der Einführung zu Lurija 1991: 11).

Die erzählend-beschreibende Schilderung sowie die wissenschaftliche Abbildung eines individuellen Lebens sind daher zentraler Aspekt dieser wissenschaftlichen Konzeption und ihrer sprachlichen Darstellung (vgl. Lurija 1993: 20).

1.1.2 Oswald Wieners Romankonzept in *Die Verbesserung von Mitteleuropa, Roman*

In seinem 1969 erschienenen literarischen Hauptwerk *Die Verbesserung von Mitteleuropa, Roman* – dies ist das zweite Beispiel, das hier herangezogen wird – experimentiert Oswald Wiener in exzessiver Weise mit der Übernahme von wissenschaftssprachlichen Elementen und Textsortenmerkmalen in den literarischen Text. In zum Teil bewusst ironisierend-überspitzter Form werden typische Charakteristika wie Fußnoten, Anmerkungen, Literaturverzeichnis, Exkurse als formale Kennzeichen aufgenommen sowie unbedingt ernst zu nehmende inhaltliche Diskurse zu Kunst, Sprache und Wissenschaft geführt. Genannt sei zum Beispiel der *appendix A. der bio-adapter*, in dem eine drastische Vision von Hybridwesen aus Mensch und Computer oder Roboter entworfen wird.

Jenseits allen persönlichen Ge- oder Missfallens, das eine „romantische Wissenschaft" ebenso wie literarische Gattungen hervorrufen mögen, in denen wie in Wieners Roman Literatur und Wissenschaft bewusst parallelisiert werden – oder die, wie beispielsweise die Werke Stanislaw Lems, dem Feld hoch reflektierter und äußerst anspruchsvoller *science fiction* zuzurechnen sind –, muss danach gefragt werden, wie solche Phänomene einzuschätzen sind. Können sie gewissermaßen als Spielerei weniger Querschläger abgetan werden oder transportieren sie mit der Durchbrechung üblicher Darstellungs- und Textsortenvorgaben der Wissenschaftssprache womöglich sogar einen spezifischen Informations- und Wissensgehalt?

Dieser Frage wird im Folgenden in zwei unterschiedlichen Formen des methodischen Zugriffs nachgegangen: Zunächst wird im Anschluss an Alexander Lurijas Rede von der „romantischen Wissenschaft" die Bezugnahme auf den Wissenschaftsdiskurs des achtzehnten Jahrhunderts aufgegriffen. In einem zweiten Schritt finden die aktuelle Textsortenlinguistik und soziolinguistische Ansätze der Diskussion kommunikativer Gattungen Berücksichtigung.

1.2   Kant-Theorien vs. Schlegel-Theorien

Ähnlich wie Ludwig Jäger vor zehn Jahren zwei allgemeine Paradigmen voneinander abgrenzte durch die Bezeichnung von *Chomsky-Theorien* einerseits und *Mead-Theorien* andererseits, geht es auch hier um die Kennzeichnung grundsätzlicher Stellungen im Feld der Wissenschaftssprache und Wissensbegriffe. Unterschieden werden soll in grober Skizze zwischen Konzepten expliziten Wissens, die mit dem Darstellungsmerkmal maximaler Explizierung einhergehen, auf der einen Seite und Konzepten nicht-expliziten respektive impliziten Wissens, das im Allgemeinen als sprachlich nur schwer darstellbar angesehen wird, auf der anderen Seite.[1] Bewusst werden in dieser Gegenüberstellung zunächst mit dem Aufklärer Immanuel Kant und dem Frühromantiker Friedrich Schlegel zwei philosophische Denker herangezogen, die am Ende des achtzehnten Jahrhunderts die Diskussionsergebnisse der Aufklärungsepoche gleichermaßen profund reflektieren, aber in ganz unterschiedlicher Weise für ihr Denken und ihre Wissenschaftstheorien fruchtbar machen.

Zunächst einige Bemerkungen zu der Auffassung Kants, die im Rahmen der hier vorgenommenen Überlegungen nicht auf eine systematische Analyse seiner Wissenschaftstheorie abzielen, sondern einige spezifische Merkmale der Darstellungsform der *Kritischen Schriften* kenntlich machen sollen. Kant erklärt sich schon in der *Vorrede* der ersten Auflage der *Kritik der reinen Vernunft*, 1781, zu seinen Kriterien philosophischer Reflexion und Darstellungssprache:

> Was endlich die *Deutlichkeit* betrifft, so hat der Leser ein Recht, zuerst die *diskursive* (logische) *Deutlichkeit, durch Begriffe,* denn aber auch eine *intuitive* (ästhetische) *Deutlichkeit,* durch *Anschauungen,* d.i. Beispiele oder andere Erläuterungen, in concreto zu fordern. Vor die erste habe ich hinreichend gesorgt. Das betraf das Wesen meines Vorhabens, war aber auch die zufällige Ursache, daß ich der zweiten, obzwar nicht so strengen, aber doch billigen Forderung nicht habe Genüge leisten können. Ich bin fast beständig im Fortgange meiner Arbeit unschlüssig gewesen, wie ich es hiermit halten sollte. Beispiele und Erläuterungen schienen mir immer nötig und

---

[1]   Vgl. zu dem Problem verschiedener Definitionen von *Wissen*: Jaenecke 2000. Siehe auch Willke 2001.

flossen daher auch wirklich im ersten Entwurfe an ihren Stellen gehörig ein. Ich sahe aber die Größe meiner Aufgabe und die Menge der Gegenstände, womit ich es zu tun haben würde, gar bald ein und, da ich gewahr ward, daß diese ganz allein, im trockenen, bloß *scholastischen* Vortrage, das Werk schon genug ausdehnen würden, so fand ich es unratsam, es durch Beispiele und Erläuterungen, die nur in *populärer* Absicht notwendig sind, noch mehr anzuschwellen, zumal diese Arbeit keinesweges dem populären Gebrauche angemessen werden könnte und die eigentliche Kenner der Wissenschaft diese Erleichterung nicht so nötig haben, ob sie zwar jederzeit angenehm ist, hier aber sogar etwas Zweckwidriges nach sich ziehen konnte (KrV, A XVII, XVIII; Hervorhebungen im Original).

Etwas weiter unten betont Kant die zentrale Bedeutung der Begrifflichkeit sowie der Vollständigkeit für seine Theorie:

Die vollkommene Einheit dieser Art Erkenntnisse, und zwar aus lauter reinen Begriffen, ohne daß irgend etwas von Erfahrung, oder auch nur besondere Anschauung, die zur bestimmten Erfahrung leiten sollte, auf sie einigen Einfluß haben kann, sie zu erweitern und zu vermehren, machen diese unbedingte Vollständigkeit nicht allein tunlich, sondern auch notwendig (KrV, A XX).

Und schließlich kommt er auch auf die Rezipientenrolle des Lesers zu sprechen:

Hier [bei den *Kritischen Schriften*, G.L.S.] erwarte ich an meinem Leser die Geduld und Unparteilichkeit eines Richters, dort [bei der geplanten *Metaphysik der Natur*, G.L.S.] aber die Willfährigkeit und den Beistand eines Mithelfers [...] (KrV, A XXI).

Eine systematische und vollständige Theorie basiert Kant zufolge somit auf reinen Begriffen und einer diskursiv-logischen Argumentation, welche auf intuitiv-illustrierende Anschaulichkeit zugunsten einer Kontrolle des Textumfangs verzichten kann und wohl auch soll. Sie verlangt einen „unparteilichen Richter", das heißt mit anderen Worten, einen sachlich-passiven Leser weitgehend ohne spezifische eigene Interessen und Relevanzen. Wahrheit, Logik und Rationalität gehen dabei einher mit Allgemeinverbindlichkeit und Überindividualität.

Die Forderung nach einer konsequenten Unterscheidung und Trennung von diskursiv-logischem und intuitiv-illustrierendem Sprechen ist in Kants Denken verbunden mit einer scharfen Abgrenzung von Textsorten: dem Ziel der philosophischen Wahrheitssuche in seinen eigenen Schriften entspricht letztlich allein der diskursiv-rationale Ausdruck. Hiermit verbunden ist die bekannte Rhetorikfeindlichkeit Kants, nämlich die Ablehnung jeglicher Überredung des Rezipienten, die als Beeinträchtigung seines vernunftorientierten Denkens angesehen wird. Dieses muss Kant zufolge vor jeder Irritation durch sinnlich-konkrete Anschaulichkeit bewahrt werden (vgl. KU, § 53).[2]

---

[2] Ob Kant die Durchführung dieses Programms mit aller Konsequenz verfolgen konnte oder wollte, ist allerdings angesichts von Passagen wie der folgenden aus der *Kritik der Urteilskraft* doch fraglich:

Diesem Konzept stellt jedoch Friedrich Schlegel einen anderen Entwurf gegenüber; auch hier können allerdings in diesem Rahmen nur einige zentrale Aspekte skizziert werden. Schlegel geht es um eine Sprache ohne strikte Grenzziehungen zwischen diskursiver und ästhetischer Diktion. Die strenge Disziplinierung des sinnlich-anschaulichen im Namen der reflexiven Begriffsarbeit wird zugunsten einer gegenseitigen Durchdringung von philosophischer Wissenschaft und poetischer Dichtung aufgehoben (vgl. KA X: 10–22).

Keineswegs bedeutet dies indes, die Errungenschaften der philosophisch-exakten Begriffsarbeit leichtfertig aufzugeben; vielmehr zielt Schlegel darauf ab zu zeigen, inwiefern sich ästhetischer und wissenschaftlicher Diskurs gegenseitig durchdringen und ergänzen müssen (vgl. Schnyder 1999: 101). Verbunden ist hiermit eine Rehabilitation der Rhetorik im Denken der Frühromantik Friedrich Schlegels. Das Rhetorische, das auch bei Kant für das Feld der sinnlich-anschaulichen Ausdrucksformen steht, wird von Schlegel in den Erkenntnisprozess bewusst einbezogen: Denn menschliches Verstehen basiert diesem Konzept zufolge in jedem Fall sowohl auf sinnlicher Wahrnehmung als auch rationalem Erfassen.

Die angenehme Mattigkeit, welche auf eine solche Rüttelung durch das Spiel der Affekten folgt, ist ein Genuß des Wohlbefindens aus dem hergestellten Gleichgewichte der mancherlei Lebenskräfte in uns: welcher am Ende auf dasselbe hinausläuft, als derjenige, den die Wollüstlinge des Orients so behaglich finden, wenn sie ihren Körper gleichsam durchkneten, und alle ihre Muskeln und Gelenke sanft drücken und biegen lassen; nur daß dort das bewegende Prinzip größtenteils in uns, hier hingegen gänzlich außer uns ist (KU, § 29).

Hervorzuheben ist im Übrigen, dass Kant die Ausbildung des Gebrauchs der menschlichen Vernunft in hohem Maß mit der Gemeinschaft, Übung und Unterricht verbindet (vgl. *Idee zu einer allgemeinen Geschichte in weltbürgerlicher Absicht*, 2. Satz, A 388 f.). Die Freiheit, von seiner Vernunft Gebrauch zu machen, gesteht er in erster Linie dem Gelehrten im Rahmen der öffentlichen Publikation zu (vgl. die bekannte Abhandlung *Beantwortung der Frage: Was ist Aufklärung?* aus dem Jahr 1783). Skeptisch gegenüber eigener Vernunftanwendung äußert er sich auch in der Schrift *Idee zu einer allgemeinen Geschichte in weltbürgerlicher Absicht*, 1784, A 388:

Man kann sich eines gewissen Unwillens nicht erwehren, wenn man ihr Tun und Lassen [der Menschen, G.L.S.] auf der großen Weltbühne aufgestellt sieht; und, bei hin und wieder anscheinender Weisheit im einzelnen, doch endlich alles im großen aus Torheit, kindischer Eitelkeit, oft auch aus kindischer Bosheit und Zerstörungssucht zusammengewebt findet: wobei man am Ende nicht weiß, was man sich von unserer auf ihre Vorzüge so eingebildeten Gattung für einen Begriff machen soll. Es ist hier keine Auskunft für den Philosophen, als daß, da er bei Menschen [...] gar keine vernünftige eigene Absicht voraussetzen kann, er versuche, ob er nicht eine Naturabsicht [...] entdecken könne; aus welcher, von Geschöpfen, die ohne eigenen Plan verfahren, dennoch eine Geschichte nach einem bestimmten Plane der Natur möglich sei.

Mit Schlegels Gegenentwurf ist vor diesem Hintergrund schließlich die Auffassung verbunden, dass Verstehensprozesse in jedem Fall individuell und variabel erfolgen müssen. Der Autor eines Textes kann nur Material und Denkanstöße für die eigenständig ablaufende Rezeption anbieten. Folgerichtiges Denken schließt Schlegel zufolge von Interessen geleitete Schlussfolgerungen nicht aus.[3]

Sowohl Alexander R. Lurijas „romantische Wissenschaft" als auch Oswald Wieners literarisches Romankonzept sind dieser paradigmatischen Gegenüberstellung von Kant- und Schlegel-Theorien zufolge natürlich als Beispiele für das Schlegel-Modell zu betrachten. Dahingegen tendieren geläufige, nicht-markierte Muster eher zu einer klaren Textsortendifferenzierung im Sinne Kants.

Aus heutiger Sicht befassen sich insbesondere die Wissenschaftstheorie und die Textlinguistik mit Fragen der Darstellungsform wissenschaftlicher Texte. Während sich in der Wissenschaftstheorie das Nachdenken über Wissenschaft als begründete Aussagensysteme oder Theorien auf deren Grundlagen und Voraussetzungen konzentriert, hat sich der linguistische Zugang vor dem Hintergrund der sprachlichen Verfasstheit von Wissenschaft entwickelt. Zunächst soll nun die Textlinguistik auf ihren Umgang mit dem Komplex von Textsorten, Gattungen und Stilen hin befragt werden.

1.3 Ansätze der Textsortenlinguistik

Spezifische Textsorten wie die Gerichts- oder Lobrede wurden aus einem pragmatisch orientierten Interesse ja schon in der antiken Rhetorik hinsichtlich ihrer charakteristischen Merkmale beschrieben. Eine systematische Darstellung der Textsortenproblematik hat sich die moderne Textlinguistik zur Aufgabe gemacht. Grundlegend ist auch hier die Beobachtung, dass im Hinblick auf spezifische kommunikative Verwendungszusammenhänge bestimmte Textstrukturen mit regelhaften Rekurrenzen auftreten. Es wird daher von einer prinzipiellen Textsortengeprägtheit aller Texte gesprochen; jeder Text weist spezifische Merkmale auf, die er mit anderen Texten gleichartiger Funktion und Verwendung teilt. Ausgegangen wird von der Existenz bestimmter „idealtypischer Normen für die Textstrukturierung" (Werlich 1975: 39; vgl. Heinemann 2000: 510). Es werden dabei etwa deskriptive, narrative, argumentative und instruierende Texttypen unterschieden. Im Kontext der Fachsprachenforschung hat dies zu einer detaillierten Beschreibung von wissenschaftlicher Sprache geführt.

Es werden in der Textlinguistik mit anderen Worten solche Textmuster beschrieben, die sich bei der Lösung bestimmter Kommunikationsaufgaben im kommunikativen

---

[3] Eine solche Relativierung der Objektivität des Wissens gegenüber den Interessen der Handelnden hat Rafael Capurro jüngst als eine *„skeptische"* Form von Wissensmanagement" bezeichnet (vgl. Capurro 2003).

Haushalt einer Gesellschaft als erfolgreich erwiesen haben (vgl. Luckmann 1992). Sie dienen als allgemeine Orientierungsrahmen für das kommunikative Handeln der Individuen, sind aufgrund ihres prototypischen Charakters allerdings auf stereotype Handlungsformen oder „kommunikative Routinen" (Adamzik 1995: 28; vgl. Heinemann 2000: 518) beschränkt.

Auch in der Stilistik und der Registertheorie werden Typologien von Texten entwickelt. Die Stilistik orientiert sich in der Beschreibung verschiedener Ausdrucksmöglichkeiten vielfach am Rahmen vorgegebener „Stilnormen" (Georg Michel) und ist daher dem „Stilsystem einer Sprache" (Ulrich Püschel) verpflichtet. Auch die Registertheorie nach Michael A.K. Halliday geht davon aus, dass ein Sprecher in der Regel das einer Situation angemessene Register wählen wird. Sie berücksichtigt jedoch, dass unter Umständen auch ganz bewusst unangemessene Register verwendet werden, so dass die Normen also unterlaufen werden können. Hier liegt somit ein Ansatz vor, der abweichende und innovative Variationen der Registerwahl zumindest am Rande einbezieht.

Der Soziologe Thomas Luckmann hebt hingegen neben dem normierenden Aspekt explizit auch die Relativität und Historizität von Textmustern und Gattungen hervor, wenn er betont:

> Was aber in der einen Gesellschaft wichtig ist, braucht in einer anderen nicht ebenso wichtig zu sein, und was in einer Epoche wichtig ist, braucht in einer anderen Zeit nicht wichtig zu sein. [...] Die kommunikativen Gattungen einer Epoche mögen sich zum Teil in lockerer geregelte kommunikative Vorgänge auflösen (oder sogar ganz verschwinden), während bisher „spontane" kommunikative Vorgänge zu neuen Gattungen gerinnen können (Luckmann 1988: 284).

Damit rücken nunmehr die Prozesse der Wandlung bestehender Muster in den Blick. Das bedeutet jedoch nicht, dass bei solchen Veränderungen bestehender Normvorgaben radikale Neuformierungen auftreten. Vielmehr erfolgt ein Umbau bestehender Muster, indem einige Aspekte beibehalten werden, während andere hinzukommen oder verloren gehen.[4]

Die angeführten Beispiele Alexander Lurijas und Oswald Wieners können somit als Illustration derartiger Umbauprozesse mit der Verschiebung von spezifischen Merkmalen betrachtet werden. Hierbei spielt das Ausprobieren von Varianten naturgemäß eine zentrale Rolle. Die aktuelle Forschung in Textlinguistik, Stilistik und Registertheorie widmet diesen Aspekten aufgrund der Akzentuierung systematisch-statischer Typologien allerdings eher geringe Aufmerksamkeit. Zu fragen ist daher, wie sich wissenschafts- und begriffstheoretische Reflexionen zu diesem Punkt stellen.

---

[4] Dieser Prozess wurde im Umfeld der Prager Schule von Jurij Tynjanov mit Blick auf die Entwicklung literarischer Gattungen schon in den zwanziger Jahren des letzten Jahrhunderts in einer detaillierten Analyse deutlich gemacht (vgl. Tynjanov 1994 [1927]).

2 Anmerkung in wissenschaftstheoretischer Hinsicht: Begriffe und Definitionen

Die linguistische Erforschung wissenschaftlicher Darstellungsformen konzentriert sich auf die sprachlichen Aspekte und grenzt sich ab gegen eine als übersprachlich angenommene Begriffsbildung, wie sie vielmehr in der Wissenschaftstheorie und auch in der traditionellen Terminologielehre vorgenommen wird.[5] Jedoch auch die Wissenschaftstheorie ist sich der sprachlichen Verfasstheit von Wissenschaft bewusst und reflektiert die Abhängigkeit jeder Abstraktionsleistung von Sprache. Im Ausgang von Karl Bühlers Organon-Modell sowie der auf Charles W. Morris zurückgehenden Trias von Syntax, Semantik und Pragmatik positioniert beispielsweise der Wissenschaftstheoretiker Hans Poser Stellung und Interesse der Relation von Wissenschaftstheorie und Sprache:

> Im Rahmen der Erkenntnistheorie und der Wissenschaftstheorie wird praktisch nur die Semantik relevant, weil die Syntax allein zu wenig leistet, während die Pragmatik in einer entwickelten Theorie gerade nichts zu suchen hat, weil eine wissenschaftliche Aussage unabhängig vom jeweiligen Sprecher und Hörer sein soll. Im Rahmen der Semantik wieder kommt es vor allem auf die Darstellungsfunktion der Sprache an, weil eine wissenschaftliche Erkenntnis sicherlich eine mit einem Wahrheitsanspruch verbundene Darstellung eines Sachverhaltes ist. (Poser 2004: 30)

Poser hebt weiterhin hervor, dass es in der Wissenschaftstheorie möglich sei, mit Rudolf Carnaps Methode der Begriffsexplikation „über eine Deskription des Sprachgebrauchs hinaus eine Normierung der Begriffe mit dem Ziel einer Präzisierung" vorzunehmen und so eine Lösung vom Sprachgebrauch zu erreichen (Poser 2004: 41). Hier kommt es also zu einer Zuspitzung der traditionellen Gegenüberstellung einerseits von Begriffen, welche wissenschaftlichen Kriterien wie Klarheit, Exaktheit, Eindeutigkeit, Explizitheit und Kontextabhängigkeit genügen, und von natürlicher Sprache andererseits, deren semantische Vagheit, Mehrdeutigkeit, Kontextabhängigkeit etc. für eine wissenschaftliche Verwendung als problematisch betrachtet werden. Die Annahme der Nützlichkeit, ja sogar der Unabdingbarkeit klar und eindeutig definierter Begriffe steht in einer Tradition, die in der Neuzeit seit Descartes fest mit der Auffassung strikter Wissenschaftlichkeit verbunden wird.[6]

---

[5] Vgl. für einen Überblick über verschiedene Begriffstheorien in Philosophie, Psychologie, Informationstheorie und Kognitions- und Diskurstheorie, Seiler 2001.

[6] Dabei darf aber nicht übersehen werden, dass Kant, der eine Differenzierung von Vorstellungen in Anschauungen und Begriffe vorgenommen hat, betont, „daß das sinnvolle Reden sich nicht auf ein solches Reden beschränken lasse, das es der Mathematik gleichtue, indem es deren mit eigentlichen Definitionen beginnenden systematischen Aufbau nachahme." Nach einer solchen Forderung, sagt Kant, stände „es gar schlecht mit allem Philosophieren" (vgl. Gabriel 1972: 39 und Kant, KrV, B 740 ff., besonders B 759). Rudolf Carnap orientiert sich insofern in einem stärkeren Maß als Kant in seinen Forderungen an das wissenschaftliche Sprechen an der Logik und den mathematischen Naturwissenschaften (vgl. Gabriel 1972: 39 f.). Eine gewisse Zwischenstellung nimmt hier John Stuart Mill in seinem *System of Logic*,

Kritische Stellungnahmen finden sich aber nicht erst im zwanzigsten Jahrhundert mit verschiedenen Akzentuierungen von Wissenschaftstheoretikern wie Raimund Popper, Thomas S. Kuhn und Wolfgang Stegmüller, sondern durchaus auch schon im achtzehnten Jahrhundert. Allerdings hatten diese Positionen es oftmals schwer, sich überhaupt Gehör zu verschaffen und ernst genommen zu werden. Genannt werden können hier der Philosoph und Briefpartner Kants Johann Heinrich Lambert, der jedoch schon 1778 vor Erscheinen der *Kritischen Schriften* Kants starb, Johann Gottfried Herder, dessen *Metakritik* bis heute vielfach nicht sachorientiert, sondern polemisch rezipiert wird, und – Goethe.

Es sei an dieser Stelle mit einigen Hinweisen zu der Sprachphilosophie Goethes nochmals ein kleiner Exkurs in die Geschichte der Wissenschafts- und Erkenntnistheorie mit ihren Darstellungsformen vorgenommen. Tatsächlich bietet das in der langen Tradition der Goethe-Forschung erstaunlicherweise nahezu unberücksichtigt gebliebene Thema der Sprachphilosophie Goethes Überraschungen. Walter Strolz kommt das Verdienst zu, in einem umfangreichen Aufsatz aus dem Jahr 1981 in diesem Bereich einen Überblick erarbeitet zu haben (vgl. Strolz 1981). Im Jahre 1775 begann Goethe mit seinen bis ins hohe Alter fortgeführten naturwissenschaftlichen Studien, einhergehend mit einer Auseinandersetzung mit den Prinzipien neuzeitlicher Naturwissenschaft. Selbstverständlich waren Goethe der Ansatz Descartes' der klaren und deutlichen Begriffe ebenso geläufig wie das philosophische Denken *more geometrico* und Kants in der Schrift *Metaphysische Anfangsgründe der Naturwissenschaft*, 1786, ausgesprochenes Diktum, dass in jeder Naturlehre nur so viel eigentliche Wissenschaft angetroffen werden könne, als darin Mathematik anzutreffen sei (vgl. Strolz: 21f.).

Dem setzt Goethe indes eine andere Ansicht entgegen: Er ist von der Relativität naturwissenschaftlicher Erkenntnis insofern überzeugt, als jede Theorie, jedes System, jeder Formalismus und jede rationale Schlussfolgerung letztlich in der unhintergehbaren Perspektivität des Menschen gründe. Eine „reine", vom Menschen abgelöste Wissenschaft könne es nicht geben. Der subjektive Anteil auch experimentell verfahrender Wissenschaft könne aber nur dann beständig präsent bleiben, wenn eine offene, vielseitige und daher unbedingt auch vieldeutige Sprache die Perspektivität und Variabilität jeder Naturbeobachtung, -erforschung und -theorie offen lege. Goethe wies immer wieder nachdrücklich hin auf die Einseitigkeit jeder und insbesondere auch wissenschaftlicher Begrifflichkeit (vgl. Goethe 1994a, XII *Maximen und Reflexionen: Erkenntnis und Wissenschaft, Literatur und Sprache*; Goethe 1994b, XIII *Zur Farbenlehre*). – Es sollte dabei nicht übersehen werden,

---

1843, ein, der die Theorie des Begriffs durch eine Theorie der Sprache ersetzt und dabei nicht aus dem Blick verliert, dass Definitionen niemals endgültig sein können, sondern Veränderungen unterworfen sind und insofern eine historische Dimension aufweisen (vgl. Gabriel 1972: 37; Haller 1971: 784; Schiewer 2004: 50 ff.).

dass in der aktuellen Fachsprachenforschung durchaus vergleichbare Stellungnahmen anzutreffen sind:

> Durch eine übertriebene Vereinheitlichung werden unterschiedliche Denkansätze zugunsten einzelner Lehrmeinungen unterdrückt (Fraas 1998: 429).

Ähnliche Fragen und zum Teil in explizitem Anschluss an Goethe wurden weiterhin in der Physik – der Disziplin, die von den wichtigsten Wissenschaftstheoretikern des zwanzigsten Jahrhunderts studiert wurde – in den gemeinsamen Diskussionen von Werner Heisenberg und Niels Bohr gestellt. So bringt Heisenberg ins Gespräch:

> Wir wenden völlig unbesehen die Begriffe der klassischen Physik darauf [auf die Quantentheorie. G.L.S.] an, so als ob wir noch nie von den Grenzen dieser Begriffe und von den Unbestimmtheitsrelationen gehört hätten. Können dadurch nicht doch Fehler entstehen? (Heisenberg 1996: 155)

Niels Bohr antwortet hierauf folgendermaßen:

> Selbstverständlich hat die Sprache diesen eigentümlich schwebenden Charakter. Wir wissen nie genau, was ein Wort bedeutet, und der Sinn dessen, was wir sagen, hängt von der Verbindung der Wörter im Satz ab, von dem Zusammenhang, in dem der Satz ausgesprochen wird, und von zahllosen Nebenumständen, die wir gar nicht alle aufzählen können. [...] Er [William James. G.L.S.] schildert, daß bei jedem Wort, das wir hören, zwar ein besonders wichtiger Sinn des Wortes im hellen Licht des Bewusstseins erscheint, daß aber daneben im Halbdunkel noch andere Bedeutungen sichtbar werden und vorbeigleiten, [...] und die Wirkungen sich bis in das Unbewußte hinein ausbreiten. Das ist in der gewöhnlichen Sprache so, erst recht in der Sprache der Dichter. Und das trifft bis zu einem gewissen Grad auch für die Sprache der Naturwissenschaft zu. Gerade in der Atomphysik sind wir ja wieder von der Natur darüber belehrt worden, wie begrenzt der Anwendungsbereich von Begriffen sein kann, die uns vorher völlig bestimmt und unproblematisch schienen (Heisenberg 1996: 161).

Hier wird von Bohr deutlich markiert, dass sprachlich gefasste Begriffe auch in den exakten Wissenschaften dynamische Qualitäten aufweisen und mit einer historischen Dimension verbunden sind. Sie könnten daher auch nicht in endgültigen Definitionen erfasst werden. In der aktuellen Wissenschaftstheorie wird diese Position beispielsweise von Hans Rott vertreten:

> Ist aber in Logik und Arithmetik ein Wandel solcher Begriffswörter wie „nicht"oder „Zahl" nicht tatsächlich aufzuweisen, [...]? Die Geschichte der formalen Wissenschaften gibt eine eindeutig positive Antwort (Rott 2004: 37; vgl. die vergleichbare Position von Thomas Bernhard Seiler in: Seiler 2001: 224 ff.).

Von dieser Annahme gehen ähnlich auch die methodischen Ansätze der Historischen Semantik und der Begriffsgeschichte aus.

Weiterhin wird von Bohr die Auffassung vertreten, dass die Begriffssemantik auch in synchroner Perspektive und im textuellen Zusammenhang durchaus fluktuierende und schillernde Facetten haben können. Begriffe werden Bohr zufolge nicht in vollem Umfang „klar und deutlich" (Descartes) erfasst, sondern kommen auch auf tieferen, zum Teil diffus bleibenden Schichten des Bewusstseins zum Tragen. Diese Charakteristika sollen in sämtlichen Textsorten, das heißt in wissenschaftlichen ebenso wie in literarischen Textsorten auftreten. Die Auszeichnung wissenschaftlicher Textsortenstrukturen als maximal explizit stellen Heisenberg und Bohr, wenn sie betonen, dass semantische Vagheit auch im Fachtext letztlich nicht aufhebbar ist, zumindest indirekt in Frage.

Die von Goethe, Heisenberg, Bohr und auch anderen geäußerten Zweifel bezüglich eindeutiger Begriffe stehen im Kontrast zu der bis heute starken Rolle, die formalsprachlichen Elementen mit den betreffenden Begriffstandardisierungen sowie dem Streben nach größtmöglicher Eindeutigkeit zugestanden wird und die als angemessenes Verfahren rationaler Prozesse wahrgenommen wird.

Damit liegen sich auf einer als Kontinuum zu denkenden Skala als Pole einerseits strikt normierte Begriffe und andererseits unscharfe Begriffe gegenüber. Verbunden mit dem Streben nach einer normierten Begrifflichkeit oder Terminologie ist die Annahme der Kontextunabhängigkeit eindeutig definierter Begriffe. Diese Annahme einer überindividuellen Semantik und Kontextunabhängigkeit bezieht sich sowohl auf die syntaktisch-textuelle Ebene als auch auf die pragmatisch-situativen Aspekte des Sprachgebrauchs.

2.1 Die Rolle des Rezipienten als Kriterium textlinguistischer Konzepte

Die Korrespondenzen von normiert-eindeutigen respektive „unscharfen" Begriffen einerseits und der Frage der Kontextrelation andererseits verweisen erneut auf die textlinguistischen Dimensionen der Wissenschaftssprachforschung: Hier ist durchaus die Ansicht zu finden, dass Fachtexte expliziter, logischer und systematischer als Alltagstexte seien – was insbesondere auf eindeutige Begriffsdefinitionen zurückzuführen ist –, ebenso wie aber auch die gegenteilige Annahme, dass Fachtexte impliziter als andere Texte seien und mehr an deduktiv-inferentieller Eigenaktivität – d.h. Verstehensleistung – beim Rezipienten voraussetzen (vgl. Knobloch 1998: 447).

Diese beiden Auffassungen verweisen weiterhin tendenziell auf zwei unterschiedliche Konzeptionen der Textlinguistik: Während die Annahme besonderer Explizitheit von Fach- und Wissenschaftstexten eher in einer Auffassung von Texten gründet, welche auf eine transphrastische Grammatik hinausläuft (TEXTLINGUISTIK I), verknüpft sich mit der Annahme ausgeprägter Implizitheit eine „Textlinguistik des Sinns", wie sie auf Eugenio Coseriu (1994) zurückgeht (TEXTLINGUISTIK II). Klar definierte Begriffe und Terminologien reduzieren die Feldabhängigkeit; feststehende Inhalte bedürfen geringer semantischer Präzisierung durch den Kontext, so dass Textualität weitgehend durch grammatische Kohäsion hergestellt werden kann (vgl. Knobloch 1998: 452 ff.). Eine „Linguistik des Sinns" akzentuiert mit dem Verhältnis des Sinns zum (Fach-)Wissen des Rezipienten die pragmatische Ebene mit der variablen Rolle eines Lesers mit mehr oder weniger individuell geprägtem Interesse, Verständnis und Relevanzsystem.

Allerdings ist die Krudität einer solchen polarisierenden Gegenüberstellung im Hinblick auf die Ebene der Textsemantik zu relativieren und die Kontextabhängigkeit generell als zumindest nicht vollständig zu eliminierender Aspekt anzuerkennen:

> Die extrakommunikativen Einheiten des Sprachsystems (Lexeme und Propositionen) sind möglicherweise relativ stabil und selbstidentisch in der Ebene ihrer nominativen Bedeutung [...], sie sind hochvariabel in dem Beitrag, den sie zum Komplex Text – Thema – Vorverständnis leisten können (Knobloch 1998, 453).

So warnt angesichts einer möglichen Unterschätzung der fachlichen Kommunikationsprozesse Claudia Fraas vor übertriebenen Vorstellungen bezüglich der begrifflichen Klarheit von Termini und der Systematik fachlicher Begriffssysteme (vgl. Fraas 1998: 430).

2.2   Implizitheit und Textsortenspezifik

Mit diesen Hinweisen auf die Ebene des Textsinns, die demzufolge auch im traditionellen wissenschaftssprachlichen Maßstäben entsprechenden Fachtext relevant bleibt, rückt die Frage des *Expliziten* und des *Impliziten* von Texten in den Blick. Angelika Linke und Markus Nussbaumer (2000) unterscheiden das Implizite als nicht ausdrücklich Gesagtes – im Unterschied zum ausdrücklich Gesagten – von der Dichotomie *wörtlicher* versus *nichtwörtlicher* Bedeutung. Sie beziehen das Implizite auf konventionell-verwendungsinvariante semantische Aspekte wie Präsuppositionen und Implikationen, ebenso wie auch auf eine Reihe verwendungsvariabler Aspekte, die dem Bereich der Pragmatik zugerechnet werden (vgl. auch den Überblick in Hahn 2001).

Hierbei streifen sie auch Fragen der Textsortenspezifik und weisen richtig darauf hin, dass Implizitheit ein textsortenspezifisches Merkmal darstellt: Es besteht ein systematischer Zusammenhangs zwischen spezifischen Textgattungen und Graden des Impliziten (vgl. Linke/Nussbaumer 2000: 447). Erwähnt werden hier von Linke und Nussbaumer einerseits literarische Texte als Beispiel von Textsorten, die in besonderem Maß zur eigenständigen Auseinandersetzung anregen, und andererseits Gesetzestexte, in denen eine maximale Ausformulierung angestrebt wird und die Interpretationen nur in möglichst geringem Umfang zulassen sollen.[7]

---

[7]   Besonders zu erwähnen ist hier jedoch die Literaturwissenschaft, in der die Dinge anders liegen. 1977 hat Harald Fricke den Anteil dichtungssprachlicher Elementen in literaturwissenschaftlichen Texten untersucht und im Hinblick auf die Verifikation der Forschungsliteratur kritisch kommentiert:

Es wird dabei also der oben erwähnte Ansatz einer ordnungsorientierten Textsortenlinguistik mit der klaren Kategorisierung von Textsorten zur Grundlage einer Graduierung von Implizitheit, was im Hinblick auf die angestrebte Kategorisierung auch angemessen ist. Allerdings sollte dies nicht zu einer Verselbstständigung der Kategorisierung im Sinn einer normativen Wirkung führen; denn damit würde ein Feld aus dem Blick geraten, dass große Aufmerksamkeit verdient, und zwar das des so genannten impliziten Wissens.

3 Wissensbegriffe: explizites und implizites Wissen

Unabhängig davon, ob Wissenselemente philosophisch, psychologisch, soziologisch oder kognitiv gefasst werden, stellt sich textlinguistischen Ansätzen die Frage nach dem Verhältnis von Text und Wissen. So hat Wolfdietrich Hartung auf den Zusammenhang der Geläufigkeit von Wissenselementen mit der entlastenden Funktion formelhaften Kommunizierens und verfestigter Textorganisationsmodelle hingewiesen:

> Für das, was wir oft denken und worüber wir oft kommunizieren, und für das, was in der Gemeinschaft als besonders wichtig gilt, bilden sich solche fertigen oder halbfertigen Äußerungsstücke heraus. Sie erleichtern das unverzögerte, flüssige Kommunizieren. Aber sie engen es auch auf Gewohntes ein (Hartung 1991: 227).

Hartung spricht hier das Phänomen der Automatisierung gewohnter Prozesse an, die mit der Geläufigkeit in ihrer Ausführung an Bewusstheit verlieren. Ungewohntes und nicht Standardisiertes bedarf demgegenüber der vollen Aufmerksamkeit.

Diese Beobachtung, die unter dem Stichwort „Desautomatisierung" (oder „Entautomatisierung") insbesondere in der Prager Schule diskutiert wurde, muss in den Zusammenhang des hier skizzierten Fragekomplexes wissenschaftlicher Textsorten eingebunden werden. Die Wechselverhältnisse zwischen 1) explizitem respektive implizitem Wissen, 2) explizitem sprachlichem Ausdruck beziehungsweise den vielfältigen Formen andeutenden, impliziten Sprechens sowie schließlich 3) gewohnheitsmäßig automatisiertem Sprechen einerseits und dem bewussten Suchen nach sprachlicher Formulierung andererseits müssen hierbei beleuchtet werden.

Einen ausgezeichneten Überblick über das Thema des nicht-expliziten respektive impliziten Wissens aus der Sicht einer Reihe verschiedener akademischer Fachdis-

---

> [... E]inerseits schließt die Poetisierung der literaturwissenschaftlichen Beschreibungssprache vielfach eine genaue Prüfung und mögliche Widerlegung der aufgestellten Behauptungen durch die semantische Unbestimmtheit der dichtungssprachlichen Formulierung aus; andererseits sorgt sie in hohem Maße dafür, daß ein Bedürfnis nach einer solchen kritischen Prüfung gar nicht aufkommt, weil die Zustimmung des Lesers schon durch den ästhetischen Reiz und die suggestive Überzeugungskraft der mit poetischen Elementen durchsetzten Sprache weitgehend gesichert ist (Vgl. Fricke 1977: 184).

ziplinen⁸ bietet der im Auftrag des Bundesministeriums für Bildung und Forschung 2001 erstellte Abschlussbericht *Management von nicht-explizitem Wissen: Noch mehr von der Natur lernen* (Radermacher 2001).⁹ Eingangs wird hier die Schwierigkeit des Umgangs mit nicht-explizitem Wissen anschaulich gemacht:

> Der vorliegende Abschlußbericht beschäftigt sich mit einem Thema, das inhaltlich nur sehr schwer zu fassen ist, nämlich dem Umgang mit nicht-explizitem Wissen, d.h. der Nutzbarmachung von Wissensressourcen, die nicht-expliziter Natur sind. Das ist ein Drahtseilakt, weil praktisch alles, was sprachlich, analytisch, formelmäßig darstellbar ist, expliziten Charakter besitzt. Solch explizites Wissen dominiert den gesellschaftlichen Diskurs, vor allem in einer Welt, die zunehmend Fragen der Kontrolle, der Überprüfbarkeit, der Evaluierbarkeit, der rechtlich-verifizierbaren Verantwortbarkeit betont. Unsere Gesellschaft bewegt sich massiv in Richtung auf ein Regelparadigma, wesentlich motiviert durch Fragen der Nachprüfbarkeit, Begründbarkeit, der öffentlichen Partizipation.
>
> Obwohl dies so ist, gibt es auf der anderen Seite eine weit verbreitete Überzeugung, dass man mit expliziten Mechanismen der Wissensverarbeitung allein den realen Verhältnissen nicht gerecht wird. [...]
>
> Es gibt hier ganz offenbar Grenzen des explizit Beschreibbaren, z.B. entsteht Wissen oft erst als Folge der richtigen Frage, und diese erst aufgrund entsprechender Umstände, z.B. Krisen, die u.U. auch erst die Motivation freisetzen, die Antwort zu erarbeiten – und zwar aus der Situation heraus. [...]
>
> Deshalb spricht als Ergebnis dieses Vorhabens vieles dafür, dass ein erheblicher Wertschöpfungsfaktor darin liegen könnte, sich stärker auf den Umgang mit nicht-explizitem Wissen zu konzentrieren (Radermacher 2001: 7).

Der zentrale Terminus des hier umrissenen Forschungsfeldes, der Begriff des *impliziten Wissens* geht zurück auf die wissenschaftstheoretischen Untersuchungen Michael Polanyis, der von einem umfassenden Wissensbegriff ausgeht (Polanyi 1985[1966]). Damit soll die Theorie des impliziten Wissens sowohl für theoretische Erkenntnisse als auch für Alltagswissen und praktische Fertigkeiten gelten (vgl. Breithecker-Amend 1992: 81, 90). Wesentlich gekennzeichnet ist es, wie

---

[8] Es liegen Beiträge vor aus den Bereichen Verteilte KI/Robotik, Medizin, Computerlinguistik, Philosophie/Erkenntnistheorie, Informations-/Kommunikationswissenschaften, Komponenten des informationstechnischen Wissensmanagements, Bionik, Soziologie/Sozionik, Personal- und Organisationsberatung, Kybernetik/Organisationswissenschaften, Wissensmanagement/KI, Arbeits- und Organisationspsychologie.

[9] Obwohl in diesem Bericht die nachdrückliche Empfehlung ausgesprochen wird, ein eigenständiges Forschungsprogramm zu diesem Thema aufzulegen, wurde diese Initiative nach Auskunft des *Bundesministerums für Bildung und Forschung* nicht weiter verfolgt. Die grundsätzlichen Anregungen des Projektes wurden in die Vorschläge zum sich seinerzeit in Vorbereitung befindlichen neuen IT-Förderprogramm des BMBF eingebracht. Im Bereich Intelligente Systeme/Wissensverarbeitung des Förderprogramms Informations- und Kommunikationstechnik „IT-Forschung 2006" wurden sie mit berücksichtigt.

auch aus den zitierten Passagen hervorgeht, dadurch, dass es als sprachlich schwer zu fassen gilt. Polanyis Ansatz stellt insofern einen Gegenentwurf zur Forderung nach streng objektiven und maximal expliziten wissenschaftlichen Maßstäben dar, wie sie insbesondere von Rudolf Carnap und anderen Vertretern des Logischen Empirismus gefordert wurden. Hinsichtlich der bereits genannten Relationen von 1) explizitem oder implizitem Wissen, 2) wissenschaftssprachlichen Standards und 3) einer kognitiven Komponente der Gewöhnung und Bewusstheit im Umgang mit diesen Standards bestehen nun aber spezifische Zusammenhänge:

Während das explizite Wissen, welches die moderne Gesellschaft etwa im formalen Recht und den exakten Wissenschaften besonders auszeichnet, mit den oben angesprochenen maximal expliziten Formen der Darstellung und standardisierten Textformen einhergeht, kommt es mit der Gewöhnung an diese festen Vorgaben zugleich zu einem Verlust an Aufmerksamkeit in ihrer Verwendung. Die Sprachverwendung selbst wird zu einem Teil des besonders im Falle von Fach- und Wissenschaftstexten sicher nicht unbewussten Sprachverhaltens, jedoch des insofern nicht reflektierten Sprachgebrauchs, als die Vorgaben nicht in Frage gestellt, sondern mehr oder weniger strikt befolgt werden; anschaulich hat John Stuart Mills dies als „mechanischen Gebrauch der Sprache" bezeichnet (vgl. Schiewer 2004: 61). Die strikte Orientierung an formalen Normvorgaben ist unter anderem darauf zurückzuführen, dass die Missachtung anerkannter Standards oftmals mit Sanktionen für den Betreffenden einhergehen, die auch den Ausschluss aus der *community* beinhalten können. Das Streben nach maximaler Bewusstheit und Explizierung in inhaltlicher Hinsicht geht daher mit gewohnheitsmäßiger und insofern beiläufig ausgeübter Sprachverwendung einher. Dem entspricht die Auffassung vieler Psycholinguisten, dass sprachliches Wissen implizit sei.

Mit dem Begriff *Entautomatisierung* wird in linguistischem Umfeld demgegenüber auf ein Phänomen der Durchbrechung der gewohnten Sprachmuster und Darstellungsformen aufmerksam gemacht: Abweichende und hier vor allem literarische Sprache erlaubt es, verfestigte Strukturen der Sprachverwendung erneut ins Bewusstsein zu rücken. Abweichung ist insofern verbunden mit ausdrücklicher Sprachverwendung, da hier bewusst nach neuen oder individuell angepassten Ausdrucksformen gesucht werden muss.

Besonderes Interesse verdient jedoch, dass diese Form bewusster Sprachverwendung mit einem weiteren Aspekt verbunden ist: nicht-standardisiertes, unter Umständen zunächst noch halbbewusstes, ungeklärtes und implizites Wissen kann selten unverfälscht unter Verwendung vorgefertigter Formulierungen zum Ausdruck gebracht werden. Es ist angewiesen auf eine authentische Formulierung, die erst gefunden werden muss und daher der vollen Aufmerksamkeit bei dem Prozess der Versprachlichung bedarf. Thomas Bernhard Seiler betont dies aus psychologischer und erkenntnistheoretischer Sicht, indem er darauf hinweist, dass es oft harter Begriffsarbeit bedürfe, bis es einer Person gelinge, ihre impliziten Annahmen auch nur zum Teil zu explizieren (vgl. Seiler 2001: 220). Naturgemäß kann diese erste Formulierung noch nicht maximal explizit sein. Vielmehr spielen hier alle Formen andeutenden Sprechens, wie sie etwa Manfred Pinkal in einer Typologie der Vagheit zusammengestellt hat, eine wichtige Rolle (vgl. Pinkal 1980, 1981). Gerade die Formen andeutenden Sprechens sind es allerdings, die im Vergleich mit formalen Darstellungsarten vielfach als Beeinträchtigung der Güte der Darstellung kritisiert werden.[10]

Diese ausdrückliche, das heißt bewusst gestaltete und abweichende Varianten ausprobierende Art der Sprachverwendung ist indes in besonderem Maß geeignet, Impulse zur Hinterfragung geläufiger Muster und zur Suche nach neuen Ansatzpunkten und Fragestellungen zu vermitteln. Demgegenüber sichern soziale Normen aller Art den reibungslosen Fortbestand bestehender Strukturen, denn normorientierte Organisationsformen spiegeln sich in den Strukturen einer Sprachgemeinschaft, die sich an bewährte kommunikative Gattungen hält (Williams 1992: 74). Kommunikation setzt hier geteilte Haltungen in stillschweigender Übereinstimmung eher voraus, als dass sie sie schafft (vgl. Williams 1992: 204). Vor dem Hintergrund einer solchen „konsensorientierten" Perspektive in Gesellschaft und Sprachgebrauch stoßen Abweichungen nicht nur auf Überraschung, sondern auch auf Ablehnung.

Allerdings kann sich die Forderung nach maximaler Explizitheit der Darstellung – so formuliert Walter von Hahn pointiert – als „innovationsfeindlich oder indoktrinär" auswirken, wenn sie mit der Durchsetzung eines einseitigen Denkansatzes einhergehe (vgl. Hahn 2001: 44 f.).[11] Ein dogmatischer Umgang mit Wissen soll aus

---

[10] So macht Peter Jaenicke beispielsweise die Formalisierbarkeit überhaupt zur Voraussetzung von Wissen; Wissen existiert seiner Auffassung nach nicht unabhängig von Sprache, sondern nur Sachverhalte sind seiner Ansicht nach nicht zwingend auf Sprache angewiesen (vgl. Jaenicke 2000). Demgegenüber akzentuiert Hans Rott unter Hinweis auf die Relevanz individueller Entscheidungen oder sozialer Praxen in der Handhabung von Alltags- und Wissenschaftssprache eine Gegenposition:

> Das, was einst anschaulich oder begrifflich unmöglich erschien, hat sich in der Geschichte der Wissenschaft oft als denkbar, erforschbar und sogar nützlich erwiesen. Es scheint hier eine Abhängigkeit vom Stand des individuell oder gemeinschaftlich erreichten Wissens und der Wissenschaft zu geben, die uns eine uns ein für allemal „objektive" Fixierung des Analytischen nicht erlaubt (Rott 2004: 37).

[11] Heinz L. Kretzenbacher zieht das Beispiel von Newtons Theorie über den korpuskularen Charakter des Lichts zur Illustration dieser Problematik heran:

> Ihre erste Publikation 1672 als Aufsatz in den *Philosophical Transactions of the Royal Society* unter dem Titel *A New Theory of Light and Colours* brach als induktiver, überwiegend narrativer Experimentbericht ohne persuasiv sorgfältig ausgearbeitete Interpretation [...] so radikal mit der argumentativen Tradition innerhalb der Optik, daß seine Theorie auf harsche Ablehnung stieß. Sie rief eine derart heftige Kontroverse hervor, daß Newton erst wieder im Jahr 1704 mit seiner *Opticks* auf dem Feld

diesem Grund beispielsweise im Rahmen eines „skeptischen Wissensmanagements" bezüglich der betreffenden Voraussetzungen und Auswirkungen des dogmatischen Wissens in einen „skeptischen Beratungsprozess" eingebettet werden (vgl. Capurro 2003). Hier wird somit auf einen Prozess der kritischen Distanznahme und Reflexion bezüglich einseitig-dogmatischer Denkansätze hingewirkt. Noch weiter geht Michael Polanyi selbst mit dem Begriff *impliziten Wissen*: Von gestalttheoretischen Denkansätzen geprägt, bestreitet Polanyi generell die Existenz vollständig explizier- und artikulierbaren Wissens: Neue Denkansätze seien durch einen *logical gap* von bestehenden getrennt, so dass eine strikt explizite Rechtfertigung unmöglich sei (vgl. Breithecker-Amend 1992: 90 ff. und Polanyi 1962: 123, 150 ff.). Erkenntnisfortschritt ist Polanyi zufolge statt dessen an Entscheidungen der *scientific community* gebunden, die an den drei – durchaus falliblen – Standards der Plausibilität, des wissenschaftlichen Werts und der Originalität orientiert sind (vgl. Breithecker-Amend 1992: 70 ff.). Als wesentliche Grundlage dieser Entscheidungen bezieht sich Polanyi auf wissenschaftliche Autoritäten sowie die gemeinsame Tradition einer Forschergemeinschaft, womit allerdings auf anderem Weg auch dieses Konzept keineswegs vor einer dem Erkenntnisfortschritt hinderlichen Forschungspraxis und Innovationsfeindlichkeit gefeit ist (vgl. die Kritik in Breithecker-Amend 1992: 194 ff.).[12]

Dynamik, Auseinandersetzung, Neuerung – mit einem Wort: Wissenszuwachs im Sinn auch der Hinterfragung bestehender Ansätze – sind jedoch nur bei lebendiger Kontroverse, unter Umständen Irritation und infolge von Denkanstößen möglich; der Schritt von der *Datenverarbeitung* im Sinne der Verarbeitung expliziten Wissens zur *Wissensverarbeitung* kann dementsprechend auf diesem Weg der Einbeziehung des impliziten Wissens vollzogen werden (vgl. Hahn 2001: 53). Mit der Abweichung von wissenschaftssprachlichen Normen und Standards können sich neue Perspektiven ergeben, die gegenwärtig insbesondere auch in betriebswirtschaftlichen, technologischen, kognitionswissenschaftlichen Bereichen und nicht zuletzt der Computerlinguistik und Künstlichen Intelligenz-Forschung diskutiert werden (vgl. Hahn 2001: 53).

---

der Optik publizierte. Die *Opticks* präsentierte nahezu denselben propositionalen Gehalt wie der dreißig Jahre ältere Artikel. Aber sie folgte, ganz anders als dieser, dem traditionellen euklidischen Schema von Definition, Axiom und Propositionen, die, durch experimentelle Belege gestützt, zur strikt deduktiven Argumentation dienen. [...] (Kretzenbacher 1998: 136).

[12] Hinzuweisen ist hier auch auf die Kontroverse zwischen Jürgen Habermas und Jacques Derrida. Während Habermas auf den „zwanglosen Zwang" des besseren Arguments in seinem universalistischen Ansatz rekurriert und Derrida vorwirft, „den schon von Aristoteles kanonisierten Vorrang der Logik vor der Rhetorik auf den Kopf zu stellen" (Habermas 1985: 221), wendet sich Derrida gegen den sogenannten Logozentrismus.

Allerdings dürfen dabei die Frage der Wahrheitsfähigkeit und Verifikation sowie das Problem willkürlicher Subjektivität nicht außer Acht gelassen werden.[13] Vorausgesetzt werden muss daher, dass die Prinzipien einer „romantischen Wissenschaft" – um den Terminus Lurijas nochmals zu verwenden – und die Spezifika impliziten Wissens methodisch reflektiert und gezielt zum Einsatz kommen. Das bedeutet, dass die Errungenschaften „klassischer Wissenschaft" nicht aufzugeben, sondern komplementär zu ergänzen sind, wenn neue Perspektiven auf einen Gegenstand eröffnet werden sollen.[14]

Wenn nämlich tatsächlich davon auszugehen ist, dass Teile des Wissens implizit sind, wie unter anderem von der Psychologie und der aktuellen Künstlichen Intelligenz-Forschung bestätigt wird, dann verdienen die prinzipiellen Möglichkeiten sowie die Prozesse der Explizierbarkeit und Versprachlichung des impliziten Wissens einschließlich des Verstehens größte Aufmerksamkeit (vgl. Breithecker-Amend 1992: 199 f.; Oswald/Gardenne 1984; van der Meer/Klix 2003: 337 ff.). Insbesondere werden die Stufen zunehmender Explizierung im Übergang von den vielfältigen Formen andeutenden, anschaulichen, vagen und metaphorischen Sprechens zu maximal expliziten Varianten zu untersuchen und in einer nicht wertenden, jedoch hinsichtlich der jeweiligen Funktion und Leistung dieser Stufen differenzierenden Typologie unter dem Blickwinkel der kognitiven Dimension der Sprachverwendung darzustellen sein. Dies bedeutet weder eine Einebnung verschiedener Textsorten und -gattungen, wie Jürgen Habermas in seiner Auseinandersetzung mit Jacques Derrida befürchtet (vgl. Habermas 1985: 234, 243), noch eine einseitige Verabsolutierung des einen oder anderen Typus' von Gattungen, etwa wissenschaftlicher oder literarischer.[15]

Innovative Ansätze hierzu finden sich beispielsweise im Schnittfeld von Künstlicher Intelligenz-Forschung, Automatentheorie und Poetik in den Schriften Oswald Wieners; hier werden die Grenzen der symbolisch-explizit darstellbaren Bereiche im Hinblick auf Prozesse der Verbalisierung „tieferer Schichten" ausgelotet (vgl. für eine Übersicht Schiewer 2004, 2006). Anregungen können auch von den Untersuchungen zur Wissenstransformation im Zuge schriftlicher Sprachproduktion ausgehen sowie von den Untersuchungen der vor und während der Textproduktion angewandten Strategien (vgl. für einen Überblick Kellogg 2003: 549 ff.). Weiterhin sind im Hinblick auf die Klärung der graduellen Stufen zwischen andeutendem und explizitem Sprechen die Forschungsansätze zu Sprache und Denken, die Begriffstheorie und -geschichte sowie die Fach- und Wissenschaftssprachforschung

---

[13] Hierauf hat speziell im Hinblick auf die Verwendung dichtungssprachlicher Elemente in der Literaturwissenschaft Harald Fricke nachdrücklich hingewiesen (vgl. Fricke 1977: 184).

[14] Vgl. zu diesem Komplex die auf die besondere Situation der Literaturwissenschaft bezogene Reflexion von Harald Fricke in: Fricke 1997, 253 ff. und das Kapitel 3 in: Köllerer 1996.

[15] Vgl. hierzu auch die grundsätzliche Positionierung von Martin Sexl in: Sexl 2003.

mit ihren dynamischen Bedeutungskonzepten einzubeziehen (vgl. Fraas 1998 und Fraas 1992). Strukturen des Impliziten unter Gesichtspunkten des Verstehens und der Hermeneutik hat der Literaturwissenschaftler Martin Sexl untersucht (Sexl 1995).

Das Potential des Umgangs mit nicht-explizitem Wissen, das darin besteht, Impulse zu vermitteln – welches den Reiz einer „romantischen Wissenschaft" Alexander Lurijas und einer „Verbesserung von Mitteleuropa" Oswald Wieners zu einem erheblichen Teil ausmacht – ist vor dem Hintergrund dieser Überlegungen nicht in Konkurrenz zu expliziten Wissens- und Darstellungsformen wahrzunehmen, sondern als ein hinzukommender immenser Differenzierungs- und Wertschöpfungsfaktor. Eine komplementäre Wissenstypologie, welche ein funktional differenziertes Nebeneinander verschiedener Wissens- und Darstellungstypen vorsieht, erlaubt es, sowohl von dem Innovations- und Entwicklungspotential zu profitieren, das dem gezielten Abweichen von normativen Standards inhärent sein kann, als auch, es in nachfolgenden Phasen der begrifflichen Präzisierung und Explizierung zu evaluieren.

4 Literatur

Adamzik, Kirsten (1995): Aspekte und Perspektiven der Textsortenlinguistik. In: dies. (Hg.): Textsorten – Texttypologie. Eine kommentierte Bibliographie. Münster, 11–40.

Breithecker-Amend, Renate (1992): Wissenschaftsentwicklung und Erkenntnisfortschritt. Zum Erklärungspotential der Wissenschaftssoziologie von Robert K. Merton, Michael Polanyi und Derek de Solla Price. Münster/New York.

Brinker, Klaus et al. (Hg.) (2000): Text- und Gesprächslinguistik. Ein internationales Handbuch zeitgenössischer Forschung. 1. Halbbd. Berlin/New York.

Bühler, Karl (1933): Ausdruckstheorie. Das System an der Geschichte aufgezeigt. Jena.

Capurro, Rafael (2003): Skeptisches Wissensmanagement. In: Peter Fischer et al. (Hg.): Wirtschaftsethische Fragen der E-Economy. Heidelberg, 67–85.

Coseriu, Eugenio (1994): Textlinguistik. Eine Einführung. Hg. von Jörn Albrecht. 3. Auflage. Tübingen.

Fraas, Claudia (1992): Terminologiebetrachtung im Kontext der modernen Sprachwissenschaft. In: Theo Bungarten (Hg.): Beiträge zur Fachsprachenforschung. Sprache in Wissenschaft und Technik, Wirtschaft und Rechtswesen. Tostedt, 152–161.

Fraas, Claudia (1998): Lexikalisch-semantische Eigenschaften von Fachsprachen. In: Lothar Hoffmann et al. (Hg.), 428–438.

Fraas, Claudia (1998): Lexikalisch-semantische Eigenschaften von Fachsprachen. In: Lothar Hoffmann et al. (Hg.) (1998), 428–438.

Fricke, Harald (1977): Die Sprache der Literaturwissenschaft. Textanalytische und philosophische Untersuchungen. München.

Gabriel, Gottfried (1972): Artikel „Definition", in: Historisches Wörterbuch der Philosophie. Hg. von Joachim Ritter, Bd. 2. Basel/Stuttgart, 31–42.

Goethe, Johann Wolfgang von (1994a): Werke. Hamburger Ausgabe in 14 Bänden. Bd. 12: Schriften zur Kunst und Literatur. Maximen und Reflexionen. München.

Goethe, Johann Wolfgang von (1994b): Werke. Hamburger Ausgabe in 14 Bänden. Bd. 13: Naturwissenschaftliche Schriften I. Zur Farbenlehre. München.

Habermas, Jürgen (1985): Der philosophische Diskurs der Moderne. Frankfurt a.M.

Hahn, Walter von (2001): Nicht-explizites Wissen in der Computerlinguistik. In: Franz Josef Radermacher et al. (Hg.), 41–56.

Haller, Rudolf (1971): Artikel „Begriff". In: Historisches Wörterbuch der Philosophie. Hg. von Joachim Ritter, Bd. 1. Basel/Stuttgart, 780–785.

Hartung, Wolfdietrich (Hg.) (1991): Kommunikation und Wissen. Annäherungen an ein interdisziplinäres Forschungsgebiet. Berlin.

Heinemann, Wolfgang (2000): Textsorte – Textmuster – Texttyp. In: Klaus Brinker et al. (Hg.), 507–523.

Heisenberg, Werner (1996): Der Teil und das Ganze. Gespräche im Umkreis der Atomphysik. München.

Heisenberg, Werner (2000): Physik und Philosophie. 6. Auflage. Stuttgart.

Herrmann, Theo/Grabowski, Joachim (Hg.) (2003): Sprachproduktion. Göttingen/Bern/Toronto/Seattle.

Hoffmann, Lothar/et al. (Hg.) (1998): Fachsprachen. Ein internationales Handbuch zur Fachsprachenforschung und Terminologiewissenschaft, 1. Halbband. Berlin/New York.

Jaenecke, Peter (2000): Ist „Wissen" ein definierbarer Begriff? In: H. Peter Ohly et al. (Hg.), 67–82.

[KrV] Kant, Immanuel (1960a): Kritik der reinen Vernunft. Werkausgabe in zwölf Bänden. Bände 3 und 4. Wiesbaden.

[KU] Kant, Immanuel (1960b): Kritik der Urteilskraft. Werkausgabe in zwölf Bänden. Band 10. Wiesbaden.

Kellog, Ronald T. (2003): Schriftliche Sprachproduktion, in: Theo Hermann/ Joachim Grabowski (Hg.), 531–559.

Köllerer, Christian (1996): Methoden und Rahmentheorien der Literaturwissenschaft. Ein Vorschlag zur kritischen Analyse und Bewertung sowie Anwendung auf die Kafka-Forschung. Marburg.

Knobloch, Clemens (1998): Grundlegende Begriffe und zentrale Fragestellungen der Textlinguistik, dargestellt mit Bezug auf Fachtexte. In: Lothar Hoffmann et al. (Hg.), 443–456.

Kretzenbacher, Heinz L. (1998): Fachsprache als Wissenschaftssprache. In: Lothar Hoffmann et al. (Hg.), 133–142.

Linke, Angelika/Nussbaumer, Markus (2000): Konzepte des Impliziten: Präsuppositionen und Implikaturen. In: Klaus Brinker et al. (Hg.), 435–448.

Luckmann, Thomas (1986): Grundformen der gesellschaftlichen Vermittlung des Wissens: Kommunikative Gattungen. In: Friedhelm Neidhardt/M. Rainer Lepsius/Johannes Weiß (Hg.): Kultur und Gesellschaft (= Sonderheft 27 der KZfSS). Opladen, 191–213.

Luckmann, Thomas (1988): Kommunikative Gattungen im kommunikativen Haushalt einer Gesellschaft. In: Gisela Smolka-Kordt/Peter Spangenberg/Dagmar Tillmann-Bartylla (Hg.): Der Ursprung der Literatur. München, 279–288.

Luckmann, Thomas (1992): Theorie des sozialen Handelns. Berlin/New York.

Lurija, Alexander R. (1991): Der Mann, dessen Welt in Scherben ging. Zwei neurologische Geschichten. Reinbek bei Hamburg.

Lurija, Alexander R. (1993): Romantische Wissenschaft. Forschungen im Grenzbezirk von Seele und Gehirn. Reinbek bei Hamburg.

Lurija, Alexander R. (2002): Kulturhistorische Humanwissenschaft. Ausgewählte Schriften. Berlin.

Meer, Elke van der/Klix, Friedhart (2003): Die begriffliche Basis der Sprachproduktion. In: Theo Hermann/Joachim Grabowski (Hg.), 333–359.

Ohly, H. Peter et al. (Hg.) (2000): Globalisierung und Wissensorganisation: Neue Aspekte für Wissen, Wissenschaft und Informationssysteme. Proceedings der 6. Tagung der Deutschen Sektion der Internationalen Gesellschaft für Wissensorganisation, Hamburg, 23.–25. September 1999. Würzburg.

Oswald, Margit/Gadenne, Volker (1984): Wissen, Können und künstliche Intelligenz. Eine Analyse der Konzeption des deklarativen und prozeduralen Wissens. In: Sprache und Kognition 3, 173–184.

Pinkal, Manfred (1980): Semantische Vagheit: Phänomene und Theorien 1. In: Linguistische Berichte 70, 1–26.

Pinkal, Manfred (1980/81): Semantische Vagheit: Phänomene und Theorien 2. In: Linguistische Berichte 72, 1–26.

Polanyi, Michael (1962): Personal knowledge. Towards a post-critical philosophy. London.

Polanyi, Michael (1985): Implizites Wissen. Frankfurt a.M.

Poser, Hans (2001): Wissenschaftstheorie. Eine philosophische Einführung. Stuttgart.

Radermacher, Franz Josef/et al. (2001): Management von nicht-explizitem Wissen: Noch mehr von der Natur lernen. Abschlussbericht Teil 3: Die Sicht verschiedener akademischer Fächer zum Thema des nicht-expliziten Wissens. Erstellt vom Forschungsinstitut für anwendungsorientierte Wissensverarbeitung (FAW Ulm) im Auftrag des Bundesministeriums für Bildung und Forschung. März 2001. http://www.faw-neu-ulm.de/index.php?id=107 (letzter Zugriff: 23. September 2008).

Rott, Hans (2004): Vom Fließen der Begriffe: Begriffliches Wissen und theoretischer Wandel. In: Kant-Studien 95, 29–52.

Ryle, Gilbert (1949): The concept of mind. Oxford.

Schiewer, Gesine Lenore (2004): Poetische Gestaltkonzepte und Automatentheorie. Arno Holz – Robert Musil – Oswald Wiener. Würzburg.

Schiewer, Gesine Lenore (2006): Kommunikative Verständigung oder Interpretation? Der Rezipient im Fokus einer linguistisch fundierten Hermeneutik. In: Sigurd Wichter/Albert Busch (Hg.): Wissenstransfer: Erfolgskontrolle und Rückmeldungen aus der Praxis (Transferwissenschaften 5). Frankfurt, a.M., 265–279.

[KA XVIII] Schlegel, Friedrich (1963): Philosophische Lehrjahre 1796–1806 nebst philosophischen Manuskripten aus den Jahren 1796–1828. Hg. von Ernst Behler. KA Bd. XVIII. München/Paderborn/Wien.

[KA X] Schlegel, Friedrich (1969): Philosophie des Lebens. In fünfzehn Vorlesungen gehalten zu Wien im Jahre 1827 und Philosophische Vorlesungen insbesondere über Philosophie der Sprache und des Wortes. Geschrieben und vorgetragen zu Dresden im Dezember 1828 und in den ersten Tagen des Januars 1829. Hg. von Ernst Behler. KA Bd. X. München/Paderborn/Wien.

Schnyder, Peter (1999): Die Magie der Rhetorik. Poesie, Philosophie und Politik in Friedrich Schlegels Frühwerk. Paderborn/München/Wien/Zürich.

Seiler, Thomas Bernhard (2001): Begreifen und Verstehen. Ein Buch über Begriffe und Bedeutungen. Mühltal.

Sexl, Martin (1995): Sprachlose Erfahrung? Michael Polanyis Erkenntnismodell und die Literaturwissenschaften. Frankfurt am Main.

Sexl, Martin (2003): Literatur und Erfahrung. Ästhetische Erfahrung als Reflexionsinstanz von Alltags- und Berufswissen. Eine empirische Studie. Innsbruck.

Strolz, Walter (1981): Goethes versteckte Sprachphilosophie. In: Jahrbuch des Freien Deutschen Hochstifts, 1–87.

Tynjanov, Jurij (1994 [1927]): Über die literarische Evolution. In: Jurij Striedter (Hg.): Russischer Formalismus. München, 433–461.

Weizsäcker, Carl Friedrich von (1974): Die Einheit der Natur. Studien von Carl Friedrich von Weizsäcker. München.

Werlich, Egon (1975): Typologie der Texte. Entwurf eines textlinguistischen Modells zur Grundlegung einer Textgrammatik. Heidelberg.

Wiener, Oswald (1985): Die Verbesserung von Mitteleuropa, Roman. Reinbek bei Hamburg. [1. Auflage 1969.]

Williams, Glyn (1992): Sociolinguistics. A sociological critique. London/New York.

Willke, Helmut (2001): Systemisches Wissensmanagement. 2. Auflage. Stuttgart.

5 Anhang: Synopse – Wissenstypologie im Horizont von Wissenschaftssprache und Texttheorie

Gattungsmodelle der Wissenschaftssprache	TRENNUNG DER GATTUNGEN	MISCHUNG DER GATTUNGEN Beispiele: Wissenschaft, Literatur Alexander R. Lurija, Oswald Wiener
PARADIGMEN	KANT-THEORIEN	F.-SCHLEGEL-THEORIEN
TEXTSTRUKTUR	ARGUMENTATION STRINGENZ VOLLSTÄNDIGKEIT	RHETORIK FRAGMENT
TEXTSORTEN	TEXTSORTENLINGUISTIK STILISTIK RHETORIK	SOZIOLINGUISTIK: KOMMUNIKATIVE GATTUNGEN
WISSENSCHAFTSTHEORIE: BEGRIFFE, TERMINOLOGIE	NORMIERTE BEGRIFFE – DEFINITIONEN Descartes Rudolf Carnap, Hans Poser	„UNSCHARFE" BEGRIFFE Goethe, Heisenberg, Bohr Hans Rott, Thomas B. Seiler
TEXTLINGUISTIK	TEXTLINGUISTIK I Transphrastische Grammatik	TEXTLINGUISTIK II „Linguistik des Sinns" Rezipient Implizitheit – Textsortenspezifik
WISSENSBEGRIFFE	EXPLIZITES WISSEN	IMPLIZITES WISSEN Michael Polanyi SKEPTISCHES WISSENSMANAGEMENT Rafael Capurro
DARSTELLUNGS-FORMEN	MAXIMALE EXPLIKATION Rudolf Carnap	FORMEN DER ANDEUTUNG ANSCHAULICHKEIT METAPHORIK, VAGHEIT Manfred Pinkal
KOGNITIVE DIMENSION DER SPRACHVERWENDUNG	AUTOMATISIERUNG GEWÖHNUNG „MECHANISCHER GEBRAUCH"	ENTAUTOMATISIERUNG AUFMERKSAMKEIT NEU, INDIVIDUELL Prager Schule
	UNIVERSALISMUS Jürgen Habermas	GRAMMATOLOGIE Jacques Derrida
VALIDIERUNG WISSENSCHAFTLICHER ERKENNTNIS	NORMATIVE STANDARDS Gefahr der Verabsolutierung	AUTORITÄT, TRADITION Gefahr der Verkrustung
KOMPLEMENTÄRE WISSENSTYPOLOGIE	Evaluation/Verifikation aufgrund wissenschaftlicher Kriterien *sowie* Innovations- und Entwicklungspotential	

Strukturelle Unterschiede des Wissens zwischen Naturwissenschaften und Geisteswissenschaften und deren Konsequenzen für den Wissenstransfer

Silke Jahr (Greifswald)

1 Charakterisierung des Wissens
2 Der unterschiedliche Charakter der Termini in den Geistes- und Naturwissenschaften als Ausdruck der strukturellen Unterschiede des Wissens
3 Auswirkungen der strukturellen Unterschiede des Wissens auf den Wissenstransfer
4 Zusammenfassung
5 Literatur

1   Charakterisierung des Wissens

Zunächst möchte ich mit einigen Fragen beginnen:

1. Warum versteht ein Laie nur wenig von einer naturwissenschaftlichen Publikation, jedoch bedeutend mehr von einer Publikation aus dem geisteswissenschaftlichen Bereich?
2. Warum haben Gesetze im Bereich der Geisteswissenschaften längst nicht die Stringenz naturwissenschaftlicher Gesetze?
3. Warum sind Begriffe in den Naturwissenschaften präziser und eindeutiger als viele Begriffe in den Geisteswissenschaften, die nicht selten mit einer Vielzahl von Definitionen belegt sind?
4. Warum ist für Naturwissenschaftler der Zeitschriftenaufsatz die hochwertigste Publikationsform, für Geisteswissenschaftler jedoch das Buch?
5. Warum erscheinen in den Naturwissenschaften die Betreuer von Doktorarbeiten als Mitautoren in den Publikationen, in den Geisteswissenschaften jedoch nicht?
6. Warum halten Naturwissenschaftler ihre Vorträge meistens frei, während Geisteswissenschaftler sich stärker am Manuskript orientieren?
7. Warum umfasst ein geisteswissenschaftliches Studium obligatorisch zwei bis drei Fächer, ein naturwissenschaftliches Studium jedoch nur ein Fach?

8. Warum haben im Studium die naturwissenschaftlichen Fächer einen wesentlich fester umrissenen Wissenskanon als die geisteswissenschaftlichen Fächer?

Offensichtlich gibt es strukturelle Unterschiede des Wissens zwischen den Naturwissenschaften und Geisteswissenschaften. Damit war ich konfrontiert, nachdem ich als Naturwissenschaftlerin (Chemikerin) den Sprung in die Geisteswissenschaften (Linguistik) gewagt hatte.

Diskussionen um die Einheit von Wissenschaft gehen von der tiefen Einheit von Natur und Geist aus, von der Einheit der naturwissenschaftlichen und geisteswissenschaftlichen Rationalität (u.a. Mittelstraß 2002: 74). Jede Wissenschaft verfolgt das Ziel, die Vielfalt der Erscheinungen und Gesetzmäßigkeiten zu ordnen. Die allen Wissenschaften gemeinsamen Merkmale bestehen darin, Regularitäten zu finden, theoriegesteuerte Hypothesen zu bilden, Beweise und Widerlegungen vorzunehmen sowie Voraussagen zu treffen (vgl. Mehrtens 1990: 50). Jedoch gibt es auch Auffassungen, die Unterschiede beider Bereiche von Wissenschaft hervorheben. So weist u.a. Holzhey (1999: 32) auf die Spezifik der Geisteswissenschaften hin, die es mit menschlichen Erzeugnissen und mit von Menschen gewobenen Bedeutungszusammenhängen zu tun habe.

Fragen des Unterschieds zwischen Geisteswissenschaften und Naturwissenschaften wurden von mir an anderer Stelle bereits diskutiert (Jahr 2004); das Thema soll in diesem Beitrag fortgesetzt werden.

1.1 Unterschiede in der Existenzweise der Untersuchungsobjekte

Zentrale Aussagen des bereits thematisierten Unterschieds der Untersuchungsobjekte in den Naturwissenschaften und den Geisteswissenschaften sollen hier wiedergegeben werden (Jahr 2004: 262ff.). Die Subjekt-Objekt-Spaltung zwischen Forscher und Untersuchungsobjekt ist in den Naturwissenschaften bedeutend schärfer als in den Geisteswissenschaften gegeben. Eine Trennung des Menschen von dem Reich der Dinge, die der Naturwissenschaftler untersucht, ist im Sinne eines alltäglichen Verständnisses vorhanden. Der Naturwissenschaftler steht externen Objekten gegenüber, deren Signale durch Messdaten erfasst werden. Sachverhalte und Zusammenhänge der externen Umwelt können weitgehend vom Menschen losgelöst betrachtet und analysiert werden (vgl. Davidson 1984: 227ff.). Selbst für den Biologen stellt der Mensch als Naturobjekt ein Faktum dar, das wie ein externes Objekt beschrieben wird, nicht als kulturelles Wesen. Auf die besondere Stellung der Molekularbiologie soll im Rahmen dieser Diskussion hingewiesen werden. Die Existenzweise solcher Objekte wie der Gene und Proteine und deren Relationen werden ebenfalls der externen Umwelt zugeordnet.

Während die Naturwissenschaften auf Dingen der außermenschlichen Realität fußen, weshalb sie auch als faktische Wissenschaften bezeichnet werden, haben es die Geisteswissenschaften mit geistigen Konstrukten, geistigen Objektivationen zu tun. Das Faktische muss hier erst bestimmt werden, indem gefragt wird, was das intersubjektiv wahrnehmbar Faktische ist, auch wenn der immanente Sinn und invariable Regeln eines Untersuchungsgegenstandes vorausgesetzt werden müssen. Ein Text beispielsweise, unabhängig ob Sachtext oder literarischer Text, ist zwar als materialer Gegenstand gegeben, aber der geistige Gehalt, die Textbedeutung ist von der Sicht des Forschers abhängig, der seinen Untersuchungsgegenstand konzeptualisiert und damit konstituiert. Das Objekt der Geisteswissenschaften ist also kein unabhängig von der Konzeptualisierung existierendes, sondern eines, das „erst in dieser oder anderer Weise konzeptualisiert werden muss, um Gegenstand sein zu können" (Fiehler 1990: 119). In den Geisteswissenschaften werden Bedeutung und Relationen der Erkenntnisobjekte von der Perspektive des individuellen Wissenschaftlers in einem Maße bestimmt, wie es in den Naturwissenschaften längst nicht der Fall ist.

1.2 Unterschiede in der Relation des Untersuchungsobjektes zur menschlichen Lebenswelt

Die naturwissenschaftlichen Objekte sind durch Relationen innerhalb der externen Umwelt, d.h. durch die Naturzusammenhänge determiniert. Die externen Sachverhaltszusammenhänge strukturieren entscheidend das Wissen, das wir Menschen über unsere Umwelt haben. Zwischen naturwissenschaftlichen Aussagen besteht daher im Allgemeinen ein strenger Folgezusammenhang (vgl. Holzhey 1999: 30). Demgegenüber steht der Geisteswissenschaftler einer komplexen menschlichen Welt gegenüber, und er ist gleichzeitig ein Teil von ihr. Sein Untersuchungsobjekt befindet sich in unmittelbarer Relation zum Forscher und ist in vielfältige Beziehungen innerhalb der menschlichen Lebenswelt eingebettet. Dadurch ist die Abgrenzung als isoliertes Objekt selbst für Untersuchungszwecke schwer zu vollziehen. Um die Komplexität unserer Wirklichkeit sichtbar zu machen, ist das geisteswissenschaftliche Objekt in seiner Relationalität zu anderen Konzepten, Prozessen und geistigen Produkten zu beschreiben, zu erklären und auf Regularitäten zu beziehen. Die geistigen Objektivationen sind außerdem generell in soziokulturelle Kontexte eingebunden, die sich im Laufe der Geschichte ändern und in Abhängigkeit von der jeweiligen Kultur stehen. Mit diesem Charakter des Wissens hängt zusammen, dass bestimmte Themen zu verschiedenen Zeiten immer wieder aufgegriffen und in neue Sinnzusammenhänge des jeweiligen kulturellen Hintergrundes gestellt werden. In den Naturwissenschaften dagegen können Themen, die als verstanden gelten, als feststehendes Wissen zumindest innerhalb des bestehenden Wissenschaftsparadigmas „abgelegt" werden.

Unterschiede, die auf den verschiedenen Relationen zwischen dem erkennden Subjekt und dem zu untersuchenden Objekt bestehen, haben Auswirkungen auf die Klassenbildung von Objekten, auf das Auftreten von Ausnahmen und die Beschreibung der Wirklichkeit durch Gesetze. In allen Bereichen wird eine Klassenbildung von Objekten bzw. Sachverhalten vorgenommen, durch die Begriffe gebildet werden. Hinsichtlich der Klassenbildung sind tendenzielle Unterschiede zwischen den Naturwissenschaften und Geisteswissenschaften festzustellen, die auf die Theoriebildung in beiden Wissenschaftsbereichen Auswirkungen zeigen. Da es die Naturwissenschaften mit Objekten zu tun haben, die – zunächst in einem Verständnis naiver Evidenz – unabhängig vom Menschen vorliegen, sind Klassen relativ leicht definierbar und entstehen durch Abstraktion vorliegender Objekte. Bei möglicherweise schwierigen Zuordnungen wird man feststellen, dass die Ränder der Klassen unscharf sind. In solchen Fällen liegen dann Vagheitsbereiche vor, auch singuläre Ausnahmen treten auf, wie bei den Systematiken in der Botanik oder Zoologie.

Während sich naturwissenschaftliche Aussagen auf externe Objekte beziehen, haben es die geisteswissenschaftlichen Disziplinen mit dem Menschen, seinem Verhalten und geistigen Produkten zu tun, die sich bedeutend schwerer in bestimmte Rahmen pressen lassen. Abstraktionen und Klassenbildungen in den Geisteswissenschaften, z.B. in der Linguistik, Geschichte und den Sozialwissenschaften (letztere sollen hier in vereinfachter Sichtweise zusammen mit den Geisteswissenschaften behandelt werden), haben sich häufig mit Ausnahmen auseinanderzusetzen. Die Ausnahme hat in den geisteswissenschaftlichen Disziplinen einen anderen Status als in der Naturwissenschaft, da sie oft permanent vorhanden ist und so Klassifizierungen in Frage stellen kann. Daher können Klassifikationen und Systematisierungen nicht in dem Maße den Ausgangspunkt von Untersuchungen bilden, wie das in den Naturwissenschaften der Fall ist.

Eine große Schwierigkeit ist damit verbunden, dass das interindividuelle Experiment dem Geisteswissenschaftler als Ausgangspunkt und Ziel seiner Theoriebildung weitaus weniger zur Verfügung steht als dem Naturwissenschaftler. Naturwissenschaftliche Experimente liefern Messdaten, die als Nachweise für entsprechende Theorien gelten, unabhängig davon, dass sie zu Kontroversen führen können und manchmal unterschiedlich interpretiert werden. Innerhalb des Rahmens ihrer Abhängigkeit von bestimmten Annahmen gelten Messdaten als eigenständige Gegebenheiten, die Wissen validieren und bei wissenschaftlichen Kontroversen unersetzliche Schiedsrichterfunktion einnehmen (vgl. Knorr-Cetina 2002: 82). Die Geisteswissenschaftler können zur Überprüfung ihrer Ideen und Theorien häufig nicht auf Experimente zurückgreifen bzw. ihnen stehen in weit geringerem Maße objektivierbare Experimente zur Verfügung, da einzelne Faktoren oft nur unzureichend konstant gehalten werden können und Menschen, einschließlich des Experimentators, keine fest umrissenen Größen sind. So ist es typisch, dass Ausnahmen auftreten. Auch die vom Menschen gebildete Sprache ist schwer in ein Schema zu zwingen, weshalb es meist nicht schwierig ist, für sprachliche Belege linguistischer Theorien Ausnahmen zu finden. Die relative Gültigkeit beispielsweise des Behagel'schen Gesetzes, wonach im das geistig eng Zusammengehörende auch sprachlich zusammengestellt ist, ist offensichtlich.

Die Wirklichkeit, die auf dem naturwissenschaftlichen Experiment beruht, ist für jeden Wissenschaftler nachvollziehbar. Effekte wie Anzeigen an Messinstrumenten, Veränderung von Stoffen etc., die im naturwissenschaftlichen Experiment gemessen werden, sind einfach „da". Die Reproduzierbarkeit der experimentellen Resultate ist eine Grundvoraussetzung naturwissenschaftlicher Erkenntnis überhaupt. Messergebnisse bestätigen, spezifizieren, korrigieren oder verwerfen bestimmte Theorien und naturwissenschaftliche Modelle. Ausnahmen der unter definierten Bedingungen aufgestellten Naturgesetze treten nicht auf. Zum Beispiel sind nach dem Ohm'schen Gesetz Spannung und Strom bei konstanter Temperatur und konstanter Ladungsträgerkonzentration proportional. Auch in der Molekularbiologie wirken „harte" Gesetze, sofern in Lebewesen molekulare Prozesse beschrieben werden. Bei Unstimmigkeiten ändert sich nicht das Naturgesetz, sondern es werden der Gültigkeitsbereich sowie Annahmen und Bedingungen dieses Gesetzes neu bestimmt. Ein bekanntes Beispiel ist die klassische Mechanik gegenüber der Quantenmechanik. Die Quantenmechanik beschreibt unsere Welt auf eine umfassendere Weise als die klassische Mechanik. Letztere muss als Spezialfall einer allgemeinen Gesetzmäßigkeit angesehen werden. Ausnahmen von Naturgesetzen würden eine grundlegende Umorientierung des bisherigen Wissens auslösen, das ein prinzipiell neues Durchdenken der bisher als wahr angenommenen Erkenntnisse nach sich zieht. Dann vollzieht sich ein Paradigmenwechsel (vgl. Kuhn 1967), der nicht so häufig vorkommt.

Da in den Geisteswissenschaften die Wirklichkeit weniger durch Experimente, sondern stärker durch das Verknüpfen von Konzepten erkannt wird, sind wissenschaftliche Theorien und Modelle, die Ideen, Sprache und Verhalten von Menschen beschreiben, im Wesentlichen nur als Tendenz oder mit dem Begriff der Dominanz zu charakterisieren (s.o. Frage 2). Die jeweils nicht zur Diskussion stehenden Aspekte eines konzeptualisierten Objektes bestimmen die Wirklichkeit mit, was dazu führt, dass auch aus diesen Gründen wissenschaftliche Aussagen und Gesetze nicht die Stringenz haben können wie in den Naturwissenschaften. Bei naturwissenschaftlichen Untersuchungen gibt es keine Lebewesen, die den Gesetzen der Physik oder der Chemie „ein Schnippchen schlagen", wie der Atomphysiker Oppenheimer (1969: 83) sich ausdrückt.

Aussagen im Bereich der Geisteswissenschaften sind zwar gültige Aussagen, aber teilweise nicht im Sinne der strikten Logik herleitbar. Die Wahrheit und Gültigkeit theoretischer Aussagen hängt vom Erfahrungshorizont und von dem Erkenntnisziel des deutend-erkennenden Subjekts ab (vgl. Holzhey 1999: 30). Die Aufgabe des Geisteswissenschaftlers ist es, in die Gesetzmäßigkeiten seines jeweiligen Objektbereiches vorzudringen, auch wenn die Gegenstände nur eingeschränkt Kausalitätsanalysen und quantifizierenden Experimenten zugänglich sind. Für tief greifende neue Erkenntnisse in den Geisteswissenschaften, die durch die geistigen Operationen und Imaginationen des Forschers hervorgebracht werden,

spielen empirische Untersuchungen – die sich nicht selten widersprechen – oft nur eine untergeordnete Rolle, oder aber sie sind ohnehin nicht relevant.
Die unterschiedliche Art des Forschens hat Konsequenzen für die Praxis des Wissenschaftlers. Tiefgreifende neue Erkenntnisse in den Geisteswissenschaften werden durch geistige Operationen und Imaginationen des Forschers hervorgebracht, bei denen empirische Untersuchungen teilweise nicht relevant sind oder nur eine untergeordnete Rolle spielen. Ferdinand de Saussure gründete sein Konzept von moderner Sprachwissenschaft nicht auf empirische Forschung, Konzepte moderner Grammatiktheorien oder der Sprechakttheorie sind ebenfalls vor allem geistige Kreationen, eine stark veränderte Sicht auf historische Prozesse ist meist nicht das Ergebnis empirischer Untersuchungen etc. In den Geisteswissenschaften sind darüber hinaus empirische Untersuchungen sinnvoll – bilden aber oft nicht den Kern der Wissenschaft. (Am Rande sei vermerkt, dass sozialwissenschaftliche Disziplinen allerdings bedeutend stärker auf experimentelle Untersuchungen angewiesen sind.) Zudem ist die Aussagekraft von empirischen Untersuchungen in den Geisteswissenschaften eingeschränkt, wie oben diskutiert wurde.

Ein Naturwissenschaftler kann heute gewöhnlich ohne einen (meist großen) experimentellen Aufwand nicht mehr forschen, weshalb der Doktorand das Rückgrat der Forschung bildet. Die Publikationen seines Doktoranden erhöhen das wissenschaftliche Ansehen des Betreuers, da er bei Publikationen immer auch Mitautor ist. Wissenschaftlich tätig zu sein, ist für den Naturwissenschaftler an die Bedingung geknüpft, vor allem auch experimentell zu arbeiten, weshalb das Einwerben von Forschungsgeldern wesentlich als ein Maß für Qualität und Quantität seiner Forschung angesehen wird. Der Geisteswissenschaftler dagegen ist in der Lage, auch ohne Doktoranden und aufwändige Sachmittel kreative Forschung zu betreiben, zumal er bei Publikationen seines Doktoranden gewöhnlich nicht als Mitautor erscheint. Doktoranden sind jedoch vor allem für die Heranbildung des wissenschaftlichen Nachwuchses unabdingbar.

Trotz des Unterschieds besteht die Tendenz, den Geisteswissenschaftler ebenso wie den Naturwissenschaftler daran zu messen, wie viel Gelder er einwirbt, wobei das Einwerben von Geldern aber vorrangig an empirische Untersuchungen gebunden ist, die, wie argumentiert wurde, nicht für alle Forschung von großer Bedeutung ist. Nach dem Umfang von Drittmitteln wird eventuell sogar beurteilt, ob seine Forschungen wert sind, weitergeführt zu werden. Das Anlegen des Bewertungsmaßstabes der naturwissenschaftlichen Forschung an die Geisteswissenschaften wird diesen keineswegs gerecht. Viele durchschlagende Ideen hätten nicht gedacht werden können, wenn die Forderung nach empirischer Forschung gestellt worden wäre.

1.3 Unterschiede in der vertikalen und horizontalen Organisation des Wissens

In den Naturwissenschaften ist das Wissen bedeutend stärker als in den Geisteswissenschaften vertikal im Sinne einer vielstufigen Wissenshierarchie organisiert. Das drückt sich u.a. darin aus, dass ein gebildeter Laie, der eine Dissertation aus dem Gebiet der Naturwissenschaften liest, gewöhnlich sehr wenig davon begreifen wird. Nimmt er sich eine Arbeit aus den Geisteswissenschaften vor, wird er in den meisten Fällen den Eindruck haben, den Inhalt ungefähr zu verstehen. Das Verstehensdefizit in Bezug auf naturwissenschaftliche Publikationen ist auch nicht durch ein Nachschlagen in einem Fachwörterbuch zu beheben.

Generell gilt, dass für die Aneignung von wissenschaftlichen Kenntnissen die jeweiligen Verstehensvoraussetzungen stufenweise erworben werden müssen, bis die abstrakten wissenschaftlichen Sachverhalte verstanden werden können. Die Antwort darauf, dass naturwissenschaftliche Publikationen schwerer verstanden werden als geisteswissenschaftliche, liegt m.E. darin, dass in den Naturwissenschaften die Verstehensvoraussetzungen jeweiliger Sachverhalte Wissenshierarchien bilden, die viel tiefer als in den Geisteswissenschaften gestuft sind (s.o. Frage 1). Stellt man Begriffsleitern von spezifischen zu weniger spezifischen Konzepten auf, findet man bei den naturwissenschaftlichen Sachverhalten eine große Zahl von Wissens-ebenen, mit denen der Laie nichts anfangen kann. Erst ziemlich weit unten stößt er auf Wissen, das der Allgemeinbildung zuzuordnen ist. Zum Beispiel muss man, um den Begriff *aromatische Systeme* zu verstehen, mit einem hierarchisch aufgebauten Wissen vertraut sein, das an folgende Begriffe *cyclisch konjugierte Systeme, π-Molekülorbital, π-Bindung, Hybridisierung, Elektronen, Atome* – in dieser Reihenfolge und als vertikal gestufte Wissensvoraussetzungen – gebunden ist. Erst die in der Wissenshierarchie am wenigsten komplexen Begriffe *Elektronen, Atome* etc. schließen an Allgemeinwissen an.

Begriffe aus dem Bereich der Geisteswissenschaften sind im Sinne der Abstraktion des Wissens ebenfalls hierarchisch organisiert, durchlaufen aber normalerweise nicht so viele Hierarchiestufen. Die Einzelsachverhalte sind leichter zu verstehen, da die Wissensvoraussetzungen jeweiliger Begriffe hierarchisch nicht so tief gehen. Für geisteswissenschaftliche Sachverhalte ist eher typisch, dass sie mit vielen und sehr unterschiedlichen Wissensbereichen unmittelbar verknüpft sind. Nimmt man z.B. den Begriff *Sprechakt*. Eine Erklärung des Begriffes führt weniger zu Hierarchieebenen im obigen Sinne, vielmehr sind Verknüpfungen zur Sprachphilosophie, zur Soziolinguistik, zur Gesprächsanalyse sowie zu kommunikativen und sprachlichen Normen relevant. Direkte Verbindungen zu einer größeren Zahl von wissenschaftlichen Konzepten müssen hergestellt werden, in denen der Begriff ebenfalls eine bedeutsame Rolle spielt, um ein geistiges Konzept angemessen zu charakterisieren. Der Geisteswissenschaftler zeichnet sich dadurch aus, dass er nach vielen Seiten hin Beziehungen herstellt, in seinem Denken verschiedene, vom

Ansatz her oft recht unterschiedliche Konzepte zusammenführt. Während sich das Wissen des Geisteswissenschaftlers stärker durch horizontale Verknüpfungen auszeichnet, ist das Wissen des Naturwissenschaftlers stärker vertikal ausgerichtet.

Aus der Organisation des Wissens ist zu verstehen, dass z.B. bei einem Promotionsvorhaben in den geisteswissenschaftlichen Fächern die Kandidaten oft große Schwierigkeiten haben, ihr Forschungsfeld erst einmal festzulegen und zu entscheiden, welcher Ausschnitt bearbeitet werden soll. Diese Entscheidung setzt gewöhnlich ein sehr umfangreiches Literaturstudium voraus, und es ist nicht ungewöhnlich, dass dafür ein Drittel der für die Dissertation aufgewandten Gesamtzeit benötigt wird. Demgegenüber liegt der Schwerpunkt bei den Naturwissenschaften vor allem auf dem Experiment, mit dem ein Doktorand recht bald beginnt.

Eine weitere enorme Schwierigkeit in den Geisteswissenschaften besteht dann für Anfänger im Umgang mit Begriffen, die nicht eindeutig festgelegt sind, und in unterschiedlichen theoretischen Modellen zum gleichen Themenbereich verschiedene Bedeutungsnuancierungen tragen. Hier treten zusätzliche Verstehensprobleme auf; Probleme, die ein Doktorand der Naturwissenschaften nicht kennt. Die stark horizontal ausgerichtete Organisation des Wissens in den Geisteswissenschaften bringt es mit sich, dass ein Doktorand selber stark gefordert ist, eigene Konzepte einzubringen und Verknüpfungen zu anderen Konzepten herzustellen (s.o. Frage 5). Die Einbettung in die Forschungsfrage des Betreuers ist für den Doktoranden der Geisteswissenschaften nicht notwendigerweise in dem Maße gegeben wie in den experimentellen Naturwissenschaften. Das mag einer der Gründe dafür sein, dass bei Publikationen von Doktoranden der Betreuer oder die Betreuerin im Allgemeinen nicht Mitautor ist, obwohl der Anteil des Betreuers oftmals sehr hoch ist. Hier scheinen außerdem traditionell gewachsene Konventionen eine Rolle zu spielen.

Im Umgang mit Naturwissenschaftlern bemerke ich manchmal, dass sie geisteswissenschaftliche Forschung geringer bewerten als naturwissenschaftliche. Sie sind der Meinung, dass naturwissenschaftliche Forschung von größerer inhaltlicher Substanz und anspruchsvoller sei. Auch wird das leichtere Verstehen geisteswissenschaftlicher Arbeiten als Beleg für geringeres wissenschaftliches Niveau angeführt. In diesem Spannungsfeld zeigt sich, dass das Problem der zwei Kulturen, wie es von C.P. Snow (1968) aufgeworfen wurde, auch noch heute aktuell ist. Snow schreibt, dass der Naturwissenschaftler den Geisteswissenschaftler abwerte, indem er seine Kenntnisse als nutzlos ansieht und deshalb im Wesentlichen für entbehrlich hält; im Gegenzug halte der Geisteswissenschaftler den Naturwissenschaftler für naiv und ungebildet. Derartige Bewertungen sind unangemessen und zeugen von wenig gegenseitigem Verständnis. Beispielsweise ist die Qualität einer geisteswissenschaftlichen Studie vor allem davon abhängig, wieweit es gelingt, verschiedene Konzepte sinnvoll zu einem Ganzen zu verknüpfen. Arbeiten, in denen wenige Denkkonzepte miteinander verbunden sind, wirken leicht trivial und nicht sehr gehaltvoll. Aber auch in den Naturwissenschaften gibt es theoretisch wenig anspruchsvolle Arbeiten, die allerdings nicht so substanzlos wirken, da sie gewöhnlich das Ergebnis eines naturwissenschaftlichen Experiments präsentieren. Viele Arbeiten sind vom naturwissenschaftlichen Handwerk geprägt, dessen Leistung nicht unbedingt theoriebildend ist, sondern darin besteht, dass etwas Neues hergestellt wird, z.B. neue Substanzen, oder mit einer bekannten Methode an einem Objekt etwas Neues gemessen wird. Als theoretisch anspruchslos sind sie dann zu bezeichnen, wenn die Einbindung in theoretische Konzepte kaum thematisiert ist, der Autor sich nicht viele Gedanken hinsichtlich der Interpretation seiner Ergebnisse gemacht hat. Das heißt, Simplizität von wissenschaftlichen Arbeiten ist nicht von einer Disziplin anhängig, sondern ist den jeweiligen Individuen zuzuschreiben.

2 Der unterschiedliche Charakter der Termini in den Geistes- und Naturwissenschaften als Ausdruck der strukturellen Unterschiede des Wissens

Beginnen möchte ich mit einer Beobachtung. Die überwiegende Anzahl der wissenschaftlichen Vorträge, die ich auf dem Gebiet der Chemie hörte, wurden frei vorgetragen. Leicht verwundert war ich, dass Vorträge im Umfeld der Linguistik meistens abgelesen wurden, auch von Personen, die ich als fachlich sehr kompetent und ausgesprochen redegewandt kennen gelernt hatte. Die Vortragsweise stellt einen der Punkte dar, mit denen bisweilen Naturwissenschaftler ihre vermeintliche Überlegenheit gegenüber Geisteswissenschaftlern begründen. Ich werde versuchen zu belegen, dass der unterschiedliche Vortragsstil auf die strukturellen Unterschiede des Wissens zurückzuführen, insbesondere im unterschiedlichen Charakter der Fachtermini zu suchen ist. Fachtermini spielen insofern eine herausragende Rolle in der Sprache, da das Wissen eines Faches in erster Linie an Termini als die Träger von Begriffen gebunden ist. Im Folgenden sollen die tendenziellen Unterschiede der Termini in beiden Bereichen der Wissenschaft beschrieben werden.

2.1 Die Abhängigkeit vom Kontext

Die Bedeutung von Fachausdrücken ist abhängig von dem Fachgebiet, in dem sie verwendet werden. Das gilt für geisteswissenschaftliche wie für naturwissenschaftliche Termini. Ein Beispiel ist der Begriff *Transformation*, der in sehr weit voneinander entfernt liegenden Wissenschaftsdisziplinen unterschiedliche Bedeutungen annimmt: In der Sprachwissenschaft gibt (oder gab) es eine Transformationsgrammatik, in der Mathematik z.B. die Lorentz-Transformation, in der Biologie taucht der Terminus in der Evolutionstheorie auf etc. Unterschiedliche Bedeutungsfestlegungen sind auch innerhalb verschiedener geisteswissenschaftlicher Fächer gängig; z.B. ist eine rhetorische Figur in der Stilistik etwas anderes als in der Musikwissenschaft, und innerhalb naturwissenschaftlicher Forschung ist beispielsweise ein Zyklon für die Meteorologie ein Wirbelsturm in tropischen Gebieten, für die Chemie aber ein blausäurehaltiges Gas. Unterschiedliche Bedeutungen von Fachwörtern in verschiedenen Fachdisziplinen tangieren Wissenschaftler im Allgemeinen nicht, insbesondere wenn das Begriffszeichen mit unterschiedlichen Extensionen verbunden ist. Schwieriger wird es, wenn innerhalb eines Faches der gleiche Terminus sich auf verschiedene Sachverhalte beziehen kann. In der Linguistik tritt der Terminus *Formativ* im Bereich der Wortbildung und der generativen Transformationsgrammatik auf. Da die fachlichen Kontexte jedoch ausreichend verschieden sind, kommt es im Gebrauch der Termini nicht zu Missverständnissen.

Einer besonderen Spezifik unterliegen Querschnittsdisziplinen, in denen Untersuchungen zu einem Gegenstand aus der Sicht verschiedener Fachdisziplinen erfolgen. Das betrifft nicht nur geisteswissenschaftliche Gebiete, deren Begriffe in Abhängigkeit von der Perspektive des Faches oft unterschiedlich definiert sind, sondern auch naturwissenschaftliche Bereiche. Beispielsweise werden im Fachgebiet der Sensorik Sensoren unter chemischen, biologischen, informationstheoretischen und weiteren Aspekten untersucht. Entsprechend einer unterschiedlichen Sichtweise der als traditionell zu bezeichnenden Fächer wird das Objekt *Sensor* in Abhängigkeit vom fachspezifischen Interesse unterschiedlich definiert. So ist für den Chemiker der Sensor ein System, das chemische Informationen in elektrische umwandelt, während für den Informatiker der Sensor Teil eines Informationssystems zur Aufnahme von Daten ist. Interdisziplinäre Forschung zeichnet sich dadurch aus, dass unterschiedliche Aspekte eines Untersuchungsobjektes von Vertretern verschiedener Fachdisziplinen untersucht werden, die ihrerseits mit ihren jeweiligen fachspezifischen Begrifflichkeiten arbeiten. Solange der spezifische Bereich, in dem die Begriffe verwendet werden, hinreichend unterschiedlich ist, werden wiederum kaum Verständigungsprobleme auftreten.

2.2 Unterschiede hinsichtlich der Schärfe von Begriffen

Im Unterschied zur beschriebenen Kontextabhängigkeit von Begriffen, die unterschiedlichen Disziplinen oder Forschungsrichtungen angehören, gibt es *innerhalb* einer speziellen Disziplin bzw. Forschungsrichtung zwischen den Naturwissenschaften und Geisteswissenschaften tendenziell Unterschiede bezüglich der definitorischen Festlegung von Begriffen (s.o. Frage 3). Diese Unterschiede rühren daher, dass das naturwissenschaftliche Untersuchungsobjekt der externen Umwelt angehört und es durch die naturgegebenen Zusammenhänge in einem hohen Maße als vorstrukturiert angesehen werden kann. Bedeutungsfestlegungen sind einfacher vorzunehmen, wenn Gesetze genau umrissen sind und Ausnahmen davon nicht auftreten. Dadurch sind die Fachausdrücke in den Naturwissenschaften im Vergleich zu einer großen Zahl von Fachausdrücken in den Geisteswissenschaften in ihrer Bedeutung wesentlich stringenter festgelegt. Bei naturwissenschaftlichen Termini innerhalb eines Fachgebiets kann gewöhnlich von einem eindeutigen Gebrauch ausgegangen werden. Fachwörter sind mit einer Definition versehen, die von allen Wissenschaftlern des jeweiligen Fachgebietes bzw. der Forschungsrichtung akzeptiert wird. Bedeutungsfestlegungen innerhalb eines Paradigmas werden als gegeben vorausgesetzt, so dass in der Forschungspraxis um einmal etablierte Begrifflichkeiten und deren Benennungen nicht ständig neu gerungen werden muss. In verschiedenen Sprachen werden die Begriffe nur unterschiedlich benannt, weshalb sich Naturwissenschaftler, die verschiedenen Sprachgemeinschaften angehören, und unterschiedliche Weltbilder vertreten, ohne weiteres verstehen können (vgl. von Weizsäcker 1974: 71).

Etwas anders sieht es bei der Verwendung grundsätzlicher Begriffe und deren sprachlichen Ausdrücken in den geisteswissenschaftlichen Disziplinen aus. Die verschiedenen wissenschaftlichen Schulen und Forscher innerhalb eines Fachgebietes oder einer Forschungsrichtung haben eine eigene Sicht auf die Dinge. Bestimmte Aspekte und Eigenschaften einer Sache werden hervorgehoben, andere Seiten oder Ebenen sind weniger wichtig bzw. werden nicht berücksichtigt. Das schlägt sich in unterschiedlichen Bedeutungsfestlegungen nieder, die ihren Ausdruck in verschiedenen Definitionen finden. Zum Beispiel existieren für den Begriff *Satz* etwa 100 Definitionen. Fiehler (1990: 100ff.) spricht vom Konglomeratcharakter der Begriffe, deren Inhomogenität und Unschärfe das Ergebnis der Überlappung unterschiedlicher Konzeptualisierungen ist. So seien Begriffe wie *Kommunikation, Sprache* und *Information* nicht Gegebenheiten mit feststehenden Eigenschaften. Die Vielzahl von Konzeptualisierungen ist Voraussetzung und Resultat gesellschaftlicher und wissenschaftlicher Prozesse. Die verschiedenen Konzeptualisierungen könnten teilweise übereinstimmen, sich ergänzen oder auch widersprechen, im Extremfall sogar ausschließen. Eine Gültigkeit im Sinne eines Wahr oder Falsch könne jedoch nicht entschieden werden und sei auch nicht relevant. Eine wichtige von Fiehler gezogene Schlussfolgerung ist, dass die Unschärfe und Inhomogenität der Begriffe prinzipieller Natur und durch Begriffserklärung nicht zu beseitigen ist.

Der Konglomeratcharakter der Begriffe, auf den Fiehler verweist, ist m.E. damit zu erklären, dass oft nicht von objektiv gegebenen Sachverhaltszusammenhängen (beispielsweise von zwingenden Ursache-Wirkungs-Beziehungen), die hinter den Begriffen stehen, ausgegangen werden kann. Das führt zu verschiedenen Definitionen innerhalb des gleichen Fachgebietes. Nicht selten machen einzelne Forscher entsprechend ihrer Konzeptualisierung einen individuellen Gebrauch von Fachausdrücken. Dazu gehören solche Fachwörter wie *Thema, Modalität, Konzept* etc. Je abstrahierender vom speziellen Kontext der Gebrauch ist, um so unschärfer werden sie.

Im Gegensatz zu naturwissenschaftlichen Objekten sind Handlungen, Ideen und Sprache von Menschen in ständiger Bewegung, ist die Theoriebildung in den Geisteswissenschaften besonders vielfältig, gegensätzlich und schnell veränderbar. Im

Vergleich zu den Naturwissenschaften gibt es in den Geisteswissenschaften viel weniger „abgelegtes" Wissen, auf das als Erkenntniskonstante zurückgegriffen werden kann. Dadurch werden Begriffe in den Geisteswissenschaften häufig erneut reflektiert, in Frage gestellt, neu interpretiert. Verständigung auch über grundlegende Dinge muss in vielen Fällen immer wieder neu hergestellt werden, und das nicht erst bei einem Paradigmenwechsel grundsätzlicher Natur, wie z.B. in der Physik oder Chemie.

Infolge der verschiedenen Bedeutungen, die ein Begriff beinhalten kann, muss der Geisteswissenschaftler sich normalerweise in seiner täglichen Forschungstätigkeit mit der Bedeutung von Termini verschiedener wissenschaftlicher Schulen oder einzelner Forscher auseinandersetzen. Gerade die Bedeutungsnuancierungen können leicht zu Missverständnissen führen. Umgekehrt sieht er sich bei mündlichen und schriftlichen Beiträgen oft genötigt, explizit anzugeben, wie er bestimmte Fachbegriffe, die seiner Darstellung und Argumentation zugrunde liegen, in ihrer feinen Differenzierung verstanden haben will. Ein Beispiel soll das Problem verdeutlichen. Man vergleiche die Bedeutungen des Begriffes *Struktur* in den Ausdrücken „Struktur chemischer Verbindungen" und „Struktur von Texten". Unter der Struktur chemischer Verbindungen versteht man die räumliche Lage der Atome oder Ionen innerhalb einer chemischen Verbindung. Steht die Struktur von Texten zur Diskussion, kann das bedeuten: die Organisation von Aussagen, ein Netz von Konzepten, die Anordnung sprachlicher Einheiten, die Abhängigkeit der Textteile vom Textganzen, Beziehungen zwischen dem formal sprachlichen Ausdruck und dem Inhalt, Textmuster als Verknüpfung textexterner und textinterner Faktoren u.a.

Der Geisteswissenschaftler sieht sich einer komplexen menschlichen Welt gegenüber, die er für Forschungszwecke eingrenzt. Das Untersuchungsobjekt ist jedoch weiterhin in den Kontext vielfältiger Relationen eingebunden, die ihren Ausdruck in den verschiedenen Konzeptualisierungen bestimmter Begriffe finden. Infolge der Komplexität des Untersuchungsobjektes können viele, gerade umfassende Begriffe nicht scharf umrissen sein. Die Komplexität würde nicht erfasst, wenn man auf einer allgemeinen Ebene des Wissens, die aber durchaus der wissenschaftlichen angehört, bereits scharfe, homogene Begriffe vorfände. In der konkreten Untersuchung erweist es sich dann als notwendig, mit scharfen Begriffen und definitorischen Festlegungen zu arbeiten. So arbeitet auch der Geisteswissenschaftler, wenn er ein spezielles Problem behandelt, mit Begriffen, die eindeutig festgelegt sind. Dennoch bestimmen die außerhalb des konkreten Forschungskontextes nicht zur Diskussion stehenden Aspekte eines Begriffes bzw. Objektes die Wirklichkeit mit, so dass wissenschaftliche Aussagen auch aus diesen Gründen oft nicht die gleiche Stringenz aufweisen können wie naturwissenschaftliche Aussagen (s.o. Frage 2).

Es soll jedoch nicht behauptet werden, dass bei naturwissenschaftlichen Termini keine Unschärfe auftritt, und damit ist nicht nur gemeint, dass eine scharfe Grenzziehung zwischen den Kategorien nicht immer möglich ist. Erwähnt werden muss, dass es auch in der Theoriesprache der Naturwissenschaften recht unspezifische Begriffe gibt, wie z.B. *sterischer Effekt* in der organischen Chemie. In Ermangelung einer differenzierten Erklärung wird postuliert, dass sich Atome innerhalb von Verbindungen räumlich behindern. Derartig unspezifizierte Fachausdrücke treten aber m.E. nicht häufig auf. Die Zahl unscharfer Termini und der Ausprägungsgrad der Unschärfe dürfte in den Naturwissenschaften, infolge übereinstimmender Konzeptualisierungen und weitgehend scharfer Bedeutungsfestlegung, wesentlich geringer als in den Geisteswissenschaften sein. Ein wichtiger Unterschied zu unscharfen geisteswissenschaftlichen Begriffen besteht auch darin, dass sie unterschiedliche Bedeutungen nicht durch unterschiedliche Konzeptualisierungen einzelner Forscher annehmen.

2.3 Die Rolle der Termini für die Weiterentwicklung von Ideen

Kretzenbacher (1991: 198) vertritt die Auffassung, dass die Vagheit von Fachtermini die Weiterentwicklung von Ideen auslösen kann. Die Frage ist, ob diese Aussage für geisteswissenschaftliche und für naturwissenschaftliche Termini gleichermaßen zutrifft. Es wurde bereits festgestellt, dass sich in den Geisteswissenschaften Begriffe, infolge einer nicht überschaubaren Komplexität des untersuchten Gegenstandes, bisweilen einer präzisen Festlegung entziehen. Hier liegt Vagheit vor, da diese Fachwörter in ihrem abstrahierenden Gebrauch nur bis zu einer bestimmten Grenze präzisierungsfähig sind (zur Vagheitsproblematik vgl. Pinkal 1985). Ein bemerkenswertes Beispiel liefert der Philosoph Michel Foucault, der sich bezüglich des Begriffes *Aussage* bewusst nicht festlegt, sondern mit etwa 100 verschiedenen Formulierungen den Begriff umreißt. Für eine Reihe von Fachtermini der Geisteswissenschaften könnte man sagen, dass deren Vagheit Auslöser für die Weiterentwicklung von Ideen sind, z.B. solche Termini wie *Bedeutung, Diskurs, Kasus*. Ausdruck dieser Situation sind wissenschaftliche Arbeiten, die speziell die Bedeutung bestimmter Begriffe thematisieren, wie z.B. das Buch von Hilary Putnam *Die Bedeutung der Bedeutung* (1990).

Ist es aber auch für naturwissenschaftliche Begriffe typisch, dass deren Unschärfe die Weiterentwicklung von Ideen auslöst? Meines Erachtens ist es genau umgekehrt. Die Weiterentwicklung von Theorien und des Erkenntnisstandes wird Auslöser von neuen Terminusbestimmungen. Im jeweils gegenwärtigen Wissenschaftsverständnis werden naturwissenschaftliche Ausdrücke, in die das bis dahin bekannte Wissen eingeht, im Allgemeinen präzise gebraucht. Zum Beispiel der Begriff *Säure* in der Definition nach Svante Arrhenius (Ende des 19. Jahrhunderts): Säuren sind Verbindungen, die Wasserstoffionen abgeben können. In dieser Definition gibt es weder Ausnahmen noch Vagheitszonen. Erweisen sich Begriffe zu einem späteren Zeitpunkt als unzureichend, zu ungenau, gehört es zum forschungspraktischen Alltag, Begriffserklärungen, Spezifizierungen, die Bildung neuer Begriffe und

Festlegungen des Geltungsbereiches bereits existierender Begriffe vorzunehmen. Mit wachsender Erkenntnis wird die Intension von Fachausdrücken spezifiziert, was eine Änderung der Extension nach sich ziehen kann. Nicht selten existieren zwar vorübergehend – im Verlauf des Erkenntnisprozesses – verschiedene Ausdrücke für einen Sachverhalt, aber die Bezeichnung der renommiertesten Forschergruppe setzt sich im Verlaufe der Zeit meist durch.

Beispiele dafür, dass Begriffe im Laufe der Zeit eine Bedeutungsveränderung durchlaufen haben, sind z.b., außer *Säure* in der Chemie, die Begriffe *Vakuum* in der Physik und *Rezeptor* in der Biochemie. Dabei kann man nicht von Vagheit der Termini als Auslöser neuer Ideen sprechen. Das Experiment zeigt, ob die Definitionen der Begriffe, ihre Verknüpfung in den Theorien zweckmäßig ist. Beispielsweise gibt es heute mehrere Säuredefinitionen, von denen die ursprüngliche (nach Arrhenius) nur einen Spezialfall darstellt. Nicht der Terminus *Säure* war der Auslöser für weitere Säure-Base-Theorien, sondern Experimente zeigten, dass auch andere Verbindungen sich wie Säuren verhalten, obwohl sie – im Gegensatz zur Forderung der Arrhenius-Definition – keine Wasserstoffionen enthalten und demzufolge auch keine abgeben können. Früher verstand man unter *Vakuum* einen leeren Raum. Die Experimente der Physiker zeigten, dass auch ein Vakuum mit virtuellen Teilchen, deren Wirkung man nachweisen kann, besetzt ist. Der Bedeutungsinhalt von *Vakuum* hat sich somit geändert. Der Grad des Wissens, der in der Wortbedeutung enthalten ist, wächst mit zunehmender Erkenntnis, jedoch können nicht bekannte Sachverhalte auch nicht in der Bedeutung eines Wortes enthalten sein. Das, was man noch nicht weiß, kann man nicht als Unschärfe des Terminus interpretieren. Ist der aktuelle Wissensstand in den Termini fixiert, kann bei historischen Bedeutungsveränderungen naturwissenschaftlicher Fachwörter deren ursprüngliche Bedeutung nicht als Vagheit interpretiert werden.

2.4 Abgrenzung des Terminus vom Nichtterminus

Man kann weitere spezifische Erscheinungen bei wissenschaftlichen Fachwörtern finden, die für den geisteswissenschaftlichen Bereich tendenziell als typischer anzusehen sind. So ist häufig keine klare Abgrenzung zwischen Terminus und Nichtterminus vorhanden. Gerade solche linguistischen Termini wie *Akzeptanz, Bedeutung* oder *Determination* sind auch im nichtwissenschaftlichen Gebrauch gängige Ausdrücke, deren alltagssprachliche Bedeutungen ebenfalls zum Bedeutungsbereich des Terminus gehören. Die Abgrenzung des Terminus vom Nichtterminus wird dagegen durch die strengere Subjekt-Objekt-Trennung in den Naturwissenschaften leichter möglich sein. Da die naturwissenschaftlichen Fachwörter auf eine externe Umwelt referieren, weniger mit der menschlichen Lebenswelt verflochten sind, ist anzunehmen, dass sie häufiger zu ihren gleich lautenden Benennungen in der Allgemeinsprache in einer homonymen Beziehung stehen. Prägnante Beispiele aus der Physik sind *Kraft* (= Masse mal Beschleunigung) oder aus der Chemie *Chemisches*

Gleichgewicht (Geschwindigkeit der Hinreaktion ist gleich der Geschwindigkeit der Rückreaktion).

2.5 Ideologisierung von Fachwörtern

Da Termini der Geisteswissenschaften gedankliche Konstruktionen benennen, die empirisch nicht in der Weise wie die gedanklichen Konstruktionen der Naturwissenschaften überprüfbar sind, können geisteswissenschaftliche Theorien stärker für eine spekulative Verselbständigung anfällig sein. Geisteswissenschaftliche Termini sind auf diese Weise leichter ideologieabhängig, insbesondere wenn der eindeutige experimentelle Nachweis der hinter den Fachwörtern stehenden Begrifflichkeiten nicht zu erbringen ist. Das geschieht gerade da, wo der Geist sich von den Fakten löst und wo man „daher schließlich des Geschlechts der Engel wegen bereit ist, Kriege zu führen", wie Scherer (1992: 28) sich ausdrückt.

2.6 Präsentation des Wissens in der Sprache

Die strukturellen Unterschiede zwischen naturwissenschaftlichem und geisteswissenschaftlichem Wissen und der tendenziell unterschiedliche Charakter der Termini insbesondere hinsichtlich ihrer Konzeptualisierung sowie ihrer Begriffsschärfe führen dazu, dass Wissenschaftler ihre Forschungsergebnisse auf verschiedene Weise präsentieren (s.o. Frage 6). Es wurde darauf hingewiesen, dass in den Naturwissenschaften Sachverhalte weitaus stärker als in den Geisteswissenschaften durch die Sache selber strukturiert sind, dass die wissenschaftlichen Aussagen u.a. infolge der inneren Logik der Sachverhaltszusammenhänge und der Exaktheit naturwissenschaftlicher Gesetze eine viel stärkere Stringenz als Aussagen in den Geisteswissenschaften aufweisen. Die verwendeten Begriffe sind gewöhnlich eindeutig und begriffsscharf. Der Naturwissenschaftler braucht daher die Bedeutung der Termini normalerweise nicht zu erläutern, und er hat nicht zu befürchten, dass der Rezipient die mit den Termini verbundenen Aussagen falsch, d.h. nicht im Sinne der eigenen Intention verstehen könnte.

Es geht bei einer Präsentation naturwissenschaftlicher Ergebnisse darum, die gewonnenen Erkenntnisse in einer präzisen Sprache als im Wesentlichen sprecherunabhängige Informationen zu geben, deren Einzelaussagen meist als Kausalketten logisch zwingend miteinander verknüpft sind, selbst wenn verschiedene Argumentationsstränge verfolgt werden. Da eine Aussage aus der anderen mit einer gewissen Notwendigkeit folgt, ist es für einen Sprecher im mündlichen Vortrag relativ leicht, solche Aussagenketten kognitiv präsent zu haben und in eine mit diesem Wissen korrelierende Sprache umzusetzen. Kognitiv repräsentiertes Wissen und Sprache stehen weitgehend in einem 1:1-Verhältnis. Der fachlich kompetente Rezipient baut über diese Sprache die analoge kognitive Wissensrepräsentation in seinem Gedächtnis auf. Auch mehrdeutige Ergebnisse und Interpretationen sind in eine

Sprache gefasst, die präzise und eindeutig die Mehrdeutigkeiten beschreibt. An dieser Stelle soll von Weizsäcker (1974: 71) zitiert werden, der feststellt, dass der in der Sprache gegebene Zusammenhang der Sachen oft unausdrücklich gegeben sei,

> insofern man schon versteht, wovon die Rede ist [...] Die Worte haben soweit einen Sinn, als die Tatsachen diesen Sinn rechtfertigen; als es eben so ist, wie man mit diesen Worten ausspricht.

Vor welcher Situation steht der Geisteswissenschaftler? Zunächst muss er sichergehen, dass seine Konzeptualisierung des Untersuchungsgegenstandes in aller Differenziertheit und in Abgrenzung von ähnlichen Konzeptualisierungen – möglicherweise mit verschwommenen Grenzen zu alltagsweltlichen Vorstellungen – den Rezipienten erreicht. Infolge der Komplexität des Untersuchungsobjektes und seiner Einbindung in die menschliche Lebenswelt sind die Aussagen wohl logisch miteinander verknüpft, aber nicht in nur einer Weise. Üblich ist, dass mehrere Argumentationsspuren infolge vielfältiger Verknüpfungsmöglichkeiten der Sachverhalte nebeneinanderstehen, die der Sprecher nicht ignorieren kann, sondern die er voneinander abgrenzen muss. Dabei muss er seine Intention dem Rezipienten unter Berücksichtigung der Ausnahmen von den Regularitäten nahebringen. Die begründeten und belegten Regularitäten werden nicht von allen Forschern akzeptiert. Dies weiß der Sprecher. Er wird Gegen-Konzeptualisierungen antizipieren und in seinen Text einbringen; er wird Missverständnissen vorzubeugen suchen, da die Sachverhaltsstruktur so beschaffen ist, dass zwingende lineare Kausalketten meist nicht bestehen. Vielmehr ist der Geisteswissenschaftler genötigt, seine eigene Auffassung, Interpretation und Bewertung einzubringen, die natürlich auf logischen Schlüssen beruht. Allerdings sind auch konkurrierende logische Schlüsse in einer mehr oder weniger großen Vielfalt oft möglich. Es besteht eine große Variationsbreite in der Konzeptualisierung des Untersuchungsobjektes, der Analyse des Untersuchungsgegenstandes, der Interpretation von Ergebnissen auf allen Stufen des Forschungsprozesses in einem Maße, die naturwissenschaftliche Forschung so nicht kennt. Hinzu kommt, dass infolge der möglichen Unschärfe von Termini, Erklärungen gegeben werden müssen, die auf kontextuelle Eindeutigkeit zielen. Die Probleme treten vielleicht nicht immer so zugespitzt auf, wie sie hier beschrieben werden, sind m.E. aber als typisch anzusehen.

Der Geisteswissenschaftler hat also viel größere Schwierigkeiten als der Naturwissenschaftler, sein Wissen sprachlich adäquat zu präsentieren. Kognitives Wissen und Sprache stehen bei geisteswissenschaftlichen Inhalten weit weniger in einer 1:1-Korrelation, weshalb der Geisteswissenschaftler viel mehr sprachlichen Aufwand treiben muss, um richtig verstanden zu werden. Missverständnisse sollen vermieden werden durch Einschübe, Verweise zu anderen Sachverhalten, Einschränkungen der Aussage, die richtige Wahl auch der alltagssprachlichen Lexeme, der Textverflechtungsmittel, die Wahl der Nebensätze mit den treffenden logisch-semantischen Beziehungen etc. Unbedachte und vermeintlich „unscheinbare"

Formulierungen bieten Raum für nicht beabsichtigte Interpretationen. Dies führt dazu, dass sich die Mehrzahl auch sehr renommierter Geisteswissenschaftler im mündlichen Vortrag an ihrem sprachlich wohl durchdachten Manuskript orientieren.

Die Art des Wissens in den Geisteswissenschaften, das als horizontal organisiertes Wissen charakterisiert wurde und dadurch eine spezifische Komplexität aufweist, ist auch die Erklärung dafür, dass das Buch zumindest für viele geisteswissenschaftliche Disziplinen die hochwertigste Publikationsform darstellt (s.o. Frage 4). Während naturwissenschaftliche Ergebnisse in relativ kurzer Form im Zeitschriftenartikel dargestellt werden, dient das Buch meist nicht der Präsentation wirklich neuer Ergebnisse. In der geisteswissenschaftlichen Forschung dagegen genügt für die Darlegung eines vielfältig vernetzten Forschungskonzeptes und seiner Ergebnisse oft nicht der Artikel, sondern der Wissenschaftler benötigt mehr sprachlichen Raum. Er verwendet die Buchform, um die Ergebnisse seiner Forschung der Fachwelt mitzuteilen. Die Unterschiede in der Art des Wissens und seiner Präsentation lässt eine kumulative Habilitation in den Naturwissenschaften bzw. eine Abschaffung der Habilitation durchaus als sinnvoll erscheinen, ist jedoch in den Geisteswissenschaften bedeutend stärker zu hinterfragen. Die unterschiedliche Wertigkeit der Publikationsform *Artikel* ist einer der Ursachen, warum der *Impact-Faktor* ungeeignet ist, geisteswissenschaftliche Leistungen adäquat zu messen.

An dieser Stelle möchte ich auf den Begriff *Verstehen* hinweisen, mit dem in den Naturwissenschaften und Geisteswissenschaften gewisse Unterschiede verbunden sein können. Dem Verstehen in den Wissenschaften liegt vorrangig eine analytische Vorgehensweise und das Ziehen logischer Schlüsse zugrunde. Dies trifft für Naturwissenschaften wie Geisteswissenschaften gleichermaßen zu. In verschiedenen geisteswissenschaftlichen Disziplinen kommt aber noch eine andere Dimension des Verstehens hinzu: das hermeneutische Verstehen. Das hermeneutische Verstehen wird dann relevant, wenn es sich bei dem Forschungsobjekt unmittelbar um menschliche Produkte handelt, wie z.B. in den Geschichtswissenschaften, den Literatur- und Kunstwissenschaften, und das Verstehen von Menschen, z.B. in der Ethnologie und anderen anthropologisch orientierten Wissenschaften. Hermeneutisches Verstehen bedeutet, dass das Verständnis des Einzelnen und des Ganzen wechselseitig durch einen sich annähernden Verstehensprozess erfolgt. Indem man nach dem Ganzen fragt, wird das Einzelne erst verstehbar, und umgekehrt ist der Sinn des Ganzen über das Einzelne prozesshaft zu erschließen (vgl. Stellrecht 1993). Man strebt das Verstehen des Ganzen einer Kultur, einer Epoche eines sozialen oder religiösen Handlungskontextes an. In diesem Sinne handelt es sich bei der Analyse naturwissenschaftlicher Sachverhalte nicht um ein hermeneutisches Verstehen.

Abschließend darf der Hinweis nicht fehlen, dass beide Bereiche von Wissenschaft auf einer allgemeinen, globalen Ebene betrachtet werden, nicht jede einzelne Fachdisziplin unter die hier getroffenen Aussagen subsumierbar ist und viele Unterschiede nur als tendenzielle aufzufassen sind.

3 Auswirkungen der strukturellen Unterschiede des Wissens auf den Wissenstransfer

Die strukturellen Unterschiede des Wissens zwischen Naturwissenschaften und Geisteswissenschaften haben Auswirkungen auf die Vermittlung von Wissen (s.o. Frage 8). Die Lehre an der Universität in einem naturwissenschaftlichen Fach sieht anders aus als in einer geisteswissenschaftlichen Disziplin. In den naturwissenschaftlichen Fächern gibt es insbesondere für die Vermittlung von Grundlagenwissen einen weitgehend festen Wissenskanon; sukzessive wird im Sinne der Wissenshierarchie das von der ganzen Expertengemeinschaft geteilte Wissen Stufe um Stufe vermittelt, bis im stärker fortgeschrittenen Studium der aktuelle Diskussionsstand der Forschung in die Lehrinhalte eingeht. Die Erkenntnisse der Sachverhaltszusammenhänge der externen Umwelt unterhalb der Forschungsebene werden als Fakten angesehen, die sich der Lernende als Wissen anzueignen hat. Wissenschaftlich als solche etablierte Sachverhalte dieser Stufen der Vorkenntnisse hängen auf eine bestimmte Weise zusammen und nicht anders. Dabei sind die auftretenden Begriffe im Kontext des Faches eindeutig definiert. Ausnahmen von Regularitäten treten normalerweise nicht auf oder werden ins Kenntnissystem eingeordnet und sind präzise beschrieben. Traten sie in der Wissenschaftsgeschichte auf, gingen davon wichtige Impulse zu neuen Forschungen aus, erweiterten die Erkenntnisse, gehören aber zum gegenwärtigen Zeitpunkt zum allgemein anerkannten Wissen. Diese Struktur des Wissens bedingt, dass es sich relativ unproblematisch in Lehrplänen, Studien- und Prüfungsinhalten festschreiben lässt. Das in der Prüfung abgefragte Wissen impliziert das Faktenwissen der niederen Hierarchiestufen. Zumindest in den ersten Jahren des Studiums eines naturwissenschaftlichen Faches werden an allen Bildungseinrichtungen vergleichbaren Niveaus die Lehrinhalte sehr ähnlich aussehen.

Angesichts dieser Situation wird verständlich, dass insbesondere Naturwissenschaftler (wahrscheinlich alle Vertreter von Fächern mit Diplomstudiengängen) starke Bedenken gegen die Einführung des Bachelor-Studiums äußern, da man in der Wissenshierarchieleiter leicht auf einer der Stufen stecken bleibt, kaum das Wissen bis zum aktuellen Forschungsstand aufbauen kann. Man geht am Problem vorbei, wenn man meint, dass nur der Wissensumfang auf horizontaler Ebene durch eine verkürzte Ausbildung eingeschränkt sei. Hinzu kommt noch, dass ein Naturwissenschaftler experimentelle Arbeitstechniken erlernen muss, bei denen bereits grundlegende Labortechniken sehr zeitaufwändig sind. Darüber hinaus zeichnet sich moderne Naturwissenschaft durch ungeheuer komplizierte Verfahren und Geräte zur Gewinnung von Messdaten aus. Von der Bedienung eines teuren Großgerätes ganz zu schweigen, für die heute eine hoch spezialisierte Ausbildung erforderlich ist, muss ein Naturwissenschaftler in jedem Fall wissen, für welche Fragestellung derartige Geräte einzusetzen und wie Messdaten zu interpretieren sind. Nur wenn er weiß, welche Messverfahren es gibt und welche Antworten sie ihm liefern, kann ein Naturwissenschaftler auf aktuellem Erkenntnisstand arbeiten. Auch dieses Wissen erfordert vielstufige Wissensvoraussetzungen, die das Studium legen muss.

Jemand der z.B. nach 3 Jahren Chemie- oder Physikstudium die Hochschule verlässt, ist in seinem Beruf nicht als qualifiziert anzusehen. Wenn in den Naturwissenschaften konsekutive Studiengänge eingeführt werden, mag der B.A.-Abschluss für Studienabbrecher eine gewisse Qualifikation bedeuten; Fachkompetenz kann ihm nur in geringem Maße bescheinigt werden.

Eine gleiche Auffassung werden viele Vertreter geisteswissenschaftlicher Fächer haben; dennoch sind die Verhältnisse m.E. anders geartet. Das Wissen ist hierarchisch nicht so tief strukturiert, dafür aber auf horizontaler Ebene umso umfangreicher (s.o. Frage 7). Auch unter diesem Gesichtspunkt ist die Konzeption des geisteswissenschaftlichen Studiums mit mindestens 2 Fächern sinnvoll. Das Spezifische des Wissens in den Geisteswissenschaften besteht darin, dass Dinge nicht auf eine bestimmte Art zusammenhängen, die andere Weisen des Zusammenhangs ausschließen, sondern dass je nach Konzeptualisierung des Untersuchungsgegenstandes und je nach theoretischen Bezügen die Dinge sowohl auf die eine als auch auf die andere Art in verschiedene Zusammenhänge eingebettet sind. Ein wesentliches Ziel der Ausbildung in den geisteswissenschaftlichen Fächern ist die Vermittlung eines Problembewusstseins dafür, dass verschiedene theoretische Modelle gleichzeitig relevant sind und meist einen berechtigten Geltungsanspruch haben, dass wissenschaftliche Aussagen oft nur eine Tendenz angeben, exakte Angaben nicht nur prinzipiell nicht möglich sind, sondern auch an der Wirklichkeit einer in einem weit gefassten Sinne menschlichen Lebenswelt vorbeigehen.

Jeder Lehrende kennt die immer wiederkehrenden Fragen seiner Studierenden, was denn nun die „richtige" Auffassung, die „richtige" Theorie sei. Das Problembewusstsein für ein „Sowohl-als-auch" sowie für ein diskursives Denken gilt es zu schärfen, die Komplexität des thematisierten Gegenstandes aufzuzeigen, die Ausdruck der Komplexität unseres menschlichen Seins ist. Der Kulturwissenschaftler Hans Ulrich Gumbrecht (2003) sieht angesichts des reduktionistischen Vorgehens des naturwissenschaftlich-technischen Denkens die Aufgabe der Geisteswissenschaften darin, der Gesellschaft die Komplexität unserer Welt vor Augen zu führen, um einen besseren Zugriff auf die anstehenden Probleme zu gewinnen.

Aufgrund der vielfältigen wissenschaftlichen Konzepte auf horizontaler Ebene werden im Studium Inhalte vermittelt, die u.a. von der fachlichen Ausrichtung des Hochschullehrers bereits im Grundlagenstudium teilweise geprägt sind. Es gibt in den geisteswissenschaftlichen Fächern Gegenstandsbereiche, die zum Grundlagenwissen gehören, dennoch müssen die jeweiligen Themen und ihre Perspektivierung ausgewählt werden, so dass auch im Grundlagenstudium die Lehrpläne an verschiedenen Hochschulen beträchtlich differieren können. Infolge der strukturellen Unterschiede des Wissens existiert in den Geisteswissenschaften längst nicht ein so ausgeprägter Wissenskanon wie in den naturwissenschaftlichen Fächern und kann Studierenden beim Wechseln des Studienortes viele Schwierigkeiten bereiten. Unter diesem Gesichtspunkt ist auch der internationale Vergleich von Studiengängen in den geisteswissenschaftlichen Fächern viel problematischer und kritischer zu sehen als für naturwissenschaftliche Fächer.

Da in geisteswissenschaftlichen Fächern an ausgewählten Fragestellungen exemplarisch neben dem Faktenwissen das Bewusstsein für den komplexen Zusammenhang der Dinge entwickelt werden soll, dass oft erst eine „Sowohl-als-auch"-Betrachtung dem Gegenstand gerecht wird, sollte der Besuch von Lehrveranstaltungen für die Studierenden obligatorisch sein. Eine Verkürzung der Studiendauer bedeutet auch für geisteswissenschaftliche Fächer eine Reduzierung des Wissensumfangs und der Vermittlung des komplexen Denkens. Dennoch werden Wissen und Fähigkeiten auf einem Niveau vermittelt, das den Absolventen beruflich qualifiziert. Dies trifft – wie bereits gesagt – für eine naturwissenschaftliche Ausbildung weniger zu, da man stärker auf der Stufe der Vorkenntnisse verbleibt.

Den strukturellen Unterschieden des Wissens ist auch im Bereich der Fremdsprachen Rechnung zu tragen. Aus der Beschreibung der sprachlichen Repräsentation der Forschungsergebnisse beider Bereiche von Wissenschaft in Abschnitt 2.6 liegt die Schlussfolgerung nahe, dass auch fremdsprachige Texte naturwissenschaftlichen Inhalts – Fachkompetenz vorausgesetzt – viel leichter zu verstehen sind als fremdsprachige Texte aus dem Bereich der Geisteswissenschaften. Das Verstehen wird erleichtert, wenn wie in naturwissenschaftlichen Arbeiten die Begriffe an sprachliche Zeichen gebunden sind, die in anderen Sprachen lediglich eine andere Benennung erfahren. Außerdem treten aufgrund der deutlich größeren Begriffsschärfe und der stärkeren Abgrenzung der Begriffszeichen zur Alltagssprache beim Übersetzen weit weniger Interferenzen auf als in den Geisteswissenschaften. Die naturwissenschaftlichen Texte unterschiedlicher Sprachen sind viel weitgehender aufeinander abbildbar, als das bei Texten geisteswissenschaftlichen Inhalts der Fall ist, da sich alle Forscher auf die gleiche kognitive Repräsentation beziehen. Es verwundert daher nicht, dass sich in der Naturwissenschaft eine Fremdsprache als lingua franca uneingeschränkt durchsetzen konnte. Dies findet seinen Ausdruck darin, dass in den naturwissenschaftlichen Disziplinen ganz überwiegend in englischer Sprache publiziert wird und für eine Forschungstätigkeit englischsprachige Zeitschriften die entscheidende Rolle spielen, deutschsprachigen dagegen nur noch eine marginale Bedeutung zukommt. Doch auch hierin besteht zu vielen Geisteswissenschaften ein Unterschied.

Geisteswissenschaftliche Texte mit den verschiedenen Definitionen, Unschärfen und Bedeutungsnuancierungen der Fachwörter innerhalb eines Forschungsgebietes sind oft bedeutend schwieriger zu übersetzen, da man den Inhalt nicht auf „nackte"

Informationen im Sinne von Kausalketten reduzieren kann. Das hinter den Zeichen stehende komplexe Wissen in seiner feinen inhaltlichen Differenzierung ist in einer Fremdsprache schwerer auszudrücken. Diese Situation erklärt, dass in vielen geisteswissenschaftlichen Disziplinen deutschsprachige Zeitschriften nach wie vor eine große Bedeutung haben, die deutschsprachige Fachliteratur oft eine größere Rolle spielt als die englischsprachige. Neben der Bedeutung, die Bücher für die Publikation aktueller Forschungsergebnisse haben, ist dies ein weiterer Grund, warum der *Impact*-Faktor als Maß für die Kreativität von geisteswissenschaftlicher Forschung wenig geeignet ist.

Die hinsichtlich naturwissenschaftlicher und geisteswissenschaftlicher Texte getroffene Charakterisierung der Übersetzungsprobleme betrifft auch Fachsprachen nicht-wissenschaftlicher Bereiche. Fachsprachen der Technik werden in der Übersetzung viel weniger Probleme bereiten als Fachsprachen, die im sozialen oder gesellschaftspolitischen Umfeld auftreten. Letztere Texte arbeiten mehr mit sprachlichen Bildern, Metaphern und Phrasen, die nicht ohne Weiteres in eine andere Sprache überführbar sind. Handelt es sich um einen Wissenstransfer in der interkulturellen Kommunikation sollte allen Beteiligten bewusst sein, dass bei geisteswissenschaftlich und sozialwissenschaftlich orientierten Themen systematisch mehr Schwierigkeiten und Missverständnisse auftreten können als bei naturwissenschaftlich-technischen Inhalten. Daraus leitet sich die Bedeutung der Beherrschung der jeweiligen Fremdsprache im Kontakt mit anderen Kulturen, besonders in den Bereichen der Politik, der Verwaltung, des Handels und weiterer Kommunikationsbereiche ab.

Auch der Fremdsprachenunterricht sollte die strukturellen Unterschiede des Wissens berücksichtigen, da es im fortgeschrittenen Sprachunterricht wesentlich auch um das Verstehen fremdsprachiger Texte geht. Bei der Textarbeit im Unterricht ist im Zuge der Lexikerschließung besonders auf die unterschiedliche Bedeutungsvariation geisteswissenschaftlich und gesellschaftswissenschaftlich bezogener Ausdrücke einschließlich ihrer unscharfen Ränder, Homonyme etc. hinzuweisen, während bei naturwissenschaftlich-technisch orientierten Texten meist eine eindeutige Lexembedeutung vorliegt. Weiterhin verlangen diffizile Bedeutungsnuancen von Inhalten oft eine differenzierte morpho-syntaktische Ausdrucksform, die bewusst im Fremdsprachenunterricht vermittelt werden sollte.

4   Zusammenfassung

In diesem Beitrag wurde diskutiert, dass strukturelle Unterschiede des Wissens zwischen den Naturwissenschaften und den Geisteswissenschaften bestehen. Die Naturwissenschaft hat es mit Objekten der externen Umwelt zu tun. In den Geisteswissenschaften dagegen ist das Forschungsobjekt nicht ein vorgegebenes Naturobjekt, sondern ein geistiges Produkt, das als Untersuchungsgegenstand erst konzeptualisiert und konstituiert werden muss. Die Objektrelationen der naturwissenschaftlichen Objekte sind durch Sachverhaltszusammenhänge in der externen Umwelt bestimmt, während die Objekte der geisteswissenschaftlichen Forschung in unmittelbarer Relation zum individuellen Menschen und zur menschlichen Lebenswelt stehen. Der Bezug zur menschlichen Lebenswelt bestimmt auf spezifische Weise die Komplexität geisteswissenschaftlicher Forschung und verleiht dem geisteswissenschaftlichen Experiment einen anderen Status als dem naturwissenschaftlichen. Das Wissen in den Naturwissenschaften ist stark vertikal im Sinne einer vielstufigen Wissenshierarchie organisiert, während das Wissen in den Geisteswissenschaften mehr horizontal ausgerichtet ist. Die bestehenden strukturellen Unterschiede des Wissens haben Auswirkungen auf Forschung und Lehre. Bei der Bewertung von Forschung und der Organisation der Lehre sollte eine differenziertere Betrachtungsweise vorgenommen werden, die die Unterschiede berücksichtigt. Die Gleichbehandlung von Naturwissenschaften und Geisteswissenschaften geht vor allem zu Lasten der Geisteswissenschaften.

5 Literatur

Davidson, Donald (1984): Inquiries into truth and interpretation. Oxford.

Dürr, Hans-Peter (1991): Naturwissenschaftliche Erkenntnis und Wirklichkeitserfahrung. In: Einheit der Wissenschaften. Kolloquium der Akademie der Wissenschaften zu Berlin, Bonn 1990. Berlin, New York, 303–332.

Fiehler, Reinhard (1990): Kommunikation, Information und Sprache. Alltagsweltliche und wissenschaftliche Konzeptualisierungen und der Kampf um die Begriffe. In: Rüdiger Weingarten (Hg.): Information ohne Kommunikation? Die Loslösung der Sprache vom Sprecher. Frankfurt a.M., 99–128.

Gumbrecht, Hans Ulrich (2003): Die Macht der Philologie. Vortrag am 16.12.2003 in Greifswald.

Hauptmann, Siegfried (1992): Einführung in die organische Chemie. 4. durchgeseh. Aufl. Leipzig.

Holzhey, Helmut (1999): Natur- und Geisteswissenschaften – zwei Kulturen? In: Helmut Reinalter (Hg.): Natur- und Geisteswissenschaften – zwei Kulturen? Innsbruck, Wien, München, 21–53.

Jahr, Silke (2004): Zur Sprache als Reflex des Denkens in den Naturwissenschaften und Geisteswissenschaften – Ausdruck zweier Kulturen? In: Albert Busch/ Oliver Stenschke (Hg.): Wissenstransfer und gesellschaftliche Kommunikation. Festschrift für Sigurd Wichter zum 60. Geburtstag. Frankfurt a.M. u.a., 259–276.

Knorr Cetina, Karin (2002): Wissenskulturen. Ein Vergleich naturwissenschaftlicher Wissensformen. Frankfurt a.M.

Kuhn, Thomas S. (1978): Die Struktur wissenschaftlicher Revolutionen. 2. erg. Aufl. Frankfurt a.M. [engl. Orig. 1962]

Kretzenbacher, Heinz Leonard (1991): Zur Linguistik und Stilistik des wissenschaftlichen Fachworts. In: Deutsch als Fremdsprache 28, 195–201.

Mehrtens, Arnd (1990): Zur Möglichkeit einer allgemeinen Wissenschaftstheorie. In: Gerhard Pasternack (Hg.): Zwei Kulturen – oder die Einheit der Wissenschaften. Bremen, 45–56.

Mittelstraß, Jürgen (2002): Die Einheit der Bildung. Über die Rolle der Geisteswissenschaften in der modernen Welt. In: Klaus Gloy (Hg.): Im Spannungsfeld zweier Kulturen. Eine Auseinandersetzung zwischen Geistes- und Naturwissenschaft, Kunst und Technik. Würzburg, 71–81.

Oppenheimer, J. Robert (1969): Über Wissenschaft und Kultur. In: Helmut Kreuzer (Hg.): Literarische und naturwissenschaftliche Intelligenz. Dialog über die „zwei Kulturen". Stuttgart, 128–142.

Pinkal, Manfred (1985): Logik und Lexikon. Zur Semantik des Unbestimmten. Berlin, New York.

Putnam, Hilary (1990): Die Bedeutung von „Bedeutung". 2. durchgesehene Auflage. Frankfurt a.M.

Snow, Charles Percy (1969): Die zwei Kulturen. In: Helmut Kreuzer (Hg.): Literarische und naturwissenschaftliche Intelligenz, 11–25.

Scherer, Helmut (1992): Kosmos – Sprache – Fachsprache. In: Jörn Albrecht/ Richard Baum (Hg.): Fachsprache und Terminologie in Geschichte und Gegenwart. Tübingen, 17–30.

Stellrecht, Irmtraut (1993): Interpretative Ethnologie. Eine Orientierung. In: Thomas Schweizer/Margarete Schweizer (Hg.): Handbuch der Ethnologie. Berlin, 29–78.

Weizsäcker, Carl Friedrich von (1974): Die Einheit der Natur. München.

II. Einzelne Typen von Wissen

Emotionales Wissen

Oliver Stenschke (Göttingen)

1 Einleitung
2 Was ist *Wissen*?
3 Was ist eine *Emotion*?
4 Was bedeutet *Emotionales Wissen* für den Wissenstransfer?
5 Literatur

1 Einleitung

Was ist emotionales Wissen? Um diese Frage zu beantworten, wird im vorliegenden Beitrag zunächst der Begriff *Wissen* kurz definiert, bevor dann verschiedene Konzepte von *Emotion* diskutiert werden. Dabei werden psychologische und linguistische Definitionen herangezogen. Am Schluss wird auf die Frage eingegangen, welche Bedeutung emotionalem Wissen im Bezug auf den Wissenstransfer zuzuschreiben ist.

2 Was ist *Wissen*?

Für den Wissensbegriff im Allgemeinen gilt, ähnlich wie für andere grundlegende Begriffe, der Befund einer Vielzahl von Definitionen:

> Heute ist Wissen ein typisches Querschnittsthema, mit dem sich alle in Frage kommenden Kognitions- oder Wissenswissenschaften [...] intensiv, aber separat befassen: ohne integratives Konzept, einheitliche Theorie und interdisziplinäre Zusammenarbeit (Spinner 2003: 338).

Von besonderer Relevanz für den Wissensbegriff erscheint, wie es der Karlsruher Ansatz der integrierten Wissensforschung formuliert, eine personale, handlungsorientierte Komponente. Wissen fungiert demnach als allgemeine Basis des Verhaltens:

> Wissen ist eine durchlaufende Kategorie des gesamten menschlichen Verhaltensspektrums [...]. Damit wird das Verhalten nicht nur wissensbasiert, sondern wissensimprägniert im Sinne eines zusammenhängenden Prozesses mit mehr oder weniger großem Wissensanteil aus unterscheidbaren Wissenselementen (Spinner 2003: 337).

Eine gewisse Verwirrung ergibt sich auf den ersten Blick, wenn man versucht, Begriffe wie *Wissen, Information, Erkenntnis* etc. definitorisch auseinanderzuhalten. Im Karlsruher Ansatz wird ein modulares Wissenskonzept mit drei eigenständigen, frei kombinierbaren, selektiv anschlussfähigen Wissenskomponenten vertreten: (1) der inhaltlichen Wissensbestimmung als Information, (2) der qualifizierenden Wissensvalidierung als Erkenntnis und (3) der pragmatischen Wissensbewertung als aktivierte Kenntnisse bzw. handlungsleitendes Können (vgl. Spinner 2003: 340). Als Grundformel schlägt Spinner vor:

> Wissen ist (semantische) Information. Der wissenstheoretische Oberbegriff für die gesamte Wissensterminologie ist WISSEN (Spinner 2002: 43; Hervorh. i. Orig.).

Für den Begriff der Information wiederum gilt:

> *Information ist Möglichkeitsausschluss im Wissensraum.* [...] Durch Ausschluss der nichtkonformen Sachlagen – salopp gesagt: der durch die ‚Behauptung' ‚verbotenen' Fälle – im Möglichkeitsraum wird angegeben, dass laut gegebener Information *etwas, wie, wo, wann, warum der Fall ist*. [...]
>
> *Erkenntnis ist qualifizierte Information.* Der epistemische Steigerungsbegriff ist ERKENNTNIS, d.h. niedrig oder hoch qualifiziertes Wissen gemäß den Geltungsanforderungen und Gütekriterien der Erkenntnislehren, Wissenschaftstheorien etc. [...]
>
> *Kenntnis ist ausgewählte, aktivierte Information bzw. Erkenntnis.* Der pragmatische Gebrauchsbegriff ist KENNTNIS. Kenntnisse sind aktivierte aktuell ‚zur Kenntnis genommene' Informationen oder Erkenntnisse, ausgewählt nach den ihnen zugeschriebenen Wissens(mehr)werten. (Spinner 2002: 44f.; Hervorh. i. Orig.)

Der Informationsbegriff erhält dabei eine dynamische, kommunikative Komponente. Demgegenüber wird dem Wissensbegriff eine personale, gewissermaßen resultative Komponente zugewiesen. Diese Tendenz ist auch in Definitionen wie den beiden folgenden erkennbar:

> Information ist Wissen in Aktion (Kuhlen 1995: 35).

> Wissen ist die Menge aller Informationen, die ein Mensch intern gespeichert hat (Schwarz 1996: 78).

Man könnte also zusammenfassen: Menschen verfügen über Wissen, das ihr Handeln determiniert. Dieses Wissen wird gewonnen und weitergegeben anhand von Informationen, die sprachlich repräsentiert sind. Der Ort, an dem verschiedene Personen mit Hilfe des Austauschens von Informationen ihr Wissen gegenseitig beeinflussen, ist der Diskurs. In dessen Rahmen findet Wissenstransfer statt, und zwar mit Hilfe von Texten (oder allgemeiner: Äußerungen), die Informationen enthalten,[1] welche auf individuellen Wissensstrukturen oder -beständen basieren.

---

[1] Natürlich könnte man in diesem Zusammenhang auch davon sprechen, dass in Texten, die ja etwas Statisches darstellen, nicht *Informationen*, sondern *Wissen* repräsentiert ist. In diesem Beitrag werden Texte jedoch als funktionale Einheiten gesehen, deren Hauptaufgabe darin

3 Was ist eine *Emotion*?

3.1 Psychologische Definitionen

Auf die Schwierigkeiten, auf die man bei der Suche nach einer allgemein gültigen Definition des Begriffs *Emotion* stößt, habe ich bereits in einem früheren Beitrag dieser Reihe hingewiesen.[2] Um trotzdem von einer halbwegs verlässlichen Grundlage ausgehen zu können, berufe ich mich an dieser Stelle auf die allgemeine Definition in Zimbardo/Gerrig (2002); demnach definieren Psychologen

> eine Emotion als ein komplexes Muster von Veränderungen, das physiologische Erregung, Gefühle, kognitive Prozesse und Verhaltensweisen umfaßt. Diese treten als Reaktion auf eine Situation auf, die ein Individuum als persönlich bedeutsam wahrgenommen hat (Kleinginna/Kleinginna 1981, zit. n. Zimbardo/Gerrig 2002: 359).

In verschiedenen Emotionstheorien werden dabei unterschiedliche Aspekte in den Vordergrund gestellt. So löst nach der Ende des 19. Jahrhunderts aufgestellten James-Lange-Theorie ein Reizereignis eine Erregung im autonomen Nervensystem (ANS) und andere körperliche Reaktionen aus, die dann zur Wahrnehmung einer spezifischen Emotion führen. Periphere, viszerale (Eingeweide-System) Prozesse spielen hier die Hauptrolle (vgl. Zimbardo/Gerrig 2002: 364).

Diese „peripheralistische" Theorie wurde Ende der 1920er Jahre von der „zentralistischen" Cannon-Bard-Theorie abgelöst. Deren zentrale Kritikpunkte bestanden in vier Einwänden. So sei (1) das viszerale Geschehen irrelevant; Tiere reagierten selbst dann emotional, wenn ihre Eingeweide chirurgisch vom zentralen Nervensystem (ZNS) getrennt seien. (2) Gleiche Erregungszustände fänden sich in ganz unterschiedlichen Situationen; Herzklopfen trete z.B. bei Aerobic-Übungen, Geschlechtsverkehr und in Fluchtsituationen auf. (3) Viele Emotionen könnten physiologisch nicht unterschieden werden, so dass die bloße Wahrnehmung einer viszeralen Reaktion nicht ausreiche, um eine Emotion zu erleben. (4) Die Reaktionen des autonomen Nervensystems seien im Allgemeinen zu langsam, um Emotionen in Sekundenbruchteilen auszulösen.

Die Voraussetzung zur Entstehung einer Emotion sei demnach, dass das Gehirn zwischen dem Eingangsreiz und der Ausgangsreaktion vermittle, indem ein Emotionsreiz sowohl die körperliche Erregung als auch die Wahrnehmung der Emotion unabhängig voneinander hervorbringe (vgl. Zimbardo/Gerrig 2002: 364f.).

---

    besteht, Wissen zu transferieren. Bloße Wissensspeicherung ohne die Intention der Weitergabe erscheint letztendlich sinnlos.

[2] Vgl. Stenschke (2001: 147f. und 2005: 94–96). Einen aktuellen Überblick bietet Kochinka (2004).

Seit den 1970er Jahren kommt in der emotionstheoretischen Debatte der Faktor der kognitiven Bewertung als ein wesentlicher Aspekt hinzu. Nach der Lazarus-Schachter-Theorie der Bewertung sei die Erregung nur der erste Schritt in der Emotionsabfolge. Hinzu komme eine (oft unbewusste) Bewertung der Erregung, um – salopp formuliert – herauszufinden, welche Emotion in der konkreten Situation am besten passt. Auch an dieser Theorie gab es Kritik, auf die im Einzelnen einzugehen an dieser Stelle zu weit führen würde. Es kann aber festgehalten werden, dass kognitive Bewertungen neben körperlichen Erregungszuständen die wesentlichen Faktoren im Prozess der emotionalen Erfahrung darstellen (vgl. Zimbardo/Gerrig 2002: 366f.).

Auf den Kontext dieses Beitrags bezogen lassen sich in Anlehnung an Schneider (1992: 405–407) die folgenden wesentlichen Aspekte einer Definition von Emotionen festhalten:

- *Emotionen* sind „handlungssteuernde bzw. -wirksame Zustände", die sich in Gefühlen ausdrücken können, aber nicht müssen (Schneider 1992: 406)

- „Emotionale Zustände sind in viel stärkerem Maße als kognitive Prozesse mit peripheren Vorgängen verknüpft" (ebd.)

- „Emotionen stellen damit explikative Konstrukte oder erschlossene Wirkgrößen dar, denen eine verhaltensregulierende Wirkung zugesprochen wird. Sie manifestieren sich in einer Reaktionstrias" (ebd.: 406f.), nämlich:

(1) in *Gefühlen* als den „subjektiven Erlebnisweisen" (ebd.: 407; bzw. „Erlebnissachverhalten" (ebd.: 405) oder „Erlebnistatbeständen" (ebd.: 406)), „über die eine erwachsene Person in der Regel im Verbalreport Auskunft geben kann; (2) in motorischen Verhaltensweisen, speziell im Ausdrucksverhalten, und (3) in begleitenden physiologischen Veränderungen, die auf Erregung des autonomen Nervensystems (ANS) beruhen. Alle drei Reaktionssysteme sind nur mäßig miteinander korreliert" (ebd.: 407).

Mit anderen Worten: Wir können Emotionen nicht fühlen. Wir können nur beispielsweise bestimmte körperliche Reaktionen (bewusst oder unbewusst wahrgenommene physiologische Reaktionen wie Magendrücken, Herzklopfen, „Kloß im Hals") bei uns feststellen bzw. ein bestimmtes, z.B. mimisches Ausdrucksverhalten bei anderen wahrnehmen und diese gegebenenfalls mit der Erinnerung an schon einmal erlebte und, darauf beruhend, mit der Einschätzung von aktuellen Situationen verbinden; solchen Komplexen geben wir dann Namen wie „Trauer", „Freude" usw.

3.2 Linguistische Emotionsdefinitionen

Auch die Linguistik beschäftigt sich seit den 1990er Jahren intensiver mit Emotionen – insbesondere natürlich mit dem Verhältnis von Sprache und Emotion – und auch hier ist keineswegs eine einheitliche terminologische Praxis in Bezug auf Begriffe wie *Emotion, Gefühl, Affekt* usw. zu konstatieren. Einen Überblick über die linguistische Forschung zum Thema *Sprache und Emotionen* gibt Konstantinidou (1997). Die verschiedenen Ansätze unterscheiden sich zum Teil erheblich, es lassen sich allerdings gewisse Grundtendenzen konstatieren. So lässt sich erstens die gefühlsmäßige Komponente aus zwei verschiedenen Perspektiven betrachten, nämlich – mit Bühler gesprochen – der des Senders und der des Empfängers. Diese Perspektivierung schlägt sich in der Dichotomie *expressiv vs. evokativ* nieder. Zweitens gehören zu den „Merkmalen der gefühlsmäßigen Bedeutungskomponente" (Konstantinidou 1997: 57) sowohl ein quantitativer als auch ein qualitativer Aspekt, mit anderen Worten: Das gefühlsmäßige Element unterscheidet sich hinsichtlich seiner Gefühlsintensität und seiner Gefühlsart. Drittens spielt der Kontext eine wesentliche Rolle. So stehen der relativen Kontextabhängigkeit der sprachlichen Emotionalität Fälle gegenüber, „wo das gefühlsmäßige Element [...] einen mehr oder minder über-/interindividuellen Charakter, eine gewisse Allgemeingültigkeit im Rahmen einer Sprachgemeinschaft aufweist" (Konstantinidou 1997: 58). Eine besondere Schwierigkeit stellt schließlich viertens die Identifikation der sprachlichen Elemente dar, welche als „Träger der gefühlsmäßigen Komponente" (Konstantinidou 1997: 67) auftreten.

Konstantinidou unterscheidet in kommunikativer Hinsicht mit Bezug auf Bühler zwei Perspektiven der semantischen Relation von Sprache und Gefühl, indem

> die gefühlsmäßige Komponente als eine doppelte Fähigkeit des sprachlichen Zeichens aufgefaßt wird: einerseits als dessen Fähigkeit, die Gefühle des Sprechers auszudrücken, andererseits als dessen Fähigkeit, beim Hörer Gefühle hervorzurufen (Konstantinidou 1997: 76).

Hermanns hingegen spricht in Zusammenhang mit seiner Interpretation des Bühler'schen Kommunikationsmodells von drei Dimensionen lexikalischer Semantik: einer kognitiven, einer emotiven und einer intentionalen (vgl. Hermanns 1995: 141f.). Was jedoch die Dimensionalität lexikalisierter Emotionen betrifft, nennt er nur zwei Bereiche: Hier stehen sich „expressive" und „nur affektbeschreibende Vokabeln" (Hermanns 1995: 152) gegenüber.

Ausführlich mit dem Verhältnis von Sprache und Emotion beschäftigt sich auch Fries (u. a. 2002, 2000a, 2000b). Er grenzt zunächst den Begriff *Gefühl* ein, indem er – auf der Basis seiner alltagssprachlichen Verwendung – „auf körperliche *Wahrnehmungen* (insbesondere Tastsinn) oder auf seelische *Empfindungen*" bzw. „auf *ungenaues Wissen* und *Ahnungen*" (Fries 2002: 8; Hervorh. i. Orig.) eingrenzt. Damit bewegt er sich weitgehend im Rahmen der oben zitierten psychologischen Definitionen.

Gefühle können nun nach Auffassung von Fries „Lebewesen mit Bewusstsein *bewusst* werden" und sind somit „*systematisch codierbar* und über *indexikalische Zeichen* und *motivierte Symbole kommunizierbar*", mit anderen Worten: „*Emotio-*

nen sind durch *Zeichen* [...] *codierte Gefühle.*" (Fries 2002: 14; Hervorh. i. Orig.) Damit liegt Fries auf einer Linie mit Konstantinidou, die schreibt:

> Sprachliche Elemente, die Gefühle vermitteln, genauer gesagt durch die der Sprecher Gefühle kommuniziert/vermittelt, ohne sie zu thematisieren [...], sind von einem semiotischen Gesichtspunkt her betrachtet *Anzeichen* (Konstantinidou 1997: 94; Hervorh. i. Orig.).
>
> Sprachliche Elemente auf der anderen Seite, welche Gefühle [...] darstellen/ thematisieren/benennen, sind semiotisch gesehen Symbole/Substitute, und zwar Konzept-Symbole (ebd.: 96).

Fries unterscheidet im Weiteren „emotionale Einstellungen" als Komponenten jeder sprachlichen Äußerungsbedeutung sowie „emotionale Szenen" als signifikant relevante (komplexe) Konzepte für die Explikation der Elemente des Gefühlswortbestandes und von Metaphern und Metonymien, die in irgendeiner Weise auf Gefühle oder Gefühlsaspekte Bezug nehmen (vgl. Fries 2000b: 14–18). Während Erstere sowohl durch indexikalische Zeichen wie auch Symbole mitteilbar seien (und zwar auf allen Ebenen des Sprachsystems; vgl. ebd.: 14f.), bildeten Letztere gewissermaßen die Basis, auf der die Bedeutung von Emotionssymbolen ausgehandelt wird.

Wie die bisherigen Ausführungen zeigen, konzentrieren sich die bisherigen theoretischen Überlegungen zum Verhältnis von Sprache und Emotion weitgehend auf die kommunikativen Dimensionen des Emotionsausdrucks und der Emotionsbeschreibung bzw. -benennung. Wie sich im Rahmen meiner Analyse des Diskurses über die Rechtschreibreform gezeigt hat (vgl. Stenschke 2005), spielt aber gerade im Hinblick auf den Wissenstransfer auch die Dimension der Auslösung von Emotionen durch Sprache eine wichtige Rolle. Andeutungsweise findet sich diese Perspektive bei Konstantinidou, wenn sie von der Dichotomie *emotiv vs. evokativ* spricht (s.o.).

Das unten abgebildete *Kommunikationsmodell der Emotionalität* (vgl. Stenschke 2005) integriert daher alle drei Dimensionen sprachlicher Handlungen. So können mittels sprachlicher und parasprachlicher Zeichen Emotionen mehr oder weniger bewusst ausgedrückt werden. Mit einer Äußerung wie z.B. „Ich kann nicht mehr" drückt der Sprecher in der Regel einen emotionalen Zustand aus, der sich vielleicht als Verzweiflung benennen ließe, ohne dass er selbst diese Emotion genau benennt. Er kann aber diesen Emotionsausdruck auch auf para- oder nonverbaler Ebene realisieren, beispielsweise durch eine weinerliche Intonation oder durch einen Verzweiflung ausdrückenden Gesichtsausdruck. Wenn nun sein Gesprächspartner später einem Dritten von der Verzweiflung des Sprechers berichtet, werden Emotionen beschrieben oder benannt, ohne dass es sich dabei um eigene und somit ausgedrückte Emotionen handelt. Und wenn besagter Dritter dadurch Mitleid mit dem ersten Sprecher empfindet, dann hat Sprecher 2 diese Emotion durch seinen

Bericht über Sprecher 1 ausgelöst; allerdings lässt sich die emotionale Wirkung von Sprechhandlungen nur sehr bedingt vorhersagen.

Abb. 1: Das Kommunikationsmodell der Emotionalität

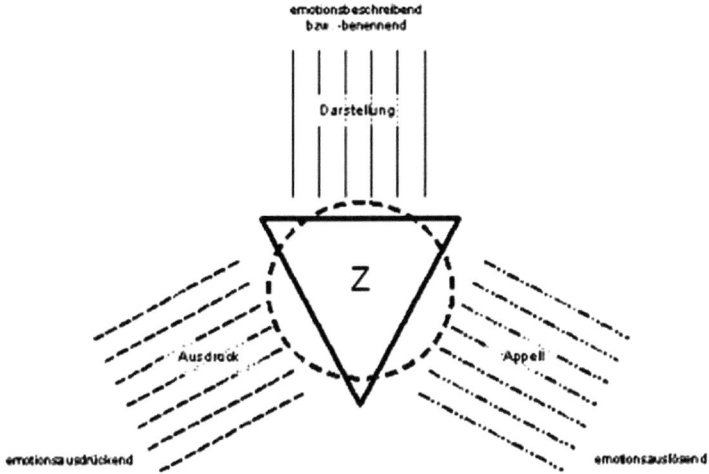

3.3 Emotionsklassifikationen

Die Forschungslage zur Klassifikation von Emotionen hier darzustellen, würde den Rahmen dieses Beitrags bei Weitem sprengen. Interessant für die Analyse von Wissenstransferprozessen sind dabei vor allem zwei Aspekte. Zum einen beruhen Klassifikationsansätze in der Regel auf dem Sprachverständnis von Versuchspersonen, denen z.B. Listen mit Emotionswörtern vorgelegt werden, oder auf den Klassifikationen von Emotionswörtern durch die Psychologen selbst (vgl. u.a. Mees 1991; Schneider 1992). Das Problem hierbei ist nicht nur, dass diese Klassifikationen häufig etwas bauklötzchenartig erscheinen.[3] Auch die Frage, was eigentlich Emotions(- bzw. Gefühls)wörter sind, lässt sich nicht ohne Weiteres eindeutig beantworten (vgl. dazu Jäger/Plum 1988: 36ff.).

Der zweite, im Hinblick auf Wissenstransfer interessante Aspekt ist, dass sämtliche Klassifikationen letzten Endes immer auf eine Unterscheidung zwischen positiven und negativen Emotionen hinauslaufen:

---

[3] Zum Beispiel ist nach Mees Zorn eine negative externale Attributions-Emotion, die auf die Bewertung des Tuns/Lassens von Urhebern in Bezug auf Normen/Rechte/Standards, fokussiert auf andere als Urheber, gerichtet ist, während die gegenteilige, positive Emotion die etwas merkwürdige Bezeichnung „Billigung" erhält (vgl. Mees 1991: 54ff.).

Die erste und offensichtlichste Implikation von Gefühlswörtern (und also auch von Gefühlen) ist [...] ihre *positive oder negative Bewertung* [...] (Mees 1991: 43; Hervorh. i. Orig.).

Diese „*Positiv-Negativ*-Dichotomie [...] schlägt sich in nahezu allen Klassifizierungen und Dimensionierungen von Emotionen nieder" (Büscher 1996: 107; Hervorh. i. Orig.) und beruht auf der Grundannahme, dass Emotionen psychische Begleitzustände kognitiver (und damit auch evaluativer) Prozesse sind, wie Fries ausführt:

> Für das Verhalten des Menschen besteht eine generalisierbare Bedeutung von Gefühlen darin, emotionale Bewertungen von Gegenständen und Sachverhalten zu liefern, hierdurch wesentlich in Entscheidungsprozesse einzugreifen und den Verlauf von Handlungen zu beeinflussen. Kognitionswissenschaftlich betrachtet dienen Gefühle dem Menschen unter anderem zum Entwurf emotionaler Szenen. Die vom Gehirn konstruierten Wirklichkeiten können lustvoll oder niederschmetternd, beschämend oder ekelhaft, quälend oder aufmunternd sein (Fries 2000a: 74).

Ein wichtiger Punkt ist dabei, dass Emotionen nicht nur eine retrospektive, sondern auch eine prospektive Funktion erfüllen, und zwar sowohl in Hinsicht darauf, was wir wahrnehmen und speichern, als auch hinsichtlich der Art und Weise, wie wir etwas wahrnehmen und speichern, wie aus den beiden folgenden Zitaten deutlich wird:

> Die allgemeine Funktion des limbischen Systems besteht in der Bewertung dessen, was das Gehirn tut. [...] Bewertungs- und Gedächtnissystem hängen damit untrennbar zusammen, denn jede Bewertung geschieht aufgrund des Gedächtnisses. Umgekehrt ist Gedächtnis nicht ohne Bewertung möglich, denn das ‚Abspeichern' von Gedächtnisinhalten geschieht aufgrund früherer Erfahrungen und Bewertungen und des gerade anliegenden emotionalen Zustands (Roth 1999: 209).

> Emotionen dienen kognitiven Funktionen, indem sie beeinflussen, wem oder was wir Aufmerksamkeit schenken, wie wir uns selbst und andere wahrnehmen und wie wir verschiedene Merkmale von Lebenssituationen interpretieren und erinnern. (Zimbardo/Gerrig 2002: 369).

4 Was bedeutet *Emotionales Wissen* für den Wissenstransfer?

Fasst man die bisherigen Ausführungen zusammen, ist festzuhalten: Das Handeln von Menschen wird durch ihr Wissen und ihre Emotionen determiniert. Beide Komplexe beeinflussen sich dabei in vielfältiger Weise gegenseitig. Zwei wesentliche Perspektiven sind dabei zu berücksichtigen.

Auf der einen Seite beruhen Emotionen auf (Vor-)Wissen. Dieses Wissen bezieht sich auf Erfahrungen mit und Bewertungen von Personen, Sachverhalten, Situationen etc. Diese Wissenskomplexe werden kodiert mit Hilfe sprachlicher Zeichen, die man als affektbeschreibende Vokabeln (Herrmanns), Konzept-Symbole (Konstantinidou 1997) oder Gefühlswörter (Jäger/Plum 1988; Fries 2000a, 2000b,

2002) und als Ergebnis eines semiotischen Prozesses zur Kodierung emotionaler Szenen (Fries 2000a, 2000b, 2002) bezeichnen kann. Diese Emotionswörter, wie ich sie hier der Einfachheit halber nennen möchte, dienen ihrerseits als Basis für psychologische Ansätze zur Klassifikation von Emotionen (vgl. Mees 1991; Schneider 1992; Büscher 1996; Zimbardo/Gerrig 2002). Allerdings vermitteln die in der Psychologie verwandten Verfahren bisher tendenziell den Eindruck, ihre Ergebnisse weitgehend ungeachtet linguistischer Forschungsmethoden zu produzieren. Wenn man jedoch mit Fries Emotionen als semiotische Größen betrachtet, wenn man also sprachliche Ausdrücke als integralen Bestandteil von Emotionen versteht, kommt man gar nicht umhin, bei der Definition und Klassifikation von Emotionen auf linguistische Untersuchungen zurückzugreifen.

Auf der anderen Seite ist alles Wissen von Emotionen begleitet. Wissenstransfer – und damit im Sinne der in diesem Beitrag zitierten Wissensdefinition die Übermittlung von sprachlichen und parasprachlichen Informationen – vollzieht sich im Hinblick auf Emotionen stets vor dem Hintergrund (1) einer indexikalischen, emotionsausdrückenden oder expressiven (Herrmanns 1995) bzw. emotiven (Konstantinidou 1997) Dimension, der bestimmte emotionale Einstellungen (Fries 2000a, 2000b, 2002) zu Grunde liegen, und (2) einer emotionsauslösenden oder evokativen (Konstantinidou 1997) Dimension. Ob diese Dimensionen bewusst wahrgenommen oder sogar willentlich eingesetzt werden, ist dabei zunächst irrelevant; die Bedeutung der bisherigen neurobiologischen, psychologischen und linguistischen Ausführungen für den Wissenstransfer liegt in jedem Fall auf der Hand und wird bereits bei Roth deutlich, wenn er schreibt:

> Die Art und Tiefe der Einspeicherung und damit die Leichtigkeit des Erinnerns (bzw. die Resistenz gegen das Vergessen) wird ganz wesentlich vom emotionalen Begleitzustand bestimmt, insbesondere davon, ob das, was zum Einspeichern ansteht, positive oder negative Konsequenzen hatte oder haben wird (Roth 1999: 210).

Der Weg von *Information* im Sinne des bloßen Ausschlusses von Möglichkeiten über *Erkenntnis* im Sinne niedrig oder hoch qualifizierter Information zu *Kenntnis* im Sinne ausgewählter, aktivierter Information (vgl. Kapitel 2) verläuft maßgeblich unter der Prämisse begleitender emotionaler Zustände.

Als Fazit lässt sich daher festhalten, dass *Emotionales Wissen* zweierlei bedeutet: Zum einen das Wissen über Emotionen; in diesem Sinne wäre ein intensiverer Wissenstransfer im Sinne eines Austausches zwischen Disziplinen wie Linguistik und Psychologie ein dringendes Desiderat zum besseren Verständnis von Emotionen. Zum anderen zielt die Formulierung auf die Erkenntnis ab, dass alles Wissen *emotionales Wissen* im Sinne von emotional beeinflusstem Wissen ist. Um Wissenstransferprozesse richtig zu verstehen oder gar zu optimieren, ist daher die Einbeziehung emotionaler Begleitumstände unumgänglich.

5 Literatur

Büscher, Hartmut (1996): Emotionalität in Schlagzeilen der Boulevardpresse. Theoretische und empirische Studien zum emotionalen Wirkungspotential von Schlagzeilen der Bild-Zeitung im Assoziationsbereich „Tod". Frankfurt a.M.

Fries, Norbert (2000a): Sprache und Emotionen. Ausführungen zum besseren Verständnis. Anregungen zum Nachdenken. Bergisch Gladbach.

Fries, Norbert (2000b): Sprache, Gefühle, Emotionen und Emotionale Szenen. http://www2.hu-berlin.de/linguistik/institut/syntax/docs/fries_em_2000.pdf (letzter Zugriff: April 2005).

Fries, Norbert (2002): Emotionen. Linguistische und kognitionswissenschaftliche Aspekte ihrer Explikation. http://www2.rz.hu-berlin.de/linguistik/institut/ syntax/kobe/fries_em_2002%20handout%20fuer%20web.pdf (letzter Zugriff: April 2005).

Hermanns, Fritz (1995): Kognition, Emotion, Intention. Dimensionen lexikalischer Semantik. In: Gisela Harras (Hg.): Die Ordnung der Wörter. Kognitive und lexikalische Strukturen. Berlin, New York, 138–178.

Jäger, Ludwig/Plum, Sabine (1988): Historisches Wörterbuch des deutschen Gefühlswortschatzes. Theoretische und methodische Probleme. In: Ludwig Jäger (Hg.): Zur historischen Semantik des Gefühlswortschatzes. Aspekte, Probleme und Beispiele seiner lexikographischen Erfassung. Aachen, 5–55.

Kochinka, Alexander (2004): Emotionstheorien. Begriffliche Arbeit am Gefühl. Bielefeld.

Konstantinidou, Magdalene (1997): Sprache und Gefühl. Semiotische und andere Aspekte einer Relation. Hamburg.

Kuhlen, Rainer (1995): Informationsmarkt. Chancen und Risiken der Kommerzialisierung von Wissen. Konstanz.

Mees, Ulrich (1991): Die Struktur der Emotionen. Göttingen.

Roth, Gerhard (1999): Das Gehirn und seine Wirklichkeit. Kognitive Neurobiologie und ihre philosophischen Konsequenzen. 3. Auflage. Frankfurt a.M.

Schneider, Klaus (1992): Emotionen. In: Hans Spada (Hg.): Lehrbuch allgemeine Psychologie. 2., korrigierte Auflage. Bern, Göttingen, Toronto, Seattle, 403–449.

Schwarz, Monika (1996): Einführung in die kognitive Linguistik. 2., überarbeitete und aktualisierte Auflage. Tübingen, Basel.

Spinner, Helmut F. (2003): Wissen. In: Alois Wierlacher/Andrea Bogner (Hg.): Handbuch interkulturelle Germanistik. Stuttgart, Weimar, 337–343.

Spinner, Helmut F. (2002): Das modulare Wissenskonzept des Karlsruher Ansatzes der integrierten Wissensforschung – Zur Grundlegung der allgemeinen Wissenstheorie für ‚Wissen aller Arten, in jeder Menge und Güte'. In: Karsten Weber/Michael Nagenborg/Helmut F. Spinner (Hg.): Wissensarten, Wissensordnungen, Wissensregime. Beiträge zum Karlsruher Ansatz der integrierten Wissensforschung. Opladen, 13–46.

Stenschke, Oliver (2001): Wissenstransfer und Emotion im Diskurs über die Rechtschreibreform. In: Sigurd Wichter/Gerd Antos (Hg.): Wissenstransfer zwischen Experten und Laien. Umriss einer Transferwissenschaft. Frankfurt a.M., 145–157.

Stenschke, Oliver (2005): Rechtschreiben, Recht sprechen, recht haben – der Diskurs über die Rechtschreibreform. Eine linguistische Analyse des Streits in der Presse (= Reihe Germanistische Linguistik, 258). Tübingen.

Zimbardo, Philipp G./Gerrig, Richard J. (2002): Psychologie. Bearbeitet und herausgegeben von Siegfried Hoppe-Graff und Irma Engel. 7., neu übersetzte und bearbeitete Auflage. Berlin, Heidelberg, New York.

Metasprachliches Wissen diesseits und jenseits der Linguistik

Jürgen Spitzmüller (Zürich)

0 Abstract
1 Einleitung
2 Zum Wissensbegriff
3 Der wissenschaftliche und der mediale Anglizismendiskurs
4 Metasprachliches Wissen in der „Alltagswelt"
5 Fazit: Konsequenzen für die Theorie des Wissenstransfers
6 Literatur

0 Abstract

Wie die Debatten um metasprachliche Fragen zeigen, besteht zwischen der linguistischen und der im medialen Diskurs vorherrschenden Einschätzung sprachlicher Phänomene oft eine bis zur Diametralität reichende Diskrepanz. Dieser Beitrag will zeigen, dass dies nur partiell an einem mangelhaften Wissenstransfer zwischen Linguistik und Öffentlichkeit liegt, sondern dass den unterschiedlichen Einschätzungen vielmehr grundlegend verschiedene Formationen von Wissen zugrunde liegen, die auf unterschiedliche Perspektiven auf den Gegenstand, unterschiedliche Interessen und unterschiedliche Diskursmuster zurückzuführen sind. Der Beitrag stützt sich dabei auf die Ergebnisse einer umfassenderen Analyse des medialen und sprachwissenschaftlichen Diskurses zu Anglizismen in den Jahren 1990 bis 2001.

1 Einleitung

Dass die Sprachwissenschaft in den letzten Jahren den Gegenstandsbereich „Wissenstransfer" für sich entdeckt hat, hat sicherlich auch damit zu tun, dass das Fach selbst an einem massiven Transferproblem zu leiden glaubt. Es will der Disziplin, so die mittlerweile zum Topos gewordene Klage,[1] einfach nicht gelingen, ihre Erkenntnisse nach außen zu tragen, obwohl sich die Öffentlichkeit offensichtlich doch so stark für metasprachliche Fragen interessiere. Insbesondere bei den meta-

---

[1] Vgl. exemplarisch Dieckmann (1991); Wimmer (1994); Hoberg (1997, 2002); Stickel (1999); Ortner/Sitta (2003) und Funken (2004).

sprachlichen Debatten, die über die Medien ausgetragen werden, fühlen sich die Fachvertreter zumeist nicht ernst genommen oder gar ausgegrenzt.

Eine der am heftigsten geführten Debatten des vergangenen Jahrzehnts drehte sich um die Frage, wie man den Sprachkontakt zum Englischen zu bewerten habe. Auch dort haben sich Linguisten immer wieder, zumeist erfolglos, einzubringen versucht. Der vorliegende Beitrag versucht, die Gründe für das nahezu vollständige Scheitern der Transferversuche zwischen Sprachwissenschaft und (medialer) Öffentlichkeit in diesem spezifischen Fall zu beleuchten. Er resultiert dabei in einem Erklärungsansatz, der sich bislang in den mittlerweile sehr zahlreichen Überlegungen zum schwierigen Verhältnis zwischen Sprachwissenschaft und Öffentlichkeit[2] nur sehr selten findet.

Der Erklärungsansatz lenkt den Fokus ab vom *Vorgang* des „Transfers", der vor allem in neueren Arbeiten zum Verhältnis Sprachwissenschaft – Öffentlichkeit im Mittelpunkt steht (vgl. etwa Funken 2004), auf dessen *Gegenstand*: das *Wissen*. Er rückt dabei – um in der Metaphorik zu bleiben – statt der Frage, *wie* man Wissen transferieren könne, die viel grundlegendere Frage, *was* denn überhaupt *wohin* transferiert werden *soll* (und *kann*), in den Mittelpunkt. Es geht also um die Bedingungen von Wissen sowie um verschiedene Wissenstypen (auf beiden Seiten des „Transfer-Weges") und deren Rolle innerhalb eines Transferprozesses. Die spezifische Fallanalyse soll dabei verdeutlichen, dass die Vorstellung eines unidirektionalen Wissenstransfers von der Wissenschaft in die Öffentlichkeit viel zu einfach gedacht ist, weil im Transferprozess verschiedene Wissenstypen aufeinander treffen. Der Erfolg eines Transferversuchs hängt daher auch nicht unwesentlich davon ab, ob und bis zu welchem Grad die unterschiedlichen Wissenstypen miteinander harmonieren. Wenn, wie dies im Anglizismendiskurs der Fall ist, zwei weitgehend „inkompatible" Wissenstypen miteinander kollidieren, so kann daran letztlich der gesamte Transferversuch scheitern.

Der Beitrag geht dabei wie folgt vor: Zunächst wird der Wissensbegriff, der den Überlegungen zugrunde liegt, kurz erläutert (Abschnitt 2). Anschließend folgt ein kurzer Überblick über den Anglizismendiskurs (Abschnitt 3), bevor die Wissens-Bedingungen, die ihn prägen, anhand einiger Beispiele dargelegt werden (Abschnitt 4). Die Ausführungen schließen mit einigen Konsequenzen für die Theorie des „Wissenstransfers" (Abschnitt 5).

2 Zum Wissensbegriff

Den folgenden Überlegungen liegt ein diskurstheoretischer, epistemologischer (und wenn man so will: konstruktivistischer) Wissensbegriff zugrunde, wie er in der Philosophie von Michel Foucault (v.a. 1981), in der Wissenssoziologie von

---

[2] Vgl. Anm. 1.

Alfred Schütz, Peter Berger und Thomas Luckmann (vgl. Berger/Luckmann 2003) und in der Linguistik bspw. von Dietrich Busse (1987) und Helmuth Feilke (1994) mit jeweils unterschiedlicher Zielrichtung vertreten wird.

Wissen wird mithin als kognitives Orientierungsschema (mit Foucault 1982, 156: als „diskursive Formation") verstanden, dem ein bestimmtes Kollektiv in einer gegebenen historischen und kulturellen Situation ontologischen Status *zuspricht*. Das Wissen selbst verdankt sich immer den spezifischen Gegebenheiten, in die dieses Kollektiv eingebunden ist, es ist integraler und zugleich konstitutiver Bestandteil einer spezifischen „Lebenswelt" (Berger/Luckmann 2003: 17, 22) und somit – grob vereinfachend formuliert – stets perspektivisch. Damit soll natürlich nicht bestritten werden, dass es eine ontologisch vorhandene „Welt" gibt; allerdings hängt die Perspektive auf diese Welt und damit auch das jeweils gültige „Wissen" stark von den gesellschaftlich-geschichtlichen Gegebenheiten und von den Gegebenheiten spezifischer Lebenswelten (den „diskursiven Bedingungen") ab. Denn Wissen ist, wie Helmuth Feilke (1994: 52–104) sehr schön dargelegt hat, stets das Resultat eines Selektionsprozesses, bei dem es vor allem darum geht, „Kontingenzen" (also das „Auch-anders-möglich-Sein"[3]) auszublenden und klare Orientierungsrichtlinien zu schaffen, die jeweils auf die Bedingungen und Bedürfnisse der jeweiligen Lebenswelt ausgerichtet sind.

Daraus ergeben sich bereits erste fundamentale Konsequenzen für die Theorie des Wissenstransfers. Denn wenn man davon ausgeht, dass Wissen stets an eine spezifische Lebenswelt gekoppelt ist, kann man kaum annehmen, dass sich dieses ohne weiteres aus dieser Lebenswelt „isolieren" bzw. von einer Lebenswelt in eine andere „transferieren" ließe. Aus der Sicht epistemologisch bzw. wissenssoziologisch fundierter Transferwissenschaften sind daher stets die Bedingungen des Wissens in den jeweiligen Lebenswelten (also sowohl in der Lebenswelt, aus der Wissen „transferiert" werden soll als auch in der Lebenswelt, in die es „transferiert" werden soll) zu klären. Wir kommen auf diesen Punkt im Lauf des Beitrags zurück.

Wie lassen sich nun aber spezifische „Wissenstypen" beschreiben? Ein sehr fruchtbarer Ansatz hierfür ist die Linguistische Diskursanalyse, die sich seit Anfang der 1990er-Jahre im Anschluss an die französische Diskursanalyse Foucault'scher Prägung herausgebildet hat (vgl. zur Forschungsgeschichte Bluhm u.a. 2000 sowie Wengeler 2003: 11–171). Ihr geht es ja – in der epistemologischen Ausrichtung, wie sie Dietrich Busse (1987), Martin Wengeler (2003), Claudia Fraas (2000) u.a. vertreten – explizit darum, spezifische Wissensstrukturen über ihre sprachlichen Manifestationen zu rekonstruieren. Als diskursanalytische Methoden bieten sich dabei bspw. die Schlagwortanalyse (vgl. Hermanns 1994), die Metaphernanalyse (vgl. Böke 1996) oder die Analyse gesellschaftlich manifester Topoi (vgl. Wenge-

---

[3] Vgl. zum Begriff Feilke 1994: 65.

ler 2003) an. Auf solche Analysen stützen sich auch die folgenden Befunde zum Anglizismendiskurs.

3 Der wissenschaftliche und der mediale Anglizismendiskurs

Das Thema Anglizismen hat – neben dem Diskurs zur Rechtschreibreform, den Oliver Stenschke (2005) und Sally Johnson (2005) gründlich analysiert haben – den sprachreflexiven Diskurs des letzten Jahrzehnts maßgeblich bestimmt. Insbesondere seit Mitte der 1990er-Jahre ist eine stetig wachsende Zahl von Zeitungsartikeln, Zeitschriftenartikeln, Leserbriefen, Radio- und Fernsehsendungen, von Laien verfassten Monografien, Streitschriften und Aufsätzen zum Thema Anglizismen zu verzeichnen.[4]

Dem steht auf linguistischer Seite eine beachtliche, kaum noch zu überblickende Menge von Untersuchungen zum gleichen Thema gegenüber, die sich mit den verschiedensten Aspekten des Sprachkontakts beschäftigen. Die beiden Auswahlbibliographien von Carstensen/Busse (1993–1996, Bd. 1: 105–193) und Görlach (2002) belegen dies sehr eindrücklich.

Sowohl in der medialen Öffentlichkeit als auch in der Linguistik war das Thema also äußerst präsent. Abgesehen davon sind aber zwischen dem medialen und dem wissenschaftlichen Diskurs kaum Gemeinsamkeiten zu erkennen. Das zeigt sich zunächst darin, dass sich die *typischen* Einschätzungen des Phänomens auf linguistischer und medialer Seite geradezu diametral entgegenstehen: Wird in den Medien mehrheitlich die „Anglisierung des Deutschen" beklagt und der „Verfall" der Sprache heraufbeschworen, versuchen die Linguisten in aller Regel zu zeigen, dass den Entlehnungen ein spezifischer kommunikativer Wert zukomme, dass der Sprachwandel also ein produktiver Prozess sei. Dass es auf beiden Seiten, der Linguistik und der Öffentlichkeit, jeweils auch Diskursteilnehmer gibt, die die jeweils gegenteilige Position vertreten, ändert am Gesamtbild wenig. Aus transferwissenschaftlicher Perspektive kann man konstatieren, dass die linguistischen Befunde im medialen Diskurs größtenteils nicht angekommen sind – der „Wissenstransfer" von der Kontaktlinguistik in die mediale Öffentlichkeit ist, wenn er denn stattgefunden hat, *de facto* erfolglos geblieben.

Warum ist das so? Wollen Fach und Öffentlichkeit schlicht nichts voneinander wissen? Ein Blick auf den Diskurs zeigt, dass dies nicht der Fall zu sein scheint. Im Gegenteil: Auf beiden Seiten – aufseiten der Linguistik und aufseiten der Öffentlichkeit – finden sich zahlreiche Äußerungen, denen zu entnehmen ist, dass die Diskursteilnehmer unter der Situation geradezu zu leiden scheinen.

---

[4] Die vorliegenden Analysen stützen sich auf ein Korpus von 1380 Mediendokumenten zu diesem Thema (vgl. zum Korpus ausführlich Spitzmüller 2005: 71–106).

Dass das Bedürfnis nach besserer Außenwirkung in der Linguistik sehr ausgeprägt ist, wurde im Rahmen des Hallenser DFG-Projekts „*Linguistik in der Öffentlichkeit*" detailliert nachgewiesen (vgl. Antos/Tietz/Weber 1999) und muss daher an dieser Stelle nicht mehr ausführlich begründet werden. Bisweilen schlägt die Unzufriedenheit mit der Außenwahrnehmung des Fachs auch in Frustration um, wie das folgende, zufällig gewählte, aber sehr exemplarische Zitat illustriert. Es stammt von der Pressesprecherin des *Instituts für Deutsche Sprache* in Mannheim. Sie klagt auf einer Podiumsdiskussion zum Thema „Sprachkultur":

> Die Sprachwissenschaft ist (so gut wie) chancenlos gegenüber der laienhaften und stark restriktiven Vorstellung der Öffentlichkeit von dem, was „Sprache" sei und wie man folglich zu schreiben und zu sprechen habe.
>
> Die Diskussion um die Rechtschreibreform zeigt deutlich, welches vorsintflutliche Sprachmodell in den Köpfen der meisten Bürger, Politiker und Presseorgane steckt (Trabold in: Scharnhorst u.a. 1999: 282).

Aber auch im medialen Diskurs lässt sich eine deutliche Unzufriedenheit mit der Situation vernehmen, wie das folgende, wiederum arbiträre und zugleich typische Zitat zeigt. Es ist einer Rezension von Gerd Schrammen, romanistischer Literaturwissenschaftler und 2. Vorsitzender des *Vereins Deutsche Sprache*, des größten Sprachpflegevereins in Deutschland mit etwa 30.000 Mitgliedern,[5] zum Tagungsband der IDS-Jahrestagung 2000 (vgl. Stickel 2001) entnommen. Dort fragt Schrammen:

> Bestünde die Bringschuld der Germanisten nicht darin, auf die Sorgen der Öffentlichkeit über die Anglisierung der Sprache stärker einzugehen und sich energischer für die eigene Sprache einzusetzen (Schrammen 2003: 50)?

Ein grundsätzliches Bedürfnis nach mehr „Austausch" scheint also auf beiden Seiten vorhanden zu sein. Warum hat er dann aber nicht stattgefunden? Hat die Kontaktlinguistik versäumt, ihre Erkenntnisse in angemessener Art und Weise in die Öffentlichkeit zu tragen? Mangelt es also am „Transfer"? Entstehen „laienlinguistische" Theorien (Antos 1996) in der Alltagswelt nur deswegen, weil den Diskursteilnehmern der Zugang zum „wissenschaftlichen" Wissen verwehrt bleibt?

Ein Blick auf den Diskurs zeigt, dass die Situation allein damit nicht *hinreichend* erklärt werden kann, und zwar aus folgenden Gründen: Zunächst einmal ist zu konstatieren, dass es zum Anglizismendiskurs sehr viele linguistische Stellungnahmen gibt, die an Laien adressiert sind und explizit auf die Argumente eingehen, die im medialen Diskurs typischerweise vorgebracht werden. In der Regel sind diese Texte auch so abgefasst, dass sie von „Laien" durchaus verstanden werden können, zumal es sich bei vielen Diskursteilnehmern um „informierte Laien" (im Sinne von Wichter 1994: 42–55) handelt.

---

[5] Nach Angaben des Vereins; vgl. http://www.vds-ev.de/verein/ (letzter Aufruf: 10. Oktober 2008).

Was aber entscheidender ist: Diese linguistischen Texte werden, wie man am Anglizismendiskurs gut beobachten kann, sehr wohl zur Kenntnis genommen. Viele der aktivsten Diskursteilnehmer kennen die Argumente der Linguisten. Der bereits erwähnte *Verein Deutsche Sprache* etwa ist im Besitz einer beeindruckenden Sammlung kontaktlinguistischer Forschungsliteratur[6] und setzt sich immer wieder mit den Argumentationen aus dem Fach auseinander, wie etwa Schrammens oben zitierte Rezension zeigt. Im analysierten Korpus sind Sprachwissenschaftler (mit deutlichem Abstand vor den Schriftstellern) die am häufigsten referenzierte Berufsgruppe.[7] Allerdings ist nahezu die Hälfte aller Referenzen eine inhaltliche Zurückweisung linguistischer Positionen. Als „Autoritäten" fungieren die Linguisten in der Regel nur dann, wenn sie sich selbst sprachkritisch äußern (oder so zitiert werden), wenn sich also das „Wissen", das sie in den Diskurs einbringen, an das bereits vorhandene Wissen anschließen bzw. mit den Handlungszielen der Diskursteilnehmer produktiv verbinden lässt. Der Versuch, die verschiedenen Befürchtungen besorgter Sprecher zu relativieren, bleibt im untersuchten Diskursausschnitt dagegen, wie es in den vergangenen 50 Jahren oft genug der Fall war, unterm Strich erfolglos. Kurzum: Es wurde sehr wohl kommuniziert. Den Diskurs allerdings hat dies nicht nachhaltig verändert.

Wie kommt es also, dass linguistisches Wissen in der medialen Öffentlichkeit zwar zur Kenntnis genommen, aber nicht akzeptiert wird? Meine Antwort darauf ist: Weil es dort mit einem anderen „Wissen" kollidiert, zu dem es weitgehend inkompatibel ist, da die Bedingungen des alltagsweltlichen Wissens sich grundlegend von den Bedingungen des wissenschaftlichen Wissens unterscheiden. Das lässt sich in Form der folgenden zwei Thesen konkretisieren:

1. Es gibt ein alltagsweltliches metasprachliches Wissen, das in sich kohärent ist. Dieses Wissen unterscheidet sich in wesentlichen Punkten vom sprachwissenschaftlichen Wissen, weswegen sprachwissenschaftliche Erklärungsansätze nicht einfach in die Alltagswelt „transferiert" werden können.

2. Alltagsweltliche Sprachreflexion ist, im Gegensatz zur wissenschaftlichen, konsequent an die persönliche Lebenswelt der Diskursteilnehmer angebunden. Das führt dazu, dass bspw. im Anglizismendiskurs Probleme diskutiert werden, die die *Lebenswelt* und nur bedingt sprachliche Phänomene im engeren Sinn betreffen.

Diese Thesen sollen im Folgenden kurz begründet werden.

---

[6] Das Bestandsverzeichnis kann auf den Internetseiten des Vereins eingesehen werden (vgl. http://vds-ev.de/literatur/bibliothek.php (22. September 2004).

[7] Ein Verweis auf Sprachwissenschaftler findet sich in 195 Dokumenten im Korpus, Schriftsteller sind (mit 122 Nennungen) die am zweithäufigsten genannte Berufsgruppe (vgl. dazu detailliert Spitzmüller 2005: 302–306).

4 Metasprachliches Wissen in der „Alltagswelt"

4.1 Alltagsweltliches Wissen

Zunächst zur ersten These. Dass es in der Alltagswelt ein spezifisches metasprachliches Wissen gibt, ist eigentlich keine neue Erkenntnis. Vor allem in der angloamerikanischen Sprachwissenschaft hat sich im Umfeld der Spracheinstellungsforschung die sog. *folk linguistics* etabliert (vgl. Niedzielski/Preston 2000), die eben dieses alltagsweltliche Wissen über Sprache untersucht und grundsätzlich davon ausgeht, dass die Sprecher auf kohärente[8] alltagsweltliche Sprachtheorien zurückgreifen, die sehr stark verfestigt sind. So stellen etwa Werner Welte und Philipp Rosemann, zwei „Pioniere" einer deutschsprachigen *folk linguistics*, die die „Alltagssprachliche Metakommunikation im Englischen und im Deutschen" untersucht haben, mit Blick auf die alltagsweltliche Sprachreflexion fest:

> [... D]as alltägliche Meinen „weiß", wie die Sprache entstanden ist, „kennt" die „erste" aller Sprachen und die „beste". Es hat keinen Zweifel über die Grammatikalität von Sätzen und kann genau „begründen", warum ein bestimmter Sprachgebrauch „fehlerhaft" ist; es hat eine eindeutige Interpretation diachroner Veränderungen bei der Hand: als „Sprachverfall" (Welte/Rosemann 1990: 1).

Die Untersuchung von Welte und Rosemann war bis Mitte der 1990er Jahre meines Wissens der einzige Versuch, den folk-linguistischen Ansatz, für den sich Herbert Brekle bereits Mitte der 1980er Jahre in einigen programmatischen Schriften stark gemacht hatte (vgl. Brekle 1985, 1986), empirisch umzusetzen. Erst ab Mitte der 1990er Jahre wurden dann auch hierzulande einige grundsätzliche Überlegungen zum alltagssprachlichen Wissen der Sprecher publiziert. Vor allem die Habilitationsschriften von Gerd Antos (1996), Ingwer Paul (1999b) und Andrea Lehr (2002) sind hier zu nennen.

Insbesondere Paul und Lehr gehen davon aus, dass das alltagsweltliche Wissen in sich kohärent und stark verfestigt ist. Weiterhin postulieren beide Arbeiten, dass sich das alltagsweltliche Wissen in vielerlei Hinsicht grundlegend vom sprachwissenschaftlichen unterscheidet (siehe These 1), und zwar vor allem auf Grund der Anbindung des alltagssprachlichen Wissens an die persönliche Lebenswelt, von der die Linguistik wiederum abstrahiert und als Wissenschaft auch abstrahieren *muss* (siehe These 2). So schreibt Paul:

> Linguisten einerseits und normale Sprachteilhaber andererseits reflektieren Sprache nicht richtig oder falsch bzw. mehr oder weniger, sondern sie gehen aufgrund ihrer qualitativ anderen Voraussetzungen und Interessen anders mit dem Reflexionsgegen-

---

[8] *Kohärent* meint hier und im Folgenden nicht, dass die Alltagstheorien in einem streng wissenschaftlichen Sinn „logisch" wären, sondern dass sie in sich abgeschlossen sind und ohne Rückgriff auf ein „fremdes" Wissen funktionieren.

stand um und kommen daher gelegentlich auch zu unterschiedlichen Ergebnissen. Auf den Begriff gebracht: Teilnehmer [so nennt Paul die Sprecher in der Alltagswelt; J.S.] reflektieren praktisch, Linguisten reflektieren handlungsentlastet (Paul 1999a: 194).

An anderer Stelle führt er aus:

> Die Sprachwissenschaft hat es nicht mehr mit einer primitiven Vorform ihrer selbst zu tun, sondern mit einer den vielfältigen Bedingungen der Kommunikation angepaßten Reflexionsform, die sich aus den Erfahrungen der Sprecher in der Kommunikationssituation speist, die in der Kommunikationspraxis tradiert und dort auch modifiziert wird. [...] Teilnehmer und Linguisten haben schlicht unterschiedliche Probleme (Paul 1999b: 2, 4).

Diese Thesen von Paul, die sich in Lehrs Arbeit – welche sich auch auf Paul stützt – in ähnlicher Form finden, haben die Analysen des Anglizismendiskurses in Spitzmüller (2005) bestätigt. Dort konnten mithilfe des bereits erwähnten diskursanalytischen Instrumentariums in der Tat kohärente Auffassungen von Sprache rekonstruiert werden, die sich grundlegend von denen unterscheiden, die den kontaktlinguistischen Arbeiten zugrunde liegen und diesen zum Teil geradezu diametral entgegenstehen. Besonders auffällig ist beispielsweise, dass die Diskursteilnehmer sehr genau zu wissen glauben, was Sprache (insbesondere „die" deutsche Sprache) ist und wie sie sich gegenüber anderen Sprachen abgrenzt. Die Sprache erscheint (zumeist hypostasiert) als homogene Entität mit scharfen Konturen, wobei die Frage, was zur Sprache zu rechnen sei, sehr stark von bildungsbürgerlichen Idealvorstellungen bestimmt ist. Dem steht auf linguistischer Seite beispielsweise die soziolinguistische Annahme heterogener Sprechpraxen bzw. prinzipiell gleichgestellter Varietäten („innere Mehrsprachigkeit")[9] oder auch das kontaktlinguistische Modell unscharfer Sprachgrenzen[10] gegenüber, die beide auch in den linguistischen Stellungnahmen zu Anglizismen eine wichtige Rolle spielen. Das linguistische und das alltagsweltliche „Wissen" könnte in diesem grundsätzlichen Punkt kaum unterschiedlicher sein.

Dass Sprache im medialen Diskurs so scharf konturiert wird, hat nun aber vor allem mit dessen lebensweltlicher Einbindung zu tun. Insbesondere beim Anglizismendiskurs, der über weite Strecken ein mentalitätengeschichtlich zu untersuchender gesellschaftlicher Konflikt ist, lässt sich dies sehr schön zeigen. Das führt uns zur zweiten These.

---

[9] „Die Gesamtsprache ‚Deutsch' ist nur eine Abstraktion im Sinne eines Diasystems über alle Varietäten, die man der deutschen Sprache zurechnet. Auch das ‚gute Deutsch' ist nur eine Varietät der deutschen Sprache, allerdings eine stark idealisierte, über deren Varianten man sehr streiten kann" (von Polenz 2000: 64).

[10] „Der Gegenentwurf lautet also: Alles, was mit Sprache zu tun hat, hat unscharfe Konturen. Scharfe Konturen sind unser Konstrukt" (Raible 1999: 462).

4.2 Lebensweltliche Einbindung

Dass der mediale Anglizismendiskurs ohne sein lebensweltliches Umfeld nicht zu verstehen ist, wird deutlich, wenn man sich vor Augen führt, was denn die Diskursteilnehmer an Anglizismen überhaupt anstößig finden. Denn dies sind in allererster Linie ihre *sozialsymbolischen Eigenschaften*. Das manifestiert sich unmittelbar in den Argumentationen im Diskurs. Im Untersuchungskorpus werden als Argumente am häufigsten vorgebracht: (1.) Anglizismen schüfen Verständnisbarrieren und grenzten dadurch bestimmte Sprechergruppen aus; (2.) die Sprecher verwendeten Anglizismen nur, um sich zu profilieren (sog. „Imponiergehabe") und (3.) die Verwendung von Anglizismen sei das Zeichen einer „kollektiven Identitätsstörung". Es ist also das Potenzial, Gruppen zu konstituieren, *Identitäten* und *Alteritäten* zu schaffen bzw., wie es Angelika Linke ausgedrückt hat, der „‚Szene'-Charakter" von Anglizismen, „der eine kulturell neue, dynamische Fraktionalisierung der Gesellschaft im Medium der Sprache deutlich werden lässt" (Linke 2001: 303), welcher die Anglizismenkritiker düpiert. Dieses Potenzial ist vor allem darauf zurückzuführen, dass Anglizismen sehr häufig mit bestimmten gesellschaftlichen Werten bzw., nach Meinung der Kritiker, Unwerten in Verbindung gebracht werden – Unwerten übrigens, die häufig einfach nur heterostereotype „Negativ-Abzüge" der Werte sind, die man dem eigenen Sprachideal, zumeist dem bildungsbürgerlichen „guten Deutsch", zuschreibt.[11]

Die Gruppe der Anglizismenkritiker fühlt sich von diesem sozialsymbolischen Potenzial ausgegrenzt oder provoziert. Ihre Kritik richtet sich daher auch in erster Linie gegen Sprechergruppen, die sich das Potenzial (scheinbar oder tatsächlich) zunutze machen (Medienvertreter, Werbeschaffende, aber auch einzelne Sprecher). Was ihnen dabei allerdings oftmals nicht bewusst ist, ist, dass auch sie selbst – wie die Gruppe der Anglizismenbefürworter – Sprache zur individuellen und kollektiven Sinnstiftung verwenden. Denn auch die Anglizismenkritiker situieren sich selbst mittels ihres Sprachgebrauchs in der Welt.[12] Für die Teilnehmer am medialen Dis-

---

[11] Ein Beispiel hierfür ist der verbreitete Vorwurf, Anglizismen würden „ausschließlich" zur Profitmaximierung verwendet, während der Gebrauch des „guten Deutsch" als uneigennütziger Einsatz für Sprache und Kultur zu verstehen sei. Dieser Vorwurf rekurriert auf die bildungsbürgerliche Dichotomie von (meliorisierter) „Kultur" und (pejorisierter) „Zivilisation", die den Diskurs seit Ende des 19. Jahrhunderts stark prägt. Die Anglizismenkritiker stilisieren sich dabei selbst zu Verfechtern der „Kultur" (mit all den damit verbundenen Werten), während sie die Sprecher, die Anglizismen verwenden, dem gegengespiegelten Konzept der „Zivilisation" (mit all den damit verbundenen „Un-Werten") zurechnen.

[12] Das sprachliche Ideal, das zur kollektiven Sinnstiftung innerhalb dieser Gruppe herangezogen wird, ist ein möglichst „anglizismenfreies", das so genannte „gute Deutsch". Das bestätigt auch eine kleinere (nicht repräsentative) Untersuchung von Glahn (2001) zu den sozialen Hintergründen für den Gebrauch von bzw. den Verzicht auf Anglizismen. Dort wurde die Zugehörigkeit zu bestimmten Gruppen (bestimmten Bildungsgruppen, Peergroups, spezifisch

kurs ist Sprache also – unabhängig von ihrer jeweiligen Einstellung – stets mehr als „nur" ein Kommunikationsmittel, sie ist Statussymbol, Erkennungsmerkmal und mitunter auch ein Stigma. Dass Sprache im medialen Diskurs zumeist als Entität mit scharfen Grenzen wahrgenommen wird, lässt sich unmittelbar auf deren sinnstiftende Funktion zurückführen. Denn die Grenze der „Entität" Sprache markiert zugleich die Grenze der eigenen Identität und separiert somit Ego und Alter, Eigenes und Fremdes. Aus dieser Perspektive ist es durchaus „sinnvoll", dass Anglizismen als „das Fremde" erscheinen, das von „außen" das Eigene bedroht. Daher sind auch die Ängste der Anglizismenkritiker, die sich unter anderem in einer ausgeprägten Bedrohungsmetaphorik manifestieren (vgl. Spitzmüller 2005: 191–257), real.

Die Ursachen der gesellschaftlichen Konflikte sind unterschiedliche Grenzverläufe in den Lebenswelten der jeweiligen Kollektive, die Konflikte sind also das unmittelbare Resultat einer Kollision inkompatibler Welt- und Wertvorstellungen. Verschärft werden diese Konflikte dadurch, dass insbesondere die Welt, wie sie sich viele Anglizismenkritiker vorstellen, in den letzten Jahrzehnten stark ins Wanken geraten ist. Die sog. Globalisierung, der immer noch anhaltende Einflussverlust des Bildungsbürgertums und die neuerdings wieder lauter geführten Debatten um Nation und Nationalität sind dafür nur einige Beispiele.

All dies prägt den medialen metasprachlichen Diskurs und konstituiert somit auch das alltagsweltliche Wissen über Sprache. Der mediale metasprachliche Diskurs ist daher immer auch ein Diskurs um die persönliche Lebenswelt der Sprecher, er ist niemals nur ein metasprachlicher Diskurs in dem Sinne, dass es „allein" um Sprache (im linguistischen Sinne) ginge. Sprachwissenschaftler versuchen dagegen in der Regel, in enger Verbundenheit mit dem vorherrschenden Wissenschaftsbegriff, von ihrer persönlichen Lebenswelt zu abstrahieren, um das Phänomen aus angemessener Distanz beurteilen zu können.[13] Daraus resultieren, vereinfacht gesagt, die beiden grundlegend verschiedenen Perspektiven auf Sprache und das ist die Ursache dafür, dass Linguisten und Anglizismenkritiker, etwas pointiert ausgedrückt, von zwei verschiedenen Dingen reden, wenn sie von Sprache sprechen.

5 Fazit: Konsequenzen für die Theorie des Wissenstransfers

Welche Konsequenzen ergeben sich aus diesen Überlegungen für die Theorie des Wissenstransfers? Zunächst einmal verdeutlicht das Fallbeispiel, dass die Distribution von Wissen sehr komplexen Bedingungen unterliegt und dass daher bei seiner Beurteilung sehr viele Faktoren berücksichtigt werden müssen. Insbesondere

---

auch zur Gruppe der Anglizismengegner) als wichtigster sozialer Faktor für den Gebrauch von oder den Verzicht auf Anglizismen angeführt. Vgl. zur sinnstiftenden Funktion eines „anglizismenfreien" Deutsch auch Spitzmüller 2002.

[13] Vgl. dazu kritisch aber dennoch affirmativ Gauger 1999.

haben die Analysen deutlich gemacht, dass „Wissen" nicht ohne weiteres aus einer Diskurswelt herausgelöst und in eine andere Diskurswelt „transportiert" werden kann, wie es die Rohrpostmetapher des „Wissens-Transfers" nahe legen könnte. Dies vor allem aus zwei Gründen:

Zum einen ist Wissen stark an den Diskursraum gebunden, dem es entstammt, es kann also nicht einfach von diesem Diskursraum isoliert werden.[14] Wissen ist immer an die lebensweltlichen Bedingungen und an die damit verbundene Perspektive auf die Welt verbunden. Lebenswelten generieren also jeweils ihr ganz spezifisches „Wissen" und auch ein durchaus instrumentelles Interesse an spezifischen Wissensformen. Der Versuch des Wissenstransfers scheitert daher bisweilen auch schlicht am Widerstand der Diskursteilnehmer im „Zielbereich", mit deren spezifischen Handlungszielen es sich nicht vereinbaren lässt. Man kann dies mit Sigurd Wichter (2004: 14) als Ausdruck der „Zweckzentralität" von Wissen bezeichnen.

Damit ist der zweite Punkt bereits angesprochen: Man muss davon ausgehen, dass das „andere Ende der Leitung" bereits besetzt ist – mit einer spezifischen Form von „Wissen", welches nicht unbedingt mit dem zu transferierenden Wissen kompatibel ist. Vielleicht sind die Abweichungen so marginal, dass das Wissen nur entsprechend „transformiert" zu werden braucht. Vielleicht jedoch sind sie auch so grundlegend, dass dadurch eine Kommunikation zwischen zwei Diskurswelten gar nicht vernünftig zustande kommen kann. Das hängt vermutlich sehr stark vom Gegenstand ab, der im Zentrum eines Diskurses steht. Es ist anzunehmen, dass „Wissens-Kollisionen" insbesondere bei solchen Gegenständen drohen, die verschiedene Lebenswelten besonders stark (und in unterschiedlicher Art und Weise) betreffen. Sprache ist, wie die Ausführungen deutlich gemacht haben, zu großen Teilen solch ein Gegenstand (für jene gesellschaftlichen Gruppen, die sich am Diskurs beteiligen). Aber auch hier sind es vermutlich nur bestimmte Gegenstands*bereiche*, die diskursive Konflikte auslösen, vor allem jene „brisanten" Gegenstandsbereiche, die in medialen Sprachreflexionen immer wieder thematisiert werden, also etwa der Sprachkontakt oder auch die Rechtschreibreform.[15]

Die Transferwissenschaften sollten es daher als eine ihrer vordringlichsten Aufgaben ansehen, verschiedene Wissenstypen genau zu analysieren und sich eingehend mit den lebensweltlichen Bedingungen von Wissen auseinander zu setzen. Wir brauchen wissenssoziologisch und diskurstheoretisch fundierte Transferwissenschaften. Ein vielversprechender Weg in diese Richtung zeichnet sich in einigen jüngeren transferwissenschaftlichen Arbeiten bereits ab, wenn etwa von „Wissenskommunikation" statt von „Wissenstransfer" die Rede ist (vgl. etwa Wichter

---

[14] Ich schließe mich damit der Kritik von Wolf-Andreas Liebert (2002: 11) an, dessen Alternativterminus „Wissenstransformationen" ja u.a. genau dies zu berücksichtigen versucht.

[15] Darauf deuten auch die Analysen von Johnson (2004) hin, welche in sehr ähnlichen Ergebnissen münden wie die hier vorliegenden.

2004). Die Erweiterung des Fokus, die in der Bezeichnung „Wissenskommunikation" zum Ausdruck kommt, eröffnet die Chance, über die Frage hinaus, wie Wissen von A nach B „transferiert" oder „transformiert" werden kann, verstärkt auch Fragen nach den diskursiven Bedingungen von Wissen zu stellen. Um dies zu gewährleisten, müsste Wissenskommunikation freilich in mindestens vierfacher Weise verstanden werden: nicht nur als Kommunikation *von* Wissen, sondern auch als Kommunikation *über* Wissen, und dies jeweils bidirektional – diesseits und jenseits des jeweiligen Faches.

6 Literatur

Antos, Gerd (1996): Laien-Linguistik. Studien zu Sprach- und Kommunikationsproblemen im Alltag. Am Beispiel von Sprachratgebern und Kommunikationstrainings (= Reihe Germanistische Linguistik 146). Tübingen.

Antos, Gerd/Tietz, Heike/Weber, Tilo (1999): Linguistik in der Öffentlichkeit? Ergebnisse einer Umfrage unter LinguistInnen zum Forschungstransfer. In: Gerhard Stickel (Hg.): Sprache – Sprachwissenschaft – Öffentlichkeit (= IDS-Jahrbuch 1998). Berlin/New York, 100–120.

Berger, Peter L./Luckmann, Thomas (2003): Die gesellschaftliche Konstruktion der Wirklichkeit. Eine Theorie der Wissenssoziologie (= Fischer-Taschenbücher 6623). 19. Auflage. Frankfurt a.M.

Bluhm, Claudia, u.a. (2000): Linguistische Diskursanalyse. Überblick, Probleme, Perspektiven. In: Sprache und Literatur in Wissenschaft und Unterricht 31(86), 3–19.

Böke, Karin (1996): Überlegungen zu einer Metaphernanalyse im Dienste einer „parzellierten" Sprachgeschichtsschreibung. In Karin Böke/Matthias Jung/Martin Wengeler (Hg.): Öffentlicher Sprachgebrauch. Praktische, historische und theoretische Perspektiven. Opladen.

Busse, Dietrich (1987): Historische Semantik. Analyse eines Programms (= Sprache und Geschichte 13). Stuttgart.

Brekle, Herbert E. (1985): „Volkslinguistik": ein Gegenstand der Sprachwissenschaft bzw. ihrer Historiographie? In: Franz Januschek (Hg.): Politische Sprachwissenschaft. Zur Analyse von Sprache als kultureller Praxis. Opladen, 145–156.

Brekle, Herbert E. (1986): Einige neuere Überlegungen zum Thema Volkslinguistik. In: Herbert E. Brekle/Utz Maas (Hg.): Sprachwissenschaft und Volkskunde. Perspektiven einer kulturanalytischen Sprachbetrachtung. Opladen, 70–76.

Carstensen, Broder/Busse, Ulrich (1993–1996): Anglizismen-Wörterbuch. Der Einfluß des Englischen auf den deutschen Wortschatz nach 1945. 3 Bde. Berlin/New York.

Dieckmann, Walther (1991): Sprachwissenschaft und öffentliche Sprachdiskussion – Wurzeln ihres problematischen Verhältnisses. In: Rainer Wimmer (Hg.): Das 19. Jahrhundert. Sprachgeschichtliche Wurzeln des heutigen Deutsch (= IDS-Jahrbuch 1990). Berlin/New York, 355–371.

Feilke, Helmuth (1994): Common-sense-Kompetenz. Überlegungen zu einer Theorie „sympathischen" und „natürlichen" Meinens und Verstehens. Frankfurt a.M.

Foucault, Michel (1981): Archäologie des Wissens. Übersetzt von Ulrich Köppen (= stw 356). Frankfurt a.M.

Fraas, Claudia (2000): Begriffe – Konzepte – kulturelles Gedächtnis. Ansätze zur Beschreibung kollektiver Wissenssysteme. In: Horst Dieter Schlosser (Hg.): Sprache und Kultur (= Forum Angewandte Linguistik 38). Frankfurt a.M., 31–45.

Funken, Jan (2004): Sprachwissenschaft als Gesellschaftswissenschaft? Zum Problem von innerer und äußerer Wahrnehmung unserer Disziplin. In: Sprachreport 20(2), 15–19.

Gauger, Hans-Martin (1999) : Die Hilflosigkeit der Sprachwissenschaft. In: Christian Meier (Hg.): Sprache in Not. Zur Lage des heutigen Deutsch. Göttingen, 85–101.

Glahn, Richard (2001): Anglizismen – Ursachen für den häufigen Gebrauch. In: Muttersprache 111(1), 25–35.

Hermanns, Fritz (1994): Schlüssel-, Schlag- und Fahnenwörter. Zu Begrifflichkeit und Theorie der lexikalischen „politischen Semantik" (= Arbeiten aus dem Sonderforschungsbereich 245, „Sprache und Situation", Heidelberg, Mannheim 81). Heidelberg.

Hoberg, Rudolf (1997): Öffentlichkeit und Sprachwissenschaft. In: Muttersprache 107(1), 54–63.

Hoberg, Rudolf (2002): Braucht die Öffentlichkeit die Sprachwissenschaft? In: Jürgen Spitzmüller u.a. (Hg.): Streitfall Sprache. Sprachkritik als angewandte Linguistik? (= Freiburger Beiträge zur Linguistik 3). Bremen, 19–37 .

Görlach, Manfred (Hg.) (2002): An annotated bibliography of European anglicisms. Oxford.

Johnson, Sally (2004): Wer missversteht wen? Soziolinguistik, Öffentlichkeit und die Medien. In: Albert Busch/Oliver Stenschke (Hg.): Wissenstransfer und gesellschaftliche Kommunikation. Festschrift für Sigurd Wichter zum 60. Geburtstag. Frankfurt a.M., 161–184.

Johnson, Sally (2005): Spelling trouble. Language, ideology and the reform of German orthography (= Multilingual Matters). Clevedon.

Lehr, Andrea (2002). Sprachliches Wissen in der Lebenswelt des Alltags (= Reihe Germanistische Linguistik 236). Tübingen.

Liebert, Wolf-Andreas (2002): Wissenstransformationen. Handlungssemantische Analysen von Wissenschafts- und Vermittlungstexten (= Studia linguistica Germanica 63). Berlin/New York.

Linke, Angelika (2001): „Amerikanisierung": Kulturelle Nutzung sprachlicher Zeichen. In: Gerhard Stickel (Hg.): Neues und Fremdes im deutschen Wortschatz. Aktueller lexikalischer Wandel (= IDS-Jahrbuch 2000). Berlin/New York, 302–304.

Niedzielski, Nancy A./Dennis R. Preston (2000): Folk linguistics (= Trends in Linguistics: Studies and Monographs 122). Berlin/New York.

Ortner, Hanspeter/Horst Sitta (2003): Was ist der Gegenstand der Sprachwissenschaft? In: Angelika Linke/Hanspeter Ortner/Paul R. Portmann-Tselikas (Hg.): Sprache und mehr. Ansichten einer Linguistik der sprachlichen Praxis (= Reihe Germanistische Linguistik 245). Tübingen, 3–64.

Paul, Ingwer (1999a): Praktische Sprachreflexion. In: Brigitte Döring/Angelika Feine/Wilhelm Schellenberg (Hg.): Über Sprachhandeln im Spannungsfeld von Reflektieren und Benennen (= Sprache – System und Tätigkeit 28). Frankfurt a.M. u.a., 193–204.

Paul, Ingwer (1999b): Praktische Sprachreflexion (= Konzepte der Sprach- und Literaturwissenschaft 61). Tübingen.

Polenz, Peter von (2000): Deutsche Sprachgeschichte vom Spätmittelalter bis zur Gegenwart. Bd. I: Einführung, Grundbegriffe, Deutsch in der frühbürgerlichen Zeit (= de Gruyter Studienbuch). 2., überarbeitete und ergänzte Auflage. Berlin/New York.

Raible, Wolfgang (1999): Sprachliche Grenzgänger. In: Monika Fludernik/Hans-Joachim Gehrke (Hg.): Grenzgänger zwischen Kulturen (= Identitäten und Alteritäten 1). Würzburg, 461–470.

Scharnhorst, Jürgen, u.a. (1999): Aufgaben der Sprachkultur in der Bundesrepublik Deutschland. In: Jürgen Scharnhorst (Hg.): Sprachkultur und Sprachgeschichte. Herausbildung und Förderung von Sprachbewußtsein und wissenschaftlicher Sprachpflege in Europa (= Sprache – System und Tätigkeit 30). Frankfurt a.M. u.a., 273–320.

Schrammen, Gerd (2003): Fremde englische Brocken. In: Zeitschrift für Dialektologie und Linguistik 70(1), 44–51.

Spitzmüller, Jürgen (2002): Selbstfindung durch Ausgrenzung. Eine kritische Analyse des aktuellen Diskurses zu angloamerikanischen Entlehnungen. In: Rudolf Hoberg (Hg.): Deutsch – Englisch – Europäisch. Impulse für eine neue Sprachpolitik (= Thema Deutsch 3). Mannheim, 247–265.

Spitzmüller, Jürgen (2005): Metasprachdiskurse. Einstellungen zu Anglizismen und ihre wissenschaftliche Rezeption (= Linguistik – Impulse und Tendenzen 11). Berlin/New York.

Stenschke, Oliver (2005): Rechtschreiben, Recht sprechen, recht haben – der Diskurs über die Rechtschreibreform. Eine linguistische Analyse des Streits in der Presse (= Reihe Germanistische Linguistik 259). Tübingen.

Stickel, Gerhard (Hg.) (1999): Sprache – Sprachwissenschaft – Öffentlichkeit (= IDS-Jahrbuch 1998). Berlin/New York.

Stickel, Gerhard (Hg.) (2001): Neues und Fremdes im deutschen Wortschatz. Aktueller lexikalischer Wandel (= IDS-Jahrbuch 2000). Berlin/New York.

Welte, Werner/Philipp Rosemann (1990): Alltagssprachliche Metakommunikation im Englischen und Deutschen. Frankfurt a.M. u.a.

Wengeler, Martin (2003): Topos und Diskurs. Begründung einer argumentationsanalytischen Methode und ihre Anwendung auf den Migrationsdiskurs (1960–1985) (= Reihe Germanistische Linguistik 244). Tübingen.

Wichter, Sigurd (1994): Experten- und Laienwortschätze. Umriß einer Lexikologie der Vertikalität (= Reihe Germanistische Linguistik 144). Tübingen.

Wichter, Sigurd (2004): Wissenstransfer und gesellschaftliche Kommunikation. In: Sigurd Wichter/Oliver Stenschke (Hg.): Theorie, Steuerung und Medien des Wissenstransfers (= Transferwissenschaften 2). Frankfurt a.M., 11–15.

Wimmer, Rainer (1994): Interessierte Öffentlichkeit für eine germanistische Linguistik? In: Mitteilungen des deutschen Germanistenverbandes 41(3), 51–56.

Diskurswissen – Aspekte seiner Typologie am Beispiel des Diskurses über „Ostdeutschland"[1]

Kersten Sven Roth (Zürich)

> Nicht allein Ostdeutschland, sondern ganz Deutschland muss erneuert werden, um uns eine gute Zukunft zu sichern (Bundespräsident Horst Köhler in seiner Rede zum 3.10.2004).

1 *Verratene Liebe* – Deutschland 15 Jahre nach der „Wende"
2 Zum Terminus: *Diskurswissen*
3 Thesen zum Diskurswissen (und zur „Lage der Nation")
4 Was fehlt: *Diskurskultur*
5 Literatur

1 *Verratene Liebe* – Deutschland 15 Jahre nach der „Wende"

Anlässlich der Feierlichkeiten zum *Tag der deutschen* Einheit im Jahre 2004 erhielt man über die Ticker der Presseagenturen so manche Information darüber, wie es aktuell um das innerdeutsche Verhältnis bestellt ist. So konnte man etwa erfahren, dass die Gesellschaft für Konsumforschung (GfK) inzwischen beim Bananenkonsum in Ost und West keine Unterschiede mehr ermitteln kann (dpa, 3.10.2004), oder dass fast zwei Drittel der Westdeutschen in den vergangenen zwölf Monaten persönlich mit Ostdeutschen Kontakt hatten – und sich dabei in der Mehrzahl sogar gut mit diesen verstanden (AP, 3.10.2004). So ermutigend diese beiden Meldungen auch sein mögen, der medial vermittelte Gesamteindruck zum Stand der deutschen Einheit war gerade in diesem Jahr wieder einmal ein ganz anderer: Verständnislos blickte der Westen auf die *Montagsdemonstrationen*, mit denen man in Leipzig und anderswo gegen die doch so dringend notwendig gewordenen und demokratisch legitimiert beschlossenen Sozialreformen unter dem Etikett „Hartz IV" protestierte; entsetzt hörte man in Ostdeutschland, wie der frisch gekürte Bun-

---

[1] Die Form des Beitrags wurde hinsichtlich der verwendeten Belege so belassen, wie Sie auf dem diesem Band zugrundeliegenden Kolloquium *Transferwissenschaften* vorgetragen wurde. In ihrer Tendenz können Sie auch für die gegenwärtigen Verhältnisse als gültig betrachtet werden. Für neuere Untersuchungen des Verfassers zum Diskurs über den Osten (und den Westen) vgl. Roth 2006, 2007, 2008. Analysen zu vielfältigen Gesichtspunkten des Themas von verschiedenen Linguisten und Linguistinnen liegen inzwischen vor in Roth/Wienen (2008).

despräsident – ausgerechnet ein Schwabe und als vormaliger Chef des Internationalen Währungsfonds ein Kenner des weltweiten Geldflusses – verkündete, die Hoffnung auf Angleichung der Lebensverhältnisse in Ost- und Westdeutschland sei eine Illusion; kopfschüttelnd schließlich nahm man im Westen die Ergebnisse der Landtagswahlen in Sachsen und Brandenburg zur Kenntnis: eine verschwindende Wahlbeteiligung, eine in Sachsen zur Splitterpartei degradierte SPD, dafür eine starke PDS und vor allen Dingen beängstigende Erfolge der rechtsradikalen Parteien NPD in Sachsen und DVU in Brandenburg.

Anlässe genug also für gegenseitiges Unverständnis, das auch die Wissenschaften anregt, seine tieferen Wurzeln zu ergründen. Den fundamentalsten, zugleich aber auch den wohl poetischsten Befund hierzu lieferte der verstörten Öffentlichkeit eine Tagung der *Deutschen Psychoanalytischen Vereinigung*, die im Vorfeld des 3.10.2004 unter dem Thema *Liebe und Verrat in der deutsch-deutschen Beziehung* in Jena stattfand. Zusammenfassend erläuterte der Jenaer Wissenschaftler Günter Jerouschek gegenüber der Presse:

> Die Verliebtheit der Wendezeit ist dem Kater gewichen. Nun geht es darum, eine alltagstaugliche Liebe zwischen Ost- und Westdeutschland zu entwickeln (dpa, 3.10.2004).

Zu einer alltagstauglichen „Liebe", nüchterner und angemessener: einer alltagstauglichen Beziehung gehört eine funktionierende Verständigung. Dass diese vierzehn Jahre nach der Deutschen Einheit nicht zu konstatieren ist, ist die erste wichtige Prämisse des vorliegenden Beitrags. Die zweite besteht in der Annahme, dass die gestörte innerdeutsche Verständigung zwar ein sprachlich verfasstes, nicht aber ein primär sprachlich begründetes Phänomen ist, sondern eines unterschiedlicher Wissensbestände. Natürlich handelt es sich dabei nicht um ein bewusst erworbenes und auch nicht um ein explizit verfügbares Wissen. Selbstverständlich ist außerdem seine sprachliche Verfasstheit und die Notwendigkeit seiner permanenten sprachlichen Wiederholung und Erneuerung keine zufällige, sondern eine substanzielle Eigenschaft dieses Typs von Wissen, der im Folgenden unter der Bezeichnung *Diskurswissen* untersucht werden soll. Das Ziel der Untersuchung ist dabei ein methodisches ebenso wie ein angewandtes: Einerseits sollen die Probleme der innerdeutschen Verständigung dazu dienen, dem Charakter von Diskurswissen selbst auf die Spur zu kommen, andererseits soll dies zu verstehen helfen, woran die Kommunikation zwischen Ost- und Westdeutschland „krankt". Da Diskurse sich letztlich immer (auch) über ein zentrales Thema konstituieren, soll dabei der Schwerpunkt der Perspektive auf dem ost-, dem west- und dem gesamtdeutschen Sprechen *über* „Ostdeutschland" liegen.

2 Zum Terminus: *Diskurswissen*

Diskurs ist ein regelrechter Modeterminus, nicht nur, aber eben auch in der Linguistik. Selbst wenn man den gesprächsanalytischen Diskursbegriff einmal beiseite lässt, hat man es noch immer mit einer unüberschaubaren Vielzahl von Definitionsversuchen, Methoden und Beschreibungsebenen zu tun, die sich mit dem Etikett *Diskurs* verbinden (vgl. zum Überblick Keller u.a. 2001). Dieser Beitrag gehört in jene sprachwissenschaftliche Tradition, die an das Diskurskonzept Michel Foucaults anknüpft (vgl. Warnke 2007 und Warnke/Spitzmüller 2008).[2] Gleichwohl ist das Folgende keineswegs als Exegese des Foucault'schen Werks zu verstehen. Ein solcher Anspruch verbietet sich im Übrigen schon allein deshalb, weil dieses Werk sich in der Summe seiner unterschiedlichen Phasen einer einheitlichen, methodisch praktikablen Interpretation gerade des zentralen Diskursbegriffs in konsequenter Umsetzung eigener Setzungen strikt verweigert (vgl. Kammler 1997: 34). Der grundlegende Gedanke jedoch, dass es einen doppelseitigen Zusammenhang gibt zwischen den Wissensbeständen einer Gruppe und den Möglichkeiten derselben Gruppe, sich über ein bestimmtes Thema zu verständigen, geht unmittelbar auf Foucaults *Archäologie des Wissens* (Foucault 1981) zurück. Diese Schrift sucht nach den *Formationsregeln*, die den Diskurs (oder die *diskursive Formation*) einer bestimmten Gruppe zu einer bestimmten Zeit konstituieren und damit ein bestimmtes Wissen sag- und denkbar machen, ein anderes jedoch nicht. Nicht die sprachlichen Produkte, die Texte etwa, interessieren dabei primär, sondern diese doppelgesichtigen Sprach- und Wissensregeln selbst:

> In dem Fall, wo man in einer bestimmten Zahl von Aussagen ein ähnliches System der Streuung beschreiben könnte, in dem Fall, in dem man bei den Objekten, den Typen der Äußerung, den Begriffen, den thematischen Entscheidungen eine Regelmäßigkeit (eine Ordnung, Korrelationen, Positionen und Abläufe, Transformationen) definieren könnte, wird man übereinstimmend sagen, dass man es mit einer *diskursiven Formation* zu tun hat [...]. Man wird *Formationsregeln* die Bedingungen nennen, denen die Elemente dieser Verteilung unterworfen sind (Gegenstände, Äußerungsmodalität, Begriffe, thematische Wahl). Diese Formationsregeln sind Existenzbedingungen (aber auch Bedingungen der Koexistenz, der Aufrechterhaltung, der Modifizierung und des Verschwindens) in einer gegebenen diskursiven Verteilung (Foucault 1981: 58; Hervorhebungen im Original).

Foucault selbst hat in der Archäologie wissenschaftliche Diskurse im Blick, erklärt aber im Schlusskapitel ausdrücklich, dass Gegenstand seines Entwurfs das Wissen im Allgemeinen ist – keineswegs zwangsläufig nur das wissenschaftliche, sondern ebenso das alltägliche (Foucault 1981: 278). An diesen Gedanken knüpft das Folgende an, allerdings mit einem verhältnismäßig bescheidenen Anspruch:

---

[2] Jürgen Spitzmüller verdanke ich ganz wesentliche Anregungen für die hier vorgelegten Überlegungen aus zahlreichen Gesprächen und nicht zuletzt aus der Lektüre seiner Arbeit über Metasprachdiskurse (Spitzmüller 2005).

Es wird nicht darum gehen, die Formationsregeln des Diskurses über Ostdeutschland selbst in ihrer Gesamtheit ausfindig zu machen, sondern ganz grundsätzlich und aus weniger philosophischer als linguistischer Perspektive danach zu fragen, wie sich jenes in bestimmten Versprachlichungsformen gefasste Wissen in diesem konkreten Fall typologisch fassen lässt.

Was dabei prinzipiell zur Diskussion steht, mag einleitend ein Beispiel verdeutlichen: Im September 2004 erschien der SPIEGEL mit einer Titelgeschichte unter dem Aufmacher: *„Jammertal Ost"* (DER SPIEGEL, 39/2004, 20.09.2004). Obwohl sich der dazugehörige Artikel selbst durch eine geradezu aufdringliche Ausgewogenheit auszeichnete, verzichteten die Blattmacher in dieser Schlagzeile auf jede Relativierung, etwa durch eine entsprechende Subheadline oder ein Fragezeichen. Eine solche Titelseite schafft Wissen. Jeder, der sie in der Auslage des Bahnhofskiosks sieht, jeder, der die entsprechende Werbung für das Heft liest und jeder, dem in der Straßenbahn ein SPIEGEL-Leser gegenüber sitzt, weiß etwas, wenn er dieses Titelblatt gesehen hat. Genauer: Er weiß *wieder* etwas, er bekommt bereits bestehendes Wissen bestätigt. Dabei ist diese Schlagzeile im Speziellen besonders raffiniert doppelbödig: Wer immer schon dachte, im Osten sei alles schlecht – solche gibt es im Osten wie im Westen –, der bekommt das bestätigt: Ja, der Osten ist ein Jammertal (und eben nicht das Paradies). Derjenige aber, der immer schon fand, die Menschen im Osten könnten nichts als jammern und klagen – solche gibt es wohl nur im Westen –, der wird das Wort vom „Jammertal Ost" in diesem Sinne lesen.

In beiden Fällen gilt: Das Wissen, das hier vom Medium an die Leser transferiert wird, ist gerade dadurch charakterisiert, dass es eigentlich gar nicht mehr transferiert werden muss, weil es eben dort, wo es ankommt, bereits vorhanden ist. Nicht einmal Wissenstransformation (im Sinne von Liebert 2002) ist notwendig, die Schlagzeile wirkt rein konfirmativ. Wenn aber, entsprechend der *Theorie von der kognitiven Dissonanz* (Festinger 1978) der Reiz dieses „Wissenstransfers" gerade in der Wiederholung und Konfirmation von Wissensbeständen liegt, dann geht damit einher, dass er stets implizit erfolgen und in der Regel unbewusst bleiben muss. Eben jene auf diese Weise entstehenden Wissensgeflechte, diese Wahrnehmungs- und Versprachlichungsmuster sind gemeint, wenn im Folgenden von *Diskursen* die Rede ist. Man wird in diesem Sinne sagen können, dass sich der zitierte SPIEGEL-Titel von seiner Metaphorik her (aber auch hinsichtlich seiner morphologischen Struktur, was die nur für Ostdeutschland gebräuchliche Verkürzung auf das Stammlexem *Ost* angeht) nahtlos in einen eingeübten Diskurs der westlich dominierten Massenmedien über Ostdeutschland einfügt.

Es sollte deutlich geworden sein, dass der Terminus *Diskurswissen* im hier vorliegenden Fall im gewissen Sinne pleonastisch ist: Diskurse sind letztlich nichts anderes als sprachlich gefasste Wissenssysteme, in denen Wissen nicht nur gespeichert, sondern auch immer wieder erneuert und konfirmiert wird. Allerdings ist dieser Zusammenhang von Wissen und sprachlicher Formatierung allzu häufig ausgeblendet, wenn in der Linguistik Diskurse etwa im Sinne der berühmten Definition von Busse/Teubert (1994) lediglich als „virtuelle Korpora" aufgefasst und letztlich ausschließlich unter Gesichtspunkten der Intertextualität betrachtet werden. Schon von daher mag diese semantische Doppelung gestattet sein. Vor allen Dingen aber sollte man zwar nicht Diskurse unabhängig von Wissensbeständen annehmen, umgekehrt aber ist es wahrscheinlich durchaus von praktischem Wert, die Existenz diskursunabhängigen Wissens zu unterstellen.[3] Von daher soll hier mit *Diskurswissen* ein in besonderem Maße diskursiv geprägter Typ von Wissen bezeichnet sein.

3   Thesen zum Diskurswissen (und zur „Lage der Nation")

Dem folgenden Versuch einer Annäherung an die doppelte Fragestellung kann keine andere Form entsprechen als die einer Sammlung von Thesen. Zum einen ergibt sich dies aus der Absicht, überkommene Perspektiven der Sprachwissenschaft auf die kommunikativen Verhältnisse zwischen Ost- und Westdeutschland in Frage zu stellen und durch die Einführung einer neuen Beschreibungskategorie zu ergänzen, die doch ihrerseits noch kein veritables methodisches Werkzeug bietet. Zum anderen kann der wissenstypologische Beitrag dieser Ausführungen erst recht in dem Maße nur ein vorläufiger sein, wie seine Herleitung am Fall des Sprechens über Ostdeutschland nur eine exemplarische ist.

3.1   Diskurswissen ist sprachlich formatiertes Weltwissen: Zwischen Ost und West steht keine „Sprachmauer", sondern eine „Diskursmauer"

In den Zeiten der deutschen Teilung hat die germanistische Sprachwissenschaft das innerdeutsche „Problem" stets unter dem Gesichtspunkt der „inneren Mehrsprachigkeit" behandelt. Die umfangreiche Forschung zum „DDR-Deutsch" und zum „Deutsch der Bundesrepublik" hat das Thema gewissermaßen zu einer varietätenlinguistischen Frage gemacht.[4] Im Vordergrund stand die Frage: Wie sehr entwickelt

---

[3]   Treibt man Foucaults konstruktivistischen Gedanken konsequent auf die Spitze, mag man die Berechtigung dieser Unterstellung bezweifeln. Unter den praktischen Gesichtspunkten, um die es in diesem Beitrag auch geht, wäre es jedoch von eher geringem Wert, würde man beispielsweise dem expliziten Wissen um mathematische Gesetze einen ähnlich diskursgeprägten Charakter zuschreiben wie dem hier verhandelten alltäglichen Weltwissen über den deutschen Osten.

[4]   Die DDR-Forschung zum BRD-Deutsch ist meiner Kenntnis nach noch nicht abschließend aufgearbeitet, die Erforschung des „DDR-Deutsch" dagegen inzwischen im Rückblick in einer Art „Sprachgeschichtsbuch" sehr facettenreich gebündelt worden (Reiher/Baumann 2004).

sich das „Deutsch Ost" weg vom „Deutsch West", oder umgekehrt – je nachdem auf welcher Seite der Mauer man forschte. Die entsprechenden Untersuchungen bewegten sich im Wesentlichen auf der Ebene der Lexik und Semantik, kaum auf der syntaktischen. Unter einer eher pragmatischen Perspektive untersuchte man außerdem die jeweiligen ideologisch-politisch motivierten Sprachverwendungsweisen Ost und West – dies wiederum nicht selten selbst unter ideologischen Prämissen. Im Hinblick auf die Sprecher des Deutschen stand hinter dieser Forschung, die auch nach 1990 vielfach so weitergeführt wurde, stets die Sorge, zwischen den West- und den Ostdeutschen könnte eine „Sprachmauer" entstehen, wie Norbert Dittmar und Ursula Bredel eine gemeinsame Arbeit überschrieben haben (Dittmar/Bredel 1999). In Frage stand, ob aus „einer Sprache" zwei zu werden drohten und auf diese Weise die staatliche Teilung ihre sprachliche Zementierung erfahren würde.

Vermutlich hat man von Seiten der Linguistik dabei die Bedeutung sprachsystematischer Aspekte deutlich überschätzt. So wenig man aus heutiger Sicht leugnen kann, dass die Verständigung zwischen Ost und West vielfach schwer geblieben (oder geworden) ist, so wenig kann man auf der anderen Seite ernsthaft von einer „Varietät Ost" und einer „Varietät West" sprechen. Eine „Sprachmauer" im sprachstrukturellen Sinne gibt es nicht. Vielmehr sind es eben jene unterschiedlichen kollektiven Erfahrungen und damit ein divergierendes Weltwissen, das das gegenseitige Verstehen erschwert. Kommunikativ betrachtet ist aber Weltwissen immer nur dann relevant, wenn es in einer konkret gegebenen Interaktion eine Rolle spielt, etwa bei der Interpretation einer Kommunikationssituation als Kontext. Das muss nicht immer eine *sprachliche* Interaktion zwischen den Vertretern der unterschiedlichen „Sprecherkollektive" sein. Wenn aber doch, schlägt sich dies regelmäßig in diskursiven Formaten nieder, beispielsweise in einer ganz bestimmten Verwendung von Metaphern oder Begriffen. Auf dieser Ebene nun gibt es zweifellos eine Differenz zwischen Ost und West, oftmals geradezu eine Konkurrenz der Diskurse, weil die Begriffe, die mit einem gemeinsamen Ausdruck verbundenen kognitiven Konzepte also, sich häufig regelrecht diametral gegenüber stehen.[5] Wer beispielsweise seinen Gemeinschaftskundeunterricht in der „alten" Bundesrepublik absolviert hat, der weiß nicht unbedingt, *was* Soziale Marktwirtschaft ist (niemand weiß es, sonst wäre es nicht das Fahnenwort fast aller Parteien); er *weiß* aber, dass es sich um etwas Sakrosanktes handelt, das als Etikett nur positiv verwendet und nicht kritisiert werden kann. Dagegen ist zu vermuten, dass eine solche Festlegung bei denjenigen Menschen in Ostdeutschland, für die die

---

[5] Dieses Phänomen ist meines Wissens bislang nicht systematisch untersucht worden. Es erscheint vielversprechend, das rein westdeutsch ausgerichtete Projekt der Gruppe um Georg Stötzel, die diskursgeschichtliche Untersuchung „kontroverser Begriffe" (Stötzel/Wengeler 1995), einmal auf diese deutsch-deutsche Perspektive auszuweiten. Vermutlich ließe sich mit deren Instrumentarium eindrücklich zeigen, dass zwischen den Deutschen keine „Sprachmauer", sondern eben eine „Diskursmauer" steht.

Einführung einer als „Soziale Marktwirtschaft" bezeichneten Wirtschaftsordnung die persönliche Katastrophe bedeutet hat, Arbeitslosigkeit und gesellschaftlichen Abstieg, nicht besteht.

3.2 Allein die Existenz eines Diskurses generiert schon Wissen: *Ein Diskurs über „den Westen" fehlt*

Es geht an dieser Stelle nicht um die diskursiven Formationssysteme Ost und West im Allgemeinen, sondern um einen darüber hinaus thematisch definierten Diskurs: den nämlich *über* Ostdeutschland. Unter dieser Perspektive fällt auf, dass es einen analogen Diskurs über den Westen nicht gibt – im Westen gar nicht, im Osten bestenfalls als reaktives Element innerhalb des Diskurses über den Osten. Dies ist ein bedeutsamer Befund: Allein die Existenz eines Diskurses nämlich konstituiert bereits einen wichtigen Wissensbestand, der zumindest in der Information besteht, dass dasjenige, worum sich der Diskurs dreht, außergewöhnlich ist und beachtenswert, ein „Thema wert" eben. Hierin wiederum ist präsupponiert, dass andererseits das, was *nicht* zum expliziten Gegenstand eines eigenen Diskurses gemacht wird, als der „Normalzustand" gilt. In der Tat: In der öffentlichen, medial geprägten Wahrnehmung ist der Westen nach wie vor der deutsche Normalzustand – Osten dagegen ist, was davon abweicht.[6] Die systematische Analyse von Zeitungsschlagzeilen aus den Jahren 1993 bis 2003 zeigt, dass sich hieraus eine regelrechte topische Treppe ableiten lässt: Berichtet wird über den Osten als etwas Besonderes, das Besondere ist in der Regel eine Schwäche, diese Schwäche wiederum droht permanent ganz Deutschland – und das heißt dann primär den deutschen Westen – zu belasten (vgl. Roth 2004: 30–32). Vermutlich würde der öffentliche Diskurs tatsächlich ein grundsätzlich anderer werden, wenn diese diskursive Funktion des Westens als „Normal Null" aufgebrochen würde. Der Historiker Michael Kloth überschrieb einmal ein Essay mit dem Titel *Die ehemalige BRD* (Kloth 1997) und machte damit pointiert deutlich, welch halbwahres Diskurswissen jedes Mal konfirmiert wird, wenn von der „ehemaligen DDR" die Rede ist. Während die heute 30-Jährigen „Zonenkinder" (Hensel 2002) aus Ostdeutschland den Einschnitt von 1989/90 in Form vielfältigster Erinnerungsliteratur selbstbewusst aufarbeiten, gibt es für deren westdeutsche Altersgenossen nur Florian Illies' *Generation Golf* (Illies 2001) – ein Buch, das bezeichnenderweise an keiner Stelle reflektiert, dass es sich bei dem Beschriebenen um eine ausschließlich westdeutsche „Generation" handelt. Einen Diskurs über den Westen – gestern und heute – gibt es eben nicht.

Dieser Effekt hat eine folgenreiche und bedenkliche Kehrseite: Indem ein expliziter Diskurs über „den Osten" ohne Gegenstück existiert, ist in jedem Diskurs, dessen

---

[6] Bemerkenswert ist, dass diese diskursive Blindheit sich auch in der wissenschaftlichen Auseinandersetzung etwa im Bereich sprachlicher Unterschiede zwischen Ost und West wiederfindet, worauf Reiher/Baumann (2004b: 10) hinweisen.

explizites Thema *nicht* Ostdeutschland ist, der Osten gänzlich ausgeblendet. Als ein nahezu beliebiges Beispiel hierfür mag die folgende, in der Rostocker *Ostseezeitung* zitierte Aussage der aus dem Osten stammenden Bundespolitikerin Cornelia Pieper (FDP) zu ihren Vorschlägen für eine Reform des Berufsbeamtentums dienen:

> Ich bin der Auffassung, dass [...] in der Schule und in der Hochschule Lehrer nicht immer verbeamtet werden müssen (Ostseezeitung, 24.2.2004).

Eine ostdeutsche Politikerin, eine ostdeutsche Zeitung. Ausgeblendet in dieser wohlfeilen Forderung und ihrer Wiedergabe: der Osten – in dem es verbeamtete Lehrer in den Schulen regulär nicht gibt. Wissen, das dem gesamtdeutschen Diskurs entsprechend fehlt.

3.3 Diskurswissen ist konkurrierendes Wissen: *Es gibt mehrere Diskurse über „den Osten"*

Die Konkurrenz der Diskurse wurde weiter oben bereits angesprochen. Dabei wurde jedoch suggeriert, es gäbe nur zwei Diskurse über „den Osten", den westdeutschen einerseits und den ostdeutschen andererseits. Von diesen beiden zu unterscheiden ist jedoch zumindest ein weiterer Diskurs: der der gesamtdeutschen Massenmedien. Dieser ist zweifellos mehrheitlich westlich geprägt, hat außerdem natürlich Auswirkungen auf die beiden interpersonal geprägten Diskurse und orientiert sich vermutlich in der einen oder anderen Weise an ihnen, nimmt sie in sich auf und transformiert sie. Dennoch handelt es sich um einen eigenständigen Diskurs mit eigenen Formationsregeln. Denkt man beispielsweise an die Welle von *DDR*- oder *Ostalgie*-Shows, die das deutsche Fernsehen im Spätsommer 2003 als Folge des, von seiner Qualität und inhaltlichen Tendenz her freilich ganz anders gearteten Kino-Erfolgs *Good bye, Lenin* überrollte, wird dies überdeutlich. So wurde in diesen Sendungen nicht nur der „Osten" gleichgesetzt mit der DDR – beide Ausdrücke wurden nahezu synonym verwendet –, womit man sprachlich suggerierte, es habe die deutsch-deutsche Geschichte *nach* der „Wende" mit all ihren Problemen und Fehlern nicht gegeben. Vielmehr reihte sich dieser „DDR-Osten" auch nahtlos in ein Diskursformat ein, mit dem man zeitgleich in vielen Sendern 60er-, 70er- und 80er-Jahre-Shows produzierte:[7] Der Osten als Kuriositätensammlung, ganz anders als der Westen – und doch irgendwie genauso. Ganz offensichtlich ist ein solcher Diskurs über den Osten so sehr von den Erfordernissen und der Logik des Mediums geprägt, dass er separat betrachtet und beschrieben werden muss. Einen in ähnlicher Weise westlich dominierten, aber beide idealtypischen interpersonalen Teildiskurse überdachenden Diskurs stellt selbstverständlich auch der (bundes)politische Diskurs

---

[7] Übrigens zeigt sich in diesen „Retro-Shows" das oben angesprochene Phänomen der Ausblendung des Ostens aus all jenen Diskursen, deren Gegenstand nicht explizit Ostdeutschland selbst ist: Es scheint so, als habe es in der DDR 60er-, 70er- und 80er-Jahre gar nicht gegeben.

über den Osten dar. Gleichzeitig weist dieser zahlreiche Interdependenzen zum massenmedialen Diskurs auf, weil Politik heute nur noch in ihrer Vermittlung über Massenmedien wahrgenommen werden kann.

Schließlich gibt es natürlich auch gezielte Gegendiskurse zu diesen Überdachungsdiskursen: Die bereits angesprochene *Zonenkinder*-Literatur gehört, ungeachtet ihrer jeweiligen literarischen Qualität, fraglos dazu. Von diesen originären Gegendiskursen wiederum unterscheiden sich diejenigen, die zwar gegendiskursiv „ostdeutsch" formatiert, genau genommen aber absichtsvolle Inszenierungen sind. Hierzu gehören beispielsweise die so genannten „Ostmedien" wie die *Super-Illu*, die sehr dezidiert pro-ostdeutsch und anti-westdeutsch schreibt und nahezu ausschließlich in Ostdeutschland gelesen wird, aber ein Produkt westdeutschen Verlagskapitals ist. Als ähnlich komplex erweist sich der Versuch, denjenigen Teildiskurs zu verorten, an dem beispielsweise die PDS vor ihrer Fusion mit der WASG zur „Linken" partizipiert hat. So folgte dieser zwar über weite Strecken den Regularitäten des, seinerseits medial determinierten (bundes)politischen Diskurses, trug aber andererseits auch explizit Züge eines originär ostdeutschen Gegendiskurses. Dabei sind solche Einordnungsprobleme kein ärgerlicher Zufall, sondern machen darauf aufmerksam, dass die einzelnen Formationsregeln der Diskurse natürlich keineswegs distinktiv sind. Gerade in der gegenseitigen Verwobenheit der Teildiskurse untereinander als Ergebnis partiell geteilter Erfahrungs- und Wissensbestände, liegt überhaupt die Berechtigung, einen Gesamtdiskurs anzunehmen.

3.4 Diskursgemeinschaften sind virtuelle Wissensgemeinschaften: *Im Osten gibt es „Diskurs-Wessis" – und umgekehrt*

Eine weitere Präzisierung erscheint geboten: Auch die beiden als „ostdeutsch" und „westdeutsch" bezeichneten Diskurse stellen natürlich in dieser Form eine idealtypische Simplifizierung dar, die droht, den Charakter des Diskurswissens selbst zu verschleiern.[8] Man könnte diese missverständliche Dichotomie so interpretieren, als sei ein Diskurs *der* „Ostdeutschen" einerseits und einer *der* „Westdeutschen" andererseits gemeint. Dabei ginge man davon aus, dass sich die Zugehörigkeit zu einer Diskursgemeinschaft nach der Zugehörigkeit zu einer objektiv beschreibbaren Gemeinschaft richtet. Es liegt jedoch auf der Hand, dass es natürlich wenig sinnvoll ist, die Einwohner Sachsens, Sachsen-Anhalts, Thüringens, Brandenburgs und Mecklenburg-Vorpommerns als eine *Diskursgemeinschaft Ost*, die des übrigen Deutschlands als eine *Diskursgemeinschaft West* zu betrachten. Auch die Herkunft taugt – wenngleich sie angesichts der großen Mobilität zumindest von Osten nach Westen sicher deutlich relevanter ist – nicht als Grundlage für eine solche Zuordnung. Vielmehr sind Diskursgemeinschaften *virtuell*. Dort, wo sich gemeinsame Erfahrungsschätze finden, entsteht gemeinsames Weltwissen, das in der Versprachlichung formatiert, kommuniziert und auf diese Weise in Form einer Art sekundärer Erfahrung konfirmiert wird. Das heißt auch, dass es im Osten fraglos eine Vielzahl von Menschen gibt, die viel eher am vermeintlich „westdeutschen" Diskurs über den Osten partizipieren als am vermeintlich „ostdeutschen". Um das entsprechende Etikett aufzugreifen, könnte man hier also regelrecht von *Diskurs-Wessis* sprechen, und es ist anzunehmen, dass es umgekehrt auch im Westen *Diskurs-Ossis* gibt. Dennoch ist die simplifizierende 1:1-Zuordnung von virtuellen Diskursgemeinschaften zu realen Gruppen durchaus relevant, gehört sie doch selbst zum Diskurswissen der Menschen und ist auf diese Weise die Basis für zentrale Stereotypien.

3.5 Diskurswissen ist Orientierungswissen, kein Sachwissen: *Aufklärung ist kein probates Mittel zur Überwindung der innerdeutschen „Diskursmauer"*

Im September 2004 verbreiteten die Presseagenturen die Ergebnisse einer Umfrage im Auftrag des STERN, die für medialen Wirbel sorgten. Man erfuhr dort, dass sich jeder vierte Westdeutsche und jeder achte Ostdeutsche die Mauer zurück wünsche (Stern 38/2004, S. 52). Unter der Perspektive des Wissenstransfers im engeren Sinne müsste man sich angesichts solcher Zahlen fragen, welches Wissen den Befragten fehlt über die Toten an der Mauer, das Regime der DDR, geteilte Familien, und schließlich danach, wie man ihnen dieses Wissen vermitteln könnte.[8] Vermutlich hieße das jedoch, die Antworten auf eine solche Umfrage falsch zu interpretieren. Man würde einen methodischen Fehler begehen, der – wahrscheinlich nicht ohne Absicht – gewissermaßen in der Umfrage selbst bereits begründet liegt: Die Befragten wurden dort mit der Aussage konfrontiert „Es wäre besser, wenn die Mauer zwischen Ost und West heute noch stehen würde [...]". Wer hierauf mit *ja* antwortet, reproduziert Diskurswissen. Es handelt sich schlicht um eine Phrase, die im Alltagsdiskurs schnell zur Hand ist, wenn man sich im Westen über „Milliardentransfers" und im Osten über „Besserwessis" und Arbeitslosigkeit erregt. Sachwissen über die Mauer selbst spielt dabei kaum eine Rolle. Vielmehr speichert die Phrase ein Denkkonzept, mit dem man in seiner alltäglichen Orientierung die innerdeutsche Situation leicht und übersichtlich, dabei geradezu unpolitisch deutet und erklärt, und das auch aus anderen Kontexten wohlbekannt ist: Jeweils die anderen sind schuld am eigenen Unglück.

Dies ist natürlich keineswegs Anlass zur Verharmlosung. Ganz im Gegenteil: Wäre hier tatsächlich Sachwissen erfragt worden, könnte man die insgesamt zwanzig Prozent Mauerbefürworter wohl getrost für nicht zurechnungsfähig erklären. So

---

[8] Man hätte es dann mit einem jener klassischen Fälle verhinderten Wissenstransfers zu tun, wie sie Gerd Antos am Beispiel der Tatsache anspricht, dass einigen Umfragen zufolge eine große Zahl heute lebender Jugendlicher nichts mehr mit dem Schlagwort *Auschwitz* verbindet (vgl. Antos 2001: 8).

aber entlarvt die Frage nach der Phrase als einem zentralen Element des Diskurses, welches Weltwissen im Alltag die Wahrnehmung der innerdeutschen Wirklichkeit prägt. In diesem Sinne ist Diskurswissen Orientierungswissen, indem es nämlich hilft bei der alltäglichen Orientierung im Dickicht einer nicht unmittelbar zugänglichen, nur medial vermittelten politischen und sozialen Situation. Im Diskurs stets wiederholt und bestätigt kann dieses Orientierungswissen jedoch ganz praktisch relevant und brisant werden. So kondensiert sich etwa im Wunsch einiger Ostdeutscher nach der Mauer – 14 Prozent der Befragten immerhin – das *subjektive Wissen* darum, dass es ihnen in der bundesrepublikanischen Gesellschaft schlechter geht, als es ihnen in der DDR gegangen ist.

Diskurswissen also ist Orientierungswissen. Das bedeutet auch, dass es am Problem vorbeigeht, wenn in den westlich bestimmten Massenmedien und politischen Verbänden darüber gerätselt wird, warum man in Ostdeutschland die Notwendigkeit von Sozialreformen wie dem so genannten „Hartz IV"-Gesetz nicht versteht, sondern dagegen auf die Straße geht, während in westdeutschen Städten mit ebenfalls dramatischer Arbeitslosigkeit die Menschen offenbar einsichtig sind und zuhause bleiben. Tatsächlich weiß man natürlich in Gelsenkirchen ebenso wenig wie in Anklam, was „Hartz IV" bedeutet und aus welchen volkswirtschaftlichen Gründen es nötig geworden ist. Aber nur im ostdeutschen Diskurs ist das Etikett *Hartz IV* im Sommer 2004 zu einem zentralen Schlagwort geworden, das in der Diskussion um die Entwicklung Ostdeutschlands seit der deutschen Einheit orientiert und eine Richtung weist. Von daher erscheint es regelrecht kontraproduktiv, wenn westdeutsche Politiker versuchen, den Osten diesbezüglich „aufzuklären". Ein solcher Versuch verkennt den Charakter von Diskurswissen fundamental.

3.6 Sicheres Diskurswissen in einem Bereich kann Unsicherheiten in einem anderen Bereich verdecken: *Der Diskurs über „den Osten" ist auch ein Verdrängungsdiskurs*

So sehr vorherrschende Charakteristika des Diskurses, besser: der verschiedenen Diskurse über „den Osten" problematisch sind im Hinblick auf die Herstellung der inneren Einheit Deutschlands, so hilfreich können dieselben Eigenschaften auf der anderen Seite für den einzelnen Diskursteilnehmer sein. Dies liegt daran, dass wir in sie eingeübt sind, sicher mit ihnen umgehen und über stabiles Diskurswissen in diesem Bereich verfügen, das bestenfalls dann einmal erschüttert wird, wenn sich (etwa im Falle eines Umzugs von Ost nach West oder umgekehrt) unsere Lebenssituation grundlegend ändert. Weil aber das Diskurswissen hier so stabil ist, bietet es sich als Fluchtpunkt bei Unsicherheiten im Kontext anderer Themen an. Als bei der Landtagswahl des Jahres 2004 im Saarland ein dramatischer Rückgang der Wahlbeteiligung zu konstatieren war, wurde dieses neuerliche bedenkliche Signal für die Zukunft der deutschen Parteiendemokratie kaum öffentlich thematisiert. Im Zusammenhang mit der, in der Tat dann auch noch etwas geringeren Wahlbeteiligung bei den Wahlen in Sachsen und Brandenburg im gleichen Jahr dagegen geschah dies innerhalb des bundespolitischen und des massenmedialen Diskurses ausgiebig. Schließlich stand zur Erklärung *hierfür* das gesamte Repertoire des Diskurses über den Osten einschließlich des erwähnten Besonderheits-Topos zur Verfügung. Gleichzeitig wurde das Problem auf diese Weise zur *Ausnahme Ost* erklärt; die Eröffnung eines Diskurses über die strukturellen Probleme der demokratischen Partizipation in der Bundesrepublik Deutschland konnte ausbleiben.

4 Was fehlt: *Diskurskultur*

Als typologische Charakteristika des Diskurswissens lässt sich in der Summe der vorangegangen Ausführungen festhalten:

Diskurswissen

- ist sprachlich formatiertes Weltwissen
- wird bereits in der (Nicht-)Existenz von Diskursen konstituiert
- ist konkurrierendes Wissen
- konstituiert virtuelle Wissens- und Erfahrungsgemeinschaften
- ist Orientierungswissen, kein Sachwissen
- kann, in einem Bereich abgesichert und eingeübt, fehlendes Diskurswissen in einem anderen ersetzen.

Schaut man von diesen typologischen Aspekten her noch einmal auf die Diskurse selbst, erweisen sich diese als Kategorien des Trennenden, zwischen denen jeweils Barrieren – Wissens- und Versprachlichungsbarrieren – zu vermuten sind. Ein wie auch immer gearteter „Gesamtdiskurs" über Ostdeutschland ist hier nur thematisch gegeben, eine erfolgreiche Verständigung über dieses für die Zukunft Deutschlands so bedeutsame Thema erscheint immens erschwert. Damit steht eine Frage im Raum, die außer diesem konkreten gesellschaftlichen Problem vor allen Dingen auch ein sprachwissenschaftlich-methodisches berührt: Besteht der Wert, den die Einführung des Diskurskonzepts für die Linguistik hat, eher in einem Beitrag zur Stiftung von systematischer Kohärenz oberhalb der Textebene oder aber ganz im Gegenteil in der Erhellung von kommunikativen Brüchen und Barrieren, die gewissermaßen quer zur Ebene individueller Texte anzunehmen sind?[9]

---

[9] Es wäre anmaßend, diese in der Linguistik derzeit intensiv diskutierte Methodenfrage im Rahmen der folgenden Bemerkungen entscheiden zu wollen. Von der Positionierung dazu hängt jedoch die praktische Relevanz des hier Vorgestellten ab, weswegen sie zumindest ausblicksweise vorgenommen werden muss.

Sigurd Wichter hat in seiner Göttinger Antrittsvorlesung den Diskurs als Kommunikationsform analog zum Gespräch beschrieben:

> Die Linguistik hat seit einiger Zeit das Gespräch zu ihrem Gegenstand gemacht [...] Im Vordergrund stehen dabei zwei Rechte eines jeden Teilnehmers, damit die Kommunikation ein Gespräch sei: das Recht, jederzeit im Gespräch das Wort zu ergreifen, d.h. einen „Gesprächsschritt" [...] zu formulieren, und das Recht, jederzeit eigene Themen zur Behandlung vorzuschlagen. Für die Inanspruchnahme beider Rechte gelten Höflichkeitsregeln, nicht Schmuck, sondern Fundament. [...] Ich möchte im Folgenden zu zeigen versuchen, daß über dem Gespräch als *mittlerer* Kommunikationsform weitere Ebenen *großer* Kommunikationsformen anzunehmen sind, Kommunikationsformen, in denen das Gespräch zwar Element und Idee zugleich ist, Kommunikationsformen aber, deren schierer Umfang sie der Anschauung beraubt. Das Ziel ist, auf diesem Wege *die gesellschaftliche Kommunikation als Ganzes* sprachwissenschaftlich anzugehen. Im Vordergrund soll dabei der Bereich stehen, der unter durchaus unterschiedlichen Fragestellungen [...] unter dem Stichwort Diskurs behandelt wird (Wichter 1999: 262–263; Hervorhebungen im Original).

Das hier formulierte Anliegen deckt sich mit dem in diesem Beitrag vorgelegten Versuchs. Auch in ihm geht es um die Annäherung an einen thematischen Ausschnitt aus der gesellschaftlichen Kommunikation *als Ganzem*. Darüber hinaus geht es Wichter jedoch vor allen Dingen darum, den Diskurs als die logische aszendente Fortsetzung der tradierten Reihung linguistisch beschreibbarer Strukturebenen zu etablieren: Morphem, Wort, Wortgruppe, Satz, Text – und eben Diskurs als virtuelle Summe miteinander vielfach vernetzter, durch ein thematisches Band zusammengehaltener Texte (vgl. Wichter 1999: 267). Damit steht hier als Funktion des Diskurskonzepts die Möglichkeit im Vordergrund, beschreibungslogische Kohärenz über die Reichweite von Einzeltexten hinaus zu schaffen.

Im Zusammenhang mit dem, worum es dem vorliegenden Beitrag geht, sowohl hinsichtlich der wissenstypologischen Frage nach dem Charakter von Diskurswissen als auch im Hinblick auf die diskursive innerdeutsche Situation, bietet Wichters Ansatz jedoch noch einen ganz anderen Ansatzpunkt. Nimmt man die Analogie zum Gespräch ernst und versucht, den größeren gesellschaftlichen Kommunikationsraum, um den es uns geht, entsprechend zu konzeptualisieren, eröffnet sich in der Tat Vielversprechendes: So sind die beiden genannten fundamentalen Regeln, die einer Kommunikation den Status des Gesprächs verleihen – permanentes Recht zur Übernahme eines Gesprächsschritts und zur thematischen Initiative – wohl eher als Konversations*ideale* aufzufassen, die den in der empirischen Gesprächsanalyse gewonnenen Erkenntnissen über natürliche Gespräche keineswegs immer standhalten. Dort nämlich lassen sich bekanntlich vielfache Asymmetrien nachweisen, Strategien der Dominanz aufgrund bestimmter Gesprächsrollen, vor allen Dingen aber auch auf der Basis sozialer Rollen, Mechanismen der Kontextualisierung, die die individuellen Handlungsmöglichkeiten der Gesprächsteilnehmer in der konkreten Situation massiv einschränken.[10] Die von Wichter zitierten Gesprächsmaximen verblassen demgegenüber weitgehend zur grauen Theorie, beziehungsweise zu den angemessenen Beschreibungskategorien einer Art Sonderfall des Gesprächs: des „vernünftigen", in etwas polemischer Pointierung vielleicht: des herrschaftsfreien Gesprächs.

Es ist nicht einmal nötig, auf das Konzept expliziter und letztlich interessegeleiteter Diskurskontrollen zurückzugreifen, wie es Foucault in der *Ordnung des Diskurses* (Foucault 1991) entwickelt hat, um zu sehen, dass es in jenem *Gesellschaftsgespräch*, das Wichter annimmt, Mechanismen der Reduzierung des individuellen Handlungsspielraums von „Gesprächs"- bzw. Diskursteilnehmern gibt, die sich vermutlich tatsächlich in gewissem Maße analog zu denen in empirisch analysierten natürlichen Gesprächen beschreiben lassen. Sie haben etwas zu tun mit der unterschiedlich verteilten Relevanz von alltäglichen Wissensbeständen innerhalb einer konkret gegebenen gesellschaftlichen Situation. Eben deshalb erscheint es so wichtig, den Charakter des diskursiv gefassten und reproduzierten Diskurswissens näher zu untersuchen und am konkreten Fall zu beschreiben, wie das Gespräch als „Element und Idee" im Verhältnis der Diskurse zueinander jeweils realisiert ist.

Will man diesen Gedanken noch einmal zusammenfassend auf den Punkt bringen, so lautet er: So wie man im natürlichen Gespräch – gerade wenn man von unterschiedlichen Prämissen ausgeht – durchaus „aneinander vorbei" reden kann, so ist auch das „Gesellschaftsgespräch" nicht frei von Verständigungsbarrieren, die in unvereinbaren Diskurswissensbeständen zu suchen sind. Im Gespräch dient zur Lösung solcher Probleme die Metakommunikation, die wegen der in ihr enthaltenen Notwendigkeit zur Selbstdistanz gewissermaßen die Königsdisziplin der „Gesprächskultur" darstellt. Diskurse benötigen entsprechend aufklärende Metadiskurse als Grundlage einer Art *Diskurskultur*.

5 Literatur

Antos, Gerd (2001): Transferwissenschaften. Chancen und Barrieren des Zugangs zu Wissen in Zeiten der Informationsflut und der Wissensexplosion. In: Sigurd Wichter/Gerd Antos (Hg.): Wissenstransfer zwischen Experten und Laien. Umrisse einer Transferwissenschaft (= Transferwissenschaften 1). Frankfurt a.M., 3–34.

---

[10] Es wäre müßig, hierzu auf Forschungsliteratur zu verweisen – sie ist längst unüberschaubar geworden und in ihrer Tendenz bekannt. Am vollständigsten findet sich der entsprechende Forschungsstand aber zweifellos im einschlägigen HSK-Band dokumentiert (Brinker u.a. 2001).

Brinker, Klaus/Antos, Gerd/Heinemann, Wolfgang/Sager, Sven Frederik (Hg.) (2001): Text- und Gesprächslinguistik. Ein internationales Handbuch zeitgenössischer Forschung (= Handbücher zur Sprach- und Kommunikationswissenschaft 16). Berlin/ New York.

Busse, Dietrich/Teubert, Wolfgang (1994): Ist Diskurs ein sprachwissenschaftliches Objekt? Zur Methodenfrage der historischen Semantik. In: Dietrich Busse/Fritz Hermanns/Wolfgang Teubert (Hg.): Begriffsgeschichte und Diskursgeschichte. Methodenfragen und Forschungsergebnisse der historischen Semantik. Opladen, 10–28.

Dittmar, Norbert/Bredel, Ursula (1999): Die Sprachmauer. Die Verarbeitung der Wende und ihrer Folgen in Gesprächen mit Ost- und WestberlinerInnen. Berlin.

Festinger, Leon (1978): Theorie der kognitiven Dissonanz. Bern.

Foucault, Michel (1981): Archäologie des Wissens. 6. Aufl. Frankfurt a.M.

Foucault, Michel (1991): Die Ordnung des Diskurses. Frankfurt a.M.

Hensel, Jana (2002): Zonenkinder. Reinbek bei Hamburg.

Illies, Florian (2001): Generation Golf. Eine Inspektion. 4. Auflage. Frankfurt a.M.

Kammler, Clemens (1997): Historische Diskursanalyse (Michel Foucault). In: Klaus-Michael Bogdal (Hg.): Neue Literaturtheorien. Eine Einführung. 2. neubearbeitete Auflage. Opladen, 32–56.

Keller, Reiner/Hirseland, Andreas/Schneider, Werner, u.a. (Hg.) (2001): Handbuch Sozialwissenschaftliche Diskursanalyse. Band 1: Theorien und Methoden. Opladen.

Kloth, Michael (1997): Die ehemalige BRD. In: Der Spiegel, 25/1997, 16.6.1997, 40–43.

Liebert, Wolf-Andreas (2002): Wissenstransformationen. Handlungssemantische Analysen von Wissenschafts- und Vermittlungstexten (= Studia Linguistica Germanica 63). Berlin/New York.

Reiher, Ruth/Baumann, Antje (Hg.) (2004a): Vorwärts, und nichts vergessen. Sprache in der DDR: Was war, was ist, was bleibt. Berlin.

Reiher, Ruth/Baumann, Antje (2004b): DDR-Deutsch – Wendedeutsch – Westdeutsch als Gesamtdeutsch. Der Wandel des Sprachgebrauchs in den Neuen Bundesländern. In: German as a foreign language. 2004(2), 1–14.

Roth, Kersten Sven (2004): Wie man über ‚den Osten' spricht. Die ‚Neuen Länder' im bundesdeutschen Diskurs. In: German as a foreign language. 2004(2), 15–39.

Roth, Kersten Sven (2006): Diskurslinguistische Zugänge zu den sprachlichen Verhältnissen zwischen Ost und West – zur aktuellen Relevanz eines alten Themas. In: Zeitschrift für angewandte Linguistik 45, 107–120.

Roth, Kersten Sven (2007): Ostdeutschland als Diskursgegenstand – ein Beispiel. In: Jean-Marie Valentin (Hg.): Akten des XI. Internationalen Germanistenkongresses Paris 2005 „Germanistik im Konflikt der Kulturen". Band 10 (Jahrbuch für Internationale Germanistik, Reihe A, 86). Bern, 365–369.

Roth, Kersten Sven (2008) Der Westen als ‚Normal null'. Zur Diskurssemantik von ‚ostdeutsch*' und ‚westdeutsch*'. In: Kersten Sven Roth/Markus Wienen (Hrsg.): Diskursmauern. Aktuelle Aspekte der sprachlichen Verhältnisse zwischen Ost und West (Sprache – Politik – Gesellschaft. 1). Bremen, 69–89.

Roth, Kersten Sven/Wienen, Markus (Hg.) (2008): Diskursmauern. Aktuelle Aspekte der sprachlichen Verhältnisse zwischen Ost und West (Sprache – Politik – Gesellschaft. 1). Bremen.

Spitzmüller, Jürgen (2005): Metasprachdiskurse. Einstellungen zu Anglizismen und ihre wissenschaftliche Rezeption. Berlin/New York.

Stötzel, Georg/Wengeler, Martin (Hg.) (1995): Kontroverse Begriffe. Geschichte des öffentlichen Sprachgebrauchs in der Bundesrepublik Deutschland. Berlin/New York.

Warnke, Ingo H. (Hg.) (2007): Diskurslinguistik nach Foucault. Theorie und Gegenstände. Berlin/New York.

Warnke, Ingo H./Spitzmüller, Jürgen (Hg.) (2008): Methoden der Diskurslinguistik. Sprachwissenschaftliche Zugänge zur transtextuellen Ebene (Linguistik. Impulse & Tendenzen). Berlin/New York.

Wichter, Sigurd (1999): Gespräch, Diskurs und Stereotypie. In: Zeitschrift für germanistische Linguistik 27(3), 261–284.

Konjunktur auf Deutsch und *konjunktur* auf Dänisch – eine kontrastive Untersuchung zweier Begriffe[1]

Mette Skovgaard Andersen (Kopenhagen)

1 Einleitende Bemerkungen
2 Die kognitivistische Metaphernsicht
3 Empirische Untersuchungen zum Begriff *Konjunktur*
4 Schlussbemerkung: Validität, Diskussion und Perspektivierung
5 Quellen
6 Literatur
7 Anhang

1 Einleitende Bemerkungen

Wir leben bekanntlich in einer so genannten Wissensgesellschaft, wo Wissen auf der einen Seite an Wichtigkeit gewinnt, sich gleichzeitig aber auf der anderen Seite verflüchtigt. Was gestern wahr war, gilt heute längst als falsifiziert. In dieser Situation befindet sich auch der Übersetzer/die Übersetzerin.[2] Seine Situation ist aber noch komplizierter, da er sich immer mit zwei Wissensbereichen auseinander setzen muss. Der Übersetzer muss grundsätzlich die Wissensstruktur in beiden involvierten Sprachen kennen, um überhaupt eine Übersetzungsstrategie wählen zu können. Dieser grundsätzliche Anspruch an den Übersetzer ist natürlich nicht neu. Ein häufiges Diskussionsthema ist die Problemstellung zum Beispiel innerhalb juristischer Übersetzungen, wahrscheinlich weil sich die einzelnen juristischen Systeme in den Sprachgemeinschaften deutlich unterscheiden. Dadurch wird die Problematik einer zielsprachlich orientierten oder einer ausgangssprachlich orientierten Übersetzungsstrategie relevant. Soll der dänische Übersetzer durch seine Übersetzung dem deutschen Leser das dänische Rechtssystem verständlich machen und also seinen Ausgangspunkt in der Ausgangssprache nehmen, oder soll er umgekehrt das dänische System dem deutschen anpassen und also seinen Ausgangspunkt in der Empfängerkultur nehmen? Obwohl diese Problematik be-

---

[1] Ein Teil der in diesem Artikel dargelegten Ideen entstammt meiner Dissertation über Metaphernkompetenz (Andersen 2004).
[2] Aus praktischen Gründen verwende ich fortan die maskuline Form *der Übersetzer*, um auf Übersetzerinnen und Übersetzer zu referieren.

sonders in Bezug auf die Übersetzung von juristischen Texten diskutiert wurde, kann angenommen werden, dass sie für alle zu übersetzenden Wissensbereiche gilt. Eine Voraussetzung dafür, dass der Übersetzer seine Strategie festlegen kann, ist aber natürlich, dass er in beiden Sprachen über hinreichendes Wissen bezüglich des Bereichs verfügt.

In diesem Artikel werde ich mich aus der Sicht eines Übersetzers einem Bereich innerhalb der Makroökonomie zuwenden, nämlich dem Bereich der Konjunktur. Aus anderen Untersuchungen, wie z.b. Garre (1999), ist bekannt, dass die Konzeptualisierungen in unterschiedlichen Sprachen u.a. aus kulturellen, sozialen und individuellen Gründen nicht identisch sind. Da westliche Ökonomien aber auf denselben Wirtschaftstheorien basieren, müsste dies nicht notwendigerweise für einen Bereich wie den der Konjunktur gelten.[3] Eine andere Begründung für meine Wahl ist die folgende: Sowohl im Dänischen als auch im Deutschen gibt es den Begriff *konjunktur* bzw. *Konjunktur*, im Folgenden: *K(k)onjunktur*.

Beide entstammen dem wirtschaftswissenschaftlichen Bereich und drücken übergeordnet mehr oder weniger die wirtschaftliche Entwicklungstendenz in einer Gesellschaft aus. (Für eine tiefergehende Diskussion der Definitionen siehe Abschnitt 2.3.) Als Übersetzungseinheit[4] scheint der Begriff deswegen unproblematisch: *Konjunktur* auf Deutsch ist gleich *konjunktur* auf Dänisch. Schlägt man in einem zweisprachigen Wörterbuch nach, wie zum Beispiel im deutsch-dänischen/dänisch-deutschen wirtschaftlichen Wörterbuch von Gad (2003), so wird man auch feststellen, dass eine Übereinstimmung zwischen den Begriffen angenommen wird. So wird *Konjunktur* im Deutschen mit der Übersetzung *konjunktur* im Dänischen angegeben und umgekehrt. Viele dänische Übersetzer von Wirtschaftstexten werden aber erlebt haben, dass deutsche Sätze wie (1) und (2) sich nicht direkt ins Dänische übertragen lassen :

(1) Die Konjunktur belebt sich.[5]

(2) Die Konjunktur bröckelt.

Direkte wörtliche Übersetzungen würden als undänische oder zumindest als höchst markierte und unkonventionelle Sätze eingestuft werden:

---

[3] Andere Untersuchungen, wie Schmitt (1988), Hennet/Gill (1992), Stegu (1996) und Stålhammar (1997), deuten darauf hin, dass es interlingual Unterschiede geben kann. Die meisten der Untersuchungen sind deshalb zu kritisieren, weil die A- und B-Domänen sehr groß und abstrakt sind, wie z.b. die der Wirtschaft an sich und die eines anderen Bereiches.

[4] Ich werde auf die Diskussion über Übersetzungseinheiten nicht tiefer eingehen. (Zu dieser Diskussion vgl. Snell-Hornby et al. 1998: 352f.) Hier wird ohne weiteres vermutet, dass der Begriff *K(k)onjunktur* eine Übersetzungseinheit ausmachen kann.

[5] Die Beispiele sind, wenn nicht anders gekennzeichnet, meinem Korpus entnommen. Für eine Beschreibung des Korpus' siehe Abschnitt 2.4.

(1') *Konjunkturen liver op (igen).
(2') *Konjunkturen smuldrer.

Auf jeden Fall scheinen sich einige kombinatorische Möglichkeiten der beiden Sprachen zu unterscheiden. Dennoch liegt es nahe, eine begriffliche Übereinstimmung zu vermuten. Diese unmittelbare Intuition werde ich im Folgenden anhand einer kognitivistisch inspirierten Metaphernanalyse einer näheren Überprüfung unterziehen. Mit anderen Worten: Ich untersuche, wie *Konjunktur* in den beiden Sprachen konzeptualisiert wird. Reden wir von dem gleichen Phänomen, wenn ein Deutscher bzw. ein Däne das Wort *K(k)onjunktur* benutzt? Hat der Begriff in beiden Sprachen dieselben Extensionen und Intensionen? Wenn ja, wie sind die unterschiedlichen linguistischen Ausdrücke zu erklären? Wenn nein, wie unterscheidet sich die Wissensstruktur im Einzelnen?

Zweck des Artikels ist es, oben stehende Fragen zu beleuchten. Eine Beantwortung und eine Diskussion dieser Fragen werden zunächst als eine notwendige Voraussetzung für die weitere Arbeit des Übersetzers betrachtet. Erst nachdem die Fragen ansatzweise beantwortet sind, hat der Übersetzer zumindest in der Theorie die Möglichkeit, sich mit besonderen Textgattungen und dergleichen auseinanderzusetzen. Damit weicht dieser Beitrag von dem Trend der Metaphernforschung ab, laut dem – wie es z.B. Widdowson (2000: 7) formuliert – Konkordanzen als „a static abstraction" und „decontextualised language" betrachtet werden. Ich untersuche in erster Linie eben nicht „welche Metaphern in wessen Denken" (Pielenz 1993: 99) vorherrschen, so wie die meisten gegenwärtigen Beiträge, sondern, ausgehend von der sprachlichen Realisierung,[6] wie der Begriff generell konzeptualisiert ist. Ich nehme also in diesem Beitrag nicht an der Diskussion bezüglich der potentiellen ideologischen Aspekte einer Metaphernwahl teil.

Der Artikel ist folgendermaßen aufgebaut: Zunächst folgt im zweiten Abschnitt eine Begründung und Diskussion der Theorienwahl. Diese Wahl ist hier – wie schon erwähnt – auf die kognitive Metapherntheorie gefallen, deren grundlegende Annahme es ist, dass wir abstrakte Phänomene, wie z.B. das der K(k)onjunktur, nur anhand von konkreteren Phänomenen verstehen können (siehe McCloskey 1994; Drewer 2003: 386). Um herauszufinden, wie der Begriff in den beiden Sprachen definiert wird, vergleiche ich danach unterschiedliche mehr oder weniger fachsprachliche Definitionen im Deutschen wie auch im Dänischen und gehe kurz auf die jeweils dahinterliegenden theoretischen Modelle ein. Hieraus ergeben sich einige Forschungsannahmen zu den Konzeptualisierungen, und diese werden mit Hilfe einer Korpusanalyse im dritten Abschnitt untersucht. Diese besteht aus einer Analyse von sprachlichen Ausdrücken, von denen behauptet werden kann, dass

---

[6] Die Konzeptualisierung ließe sich auch anhand von Interviews untersuchen; hier gehe ich jedoch von den sprachlichen Ausdrücken aus.

der Bereich der Konjunktur mittels eines anderen Bereichs aufgefasst wird. Die Validität und die Bedeutung solcher Untersuchungen werden schließlich im letzten Abschnitt aus der besonderen Sicht des Übersetzers diskutiert.

2 Die kognitivistische Metaphernsicht

Als Analysewerkzeug habe ich die kognitivistische Metaphernsicht gewählt. In der empirischen Arbeit stellte sich aber heraus, dass diese trotz ihrer unmittelbaren Verwendbarkeit für Untersuchungen wie meine auch sehr viele praktische Probleme aufweist. Trotzdem versuche ich die Theorie „beim Wort" zu nehmen, um ihre Verwendbarkeit für den Übersetzer beurteilen zu können. Nachdem ich kurz die Grundgedanken der Theorie dargestellt und für ihre Verwendbarkeit argumentiert habe, erläutere ich, wie man mit der Theorie in der Praxis arbeiten kann.

Laut der kognitivistischen Metaphernsicht, so wie sie z.B. von Lakoff und Johnson (1980) und von Lakoff (1987, 1993) vorgelegt worden ist, ist es eine menschliche Grundvoraussetzung unserer Kognition, dass wir Fremdes nur durch Bekanntes erfahren können. Abstrakte Phänomene können nur dadurch begriffen werden, dass sie anhand konkreter Phänomene verstanden werden. Das berühmte Zitat von Lakoff und Johnson (1980: 5) – „The essence of metaphor is understanding and experiencing one kind of thing in terms of another" – veranschaulicht die gegenüber der traditionellen Sicht ganz andersartige Auffassung von Metaphern. Eine Metapher im Sinne von Lakoff und Johnson besteht nicht nur aus einem linguistischen Ausdruck, sondern auch und vor allem aus einem zugrundeliegenden kognitiven Konzept, einer mentalen Metapher. Die mentalen Metaphern sind als Gedankenmodelle zu verstehen. Unsere Kognition ist sozusagen metaphorisch strukturiert, wodurch der Metapher eine erkenntnissteuernde Funktion zugeschrieben wird. Die Beziehung zwischen der mentalen und der linguistischen Metapher ist eine interdependente. Es wird auf der einen Seite vermutet, dass die mentalen Metaphern aus den sprachlichen Metaphern gewonnen werden können, und auf der anderen Seite, dass die mentalen Metaphern sprachliche Metaphern erzeugen.

Ein beliebtes Beispiel zur Veranschaulichung dieser These ist die Behauptung, dass viele westliche Kulturen abstrakte Phänomene wie Diskussionen als *Krieg* auffassen und deswegen von den Diskussionspartnern als von *Gegnern* und von den Argumenten als von *Waffen/Angriffen* etc. sprechen. Der Erklärung der kognitivistischen Metapherntheorie zufolge gibt es nämlich ein mentales Konzept, das aus einer Verknüpfung von *Diskussion* und *Krieg* besteht. Ein solches mentales Konzept wird gemäß den Konventionen der Theorie üblicherweise mit Versalien repräsentiert:

(3) DISKUSSION IST KRIEG.

Diese Schreibweise soll so verstanden werden, dass der Diskussionsbereich mit der kognitiven Struktur (oder zumindest einem Teil der kognitiven Struktur) des Kriegsbereichs versehen wird. Der Prozess wird *Mapping* genannt und besteht aus einer Zuschreibung spezifischer Kennzeichen des A-Bereiches zum B-Bereich. Deswegen können wir Sätze bilden und verstehen wie (4):

(4) Mein *Gegner griff* mich ständig *mit seinen blöden Argumenten an.*

Aus dieser Metaphernsicht ergibt sich auch, dass sprachliche Ausdrücke, die traditionell nicht als Metaphern aufgefasst wurden, wie in obenstehendem Satz *Gegner, angreifen* und *mit seinen blöden Argumenten,* als sprachliche Metaphern eingestuft werden können.

2.1 Die kognitivistische Metapherntheorie aus der Sicht des Übersetzers

Für den Übersetzer ist Obenstehendes eine wichtige Einsicht. Denn dadurch, dass ein Wissensbereich sozusagen mit einer fremden Ontologie versehen wird, besteht auch die Möglichkeit, dass der Empfänger eine gewisse Sicht des Bereichs bekommt. Lakoff und Johnson beispielsweise beschreiben das von der kognitivistischen Metapherntheorie angenommene Merkmal von Kognition als *Hervorhebung und Tilgung (highlighting and hiding)* von bestimmten Charakteristika (vgl. Lakoff/Johnson 1980: 10ff.). Schon Weinrich (1976: 302) spricht davon, dass Metaphern unsere Gedanken lenken können. Es leuchtet ein, dass eine Kultur, in der die kognitive Metapher DISKUSSION IST KRIEG gilt, *Diskussion* mit ganz anderen Merkmalen/Assoziationen versieht, als eine Kultur, in der eine kognitive Metapher wie DISKUTIEREN IST TANZEN[7] gilt. Diese Funktion der Metapher mündet übrigens direkt in die Sapir-Whorf'sche Frage in Bezug auf das Verhältnis zwischen Sprache und Denken. Die Haltung, die in diesem Artikel vertreten wird, ist die, dass Sprache und Denken sich gegenseitig bedingen: Wir verhalten uns immer in irgendeiner Weise zur Welt, wenn wir Sprache benutzen, und müssen umgekehrt Sprache benutzen, um – alltagssprachlich formuliert – „mit der Welt fertigzuwerden". Laut der so genannten Unidirektionalitätsthese wird übrigens in der Regel angenommen, dass die Struktur nur von B zu A, also nur in eine Richtung weitergegeben werden kann, und dass der A-Bereich eine weniger deutliche Struktur als der B-Bereich besitzt. Wie wir unten sehen werden, ist diese letzte Annahme bei ganz abstrakten Phänomenen jedoch fraglich.

Die obenstehende Zusammenfassung der kognitivistischen Metapherntheorie zeigt, dass die klassische ontologische Frage vor allen Dingen in der empirischen Arbeit mit Metaphern von großer Bedeutung ist. Wie viele Bereiche oder Domänen, wie

---

[7] Beispiel von Lakoff und Johnson (1980: 4f.). Eine bessere Umschreibung wäre vielleicht DISKUSSION IST ZUSAMMENARBEIT.

sie auch genannt werden, gibt es eigentlich? Woher stammen die menschlichen Erfahrungen, auf denen aufgebaut wird? Diese Fragen werden in der Theorie damit beantwortet, dass wir als Menschen idealisierte kognitive Modelle konstruieren (die sog. ICMs; Lakoff 1987), die auf unseren menschlichen Erfahrungen basieren und nach denen die kognitiven und die daraus folgenden linguistischen Metaphern gebildet werden. Wir machen unsere Erfahrungen mittels unseres Seh-, Hör- und Fühlvermögens und schließen auf dieser Grundlage beispielsweise, dass es für uns besser ist, wenn wir gesund sind und nicht im Bett liegen, oder dass die Flüssigkeit in einem Glas steigt, wenn wir mehr Milch hineingeben. Auf solchen Erfahrungen bauen ICMs wie MEHR IST NACH OBEN oder GUT IST, AUF ZU SEIN (d.h. nicht im Bett zu liegen). Auch grundlegendere, von Lakoff (1993: 220f.) als *event structures* bezeichnete ICMs, wie VERÄNDERUNG IST BEWEGUNG oder URSACHE IST KRAFT, werden in dieser Weise erklärt.

Die klassische ontologische Frage wird von Lakoff und Johnson jedoch nicht beantwortet. Da ich Lakoff und Johnsons (1980) vier grundlegenden Metaphern-Schemata, Orientierungs-, strukturelle, ontologische und neue Metaphern, nicht als operationell einschätze, nehme ich als meinen Ausgangspunkt den dänischen Semiotiker Per Aage Brandt, gemäß dem wir unsere Erfahrungen aus drei größeren Sphären beziehen, nämlich der physischen, der sozialen und der mentalen Sphäre (1993), und übrigens auch die Metaphorisierungen in diese Richtung vollziehen.[8] Eine Einteilung der Metaphern in diese Kategorien ist zwar nicht unproblematisch, wie wir unten sehen werden, aber weitaus operationeller als die Klassifikation von Lakoff und Johnson.

Für die praktische Arbeit und somit für den Übersetzer stellt sich zwangsläufig die Frage, wie es ihm möglich sein kann, unter Verwendung der Theorie ein abstraktes Phänomen wie *Konjunktur* in zwei unterschiedlichen Sprachen zu erkennen und zu vergleichen. Eine erste Bedingung ist natürlich, dass er über eine operationelle Definition von der linguistischen und mentalen Metapher verfügt.

2.2 Operationelle Definitionen von *Metapher*

Es wird sehr oft hervorgehoben, dass linguistische Metaphern ein *parole*-Phänomen sind oder, wie Ricoeur (1986) es einmal ausdrückte: „Im Wörterbuch gibt es keine Metaphern." Mit der kognitiven Metapherntheorie ist diese Aussage natürlich fraglich, aber es ist nicht zu leugnen, dass die Identifikation sowohl von sprachlichen als auch von mentalen Metaphern durchaus nicht unproblematisch ist und unter anderem davon abhängt, ob die Identifikationskriterien auf der Senderabsicht, der Empfängerinterpretation, der Sprachebene oder der Textgattungsebene basieren. In Anlehnung an Steen (1994) lautet meine kontextfreie Definition für eine sprachliche Metapher wie folgt:

---

[8] Vgl. auch Sweetser (1990).

Therefore, linguistic metaphors are those expressions that *can* be analysed on formal grounds as involving two semantic domains (Steen 1994: 24).

Damit entscheide ich mich also für die mögliche Empfängerinterpretation als Hauptkriterium. Wie schon erwähnt, stellt sich jedoch die Domänenfrage, weshalb auch in dieser Hinsicht ein operationelleres Kriterium notwendig ist. Hier hilft uns die klassische Semantik zum Beispiel in der Form von Sem-Analysen, da oft anhand von semantischen Anomalien, Widersprüchen etc. auf Satzebene festgestellt werden kann, dass von zwei unterschiedlichen Domänen die Rede sein könnte.[9] In Bezug auf den obenstehenden Satz (4) könnte beispielsweise folgendermaßen räsonniert werden:

> Man kann nicht jemanden mit einem Argument im wörtlichen Sinne angreifen
> → deswegen sind hier die Ausdrücke metaphorisch gemeint.[10]

Auf der Basis sprachlicher Metaphern können dann die mentalen Metaphern gewonnen werden. In enger Anknüpfung an Lakoff und Johnson definiere ich konzeptuelle Metaphern wie folgt:

> Eine konzeptuelle Metapher wird als eine binäre Relation definiert, die in einem partiellen und unidirektionalen *Mapping* Information von einem Erfahrungsbereich B, dem Ausgangsbereich, für den Erfahrungsbereich A, den Zielbereich, verwendet. Der Zielbereich B besitzt in der Regel eine weniger ausgeprägte mentale Struktur.

Mit diesen Definitionen wende ich mich jetzt dem Bereich der Konjunktur zu.

2.3 Was ist Konjunktur?

Neben einem operationellen Metaphernmodell ist für den Übersetzer eine zweite Voraussetzung, um mit dem Begriff *Konjunktur* arbeiten zu können, dass er mit dessen gängigen Definitionen in den beiden Sprachen vertraut ist. In diesem Zusammenhang habe ich Definitionen aus unterschiedlichen Lexika, ökonomischen Wörterbüchern und Lehrbüchern untersucht.

Konjunktur ist – wie erwähnt – eine Abstraktion, eine Konstruktion zur Beschreibung eines Phänomens in westlichen marktwirtschaftlichen Systemen. In den Internetwörterbüchern Wikipedia (Deutsch: www.wikipedia.de; letzter Zugriff: 17. August 2004) und Leksikon.org (Dänisch: www.leksikon.org; letzter Zugriff: 23. August 2004) wird der Begriff beispielsweise wie folgt definiert:

---

[9] Die kognitive Metaphernsicht hat u.a. mit der Einführung des Konzepts der radialen Kategorien den Unterschied zwischen „wörtlich" und „nicht-wörtlich" relativiert (siehe z.B. Lakoff 1993: 205f.). In der praktischen Arbeit mit Metaphernanalysen und Kategorisierungen sehe ich jedoch nicht, wie man diesen Unterschied völlig leugnen kann.

[10] Diese Metaphernauffassung ist mit der von Grice (1989 [1967]) vereinbar.

Leksikon.org: Konjunktur betegner den økonomiske udviklingstendens i et samfund. („Konjunktur bezeichnet die wirtschaftliche Entwicklungstendenz einer Gesellschaft.")

Wikipedia: Mehrjährige Schwankungen der wirtschaftlichen Aktivität in marktwirtschaftlich organisierten Volkswirtschaften, die die Wirtschaft als Ganzes betreffen und bei allen Besonderheiten eine gewisse Regelmäßigkeit aufweisen. Sie sind gekennzeichnet durch Aufschwungphasen, die in den meisten Bereichen der Wirtschaft zeitgleich zu beobachten sind und denen ebenso zeitgleich Abschwungphasen folgen.

Diese Bestimmungen sind repräsentativ für die Haupttendenzen dänischer und deutscher Definitionen insgesamt.[11] Im Dänischen wird nämlich oft die gesamte wirtschaftliche Entwicklungstendenz als *konjunktur* bezeichnet, während *Konjunktur* im Deutschen in der Regel mit Schwankungen der wirtschaftlichen Aktivität verbunden wird.

Aus den hier verwendeten Lehrbüchern und Nachschlagewerken geht unter anderem hervor, dass der Begriff, wissenschaftlich gesehen, der Volkswirtschaftstheorie angehört, in der er besonders in Verbindung mit *Konjunkturtheorien* verwendet wird. Eine Konjunkturtheorie ist somit eine Theorie, die sich mit Gabler (1988: 2980) „[...] mit dem Erklären des Zustandekommens von zyklischen Bewegungen" beschäftigt. Ferner geht aus den berücksichtigten Werken hervor, dass es mehrere Theorien gibt, sowie *Überinvestitionstheorien, Unterkonsumptionstheorien* (ibid.) etc. und – was am interessantesten ist –, dass der Begriff selbst noch sehr umstritten ist.

Eine der bedeutendsten Konjunkturtheorien wurde – laut dem dänischen Sozialforscher Sundbo (1995: 36) – vom russischen Wirtschaftswissenschaftler Nicolai Kondratiev entwickelt. Diesem zufolge entwickelt sich die kapitalistische Wirtschaft in Zyklen von 50 bis 60 Jahren (im Dänischen auch „lange Wellen" genannt). Laut den Nachschlagewerken haben sich die Wirtschaftswissenschaftler aber auch mit anderen Zeitabständen[12] beschäftigt, so wie sie noch die Validität der verschiedenen Konjunkturtheorien diskutieren. Den Wirtschaftswissenschaftlern gemeinsam ist aber, dass sie mathematisch basierte Modelle aufstellen, die den Zusammenhang zwischen gewissen Phänomenen/Gegebenheiten, wie Warenangebot, Warennachfrage, Inflation, Arbeitslosigkeit, Geldmenge etc. erklären oder zumindest wahrscheinlich machen sollen.

Trotz der beschriebenen Uneinigkeit ist die grundlegende Idee dieser wissenschaftlichen Modelle übereinstimmend, dass ein Zusammenhang zwischen den Elementen

---

[11] Es handelt sich um jeweils sieben Definitionen, die hier nicht wiedergegeben werden müssen.

[12] Vgl. z.B. den Mitchell-Zyklus von 3 bis 4 Jahren oder die Juglar-Welle von 7 bis 11 Jahren (Gabler 1988: 2912).

nicht nur national sondern auch international bewiesen werden kann. Hervorzuheben ist aber, dass solche wissenschaftlichen Modelle eben nur Erklärungsmöglichkeiten darstellen. (Zur Vertiefung siehe auch Bjørnland 1998 und Tvede 1993.)

Das Obenstehende bedeutet, dass die meisten Menschen keine selbstständigen Erfahrungen mit dem Phänomen haben werden. *Konjunktur* ist ein konstruierter Begriff und das Wissen, das die meisten Laien über *Konjunktur* besitzen, stammt in irgendeiner Weise aus den Medien. In gewisser Weise kann man deshalb behaupten, dass *Konjunktur* an sich selber keine mentale Struktur hat. Dieses Phänomen gilt nicht nur für den wissenschaftlichen Makrobereich *Ökonomie*, sondern ist in sehr vielen wissenschaftlichen Bereichen zu beobachten. Dies ist auch der Grund, weshalb ich hier die Haltung vertrete, dass sich Konzeptualisierungen des Phänomens in empirischen Untersuchungen auch in journalistischen Texten widerspiegeln. Wirtschaftswissenschaftler werden natürlich, wenn sie von „Schwankungen", „Zyklen" und dergleichen sprechen, wissen, dass die betreffenden Begriffe auf solche Modelle zurückzuführen sind; der Laie aber wird nicht notwendigerweise den Zusammenhang durchschauen können. Wenn er darüber nachdenken sollte – was aber oft nicht geschieht (vgl. Drewer 2003: 389) – würde er sich wahrscheinlich fragen: Schwankungen in Bezug auf was? Was ist die gesamte wirtschaftliche Aktivität? etc. Seine Konzeptualisierung wird aber zwangsläufig von linguistischen und mentalen Metaphern geprägt werden.

Somit kann als Ausgangspunkt der nun im Folgenden dargestellten empirischen Untersuchung vermutet werden, dass die Konzeptualisierungen von *Konjunktur* bei Dänen und Deutschen nicht völlig gleich sein werden. Wenn *konjunktur* auf Dänisch für die gesamte wirtschaftliche Aktivität stehen kann und nicht nur für Schwankungen, so wie es im Deutschen anscheinend der Fall ist, müsste eine höhere Frequenz des Wortes im Dänischen erwartet werden. Eine weitere Begründung für eine Erwartung unterschiedlicher Konzeptualisierungen wäre darüber hinaus unser Wissen aus der Metapherntheorie, dass Abstraktes je nach physischen, kulturellen und mentalen Erfahrungen konzeptualisiert wird.

3 Empirische Untersuchungen zum Begriff *Konjunktur*

In diesem Teil stelle ich das Untersuchungsmaterial sowie die Ergebnisse der Analysen dar.

3.1 Untersuchungsmaterial

Das empirische Material besteht aus gesammelten linguistischen Metaphern aus dem Bereich der Konjunktur. Die Beispiele stammen alle aus der so genannten Wirtschaftspresse, das heißt aus Zeitungen und Zeitschriften, die sich in journalistischer Weise mit Wirtschaftsangelegenheiten beschäftigen. Das deutsche Korpus wurde mit Hilfe von COSMAS II des Instituts für deutsche Sprache Mannheim (IDS) und das dänische mit Hilfe des Korpus 2000 sowie der dänischen Zeitungsspeicherbank InfoMedia zusammengestellt.[13] Kommunikativ muss von einer semi-professionellen Kommunikation gesprochen werden, bei der ein semi-professioneller Journalist als vermutlicher Sender und ein in Wirtschaftsangelegenheiten als Laie zu betrachtender Empfänger anzusetzen ist.[14]

Insgesamt wurden in beiden Sprachen ca. 500 einfache Lexemmetaphern gesammelt, d.h. dass alle Komposita außer Acht gelassen wurden. Da eine eigene Struktur von *Konjunktur* – wie wir oben gesehen haben – grundsätzlich nicht existiert, wurde die Gleichsetzung von zwei Wissensdomänen dadurch festgelegt, dass jedes Mal, wenn *Konjunktur* mit einem anderen Lexem auftrat, der Ausdruck registriert wurde. Diese linguistischen Metaphern wurden danach sehr grob in linguistische Standardmetaphern kategorisiert, bei welchen von der syntaktischen Form abgesehen wurde. In der Praxis bedeutete dies, dass Konstruktionen wie „*zur Belebung der Konjunktur*", „*um die Konjuktur zu beleben*" und „*die Konjunktur belebt sich*" nur als eine Metapher gezählt wurden. Die in diesem Zusammenhang verfolgte Vorgehensweise bestand aus einer von Pielenz (1993: 104f.) inspirierten *wenndann*-Ableitung, die introspektiv von mir durchgeführt wurde.[15] Dies erfolgte in der gewählten Weise, weil es mir in erster Linie um die Konzeptualisierungen ging, d.h. also um die konzeptuellen Metaphern, und nicht um die sprachlichen Erscheinungsformen. Der Übersetzer muss sich natürlich auch hiermit auseinandersetzen, da syntaktische Restriktionen und Unterschiede durchaus vorkommen.

Mit obenstehender Methode wurden insgesamt 150 *types* im Deutschen und 130 *types* im Dänischen gefunden und kategorisiert. Die kleine Varianz hinsichtlich der Anzahl könnte einen Unterschied in der Verbreitung des Begriffs in beiden Ländern widerspiegeln. Eine Suche von *konjunktur*[16] mit *Google* ergab am 11. August

---

[13] Der Suchzeitraum betrug ein halbes Jahr. Die Beispiele wurden den folgenden URLs entnommen: http://www.ids-mannheim.de (Korpus der geschriebenen Standardsprache, 15. August 2004); http://www.korpus2000.dk (15. August 2004); http://www.infomedia.dk (15. August 2004).

[14] Die Kommunikationssituationen für jede geäußerte Metapher können mit meiner Vorgehensweise nicht einzeln festgelegt werden. Ideosynkratische sowie sehr fachspezifische Metaphern können deswegen im Material vorkommen.

[15] Alle Arbeiten, die auf eine Kategorisierung von linguistischen Metaphern in mögliche Konzeptualisierungen zielen, sind von den Erfahrungen/Kategorien der kategorisierenden Person abhängig. Die Argumentation in dem genannten Fall würde folgendermaßen lauten: Wenn die Konjunktur wiederbelebt werden kann/sich wiederbeleben kann, dann muss die Konjunktur eine Person sein, da nur Organismen wiederbelebt werden können. Die daraus entstandenen Konzeptualisierungen wurden folgendermaßen notiert: „Die Konjunktur kann wiederbelebt werden".

[16] Durch die Suche mit Asterisken werden sowohl präfigierte als auch suffigierte Metaphern identifiziert.

2004 4.770 Beispiele im Dänischen und 256.000 Beispiele im Deutschen. Obwohl die wichtigste Erklärung für diese große Diskrepanz im Auftreten wahrscheinlich bei der unterschiedlichen Zahl von Dokumenten liegt, die in den Sprachen jeweils im WWW vorliegen, scheint der Unterschied trotzdem recht groß und könnte auf eine unterschiedliche Verbreitung deuten.

3.2 Resultate der empirischen Untersuchung

Die gefundenen *types* wurden gemäß den übergeordneten Sphären, der physischen, der sozialen und der mentalen, gegliedert. Es stellte sich bei dieser Kategorisierung aber heraus, dass die physische Sphäre außerordentlich dominant war. Es erscheint plausibel, davon auszugehen, dass *alle* sprachlichen Metaphern in den beiden Sprachen mit kleineren Ausnahmen grundsätzlich auf Erfahrungen aus der physischen Sphäre abgeleitet sind, nämlich aus unserer Erfahrung mit uns selbst als physischen Menschen, auf unserer Erfahrung mit der Natur, sowie auf unserer Erfahrung mit Entitäten, die sich bewegen oder als Maschinen vorkommen. Die grundlegende Konzeptualisierung in beiden Sprachen wird in Abbildung 1 dargestellt:

Abb. 1: Grundlegende Konzeptualisierungen von *Konjunktur* im Deutschen und im Dänischen

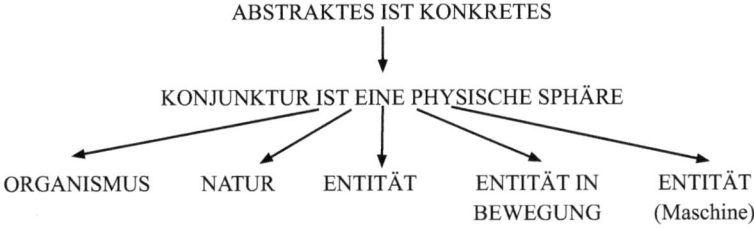

Unsere Vermutungen können also empirisch überprüft und gestützt werden, wenn die Beispiele des Korpus' zeigen, dass das abstrakte Phänomen *Konjunktur* ohne eine deutliche Struktur mit konkreteren Wissensdomänen konzeptualisiert wird. Es ist jedoch festzustellen, dass die Kategorisierungsproblematik ausgeprägt ist. Nehmen wir ein Beispiel wie „Die Konjunktur *hinkt hinterher*". Hier ist es schwer zu entscheiden, ob dieser Ausdruck in die Kategorie KONJUNKTUR IST EIN ORGANISMUS gehört oder eher in die Kategorie KONJUNKTUR IST EINE ENTITÄT IN BEWEGUNG. In diesen Fällen ist auf die bekannte Dichotomie zwischen buchstäblichem und nicht-buchstäblichem Gebrauch zurückgegriffen worden. So wurde das erwähnte Beispiel der ersten Kategorie zugeordnet, denn streng genommen können nur Lebewesen hinken, da das Hinken das Vorhandensein von zwei (oder mehr) Beinen voraussetzt.

Betrachten wir die Verteilung der Beispiele in untenstehender Abbildung 2, können wir feststellen, dass es zwischen den Kategorisierungen im Dänischen und im Deutschen fast keinen Unterschied gibt. In beiden Sprachen gibt es übrigens eine kleine nicht-kategorisierte Restgruppe. Die Metaphern in dieser Gruppe sind evaluierend, wie etwa „Die *gute* Konjunktur". Die Restgruppen umfassen im Dänischen (DK) 11 und im Deutschen (D) 14 Exemplare.

Abb. 2: Kategorisierungstoken in den Korpora (absolute Häufigkeit und Anteile in Prozent)

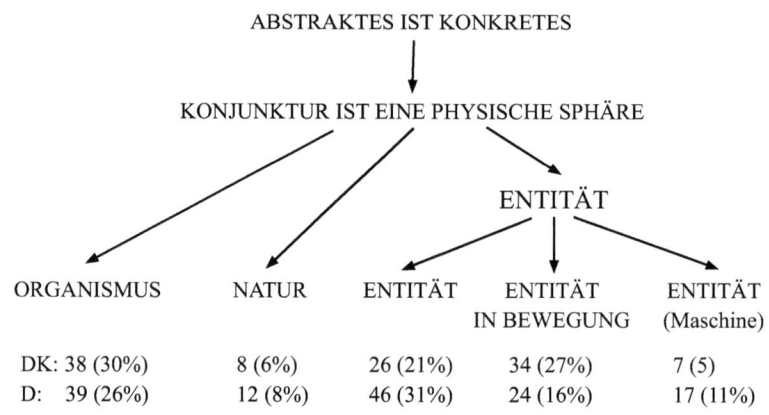

	ORGANISMUS	NATUR	ENTITÄT	ENTITÄT IN BEWEGUNG	ENTITÄT (Maschine)
DK:	38 (30%)	8 (6%)	26 (21%)	34 (27%)	7 (5)
D:	39 (26%)	12 (8%)	46 (31%)	24 (16%)	17 (11%)

Diese Ergebnisse legen die Vermutung nahe, dass der (mentale) Begriff *Konjunktur* im Deutschen und im Dänischen derselbe ist. Das müsste aber für den Übersetzer bedeuten, dass er grundsätzlich *Konjunktur* auf Dänisch mit denselben sprachlichen Ausdrücken wie auf Deutsch versehen könnte und umgekehrt. Wir wissen jedoch, dass dies nicht der Fall ist.

3.3 Erweiterte Analyse des Untersuchungsmaterials

Um dies erklären zu können, ist eine detailliertere Analyse nötig. Betrachten wir z.B. die Gruppe KONJUNKTUR IST EIN ORGANISMUS (siehe Anhang), so wird deutlich, dass sich die konkreten „Ausfüllungen" der Konzeptualisierungen in den beiden Sprachen voneinander unterscheiden. Einige der deutschen Versprachlichungen heben den „Gesundheitszustand" von Konjunktur hervor, weswegen davon gesprochen werden kann, dass etwas „*Gift für* die Konjunktur" sei oder „dass *sich* die Konjunktur *bessert*". Andere legen eher auf die Art und Weise Wert, wie sich eine Person bewegen kann (siehe auch unten). Diese Beobachtung legt nahe, mit einer weiteren Subkategorisierung zu arbeiten. Dadurch läuft man bei einer so relativ kleinen Anzahl von Metapherntypen allerdings Gefahr, dass die einzelnen Subgruppen zu klein werden, und dass die Analyse an Aussage- und Überzeugungskraft verliert. Die folgenden Bemerkungen müssten deshalb mit einem größeren Korpus überprüft werden, weshalb ich auch nur Tendenzen der Subkategorisierungen erwähne.

Bei einer Unterteilung der Kategorie KONJUNKTUR IST EIN ORGANISMUS in Subgruppen gemäß dem Kriterium, auf welchen Aspekt die Metapherntypen in Bezug auf Organismen Wert legen, ergeben sich gemäß Abbildung 3 deutliche Unterschiede im Dänischen und im Deutschen. Im Deutschen ist die Gruppe, in der die Existenz- und Lebensbedingungen eines Menschen/Organismus hervorgehoben werden, relativ groß. Dies äußert sich zum Beispiel in sprachlichen Metapherntypen wie die früher erwähnte „die Konjunktur *belebt sich*", „die Konjunktur *abwürgen*" und „die Konjunktur *vergiften*". Diese Gruppe ist im Dänischen sehr gering vertreten. Wo im Deutschen 16 der Beispiele der Gruppe angehören, gibt es im Dänischen nur fünf Beispiele in dieser Kategorie. Aufgrund der Untersuchungsmethode kann sogar nicht ausgeschlossen werden, dass einige der *tokens* Idiosynkrasien sind.

Dafür ist in derselben Hauptkategorie KONJUNKTUR IST EIN ORGANISMUS die dänische Subgruppe, in der der mentale Zustand eines Menschen versprachlicht wird, etwas größer als die entsprechende Gruppe im Deutschen, 16 gegenüber 7. Erwähnenswert ist z.b., dass Konjunktur im Dänischen *jemanden ärgern* (‚kan *være imod* nogen'), *jemandem trotzen* (‚kan *trodse* nogen') und *launenhaft sein* (‚*være lunefuld*') kann, was im deutschen Korpus nicht belegt ist. Schließlich gibt es in derselben Kategorie die erwähnte Subgruppe, bei der der Aspekt der Bewegung hervorgehoben wird. Sie ist in beiden Sprachen ungefähr gleich groß; der Unterschied liegt aber darin, dass im Deutschen eben die besondere Art und Weise, wie sich ein Lebewesen bewegen kann, fokussiert wird. Daher spricht man hier von „*hinkender* Konjunktur" und „*schleppender* Konjunktur", während die dänische Sprache nur auf das normale, gleichsam unmarkierte Gehvermögen abhebt und deswegen davon spricht, dass ‚sich die Konjunkturen annähern' (*konjunkturerne nærmer sig hinanden*) und dass ‚die Konjunktur in die richtige Richtung gehen kann' (*konjunkturen kan gå i den rigtige retning*). Die Unterschiede der Subgruppen sind in der Abbildung 3 ersichtlich:

Abb. 3: Subkategorisierung von Hauptkategorie KONJUNKTUR IST EIN ORGANISMUS

KONJUNKTUR IST EIN ORGANISMUS

	Existene/Lebensbedingungen	Bewegung	mentaler Zustand	physische Handlung/Kraft	Rest
DK:	5	5	16	8	4
D:	16	8	7	6	2

Eine ähnliche Tendenz sehen wir bei der größten Gruppe in beiden Sprachen mit der übergeordneten Gleichsetzung KONJUNKTUR IST EINE ENTITÄT; vgl. Abbildung 4:

Abb. 4: Subkategorisierung von Hauptkategorie KONJUNKTUR IST EINE ENTITÄT

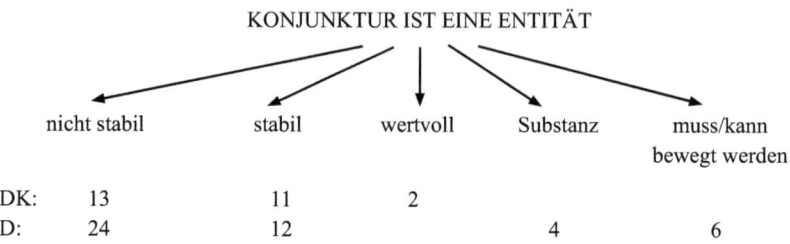

	nicht stabil	stabil	wertvoll	Substanz	muss/kann bewegt werden
DK:	13	11	2		
D:	24	12		4	6

Der Unterschied in den Subgruppen ist so zu beschreiben, dass im Deutschen eher versprachlicht wird, dass Konjunktur eine nicht stabile Entität ist, die zum Beispiel *zerbrechen* und *bröckeln* kann. Die Nicht-Stabilität im Dänischen bezieht sich eher auf eine Entität, die eben nicht ganz stabil ist, nicht auf eine Entität, die ihre Stabilität völlig verlieren kann und dadurch zu existieren aufhört. So können Konjunkturen im Dänischen ‚nachgeben' (*konjunkturerne give sig*) und ‚flach werden' (*udflades*). Beide Ausdrücke beziehen sich auf das Material, heben aber unterschiedliche Aspekte des Materials hervor. Der Unterschied erscheint vielleicht gering, aber aus der Sicht des Übersetzers ist es von großer Bedeutung, ob die Entität (d.h. die Konjunktur) noch existiert oder nicht. Die genannte Unstabilität äußert sich auch dadurch, dass es im Deutschen eine Subgruppe gibt, in der die Bewegbarkeit der Entität im Sinne von „kann/muss bewegt werden" hervorgehoben wird. So können die Konjunkturen im Deutschen „*aus der Rezession gezogen werden*" oder *einen „Stabilitätsschub erleben*",[17] was im Dänischen offensichtlich nicht der Fall ist. Eine andere – jedoch sehr kleine – Gruppe im Deutschen ist die Subgruppe, bei der die Entität deutlich als eine Substanz charakterisiert ist, was sprachliche Metaphern wie „die *überschäumende* Konjunktur" und „die Konjunktur *kühlt sich* immer *ab*" möglich macht. Schließlich soll erwähnt werden, dass deutsche Schreiber deutlich öfter als die dänischen die Entität als eine Maschine beschreiben. Die Hauptkonzeptualisierung KONJUNKTUR IST EINE EINTITÄT verteilt sich in Subgruppen, wie in Abbildung 4 (siehe oben) gezeigt.

---

[17] Dies ist übrigens ein interessantes Oxymoron. Wie kann etwas zu *Stabilität geschoben* werden?

4 Schlussbemerkung: Validität, Diskussion und Perspektivierung

Auch wenn die vorgelegte Untersuchung auf einem relativ kleinen Korpus beruht, können eine Reihe von Schlussfolgerungen gezogen werden: Es wurde einerseits festgestellt, dass die übergeordneten Konzeptualisierungen von *Konjunkur* im Dänischen und im Deutschen dieselben sind, dass aber andererseits die Subkategorisierungen divergieren. Die Unterschiede in letzterer Hinsicht beruhen wahrscheinlich auf historischen und kulturellen Ursachen und weniger auf verschiedenen Konzeptualisierungen. Da der Übersetzer sowohl Rezeptions- als auch Produktionskompetenz besitzen muss, befindet er sich in einer Situation, in der er in der Theorie über beide Einsichten verfügen , d.h. sowohl die übergeordneten als auch die untergeordneten Kategorisierungen kennen muss. Angesichts der Befunde bezüglich der Subkategorisierungen könnten beide Einsichten in der praktischen Übersetzungsarbeit von Nutzen sein. Wenn sich die Tendenzen, die wir in den Subkategorisierungen gesehen haben, in einem größeren Korpus bestätigen, würde der Übersetzer mit der vorgelegten Studie über eine brauchbare Basis in Bezug auf seine Beurteilung eventueller Übersetzungslösungen verfügen. Er würde – mit anderen Worten – vor dem Hintergrund der Untersuchung wissen, dass sich Sätze wie die oben in (1) und (2) gegebenen nicht direkt übersetzen lassen und alternative, den Konzeptualisierungen entsprechende Möglichkeiten erwägen können. Er würde in diesem Fall dazu im Stande sein, zwischen einer zielsprachlich orientierten oder einer ausgangssprachlich orientierten Übersetzung zu wählen. Dadurch hätte sich die Brauchbarkeit der Theorie für ihn in seiner praktischen Arbeit bewährt.

Eine naheliegende Frage ist im vorliegenden Zusammenhang natürlich, ob ein solches Unterfangen wie die hier skizzierte Vorgehensweise für einen Übersetzer überhaupt realistisch ist. Wenn alle Abstraktionen solche Unterschiede wie die hier dargelegten mit sich bringen, leuchtet es ein, dass die beschriebene Vorgehensweise für den *einzelnen* Übersetzer nicht zu realisieren ist; dies ändert jedoch nichts an der Tatsache, dass die Problemstellung aus einer übersetzungswissenschaftlichen und auf längere Sicht auch aus einer praktischen Perspektive durchaus untersuchenswert ist.

Von Interesse wäre ferner, in weiteren Arbeiten den *gattungsspezifischen* Metapherngebrauch und die *gattungsspezifischen* mentalen Metaphern zu berüchsichtigen, da viele Untersuchungen erstens darauf deuten, dass die Feststellung und die Beurteilung von Metaphern sehr kontextabhängig sind, und zweitens, dass die Verwendung von Metaphern von den unterschiedlichen Textgattungen abhängig ist. Die hier vorgelegte Untersuchungsmethodik ließe sich für diese Zwecke verwenden.

5 Quellen

5.1 Deutsch- und dänischsprachige Online-Korpora

http://www.ids-mannheim.de (Korpus der geschriebenen Standardsprache; letzter Zugriff: 15. August 2004).

http://www.korpus2000.dk (letzter Zugriff: 15. August 2004).

http://www.infomedia.dk (letzter Zugriff: 15. August 2004).

5.2 Dänischsprachige Nachschlagewerke und Lehrbücher

Andersen, Torben/Linderoth, Hans /Smith, Valdemar/Westergård-Nielsen, Niels (2002): Beskrivende dansk økonomi. Randers.

Børsens Økonomiske Leksikon (1978): København.

Dalgaard, Carl-Johan (2004): Konjunkturteori 1: Regulariteter og den statiske makromodel. www.econ.ku.dk/dalgaard/econ1.htm (letzter Zugriff: 15. August 2004).

Pedersen, Kurt et. al (2000): Økonomisk Teori i internationalt perspektiv. København. Jurist- og Økonomomforbundets Forlag.

Samfundsøkonomisk Minilex (2002). København. Nordisk Forlag.

5.3 Deutschsprachige Nachschlagewerke und Lehrbücher

Adam, Hermann (1973): Bausteine der Volkswirtschaftslehre. Köln.

Fröhlich, Thomas/Gertoberens, Klaus (1994): Der Wirtschaftsteil der Zeitung. Richtig gelesen und genutzt. München.

Herder Lexikon (1974): Freiburg. Verlag Herder.

Leksikon.org: http://www.leksikon.org (letzter Zugriff: 11. August 2004).

Wie funktioniert das? Wirtschaft heute (1999). Berlin.

Wikipedia: http://de.wikipedia.org/wiki/Konjunktur (letzter Zugriff: 10. August 2004).

6 Literatur

Andersen, Mette Skovgaard (2004): Metaforkompetence – en empirisk undersøgelse af semi-professionelle oversætteres metaforviden. København.

Bjørnland, Hilde Christiane (1998): Håpløse spådomme, bølgeteori og falske sykler. In: Socialeconomen 6, 18–27.

Brandt, Per Åge (1993): Cognition and the semantics of metaphor. In: Acta Linguistica Hafniensia 26, 5–21.

Dansk-Tysk Erhvervsordbog (2003): CD-ROM-Ausgabe. København.

Drewer, Petra (2003): Die kognitive Metapher als Werkzeug des Denkens. Tübingen.

Fauconnier, Gilles (1997): Mappings in thought and language. Cambridge.

Garre, Marianne (1999): Human rights in translation. København.

Gablers Wirtschaftslexikon (1988): 13. Ausgabe. Wiesbaden.

Glucksberg, Sam/Boaz, Keysar (1993): How metaphors work. In: Andrew Ortony (ed.): Metaphor and thought. Cambridge, 401–425.

Glucksberg, Sam/McGlone, Matthew (1999). When love is not a journey: What metaphors mean. In: Journal of Pragmatics 31, 1541–1558.

Grice, H. Paul (1989): Logic and conversation [1967]. In: H. Paul Grice: Studies in the way of words, 1–143. Cambridge, MA: Harvard University Press.

Hennet, Heidi/Alberto, Gil (1992): Kreative und konventionelle Metaphern in der spanischen Wirtschaftssprache der Tagespresse. In: Lebende Sprachen, 30–32.

Lakoff, George (1987): Women, fire, and dangerous things. Chicago.

Lakoff, George/Johnson, Mark (1980): Metaphors we live by. Chicago.

Lakoff, George (1993): The comtemporary theory of metaphor. In: Andrew Ortony (ed.): Metaphor and thought. Cambridge, 202–251.

McCloskey, Donald (1994): How economists persuade. In: Journal of economic methodology 1(1), 15–32.

Pielenz, Michael (1993): Argumentation und Metapher. Tübingen.

Ricoeur, Paul (1986): Die lebendige Metapher. München.

Schmitt, Christian (1988): Gemeinsprache und Fachsprache im heutigen Französisch. In: Hartwig Kalverkämper (Hg.): Fachsprachen in der Romania. Tübingen, 113–129.

Snell-Hornby, Mary et al. (1998): Handbuch Translation. Tübingen.

Steen, Gerard (1994): Understanding metaphor in literature. New York.

Stegu, Martin (1996): Die Metapher in der Sprache der Wirtschaft. In: Bernd Spillner (Hg.): Stil in Fachsprachen. Wien, 69–80.

Stålhammar, Mall (1997): Metaforernas mönster. Stockholm.

Sundbo, Jan (1995): Innovationsteori – to paradigmer. Gentofte.

Sweetser, Eve (1990): From etymology to pragmatics. Metaphorical and cultural aspects of semantic structure. Cambridge.

Turner, Mark/Gilles Fauconnier (1995). Conceptual integration and formal expression. In: Metaphor & symbolic activity 10(3), 183–204.

Tvede, Lars (1993): Dødsspiralen. Frederiksberg.

Weinrich, Harald (1976): Sprache in Texten. Stuttgart.

Widdowson, Henry (2000): On the limitations of linguistics applied. In: Applied linguistics 21(1), 3–25.

7 Anhang

7.1 Anhang I: Subkategorisierungen der Metapher KONJUNKTUR IST EIN ORGANISMUS

Deutsch	Dänisch
Konjunktur kann ... *Existenz- und Lebensbedingungen:* - vergiftet werden - erlahmt werden - sich bessern - gesünder werden - wiederbelebt werden - leben - lebendig sein - sterben - sich entwickeln - abgewürgt werden - atmen - wachsen - Impulse bekommen - fett werden - fit werden - eine Achillesferse haben *Bewegung:* - aus den Startlöchern kommen - sich dahinschleppen - hinterherhinken - hinken - hineinschlittern - Trab halten - laufen - andauern *Mentaler Zustand:* - angeregt werden - es gut gehen - etwas für wichtig finden - sich langweilen - ein Schmerzenskind haben - Stiefkind haben (→Organismus?) - beruhigt werden	Konjunktur kan ... *Existenz- und Lebensbedingungen:* - udvikle sig - være i bedring - være sløj - kan have ondt i X - forbedres *Bewegung:* - dykke - gå i den rigtige retning - nærme sig hinanden - komme ud af trit - være træg *Mentaler Zustand:* - være med - være imod - fornuftig - trist - forandre sig - kedelig - heldig - uheldig - uheldig

Deutsch	Dänisch
	- lunefuld - have luner - svigte - skuffe - lide under - stimulere - genere - trodse
Physische Handlung/Kraft: - stehen - gezügelt werden - lahmen - schwach sein - stark sein - hantieren	*Physische Handlung/Kraft:* - give ngn. ngt. - redde - kassere - være hård mod - stikke en kæp i hjulet - svag - stærk - pege i den rigtige retning

7.2 Anhang II: Subkategorisierung der Metapher
KONJUNKTUR IST EINE ENTITÄT

Deutsch	Dänisch
Konjunktur kann ... *Nicht stabil:* - gefährdet werden - beschädigt werden - (auf K.) ... eingewirkt werden - geschadet werden - beeinflusst werden - geschwächt werden - belastet werden - instabil sein - labil sein - gespalten sein - gestützt werden - unterstützt werden - ein Loch haben - einbrechen - gedrückt werden - gedämpft werden - schrumpfen	Konjunktur kan ... *Nicht stabil:* - afmattes - være mat - være svækket/svækkes - være halvslap - give sig - være usikker - manipuleres - udflades - dæmpes - udjævnes - punkteres - styrkes

Deutsch	Dänisch
- voller Luft sein - Schwachstellen haben - bröckeln - schlapp/schlaff sein - auf Sparflamme brennen - auf der Kippe stehen - festgehalten werden *Stabil:* - Eigentum sein - robust sein - steinhart sein - stabil sein - aufgefangen werden - geschäft werden - schwer sein - im Griff halten - abgebildet sein - gespürt werden - geteilt werden *Wertvoll:* *Substanz:* - überschäumen - abgekühlt werden - überhitzt sein - angeheizt sein *Muss/kann bewegt werden:* - angestoßen werden - geschubst werden - aus etw. gezogen werden - von einer Lokomotive bewegt werden - mitgetragen werden - aus dem Tal kommen	*Stabil:* - afspejles - se ud - være en støtte - være ngt. man er - underkastet - man hænge ngt. på - være eksponeret for - ngn. være sårbar overf. - ngn. være følsom – - hænge sm. med ngt. - have et billede af *Wertvoll:* - forvaltes - soldes op *Substanz:* - Ingen eksempler *Muss/kann bewegt werden:* - Ingen eksempler

Sind Prognosen in der Linguistik möglich?

Karl-Heinz Best (Göttingen)

1 Prognosen in der Linguistik
2 Zur Prognostizierbarkeit der Entwicklung von Fremdwörtern
3 Als Beispiel: Latein
4 Anglizismen im Deutschen: ein Sonderfall
5 Zu den Prognosemöglichkeiten
6 Nachtrag für Skeptiker
7 Literatur

1   Prognosen in der Linguistik

Der Beitrag befasst sich mit einem besonderen Typ linguistischen Wissens, der im Rahmen der Verständlichkeitsforschung zu beachten ist und damit auch zur Transferproblematik gehört: dem Gebrauch von Fremdwörtern und den Möglichkeiten einer Prognose ihrer Entwicklung. Groeben (1982) behandelt 3 Ebenen der Textverständlichkeit: Leserlichkeit, Lesbarkeit und Textverständlichkeit. Dabei betrifft Leserlichkeit die typographische Gestaltung von Texten, Lesbarkeit ihre stilistische und Textverständlichkeit ihre gesamte kognitive Organisation. Bezieht man sich auf dieses Konzept, so geht es im Folgenden genauer um einen Aspekt der Lesbarkeit. Die Lesbarkeit von Texten wird durch eine Reihe von Faktoren beeinflusst, wozu neben Wort- und Satzkomplexität (Best 2006) die Verwendung von mehr oder weniger geläufigem Wortschatz gehört, was nicht nur, aber eben auch die Verwendung von Fremdwörtern betrifft. Dass letztere tatsächlich ein Lesbarkeits- und damit zugleich ein Verständlichkeitsproblem darstellen, hat neuerdings die Endmark-Studie (2003) zum Verständnis von Anglizismen in der Werbung deutlich gemacht.

In diesem Zusammenhang ist nun auch die Frage bedeutsam, ob es Möglichkeiten gibt, die zukünftige Entwicklung von Fremdwörtern zu prognostizieren. Allgemeiner: Sind Prognosen in der Linguistik überhaupt möglich? Voraussetzung dafür sind mathematische Modelle, die es erlauben, Sprachwandelprozesse angemessen zu modellieren. Ein solches Modell gibt es (Altmann 1983: „Piotrowski-Gesetz"); in etlichen Arbeiten des „Göttinger Projekts zur Quantitativen Linguistik" wurde gezeigt, dass man damit auch die Ausbreitung von Fremdwörtern in der Vergangenheit erfassen kann (u.a. Best 2001, 2003c, 2004; Körner 2004). Es handelt sich in den meisten Fällen um das *Gesetz des logistischen Wachstums* (Tuldava 1998: 140), das sich bei allen hinreichend dokumentierten Entlehnungsprozessen in der Form $p_t = \dfrac{c}{1 + ae^{-bt}}$ vielfach bewährt hat.

Damit ist aber noch nicht klar, was die Frage nach den Möglichkeiten linguistischer Prognosen in diesem Zusammenhang soll. Zu diesem Zweck sei darauf hingewiesen, dass man unter „Prognose" mindestens zwei unterschiedliche Aspekte verstehen kann:

1. Es gibt so etwas wie eine synchron ausgerichtete Prognose, auch wenn das zunächst befremdend wirken mag. Wenn man sich aber einmal vorstellt, dass zwischen verschiedenen Eigenschaften des Sprachsystems oder auch seiner Verwendung bekannte funktionale Beziehungen bestehen, ein Wissen, das spätestens mit Köhlers bahnbrechender Arbeit zur linguistischen Synergetik (Köhler 1986) Eingang in die Linguistik gefunden hat, und wenn dann noch für diese funktionalen Beziehungen erprobte mathematische Modelle zur Verfügung stehen, wie dies ja tatsächlich seit Köhlers Untersuchung der Fall ist, so kann man sagen: Wenn einige sprachliche Eigenschaften hinsichtlich ihres Ausprägungsgrades bekannt sind, dann ist es möglich, die Ausprägung anderer Eigenschaften zu berechnen; man muss sie nicht auch noch durch Erhebungen feststellen. Die Linguistik ist damit heute so weit, in einem gewissen Maße das Programm, das von der Gabelentz (1894; Best 2005) entwickelte, zu verwirklichen:

> [... A]us einem Dutzend bekannter Eigenschaften einer Sprache müsste man mit Sicherheit auf hundert andere Züge schliessen können; die typischen Züge, die herrschenden Tendenzen lägen klar vor Augen (von der Gabelentz 1994: 7).

Einschränkend muss gesagt werden: Es sind die funktionalen Zusammenhänge zwischen einigen, aber noch längst nicht zwischen hunderten von Eigenschaften bekannt. Man könnte diesen Aspekt als „synchrone Prognose" ansprechen; meine Argumentation zur Unterstützung der Lesbarkeitsformeln (Best 2006) beruft sich genau auf diese synchrone Prognosefähigkeit.

2. Natürlich denkt man aber bei „Prognose" vor allem in einer zeitlichen Perspektive: Kann man, ausgehend vom derzeitigen Zustand, etwas über zukünftige Ereignisse oder Zustände aussagen? Aufgrund der allgemein bekannten Prognosen zur wirtschaftlichen Entwicklung oder zum Wählerverhalten wird man geneigt sein, solchen Versuchen mit großer Skepsis zu begegnen. Sind also solche Prognosen „für die Katz"? Warum werden sie dann aber dennoch immer wieder betrieben, und das oft mit einem großen Aufwand? Und wozu das alles womöglich auch noch in der Linguistik?

Die Antwort kann nur lauten: Menschen machen sich immer wieder Gedanken über Zukünftiges. Man kann dies rein spekulativ oder unter Bezug auf bekannte Gesetzmäßigkeiten tun, um die beiden Pole solcher Bemühungen zu benennen. Prognosen eröffnen uns Handlungsperspektiven. Auch wenn es nicht so ganz offensichtlich ist, kann man feststellen, dass das Transferkolloquium seine Berechtigung daraus schöpft, dass es der Frage nachgeht, was man tun kann oder soll, um die Verständigung zwischen gesellschaftlichen Gruppen zu verbessern. Dies geschieht aber vor dem Hintergrund der unausgesprochenen Frage, wie es sich entwickeln würde, wenn man sich hierzu keine Gedanken machte. Wenn man begründete Vermutungen darüber hat, wie sich etwas entwickeln wird, kann man darüber nachdenken, ob diese erwartbare Tendenz erwünscht ist, und wenn nicht, ob man mit Aussicht auf Erfolg eingreifen kann.

Mit einigen Hinweisen aus der Linguistik: Bekannt sind die Klagelieder über den Verfall der Muttersprache ebenso wie die über die Überfremdung durch Entlehnungsprozesse, meist aus der Rückschau gewonnen und ganz selbstverständlich in die Zukunft projiziert. Ich habe den Eindruck, dass dabei oft vermutet wird, dass eine einmal eingetretene Entwicklung sich im Laufe der Zeit immer mehr beschleunigt. Eine solche Vorstellung exponentiellen Wachstums scheint in der Gesellschaft weit verbreitet zu sein. Sie ist sogar richtig, aber nur für die Anfangsphasen von Prozessen, nicht für deren gesamten Ablauf, wie etwa Tuldava (1998: 136ff.) am Beispiel des Wachstums des estnischen Lexikons nachwies. Ganz entsprechend wird auch in der Populationsdynamik exponentielles Wachstum allenfalls in der Anfangsphase erwartet (Wehner/Gehring 1990: 521). Begrenzungsfaktoren sorgen stattdessen für ein logistisches Wachstum, das also irgendwann an seine Grenzen kommt. Zusätzlich lassen sich auch noch rückläufige Prozesse beobachten, in der Linguistik etwa im Falle von Wortschatzverlusten (Best 2003d: 117), die der Form nach den logistischen Modellen gleichen, nur dass bei einem der Parameter ein umgekehrtes Vorzeichen einzusetzen ist.

Eine grundsätzliche Skepsis gegenüber allen Prognosen ist berechtigt, wie uns die bereits erwähnten Vorhersagen in Politik und Wirtschaft zeigen. Die Probleme sind aber nicht in allen Lebensbereichen gleicher Natur. Das Versagen von Prognosen in der Politik, etwa bei Wahlvorhersagen, liegt sicher daran, dass eine Grundvoraussetzung nicht gewährleistet werden kann: Über die Zukunft lässt sich dann etwas aussagen, wenn die vergangene Entwicklung einfach fortgeschrieben werden kann. Das geht aber nur, wenn ein klarer Trend vorliegt und die Faktoren, die diesen Trend beeinflussen können, in Umfang und Auswirkung bekannt sind. Nun unterliegen wirtschaftliche und politische Prozesse einer Vielzahl von Einflussfaktoren und man darf bezweifeln, dass diese alle hinreichend bekannt sind. Ähnlich ist es in der Linguistik: Man kann kurzfristige ebenso wie sehr langfristige Prozesse beobachten; sie unterliegen Einflüssen, die nicht immer kontrollierbar sind. Die Bevorzugung bestimmter Vornamen z.B. ist ein Prozess, der oft nur wenige Jahre andauert; Entlehnungen oder strukturelle Umgestaltungen in der Morphologie dagegen währen oft hunderte von Jahren, in Einzelfällen sind sie über mehr als 1000 Jahre zu beobachten, z.B. der Abbau der starken Verben im Deutschen.

2 Zur Prognostizierbarkeit der Entwicklung von Fremdwörtern

Wenn man die Frage danach, ob sich sprachliche Entwicklungen tatsächlich prognostizieren lassen, nicht rein spekulativ beantworten möchte, kann man einen empirisch sichereren Weg wählen: Für etwa 10 Sprachen, aus denen das Deutsche in größerem Umfang Wörter entlehnt hat, ist demonstriert worden, dass diese Prozesse entsprechend dem angegebenen Modell abgelaufen sind (Best/Altmann 1986; Körner 2004). Bei Entwicklungen, für die viele Messpunkte erarbeitet wurden, kann man dann einmal die Daten für den letzten oder auch einige der letzten Zeitabschnitte löschen, auf die so reduzierten Daten das gleiche Modell anwenden und prüfen, ob die ja bekannten Ergebnisse der letzten Zeitpunkte auf diese Weise vorhergesagt werden können. In Best (2003c: 20) wurde dieser Versuch für das Französische einmal unternommen. Es zeigte sich, dass die Zahl der Entlehnungen etwas überschätzt wurde, wenn man den Zielwert des Prozesses berechnet, indem man die bekannten Werte des 20. bzw. des 19. und 20. Jahrhunderts auslässt. Diesen Effekt kann man den puristischen Bemühungen des 19. und 20. Jahrhunderts zuschreiben. Anders bei Entlehnungen aus dem Russischen (Best 2003a): Eine Prognose sagt weniger Übernahmen für das 20. Jahrhundert voraus, als in den Wörterbüchern verzeichnet sind, vermutlich eine Folge der politischen Verhältnisse im 20. Jahrhundert. Es ist natürlich zu fragen, ob man solche Effekte nicht angemessen in seine Prognosen einbeziehen kann; man müsste sie dann aber auch vorhersehen können.

3 Als Beispiel: Latein

Das Deutsche hat ausweislich der einschlägigen Wörterbücher von keiner Sprache mehr Wortschatz übernommen als vom Lateinischen. Die Entlehnungen aus dieser Sprache sind damit besonders geeignet, um Prognosemöglichkeiten zu überprüfen. Ich benutze dazu die Daten von Körner (2004: 32f.), die aktuellsten Daten, die derzeit zur Verfügung stehen. Datengrundlage dieser Untersuchung ist *Duden. Herkunftswörterbuch* (2001).

Tabelle 1 gibt Auskunft darüber, welche Entwicklung der Entlehnungen aus dem Lateinischen beobachtet wurde und außerdem darüber, welche Entwicklung zu erwarten gewesen wäre, wenn man die bekannten Daten des 20. bzw. des 19. und 20. Jahrhunderts auslässt und dann das Modell anwendet. Man muss dazu nur die Werte für den Parameter c betrachten, der angibt, auf welchen Zielwert der beobachtete Prozess hinsteuert. Das Ergebnis ist fast dasselbe wie beim Französischen: Die Prognose sagt um so mehr Fremdwörter voraus, je mehr Jahrhunderte man bei der Berechnung unberücksichtigt lässt. Der Effekt ist jedoch nicht so stark wie beim Französischen. Der Grund für die Überschätzung der tatsächlichen Entwicklung dürfte ebenfalls in den Purismusbestrebungen zu sehen sein, die sich aber beim

Lateinischen nur geringfügig bemerkbar machen.

Da das Lateinische seit sehr langer Zeit Quell von Übernahmen ins Deutsche war, kann man die Versuche noch weiter treiben: Lässt man die Daten des 18.-20. Jahrhunderts aus, erhält man eine Prognose von 2569.29 Übernahmen ($D = 97.92$); ohne die Daten des 17.-20. Jahrhunderts kommt man auf eine völlig unsinnige Prognose von 442763172 lateinischen Fremdwörtern ($D = 97.73$). Keiner Sprache werden so viele Wörter insgesamt zugebilligt (Best 2003d: 13ff.). Spätestens bei diesem letzten Fall wird deutlich, dass Prognosen Grenzen gesetzt sind, auch wenn das Modell immer noch funktioniert.

Tab. 1: Prognose der Entwicklung der Latinismen im Deutschen

Jhd.	t	Entleh- nungen beobachtet	Entleh- nungen kumuliert	Entlehnungen berechnet	Entlehnungen berechnet (ohne 20. Jhd.)	Entlehnungen berechnet (ohne 19./20. Jhd.)
8.	1	2	2	6.57	8.09	9.69
9.	2	1	3	13.92	16.58	19.23
10.	3	1	4	29.40	33.82	38.03
11.	4	264	268	61.57	68.42	74.61
12.	5	2	270	126.86	136.24	144.13
13.	6	20	290	252.95	263.03	270.63
14.	7	57	347	474.91	480.61	483.49
15.	8	412	759	808.46	804.16	798.53
16.	9	533	1292	1207.09	1195.68	1186.26
17.	10	256	1548	1571.39	1566.69	1568.22
18.	11	309	1857	1831.26	1845.18	1870.28
19.	12	144	2001	1985.66	2019.82	-
20.	13	30	2031	2067.63	-	-
				$a = 692.6991$ $b = 0.7546$ $c = 2146.2605$ $D = 99.21$	$a = 561.4503$ $b = 0.7207$ $c = 2218.6857$ $D = 99.06$	$a = 475.4231$ $b = 0.6899$ $c = 2320.0375$ $D = 98.70$

Der Determinationskoeffizient D zeigt eine um so bessere Anpassung des Modells an die Beobachtungen an, je mehr er sich dem Wert 1.00 annähert.

4   Anglizismen im Deutschen: ein Sonderfall

Es wurde bereits mehrfach gezeigt, dass Anglizismen sich im Deutschen ebenfalls entsprechend dem logistischen Gesetz ausbreiten (Best/Altmann 1986; Best 2003c; Körner 2004). Insofern unterscheidet sich der Prozess der Entlehnung nicht grundsätzlich von dem, der die Übernahme von Wörtern aus anderen Sprachen betrifft. Also sollte es möglich sein, sich auch für diesen Aspekt des deutschen

Wortschatzes der gleichen Methoden zu bedienen. Körner (2004: 47) zeigt jedoch einen Unterschied: Die Anglizismen nehmen im 20. Jahrhundert stärker zu als in den vorhergegangenen Entwicklungsphasen des Deutschen, während Entlehnungen aus dem Lateinischen und Französischen nur noch eine geringe Rolle spielen. Tabelle 2 gibt einen Überblick über die beobachtete Entwicklung und zeigt die prognostizierten Werte, die sich einstellen, wenn man wieder die bekannten Daten des letzten oder der beiden letzten Jahrhunderte auslässt.

Tab. 2: Prognose der Entwicklung englischer Entlehnungen im Deutschen

Jhd.	t	Entleh-nungen beobachtet	Entleh-nungen kumuliert	Entlehnungen berechnet	Entlehnungen berechnet (ohne 20. Jhd.)	Entlehnungen berechnet (ohne 19./20. Jhd.)
11.	1	1	1	0.01	0.00	0.00
12.	2	0	1	0.03	0.00	0.00
13.	3	0	1	0.10	0.01	0.01
14.	4	0	1	0.37	0.05	0.08
15.	5	0	1	1.38	0.31	0.44
16.	6	2	3	5.17	2.07	2.42
17.	7	10	13	19.12	13.39	13.30
18.	8	60	73	68.29	72.94	72.97
19.	9	143	216	217.23	216.01	-
20.	10	303	519	518.86	-	-
				$a = 562522.44$ $b = 1.3222$ $c = 1047.4253$ $D = 99.97$	$a = 14461917$ $b = 1.9039$ $c = 328.9508$ $D = 99.99$	$a = 2176444000000$ $b = 1.7026$ $c = 192888645$ $D = 99.90$

Die beiden Graphiken 1 und 2 zu Tabelle 2 veranschaulichen dies:

Graphik 1 zu Tab. 2: Die Entwicklung der Anglizismen im Deutschen (11.-20. Jahrhundert)

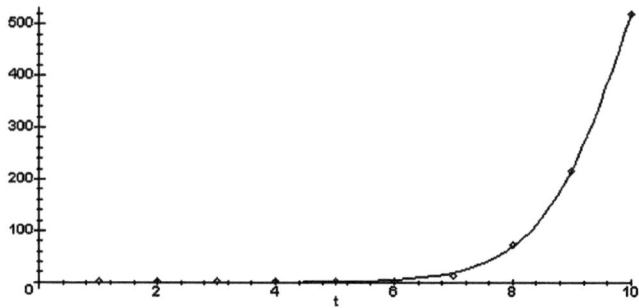

Graphik 1 zeigt den beobachteten Verlauf der Entlehnungen und die hervorragende Übereinstimmung mit dem Modell.

Graphik 2 zu Tab. 2: Berechnete Trends der Entwicklung der Anglizismen im Deutschen

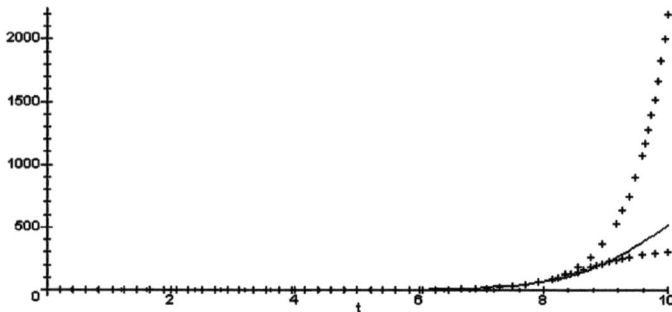

Die mittlere, durchgezogene Linie entspricht derjenigen in Graphik 1 zu Tabelle 2 (s.o.); sie gibt den Verlauf mit dem Zielwert $c = 1047$ wieder. Die obere Kreuz-Linie zeigt den berechneten Verlauf, der sich ergibt, wenn man die Daten für das 19. und 20. Jahrhundert auslässt; die untere Kreuz-Linie erhält man ohne die Daten für das 20. Jahrhundert.

Die Untersuchung der Anglizismen zeigt, dass die Prognosen sich von denen der Latinismen erheblich unterscheiden: Die Werte für den Parameter c, der den Zielwert des Prozesses angibt, ändern sich bei den Anglizismen dramatisch, wenn man die Daten für das 20. oder gar für das 19. und 20. Jahrhundert weglässt. Das hat offenbar damit zu tun, dass der Prozess der Ausbreitung von Anglizismen im Deutschen noch lange nicht in seine Endphase eingetreten ist wie im Fall des Französischen, Lateinischen und Russischen, sondern dass er sich irgendwo im Bereich des Wendepunktes der berechneten Trends befindet, ohne dass man derzeit entscheiden kann, ob dieser Wendepunkt noch bevorsteht, schon erreicht oder bereits überschritten ist.

5 Zu den Prognosemöglichkeiten

Die bisherigen Simulationen zeigen, dass einigermaßen gute Prognosen dann möglich zu sein scheinen, wenn man sich auf relativ kurze künftige Entwicklungen beschränkt und wenn ein Prozess seinen Wendepunkt erkennbar überschritten hat. Womöglich lassen sich auch einmal erwartbare hemmende oder fördernde Faktoren in die Prognosen einbeziehen. So scheinen mir Prognosen für die Ausbreitung von französischen, lateinischen und russischen Wörtern im Deutschen für das gerade begonnene und vielleicht auch das folgende Jahrhundert nicht allzu gewagt zu sein.

Bei den Anglizismen stellt sich ein spezielles Problem: Modelliert man die bisherige Entwicklung, so ist nicht erkennbar, wo der Wendepunkt des Prozesses anzunehmen ist. Falls der Wendepunkt im 20. Jahrhundert erreicht sein sollte, hieße dies, dass für die nächsten Jahrhunderte noch mit einem starken, wenn auch allmählich abnehmenden Zuwachs zu rechnen ist, selbst bei starken puristischen Bemühungen. Es erscheint nicht als sinnvoll, einen Zielwert des Prozesses anzugeben, auch wenn man ihn ohne Probleme errechnen kann. Sollte der Wendepunkt des Prozesses erst noch bevorstehen, geriete eine Prognose in noch stärkerem Maße zu purer Spekulation.

Bei der Erörterung von Prognosemöglichkeiten ist aber noch ein weiterer Aspekt zu berücksichtigen: Es sind Sprachwandel bekannt, die reversibel verlaufen. So hat die e-Epithese bei deutschen Verben (*flohe, sahe*) zuerst zu- und dann wieder abgenommen (Imsiepen 1983); dasselbe ist bei der Entwicklung der Satzlänge in bestimmten Sprachstilen des Deutschen zu beobachten (Best 2002). Auch der umgekehrte Fall wurde beobachtet: Bei der Kennzeichnung der Vokallänge entfernte sich die Schreibung in ostmitteldeutschen Bibel-Texten zunächst von der hochdeutschen Norm, um sich ihr dann wieder anzunähern (Best 2003b). Auch solche Prozesse folgen einer Variante des Piotrowski-Gesetzes.

Ob ein Prozess reversibel ist oder nicht, lässt sich erst erkennen, wenn der Höhe- oder Tiefpunkt deutlich, d.h. um mehrere Messpunkte, überschritten ist. Auch dies spricht dafür, Prognosen allenfalls für ein bis zwei zusätzliche Messpunkte in Betracht zu ziehen.

Bei all diesen Überlegungen wurde ein Grundproblem noch gar nicht thematisiert: die Frage nach der Repräsentativität der zugrunde gelegten Daten. Kann man *Du-*

den. Herkunftswörterbuch (2001) als repräsentativ für den deutschen Wortschatz auffassen? Oder, wenn man lieber Textauswertungen für Prognosen nutzen möchte: Kann man Untersuchungen zum Gebrauch von Amerikanismen in der deutschen Presse (Best 2003e) oder von Anglizismen generell in *Der Spiegel* (Müller-Hasemann 1983; Best 2003c: 11) und in der Werbesprache (Müller-Hasemann 1983; Schütte 1996; Best 2003c: 12) als repräsentativ für die Entwicklung des deutschen Sprachgebrauchs betrachten? Eine Fülle von Untersuchungen, von denen etliche in Best (2003c: 13-18) zusammengestellt und getestet wurden, spricht eher dagegen. Die Daten unterscheiden sich in verschiedenen Themenbereichen erheblich.

Trotz dieser Schwierigkeiten wird man versucht sein, sich ein Bild zukünftiger Entwicklungen zu verschaffen. Es ist dabei aber notwendig, dass man sich der angeführten Probleme bewusst ist, um keine vorschnellen Schlüsse zu ziehen.

Um ein vorläufiges Resümee zu ziehen: Wenn nur Daten wie im Falle der Entlehnungen aus dem Englischen zur Verfügung stünden, müsste man die Möglichkeit, sprachliche Prozesse zu prognostizieren, sehr in Zweifel ziehen. Betrachtet man aber die vielen anderen Sprachwandel, bei denen sich die Trends deutlich abzeichnen und gelegentliche Differenzen zwischen Modell und Beobachtung begründen lassen, gibt es keinen Grund, Prognosen in der Linguistik grundsätzlich zu verwerfen. Kurz: Prognosen sind auch in der Linguistik möglich; dabei ist es immer sinnvoll, einige Vorsicht walten zu lassen und die Einzelfälle mit ihren besonderen Gegebenheiten zu berücksichtigen. Man kann sich mit dieser Auffassung auch auf Piotrowski/ Bektaev/Piotrowskaja (1985: 125ff.) stützen, die die Möglichkeit erörtern, das Wachstum von „wissenschaftlich-technischen Terminologien" vorherzusagen, und sich in diesem Zusammenhang mit den mathematischen Verfahren befassen, aber offensichtlich weder Sinn noch Möglichkeit von Prognosen in Frage stellen. Eine gegenteilige Auffassung findet man bei Keller (1990), der ausführt:

> Invisible-hand-Theorien haben keinen prognostischen Wert [...] Der Grund liegt in der Nicht-Prognostizierbarkeit der Prämissen (ebd.: 100).

Stattdessen gesteht er „Trendextrapolationen" zu, meint aber, es bestehe „wenig praktischer Bedarf an linguistischen Prognosen" (ebd.). Dem darf man wohl entgegen halten, dass Sprachpfleger ebenso wie die Öffentlichkeit sich immer wieder recht heftig zu Trends äußern, die sich im Sprachgebrauch abzeichnen.

6 Nachtrag für Skeptiker

Die Linguistik hat mit den Prognosen ein Problem, das sich in vielen anderen Feldern ebenso stellt. Dazu ein Auszug aus einem SPIEGEL-Gespräch mit Jörg Dräger, Hamburger Wissenschaftssenator (DER SPIEGEL 37/ 2004: 162-166; Zitat S. 162).

DER SPIEGEL fragt, bezogen auf die für Hamburg geplanten Maßnahmen:

SPIEGEL: Woher wollen Sie wissen, wie viele Ingenieure oder Historiker man im Jahr 2012 brauchen wird? Solche Prognosen haben sich schon in der Vergangenheit fast immer als falsch erwiesen.

Dräger: Was ist denn die Alternative? Gar nicht zu planen ist verantwortungslos. Wir nehmen die bestmögliche Methode und überprüfen unsere Methode alle drei bis vier Jahre. Es ist doch zum Beispiel bekannt, in welchen Berufsgruppen in den nächsten Jahren viele Akademiker in den Ruhestand gehen und welche Berufsfelder sich derzeit besonders stark entwickeln.

Das Dilemma ist also ubiquitär. Leider kann man für die Linguistik nicht versprechen, dass die Methoden zur Erstellung von Prognosen alle 3–4 Jahre überprüft und nach Möglichkeit verbessert werden.

7 Literatur

Altmann, Gabriel (1983): Das Piotrowski-Gesetz und seine Verallgemeinerungen. In: Karl-Heinz Best/Jörg Kohlhase (Hg.). Exakte Sprachwandelforschung. Göttingen, 54–90.

Best, Karl-Heinz (2001): Wo kommen die deutschen Fremdwörter her? Göttinger Beiträge zur Sprachwissenschaft 5, 7–20.

Best, Karl-Heinz (2002): Satzlängen im Deutschen: Verteilungen, Mittelwerte, Sprachwandel. Göttinger Beiträge zur Sprachwissenschaft 7, 7–31.

Best, Karl-Heinz (2003a): Slawische Entlehnungen im Deutschen. In: Rusistika · Slavistika · Lingvistika. Festschrift für Werner Lehfeldt. Hrsg. von Sebastian Kempgen, Ulrich Schweier und Tilman Berger. München, 464–473.

Best, Karl-Heinz (2003b): Spracherwerb, Sprachwandel und Wortschatzwachstum in Texten. Zur Reichweite des Piotrowski-Gesetzes. In: Glottometrics 6, 9–34.

Best, Karl-Heinz (2003c): Anglizismen – quantitativ. In: Göttinger Beiträge zur Sprachwissenschaft 8, 7–23.

Best, Karl-Heinz (2003d): Quantitative Linguistik. Eine Annäherung. 2., überarbeitete und erweiterte Auflage. Göttingen.

Best, Karl-Heinz (2003e): Wie verläuft Sprachwandel? In: Naukovyj Visnyk Cernivec'koho Universytetu. Vypusk 155. Serija „Germans'ka filolohija", 86–94.

Best, Karl-Heinz (2004): Das Fremdwort aus der Sicht der Quantitativen Linguistik. In: Sigurd Wichter/Gerd Antos (Hg.): Theorie, Steuerung und Medien des Wissenstransfers (= Transferwissenschaften 5). Frankfurt a.M., 89–99.

Best, Karl-Heinz (2005): Georg von der Gabelentz (1840–1893). In: Glottometrics. 9, 77–79.

Best, Karl-Heinz. 2006. Sind Wort- und Satzlänge brauchbare Kriterien der Lesbarkeit von Texten? In: Sigurd Wichter/Albert Busch (Hg.): Wissenstransfer – Erfolgskontrolle und Rückmeldungen aus der Praxis. Frankfurt a.M.

Best, Karl-Heinz/Altmann, Gabriel (1986): Untersuchungen zur Gesetzmäßigkeit von Entlehnungsprozessen im Deutschen. In: Folia Linguistica Historica 7, 31–41.

Duden (2001): Herkunftswörterbuch. Etymologie der deutschen Sprache. 3., völlig neu bearbeitete und erweiterte Auflage. Mannheim/Leipzig/Wien/Zürich.

Endmark (2003): Englisch-sprachige Claims in Deutschland. Eine Untersuchung zur Verständnisfähigkeit. Sommer 2003. Durchgeführt von der ENDMARK International Namefinding AG, Köln. Zusammenfassung der Ergebnisse.

Gabelentz, Georg von der (1894): Hypologie [= Typologie; K.-H.B.] der Sprachen, eine neue Aufgabe der Linguistik. Indogermanische Forschungen 4, 1–7.

Groeben, Norbert (1982): Leserpsychologie: Textverständnis – Textverständlichkeit. Münster, 173–218.

Imsiepen, Ulrike (1983): Die e-Epithese bei starken Verben im Deutschen. In: , Karl-Heinz Best/Jörg Kohlhase (Hg.): Exakte Sprachwandelforschung. Göttingen, 119–141.

Keller, Rudi (1990): Sprachwandel. Tübingen.

Köhler, Reinhard (1986): Zur linguistischen Synergetik: Struktur und Dynamik der Lexik. Bochum.

Körner, Helle (2004): Zur Entwicklung des deutschen (Lehn-)Wortschatzes. In: Glottometrics 7, 25–49.

Müller-Hasemann, Wolfgang (1983): Das Eindringen englischer Wörter ins Deutsche ab 1945. In: Karl-Heinz Best/Jörg Kohlhase (Hg.): Exakte Sprachwandelforschung. Göttingen, 143–160.

Piotrowski, R.G./K.B. Bektaev/A.A. Piotrowskaja (1985 [russ. 1977]): Mathematische Linguistik. Bochum.

Schütte, Dagmar (1996): Das schöne Fremde. Anglo-amerikanische Einflüsse auf die Sprache der deutschen Anzeigenwerbung. Opladen.

Tuldava, Juhan (1998): Probleme und Methoden der quantitativ-systemischen Lexikologie. Trier.

Wehner, Rüdiger/Gehring, Walter (1990): Zoologie. 22., völlig neu bearbeitete Auflage. Stuttgart/New York.

Für weitere Informationen: http://wwwuser.gwdg.de/~kbest.

**III. Der praktische Umgang mit Wissen
in unterschiedlichen Domänen
und Probleme seiner Vermittlung**

„Bilder der Wissenschaft":
Der Beitrag populärwissenschaftlicher Zeitschriften im Wissenstransfer

Silke Dormeier (Köln)

1 Einleitung
2 Datenbasis
3 Analysemethoden
4 Ergebnisse
5 Fazit und Ausblick
6 Quellen
7 Literatur

1 Einleitung

Tagtäglich gewinnen Wissenschaftler an Erkenntnissen und erzeugen neues Wissen. Vieles davon ist auch für Laien relevant und interessant. Zunächst werden die Zusammenhänge in Fachzeitschriften auf einem hohen sprachlichen Level wiedergegeben, weil die Kollegen die Zielgruppe bilden. Um den sprachlichen Spagat zwischen Professoren und einfachen Laien zu vermeiden, und somit Wissenschaft für Nicht-Wissenschaftler durchsichtiger und verstehbarer zu machen, werden drei Instanzen benötigt, die die Informationsbedürfnisse auf Seiten der Rezipienten befriedigen. Wissensfachleute, die genaueste Kenntnisse eines Spezialgebietes besitzen, Sprachfachleute, die über Fertigkeiten in der sprachlich-didaktischen Umsetzung von Sachwissen verfügen und Wissenstransferfachleute (z.B. Wissenschaftsjournalisten), die umfangreiche Qualifikationen in beiden Fertigkeitsbereichen aufweisen.

Welche Instanz gegenwärtig am ehesten dazu prädestiniert ist, den Wissenstransfer erfolgreich umzusetzen, kann nicht entschieden werden. Spillner weist darauf hin, dass nicht einmal geklärt ist, ob korrekte Informationen oder sprachlich verständliche Vermittlung leichter zu gewährleisten sind (vgl. Spillner 1994: 91f.). Fluck merkt kritisch an, dass es undemokratisch sei, wenn aufgrund fachsprachlicher Verstehensschwierigkeiten die Öffentlichkeit keinen Zugang zu wissenschaftlichen Informationen erhält (vgl. Fluck 1996: 39).

Anhand von 17 Artikeln aus den populärwissenschaftlichen Magazinen *Spektrum der Wissenschaft* (*Spek*), *Bild der Wissenschaft* (*BdW*) und *GEO* soll die Arbeit von

Wissenschaftsjournalisten näher betrachtet werden. Wissenschaftsjournalisten sind beauftragt, der Öffentlichkeit wissenschaftliche Informationen zu vermitteln. Sie sind dazu aufgerufen, neben der Informationsvermittlung auch die Inhalte für die Öffentlichkeit „zu übersetzen", um ein Verständnis zu ermöglichen (vgl. Dormeier 2006: 125ff.). Ob sie diese Zielsetzung erfüllen, soll mit Hilfe einer computerunterstützten Textanalyse untersucht werden.

2 Datenbasis

Printmagazine weisen bei der Popularisierung wissenschaftlicher Informationen eine lange Tradition auf. Bei der Umgestaltung von Fachtexten wird versucht, die Thematik und die Wissenschaftssprache möglichst verständlich für die Rezipienten zu übersetzen. Für diese populärwissenschaftliche Übersetzung stehen den Journalisten verschiedene Strategien und Verfahren zur Verfügung (u.a. die thematische Reduktion und Linearisierung, die Visualisierung und das Auflösen der Informationsdichte).

Zum Zweck der vorliegenden Untersuchung werden Artikel aus drei populärwissenschaftlichen Magazinen, *Spek*, *BDW* und *GEO*, zum Thema *Klimawandel* aus den Jahren 1998 – 2002 untersucht. Insgesamt umfasst dieses Korpus *Klima* 17 Artikel mit 39.742 Belegen und 8.423 Formen.[1]

2.1 *Spektrum der Wissenschaft*

Spektrum der Wissenschaft „berichtet heute über die Standards von morgen", so die Selbstaussage der Macher. Das Magazin hat es sich zur Aufgabe gemacht, frühzeitig und fachübergreifend über Arbeitsergebnisse aus Forschung und Technik zu berichten, die Zusammenhänge von Wissenschaft, Wirtschaft und Gesellschaft aufzuzeigen und deren Wandel dynamisch nachzuvollziehen (vgl. http://www.gwp.de/data/download/Preise2004/PL_SDW_2004.pdf; letzter Zugriff 10. Mai 2004).

Strukturierung und inhaltliche Aufbereitung der Themen erfolgt nach wissenschaftlichen Kriterien. Die durchschnittlich acht Seiten langen Artikel sind thematisch klar abgegrenzt und mit Literaturangaben versehen. Neben der namentlichen Nennen

---

[1] Vgl. Dormeier 2006: 48):
    Belege (Tokens): Belege sind alle lexikalisch-morphologischen Objekte in einem bestimmten Quelltext, der als $x_1 = \Sigma\ (b_1 ... b_n)$ definiert ist. Der Quelltext bildet also die Folge der Belege $b_1 ... b_n$; um die kontextuale Anordnung zu erhalten, werden die Belege nummeriert.
    Formen (Types): Identische Belege bilden eine Form (Type). Jede Form erscheint genau einmal in der Referenzliste und in der aus dem Quelltext ermittelten alphabetischen Urliste.

mit akademischen Titeln liefert jeweils ein kurzes Portrait Informationen über den Werdegang der Autoren und ihre Arbeitsgebiete. Die Sprache weicht kaum von der in Fachzeitschriften verwendeten ab. Vereinzelt finden sich leichte Vereinfachungen, auf Begriffserklärungen wird verzichtet.

Die redaktionellen Beiträge umfassen knapp 20% des Heftumfangs. Die übrigen Artikel stammen aus verschiedenen Bereichen des Wissenschaftsbetriebs: Universitäten, Institute, Forschungseinrichtungen usw. Ein Großteil der Leserbriefe stammt ebenfalls aus akademischen bzw. wissenschaftlichen Bereichen, sodass davon auszugehen ist, dass eine Kommunikation der Wissenschaft über das Medium Zeitschrift stattfindet.

Nach diesem ersten Eindruck scheint sich *Spektrum der Wissenschaft* als Informationsquelle für Wissenschaftler und Akademiker zu verstehen. Aufgrund der breiten Themenstreuung kann aber nicht von einer Fachzeitschrift gesprochen werden. Eine Konzentration auf beliebte Themen der Popularisierung – z.B. Medizin, Psychologie und Astronomie – entfällt, womit der Leserkreis weiter reduziert wird.

2.2 *Bild der Wissenschaft*

Bereits in der Aufmachung unterscheiden sich Bild der Wissenschaft und Spektrum der Wissenschaft voneinander. Die Leitartikel sind stärker durch journalistische Kriterien geprägt. Die umfangreiche Bebilderung und die dem Artikel vorangestellte Kurzzusammenfassung dienen als *Attention getter*. Die in stark vereinfachter Sprache gehaltenen Artikel sind im Durchschnitt kürzer als die Artikel in *Spektrum der Wissenschaft*. Auf spezielle Begriffserläuterungen wird allerdings auch hier verzichtet.

> Als modernes Wissensmagazin berichtet Bild der Wissenschaft über alle wesentlichen Entwicklungen und zeigt auf, wie die Erkenntnisse internationaler Forschung das Leben verändern. Die Berichte der Wissenschaftsjournalisten sind kritisch, informativ und unterhaltend. Aufgrund seines breiten, disziplinübergreifenden Themenspektrums wird das oft berufliche Interesse weit in den privaten Bereich hinein verlängert (vgl. http://bdw.wissenschaft.de/bdw_static/bdw_media_2004.pdf; letzter Zugriff: 5. September 2008:).

Redaktionelle Beiträge umfassen hier 40%. Der Rest des Magazins wird ohne festen Autorenkreis gefüllt. So ist es nicht verwunderlich, dass der Anteil der wissenschaftlichen Artikel in den jeweiligen Ausgaben zwischen 50 und nahezu Null Prozent schwankt.

Bild der Wissenschaft kann als Schnittstelle zwischen Forschung und Gesellschaft bezeichnet werden. Die Information für die Wissenschaft tritt in den Hintergrund; vielmehr wird ein breiter Rezipientenkreis angesprochen.

2.3 GEO

GEO, das „General-Interest-Reportage-Magazin"[2], ist eine der größten monatlich erscheinenden Zeitschriften Deutschlands. Das Redaktionskonzept lautet: „Die Welt mit anderen Augen sehen." In Form von aktuellen Text- und Fotoreportagen veranschaulicht *GEO* komplexe Themen.

Anders als bei *Spektrum der Wissenschaft* und *Bild der Wissenschaft* liegt bei *GEO* der Schwerpunkt auf den Bildern, sodass die Texte generell kürzer ausfallen. Trotzdem müssen die Artikel Qualitätsstandards in den Bereichen Fotografie,[3] Text und Illustration erfüllen. Das Themenangebot ist vielfältig. So gibt es Artikel über Entdeckungen in der Wissenschaft, in der Medizin und in der Psychologie. *GEO* erzählt von Grenzerfahrungen: am Mount Everest, in der Antarktis, in der Nanotechnologie. Anders als in vorherigen Magazinen stehen bei *GEO* Menschen (und nicht allein Sachfragen) im Mittelpunkt der Darstellung (vgl. Gruner + Jahr AG & Co. 2004: 2ff.).

3 Analysemethode

Bei der Analyse wurde das von H. Messelken (1997) entwickelte datenbankgestützte Textanalyseverfahren *Messito* verwendet. Dabei handelt es sich um das erweiterte Nachfolgeprogramm von *CUT* (computerunterstützte Textanalyse) und *Capito* (vgl. ebd.).

> Das Verfahren beruht auf der strikten und systematischen Unterscheidung von rechnerlesbaren Objekten in rekursiven Zählebenen, iterativen bzw. asymptotischen Methoden zur Organisation der Objekte sowie der Verlagerung der für Rechner ungeeigneten hermeneutischen Analysen in Zählebenen, auf denen semantische Einheiten dem Benutzerbedarf asymptotisch beliebig genau anzupassen sind. Zu diesem Zweck ist der Zeichensatz von Benutzerseite flexibel einstellbar; entsprechend kann der Benutzer an seinen Bedarf Klassen lexikalisch-morphologischer Objekte nach Anzahl, Umfang, Inhalt und Differenzierungsgrad beliebig anpassen (Messelken 2000: 4).

Die Analyse erfolgt in zwei Schritten: In einem ersten Schritt werden die zu analysierenden Texte indexiert. Im Anschluss daran werden die ermittelten Rohwerte ausgewertet. *Messito* ist

---

[2] Für eine Selbstdarstellung des Magazins vgl. http://www.gujmedia.de/_content/20/02/200234/ GEO_Familienfolder_2008.pdf; letzter Zugriff: 5. September 2008).

[3] Weidenmann behauptet, dass Illustrationen allgemein positiv auf das Behalten von Texten wirken, da der Rezipient „referentielle Verknüpfungen" zwischen verbalen und visuellen Repräsentationen im Arbeitsgedächtnis herstellt. Eine gleichzeitige Text- und Bildpräsentation führt dazu, dass verbale und bildhafte Repräsentationen aufeinander bezogen werden (vgl. Weidenmann 1997: 71). Diese Aussage stimmt m. E. so nicht: Je mehr Bilder in einem Text enthalten sind, desto stärker wird die kommunikative Botschaft verzerrt.

ein sprachdidaktisches Werkzeug, das [...] automatisch lexikalische Analysen vollständiger Texte nach unterschiedlichen Sprachschichten, verschiedenen Wortarten und deren Wiederholungen sowie sprachstatistische Daten u.a. zu[r] Verstehbarkeit, Verteilung der Wortarten und ihrer Anteile an Spezialwortschätzen aus einem semantischen Netz der Umgangssprache [ermittelt] (Messelken 1997).

Weitere Funktionen, die das Programm aufweist, sind Wortlistenvergleiche von dem durch die Indexierung erschlossenen Material mit Wortlisten, die, basierend auf einer Wortliste von 800.000 Wörtern, dem Programm zuvor hinzugefügt wurden. Je länger die ausgewählte Referenzliste, desto geringer ist der Schlüsselwortanteil. Dabei können drei Analyseverfahren unterschieden werden:

- Analyse I: sprachstatistische Kriterien
- Analyse II: klassisch linguistische Kriterien
- Analyse III: inhaltsanalytische Kriterien

Ziel der Textanalyse mit *Messito* ist es, vergleichbare, empirisch objektivierte und differenzierte Befunde zu verschiedenen Texten und ihrer Verständlichkeit zu ermitteln. Dazu errechnet das Programm automatisch sprachliche Normabweichungen, die der Benutzer hinsichtlich zugrunde liegender kommunikativer Absichten interpretiert.

Als Normen gelten dabei grammatikalische und stilistische Grundlagen aus dem Rechtschreibduden sowie eine Sammlung elementarer Textformen, die in langjähriger Arbeit erstellt und in 22 Themenfelder geordnet wurde und nun zu Orientierungs- und Vergleichszwecken dient (Dormeier 2006: 43).

Im Folgenden sollen nun die mit *Messito* ermittelten Ergebnisse der analysierten Magazinbeiträge näher betrachtet werden.

4 Ergebnisse

Nachfolgend werden Auffälligkeiten der Auswertung vorgestellt und interpretiert. Die Darstellung gliedert sich in drei Bereiche: Text-, Satz- und Wortebene. Während Wörter und Sätze vom Programm erfasst werden, zieht der Benutzer Rückschlüsse auf die Textebene.

4.1 Textebene

Wie bereits oben erwähnt, differiert die Textlänge der einzelnen Artikel in den Magazinen: Dabei umfasst *Spek* 38%, *BdW* 37%, und *GEO* 25% der Belege im Gesamtkorpus. Der geringe Textanteil von *GEO* lässt sich durch die große Anzahl der Bilder erklären. Inwiefern diese geringere Textmenge Auswirkungen auf die Analyseergebnisse hat, bleibt zu klären. Abbildung 1 stellt die prozentualen Anteile der einzelnen Zeitschriften am Korpus dar:

Abb. 1: Textanteile Teilkorpora am Gesamtkorpus in %

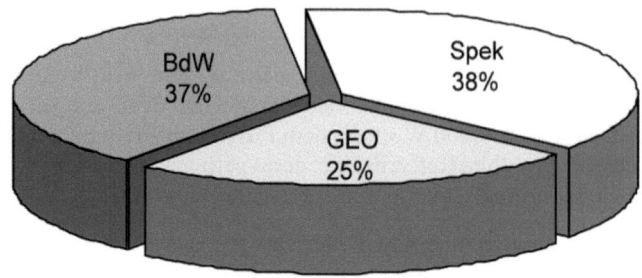

Ein Teil der Auswertung basiert auf Zuordnungen von empirisch ermittelten Belegen zu Referenzwortlisten aus 22 verschiedenen Themenfeldern. Mit Hilfe der Themenfeldauswertung können daher inhaltliche Akzentuierungen grob klassifiziert werden. Im *Klima*-Korpus sind die Themenfelder folgendermaßen repräsentiert:

Abb. 2: Themenfelder (Anzahl der Belege)

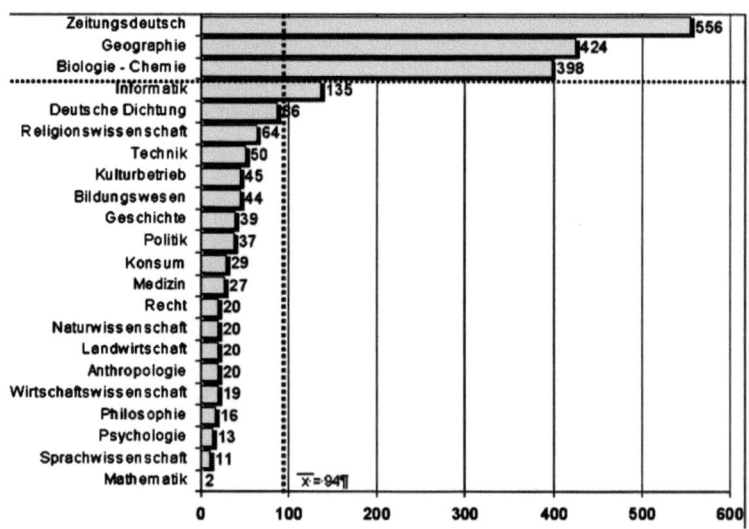

Den höchsten Anteil mit 556 Belegen stellt das Themenfeld *Zeitungsdeutsch* – ein Hinweis darauf, dass die Artikel augenscheinlich den richtigen Ton treffen. Die journalistische Darstellung der Inhalte kommt zum einen der Schreibweise im Bereich Medien, zum anderen der in den Zeitungen verwendeten Alltagssprache nahe. Die Themenfelder *Geographie* (424 Belege) und *Biologie – Chemie* (398 Belege) spiegeln das in den Artikeln angesprochene Thema wider und verdeutlichen so die geographischen und bio-chemischen Aspekte auf der Wortebene. Das Themenfeld *Naturwissenschaft* (20 Belege) findet sich im unteren Bereich der Grafik. Dieser Befund ist damit zu erklären, dass ein Großteil der zum Thema *Klimawandel* gehörenden Fachbegriffe im Themenfeld *Biologie – Chemie* erfasst werden. Insgesamt deutet die Auswertung der Themenfelder daraufhin, dass die Autoren eine gute Durchmischung von Alltags- und Fachbegriffen nicht nur angestrebt, sondern auch erreicht haben. Welche Formen den einzelnen Themenfeldern zugehörig sind, wird exemplarisch an den ersten zehn Wortformen der drei am stärksten vertretenen Themenfelder verdeutlicht (vgl. Abbildung 2 und Tabelle 1).

Tab. 1: Themenfelder (Ausschnitt)[4]

Themenfeld *Zeitungsdeutsch*					Themenfeld *Geographie*					Themenfeld *Biologie-Chemie*				
Wortform	Belege	BdW	GEO	Spek	Wortform	Belege	BdW	GEO	Spek	Wortform	Belege	BdW	GEO	Spek
Antarktis	46	50	63	79	Sediment	16	7	19	33	Kohlenstoff	24	5	61	56
Meeresboden	41	97	31	82	Ozeane	14	8	20	11	Sedimente	16	4	29	33
Arktis	10	22	3	3	Wassertiefe	11	5	5	46	Kohlendioxids	9	6	6	42
Klimaforscher	10	12	48	-	Schwefelwasserstoff	10	53		35	ppm	9		10	3
Treibhausgasen	9	7	13	39	Meeresspiegels	10	39		26	Malaria	8	23	3	-
Treibhausgase	9	18	24	12	Meteorologen	10	39	6	11	Cold	7	2	-	11
Meteorologie	8	22	22	-	Sturmfluten	8	36	5	-	instabil	5	4	-	15
Bohrungen	7	-	-	29	fossiler	7	7	4	15	Modellrechnungen	5	22	-	15
Latif	7	-	16	-	Quadratkilometer	7	7	37	7	Energiequelle	4	6	12	6
Greifer	6	-	3	16	Gletscher	6	21		4	State	4	2	5	2

Die Tabelle zeigt neben der Belegzahl die Gewichtung für die drei Magazine. Die den einzelnen Themenfeldern zugeordneten Wortformen sind im Allgemeinen verständlich. Während im Themenfeld *Zeitungsdeutsch* ausschließlich zur Umgangssprache zählende Formen gelistet sind, steigt der Anspruch in den anderen beiden Themenfeldern – so wird das Wort *Klimaforscher* dem Themenfeld *Zeitungsdeutsch* zugeordnet; wäre *Klimatologe* im Korpus enthalten, würde es einem anderen Themenfeld zugeordnet werden. Als besonders anspruchsvoll sind die in den Themenfeldern *Geographie* und *Biologie-Chemie* gelisteten chemischen Ele-

---

[4] Die ersten zehn Wortformen sind absteigend nach der Beleghäufigkeit sortiert. Die Angaben zu den einzelnen Magazinen entsprechen γ%. Diese Größe gewährleistet universelle Vergleichbarkeit aller auf das Korpus bezogenen Werte. Sie wird aus den Merkmalen *Wortlänge* und *Worthäufigkeit* aller identifizierten Einheiten des Korpus' gebildet.

mente und Verbindungen hervorzuheben. Neben den ausgeschriebenen Formen (z.B. Schwefelsäure) verwenden einige Autoren die dazugehörigen Formeln (z.B. H_2SO_4), die nur mit chemischen Grundkenntnissen interpretiert werden können. Unabhängig von der Schreibweise müssen die Rezipienten mit den Reaktionen der chemischen Stoffe vertraut sein, da sie nur so – oder aber mit Hilfe von Erläuterungen – die Inhalte der Artikel erfassen können.

Auffällig ist die unterschiedliche Darstellung des Themas durch die Autoren. *GEO* und *BdW* bevorzugen eine geographische Beschreibung anhand alpiner und maritimer Beispiele, *Spek* favorisiert eine technische Skizzierung.[5]

Der empirisch ermittelte Verständnisschwierigkeitsgrad des *Klima*-Korpus' liegt bei 98,7,[6] der Normwert hingegen bei 110. Offenbar sind die im Korpus enthaltenen Texte leichter zu verstehen als durchschnittliche deutsche Texte – ebenfalls ein Indiz dafür, dass die untersuchten Artikel verständlich sind. Das ermittelte Gesamtergebnis ist jedoch mit Vorsicht zu interpretieren. Bei der Einzelauswertung der Artikel zeigt sich, dass immerhin vier der 17 im Korpus enthaltenen Artikel über dem Normwert von 110 liegen. Dabei handelt es sich ausschließlich um Beiträge aus dem Magazin *GEO*. Danach folgen die Artikel aus *Spek*. Den geringsten Schwierigkeitsgrad weisen demnach die Texte aus *BdW* auf. Abbildung 3 ist der Schwierigkeitsgrad der einzelnen Texte zu entnehmen:

Abb. 3: Schwierigkeitsgrad unterschiedlicher Texte

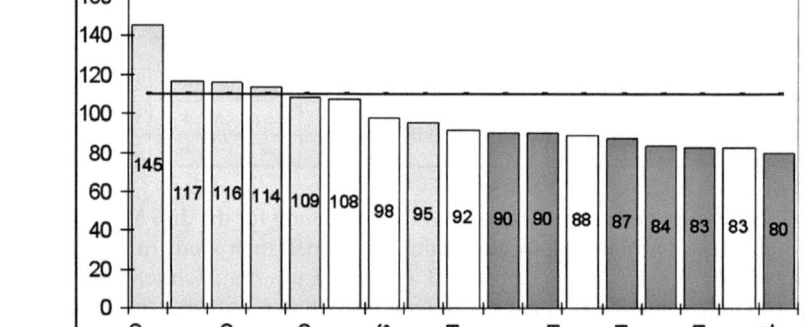

---

[5] Die den Themenfeldern *Technik* und *Informatik* zugeordneten Formen finden sich überwiegend in den *Spek*-Artikeln.

[6] Der ermittelte Wert ist mit dem Schwierigkeitsgrad medizinischer Fachtexte vergleichbar.

Welche Faktoren den Schwierigkeitsgrad[7] der *GEO*-Texte erhöhen, soll in den nachfolgenden Abschnitten untersucht werden. Dabei wird der Vergleich zu den anderen Magazinen beibehalten.

4.2 Satzebene

Insgesamt enthält das *Klima*-Korpus 1.855 Sätze in folgenden Teilkorpora:

Tab. 2: Sätze pro Teilkorpus

Teilkorpus	Sätze gesamt
Spektrum der Wissenschaft	704
Bild der Wissenschaft	696
GEO	455

Dieser Befund bestätigt erneut, dass die Textmengen unterschiedlich groß sind – obwohl Homogenität mit einer fast identischen Artikelanzahl angestrebt wurde.

Der mittlere Schwierigkeitsgrad aller im Korpus enthaltenen Sätze liegt bei 82, also deutlich unter dem Normwert von 110. Dieser Befund spricht für die Verständlichkeit der Texte. Ähnlich wie bei den Texten gibt es auch bei den Sätzen „Ausreißer", die deutlich über dem Normwert liegen. Beim *Klima*-Korpus sind es insgesamt 414 Sätze,[8] also 22,3 % des Textanteils. Somit liegt jeder vierte Satz über dem Normwert – ein nicht unbedingt die Verständlichkeit förderndes Merkmal. Die genauen Schwierigkeitsgrade der Sätze aufgeteilt in Maximum (Max), Mittelwert und Minimum (Min) repräsentiert Abbildung 4:

---

[7] Der Schwierigkeitsgrad geht auf die Schlüsselwörter und die Satzerkennung zurück.
[8] Die Sätze verteilen sich folgendermaßen auf die Teilkorpora: *GEO*: 138, *Spek*: 144, *BdW*: 132.

Abb. 4:   Schwierigkeitsgrad Sätze

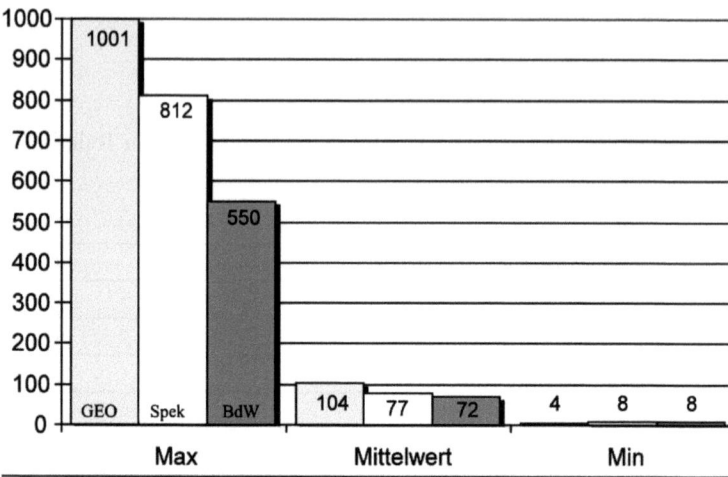

Auffällig an der Verteilung sind erneut die Werte des Teilkorpus *GEO*. Sowohl der höchste Mittelwert als auch der schwierigste Satz des gesamten Korpus' stammen aus diesem Magazin. Nachfolgend sollen die fünf schwierigsten Sätze des *Klima*-Korpus näher betrachtet werden.

Mit 100 Belegen und einem Schwierigkeitsgrad von 1.001 stammt der schwierigste Satz des *Klima*-Korpus aus dem Text *Rätsel* (Teilkorpus *GEO*). Er beschreibt den Verlauf einer Meeresströmung und wird im Zusammenhang mit Rätseln und Antworten des „großen ozeanischen Förderbands" erklärt.

(1)

Als atlantisches Tiefenwasser fließt es jetzt nach Süden, stößt in der Höhe der britischen Inseln auf noch kälteres Bodenwasser aus der Antarktis und erreicht schließlich den Rand des Südpolarmeers; ein kleiner Teil strömt südlich von Afrika, Australien und Südamerika gleich zurück in den Atlantik, der Großteil jedoch schwenkt in den Indischen Ozean und den Pazifik, steigt auf, zwängt sich nach einer großen Nordschleife durch die indonesische Inselwelt, vereinigt sich mit dem aus dem Indischen Ozean zurückkehrenden Seitenarm zum Agulhas-Strom, kehrt um die Südspitze Afrikas zurück in den Atlantik – da capo (*GEO* – Rätsel; Satzgewicht: 1.001/Belege: 100).

Dieser Satz kommt einer Aufzählung gleich. Der Autor hätte ihn an mehreren Stellen unterbrechen und ihn so ohne Inhaltsverlust lesefreundlicher für den Rezipienten gestalten können. Die Schwierigkeit ist hier ausschließlich auf die Länge zurückzuführen.

Der Satz mit dem zweithöchsten Satzgewicht (812) stammt aus dem Teilkorpus *Spek*. Im Text *Treibhausgase* werden zwei verschiedene Strategien zur Speicherung von Kohlendioxid in der Tiefsee diskutiert. Der ermittelte Satz (2) beschreibt die Anfänge der Methode.

(2)

> Die Idee der Kohlendioxidspeicherung im Meer geht bis ins Jahr 1977 zurück. Damals machte Cesare Marchetti vom Internationalen Institut für Angewandte Systemanalyse (IIASA) in Laxenburg (Österreich) den Vorschlag, das Gas bei Gibraltar ins Mittelmeer zu leiten; von dort würde es mit dem dichten Salzwasser, das in den Atlantik strömt und dort absinkt, in die Tiefsee verfrachtet (*Spek* – Treibhausgase; Satzgewicht: 812/Belege: 70).

Bei dem von *Messito* erkannten „Satz" (2) handelt es sich aus orthografischer Sicht um zwei Sätze, die durch einen Punkt voneinander getrennt sind. Im Normalfall wird der Punkt als Satzende erkannt. Somit handelt es sich bei diesem Beispiel um einen Programmfehler.

Der Text *Gewässerkunde* thematisiert die Bedeutung von Hochgebirgsseen als Indikatoren von Umweltveränderungen. Der gefilterte Satz (3) nennt die beiden wichtigsten Forschungsprogramme und deren zeitlichen Ablauf.

(3)

> 1991 wurde mit dem Programm AL:PE 1 (Alpine Lakes: Palaeolimnology and Ecology) eine Serie von EU-geförderten Studien zur Erforschung von Hochgebirgsseen in ganz Europa gestartet: Es folgten AL:PE 2 sowie MOLAR (Mountain Lake Research), und seit 2000 läuft das Projekt EMERGE (European Mountain Lake Ecosystems: Regionalisation, Diagnostics and Socio-economic Evaluation) (*GEO* – Gewässerkunde; Satzgewicht: 795/Belege: 66).

Hinderlich für den Lesefluss – und damit die Verständlichkeit beeinträchtigend – sind die in Klammern genannten ausgeschriebenen Programmbezeichnungen. Diese hätten je nach Bedeutung für den Text auch gesondert in einem extra Kasten erklärt werden können.

Der Text *GEO – Sintflut* schildert die Folgen der Emission des Treibhausgases Kohlendioxid. Nach einer detaillierten Rechnung, auf welchen Wert der Gehalt in der Atmosphäre zu stabilisieren ist, wird geschildert, was passiert, wenn die Gasmassen nicht reduziert werden.

(4)

> Das Horrorszenario, das den nächsten Generationen droht, wenn das Spiel mit dem Feuer nicht beendet wird, haben die rund 400 Experten der Working Group II des IPCC minutiös in einem weiteren 1000 Seiten starken Band im Februar 2001 geschildert: Danach sind Ökosysteme wie Korallenriffe und Atolle, Mangroven, boreale wie tropische Wälder, Lebensgemeinschaften an den Polen und in Bergregionen sowie Feuchtgebiete bedroht; Arten werden aussterben, die Biodiversität insgesamt wird abnehmen (*GEO* – Sintflut; Satzgewicht: 770/Belege: 79).

Hier wird der Satz durch die Einleitung – die Beschreibung der Expertengruppe – unnötig in die Länge gezogen. Möchte der Autor ungern auf den Hinweis der „Working Group II" verzichten, hätte er die eigentlichen Folgen in einem separaten Satz beschreiben können.

Ein weiterer – aus dem Text *Rätsel* stammender Satz – beschreibt die Verwertung von Kohlendioxid durch Algen in der Antarktis.

(5)

Antarktisches Algenblühn erfreut alle, die sich ums Treibhaus Erde sorgen: Die einzelligen Meerespflanzen konsumieren während ihres Wachstums mit Hilfe der Photosynthese große Mengen im Wasser gelösten Kohlendioxids, und aus der Atmosphäre wird weiteres CO_2 nachgeliefert; die Algen sinken nach wenigen Tagen in die Tiefe, werden unterwegs von Bakterien weiterverarbeitet oder im Sediment beigesetzt - so wird im großen Kohlenstoffkreislauf CO_2 für lange Zeit aus dem Verkehr gezogen, und offenbar geschieht das nirgends wirkungsvoller als im Meer um die Antarktis (*GEO* – Rätsel; Satzgewicht: 711/Belege: 86).

Auch Satz (5) hätte durch Aufteilung in mehrere kürzere Sätze keine inhaltliche Reduktion erlitten. Möchte der Autor den eigentlichen Satz nicht teilen, so könnten wenigstens die Teile vor dem Doppelpunkt und nach dem Gedankenstrich als eigenständige Sätze verfasst werden.

Die dargestellten „Satzausreißer" sind vereinzelt in den Texten zu finden. Im Kontrast zu diesen extrem langen und schwierigen Sätzen sollen im Folgenden noch kurz Sätze mit durchschnittlichem Schwierigkeitsgrad und leichte Sätze angesprochen werden. Welche Auswirkungen der Klimawandel für Deutschland hat, wird im folgenden Beispielsatz (6) diskutiert. Der Autor erklärt, wie schon heute Aussagen zur künftigen Entwicklung getroffen werden können. Dabei wird der Schwierigkeitsnormwert von 110 nicht überschritten.

(6)

Meteorologen versuchen gegenwärtig, die regionalen Veränderungen der nächsten 50 Jahre vorauszusagen und daraus Folgerungen für Land-, Forst- und Wasserwirtschaft zu ziehen (*BdW* – D 2050; Satzgewicht: 110/Belege: 25)

Das letzte Beispiel (7) zeigt, dass die Autoren den Lesern auch in Form von kurzen, verständlichen Sätzen Inhalte übermitteln können.

(7)

Eines der eindrucksvollsten Zeugnisse eines solchen Ereignisses findet sich vor der Küste Norwegens etwa auf der Höhe von Trondheim (*Spek* – Eis; Satzgewicht: 40/Belege: 20).

Diese Schreibweise ist auch für weniger geübte Leser zugänglich und ermöglicht ihnen, sich weitgehend über aktuelle Themen zu informieren. Fakt ist allerdings, dass die Darstellung komplexer Inhalte besser mit längeren und somit schwierigeren Sätzen möglich ist.

Neben den Sätzen beinhaltet das *Klima*-Korpus 62 Überschriften. Sie weisen einen mittleren Schwierigkeitswert von 10 auf. In dieser Hinsicht sind *GEO* und *BdW* vergleichbar. Beide Magazine haben Überschriften, die allenfalls Schwierigkeitsgrade zwischen 4 und 8 aufweisen. Das folgende Beispiel steht exemplarisch für die Kategorie *Überschriften*:

(8)
Der Bohrturm auf dem Eis (*GEO* – Bohrturm; Satzgewicht: 6/Belege: 5)

Die Werte von *Spek* fallen hingegen mit 14 leicht erhöht aus. Bei der Verteilung der Überschriften zeigen sich ähnliche Befunde: *Spek* liefert 30 Überschriften, *GEO* 17 und *BdW* 15. Besonders im Teilkorpus *GEO* stellen die Autoren höhere syntaktische Anforderungen an die Leser.

4.3 Wortebene

Insgesamt besteht das *Klima*-Korpus zu 96,8% aus Wörtern.[9] Diese werden in Basis- (85,1%) und Schlüsselwörter (11,7%) unterteilt. Als Basiswörter werden Syn- und Autosemantika zusammengefasst, die in der Referenzliste des Programms enthalten sind. Schlüsselwörter finden sich hingegen nicht in der Liste. Während Synsemantika keine und Autosemantika nur bedingt Rückschlüsse auf die Textinhalte ermöglichen, sollten die wenig redundanten Schlüsselwörter spezifische Textinhalte widerspiegeln.

Das *Klima*-Korpus enthält 1.546 Schlüsselformen (2.702 Belege).[10] Der Schlüsselwortanteil an den einzelnen Texten schwankt zwischen 4,2 und 13,9%. Auch hier weisen zwei der *GEO*-Texte den höchsten Prozentwert an Schlüsselwörtern in den Texten auf. Zwei andere folgen mit mittlerem Prozentanteil, weitere zwei enthalten verhältnismäßig wenig Schlüsselwörter. Das Teilkorpus *BdW* enthält die geringsten Schlüsselwortanteile; lediglich ein einzelner Text zeigt mit 10,6% einen erhöhten Wert. Auffällig ist das Nahe-beieinander-Liegen der *Spek*-Texte. In diesem Teilkorpus fallen die Schwankungen am geringsten aus. Tabelle 3 bildet den Schlüsselwortanteil der einzelnen Texte und deren durchschnittliche Länge[11] ab:

---

[9] Die restlichen ca. drei Prozent setzen sich aus Abkürzungen, Zahlen und Zeichen zusammen.

[10] Die Basiswörter hingegen umfassen 6.704 Wortformen bzw. 31.992 Belege. Diese setzen sich aus 6.043 Autosemantika (14.073 Belege) und 661 Synsemantika (17.919 Belege) zusammen.

[11] Der Normwert von Wörtern liegt bei sechs Buchstaben. Da Schlüsselwörter hochdifferenziert sind, überschreiten sie diesen Wert deutlich. Im *Klima*-Korpus sind Schlüsselwörter zwischen neun und vierzehn Buchstaben lang.

Tab. 3: Anteil der Schlüsselwörter an der Gesamtzahl der Wörter im Text (in %)

Text	% Wortanteil am Text	Wortlänge (Anzahl der Buchstaben (Ø))
GEO – Zeitbombe	13,9	12
GEO – Bohrturm	10,9	12
BdW – Gefährliche Gase	10,6	12
Spek – Eis	10,1	13
Spek – Ozonschwund	8,7	13
Spek – Treibhausgase	8,6	9
Spek – Eiszeitklima	8,4	13
GEO – Rätsel	8,1	12
GEO – Gewässerkunde	6,4	12
BdW – Eiskalt	6,3	12
Spek – Polkappen	6,1	13
BdW – Treibhauseffekt	6,1	13
BdW – Sturmfluten	6,0	13
GEO – Wirbelsturm	5,7	13
BdW – D Sturmfest	5,0	13
GEO – Sintflut	4,2	13
BdW – D 2050	4,2	14

Die vom Programm erkannten Schlüsselwörter werden in Hapaxlegomena (komplexe Komposita; HAP) und Mehrfachbelege (MF) unterteilt:

> Hapaxlegomena weisen einen sehr hohen Informationsgehalt auf und sind deshalb oft schwer verständlich. Werden sie nur ein einziges Mal im Text verwendet, kann es u.U. zu einem Verständnisbruch kommen, da sie [d.h. die Leser; S.D.] nicht in der Lage sind, das schwierige Wort auf die Sache zu beziehen (Dormeier 2006: 66).

Die Hapaxlegomena und Mehrfachbelege verteilen sich wie folgt auf die einzelnen Teilkorpora:

Abb. 5: Anzahl und Verteilung der HAP/MF-Schlüsselwörter

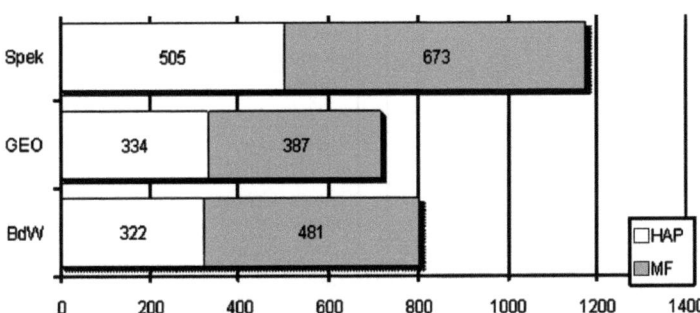

In zumindest zwei der Teilkorpora überwiegen die Mehrfachbelege. Dieser Befund zeigt, dass die Autoren besonders schwierige Wörter hier erneut aufgreifen und so die Redundanz für die Leser erhöhen. Das Verhältnis zwischen HAP und MF in *GEO* ist hingegen nahezu ausgeglichen; Spek allerdings ist mit 1:1,3 leichter als *GEO* und *BdW* mit 1:1,5 leichter als *Spek*.

Ein Blick in die Liste der Schlüsselwörter zeigt weitere interessante Befunde. In Tabelle 4 sind auszugsweise 15 Mehrfachbelege und Hapaxlegomena aufgeführt. Das Auswahlkriterium bei den Mehrfachbelegen war die Beleganzahl, bei den Hapaxlegomena hingegen die Wortlänge.

Tab. 4: Gegenüberstellung der Schlüsselwörter MF und HAP gesamt (Auszug)

Schlüsselwörter MF			Schlüsselwörter HAP		
Wortform	Länge	Belege	Wortform	Länge	Quelle
NAO-Index	9	10	Weltklimaforschungsprogramms	28	BdW Treibhauseffekt
Vents	5	9	Temperaturverteilungskarten	27	Spek Polkappen
Gashydrate	10	9	Meeresoberflächentemperatur	27	GEO Wirbelsturm
Hochgebirgsseen	15	8	Konzentrationsschwankungen	26	Spek Eis
Tropopause	10	7	Eisstrukturuntersuchungen	25	Spek Eis
Methanquellen	13	7	Meeresforschungsinstituts	25	BdW Gefähr_liche Gase
Archäen	7	6	Klimaforschungsprogramms	24	BdW D 2050

Forts. Tab. 4

Gerstengarbe	12	6	Bruchwahrscheinlichkeit	23	*BdW Sturmfluten*
Südpolarmeer	12	6	Temperaturveränderungen	23	*GEO Rätsel*
Abflussgeschwindigkeit	22	5	Satellitenbeobachtungen	23	*Spek Polkappen*
D/O-Events	10	5	Schneeakkumulationsrate	23	*Spek Polkappen*
Akkumulationsrate	17	5	Stoffwechselaktivitäten	23	*BdW Gefährliche Gase*
Nino	4	5	Luftdruckaufzeichnungen	23	*GEO Rätsel*
Gashydrat	9	5	Rekordgeschwindigkeiten	23	*BdW D Sturmfest*
Sleipner	8	5	Forstwissenschaftlerin	22	*BdW D 2050*

Bei den Mehrfachbelegen, die zwischen fünf und zehn Mal in den Texten verwendet werden, wird deutlich, dass mit Ausnahme von Akkumulationsrate alle Wörter über zehn Buchstaben besser verständlich sind als die kürzeren, wie z.b. die Abkürzungen *NAO-Index* oder *D/O-Events*, die wenigstens einmal ausgeschrieben sein müssen oder als bekannt vorausgesetzt werden. Namen, Abkürzungen und Fachbegriffe werden bewusst von den Autoren wiederholt. Das erleichtert das Verständnis beim Leser. Es ist anzunehmen, dass die Autoren die zu wiederholenden Wörter eines Textes erkennen.

Die längsten Hapaxlegomena des *Klima*-Korpus' finden sich im Teilkorpus *BdW*. Da die sieben Wörter in fünf verschiedenen Texten eingesetzt werden, ist davon auszugehen, dass es sich um „Ausreißer" handelt. Gleiches gilt für *GEO* (drei Wörter/zwei Texte) und *Spek* (fünf Wörter/zwei Texte). Die hier aufgeführten Wörter sind einzig wegen ihrer Länge schwerer verständlich. Der Leser muss seinen gewohnten Lesefluss unterbrechen und benötigt deutlich mehr Zeit, um Worte dieser Länge zu erfassen. Der letztgenannte Aspekt trifft verstärkt auch auf die sehr differenzierten Bindestrichwörter zu. Diese sind oftmals weitaus länger als die Hapaxlegomena. Das längste Bindestrichwort aus dem *Klima*-Korpus besteht aus 37 Buchstaben (s. *Spek*) und ist somit noch einmal neun Buchstaben länger als das längste Hapaxlegomenon. Die jeweils zehn längsten Bindestrichwörter der drei Teilkorpora sind in den Tabellen 5.1–5.3 zusammengefasst:

Tab. 5: Bindestrichwörter (Auszüge)

Tab. 5.1: BdW	Belege	Länge	Gesamt
Methanhydrat-Lagerstätten	1	25	25
IPCC-Koordinierungsstelle	1	25	25
Wasserdampf-Konzentration	1	25	25
Cascadia-Subduktionszone	4	24	96
Kühlschrank-Temperaturen	1	24	24
Rundum-Sorglos-Garantie	1	23	23
Alfred-Wegener-Institut	5	23	115
Methanhydrat-Reservoirs	1	23	23
Langzeit-Untersuchungen	1	23	23
Garmisch-Partenkirchen	1	22	22

Tab. 5.2: GEO	Belege	Länge	Gesamt
El-Niño-Southern-Oszillation	1	28	28
Luft-Reinhaltungsmaßnahmen	1	26	26
Cape-Roberts-Bohrprojekts	1	25	25
Nordatlantik-Oszillation	1	24	24
Klimaverhandlungs-Poker	1	23	23
Ozean-Atmosphäre-System	1	23	23
Ozonschild-Verringerung	1	23	23
Treibhauseffekt-Theorie	1	23	23
Kohlendioxid-Emissionen	2	23	46
Alfred-Wegener-Institut	5	23	115

Tab. 5.3: Spek	Belege	Länge	Gesamt
Kurilen-Ochotskisches-Meer-Experiment	1	37	37
Dansgaard-Oeschger-Ereignisse	3	29	87
El-Niño-Southern-Oscillation	1	28	28
Cascadia-Subduktionszone	4	24	96
Kohlendioxid-Speicherung	1	24	24
Kohlendioxid-Endlagerung	3	24	72
Gesamtozon-Konzentration	1	24	24
Alfred-Wegener-Instituts	1	24	24
Kohlendioxid-Abscheidung	1	24	24
Satelliten-Beobachtungen	1	24	24

Das Teilkorpus *Spek* weist die längsten Bindestrichwörter auf. Mit Ausnahme der Wortformen *Satelliten-Beobachtungen* und *Alfred-Wegener-Instituts* zählen die Bindestrichwörter aus dem Teilkorpus *Spek* zu den bio-chemischen Fachbegriffen. Die Autoren lehnen sich lexikalisch an die Fachsprache an. Weniger geübte Leser können durch solche Formen Verständnisschwierigkeiten bekommen. Die unteren Werte dieser Kategorie bilden die höheren Werte bei *BdW*. *GEO* befindet sich von der Länge der Wörter her zwischen den beiden anderen Magazinen. Beim Betrachten der Wörter wird deutlich, dass die *BdW*-Liste umgangssprachliche Bindestrichwörter beinhaltet, wie z.B. *Kühlschrank-Temperaturen* oder *Rundum-Sorglos-Garantie*. Diese sollten der Leser ohne größere Schwierigkeiten verstehen können. Anders sieht es bei den restlichen Bindestrichwörtern aus. Viele der verwendeten Termini sind sehr speziell, d.h. sie repräsentieren ein vielschichtiges kognitives Netz, das nicht mit dem der Alltagssprache vergleichbar ist, z.B. *Dansgaard-Oeschger-Ereignisse*. Aus diesem Grund müssen bei der Popularisierung die komprimiert dargestellten Inhalte aufgelöst und kontextuiert werden. Welche wissenschaftlichen Fachbegriffe als allgemein bekannt vorausgesetzt werden können, hängt vom jeweiligen Adressatenkreis ab. Vorausgesetzt werden geläufige wissenschaftliche Bezeichnungen, wie z.B. *Kohlendioxid-Emissionen* oder *Wasserdampf-Konzentration*.

Weil das Teilkorpus *GEO* mit Ausnahme eines leicht erhöhten Schlüsselwortanteils keine Auffälligkeiten in den untersuchten Bereichen zeigt, ist davon auszugehen, dass die generellen Erhöhungen des Schwierigkeitsgrads auf die ausgeprägte Verwendung von Hypotaxen zurückzuführen ist. Abschließend sollen nun einige

Merkmale genannt werden, die generell zur Verständlichkeit populärwissenschaftlicher Texte beitragen können.

5 Fazit und Ausblick

Wissenschaftsjournalisten wollen schwierige Zusammenhänge anschaulich wiedergeben und für einen möglichst großen Rezipientenkreis verständlich berichten. Im Großen und Ganzen gelingt ihnen ihr Vorhaben, wie die überwiegend positiven Ergebnisse zeigen. Trotzdem sollten sie dazu angehalten sein, die aufgezeigten Schwachpunkte ihrer Artikel zu eliminieren. Damit Expertentexte für die Rezipienten verständlich sind, müssen sie auf verschiedenen Ebenen der Sprache vereinfacht werden: So sollten die Autoren versuchen, den Fremdwörtergebrauch zu reduzieren. Besonders schön ist in diesem Zusammenhang folgendes Beispiel: Während in *GEO* von „Kohlendioxid-Emissionen" gesprochen wird, bezeichnen die Autoren von *Spek* den identischen Vorgang als „Kohlendioxid-Abscheidung", worunter sich weniger gebildete Leser eher etwas vorstellen können. Auch sollten Fachbegriffe erklärt werden. Dieses kann über Definitionen erfolgen oder aber anschaulich mit Hilfe von „Bildern", wie im folgenden Beispiel, in dem die Reaktion von Methanhydrat an der Luft beschrieben wird:

(9)
Aus dem dunklen Schlamm leuchtete schneeweiß eine Substanz, die wie Brausepulver schäumte und dabei zusehends schmolz (*Spek* – Eis).

Eine weitere Möglichkeit zur besseren Verständlichkeit ist die Verdeutlichung genereller Aussagen mit Hilfe von Beispielen.

Der – im Zusammenhang mit dem *Klima*-Korpus – wohl wichtigste Punkt ist die Auflösung komplexer syntaktischer Strukturen. Ein normaler deutscher Satz wird aus bis zu 19 Belegen gebildet. Der umfangreichste Satz des Korpus' setzt sich aus 100 Belegen, also mehr als fünf Mal so vielen, zusammen. Hier sollten die Autoren die Devise befolgen: Öfter mal einen Punkt – oder lange Sätze sind nicht immer gute Sätze. So können die ermittelten Schwierigkeitsgrade – besonders die über den Normwerten – weiter verringert werden.

Wichtig ist auch, dass der Leser seine neu gewonnene Information in das vorhandene Wissen integrieren kann. Aus diesem Grund müssen die Autoren Bezugspunkte schaffen und Zusammenhänge aufzeigen. Die Autoren sollten versuchen, den Rezipienten ein Wenn-dann-Erlebnis zu liefern. Dieses geschieht besonders anschaulich im Text *BdW* – D 2050. Der Leser erfährt hier, was für Veränderungen Deutschland erfährt, wenn sich das Klima ändern sollte: von den Verschiebungen der Jahreszeiten – „Das Frühjahr kommt früher, der Herbst später" – bis hin zu gravierenden Folgen für die natürlichen Ressourcen, wie Wassermangel, die die Bevölkerung bedrohen. Über diese Punkte hinaus wäre vor dem Hintergrund der oben geschilderten Beobachtungen vielen Journalisten zu raten, auf die Verwendung komplexer Substantive zugunsten von Wortformen anderer Art zu verzichten, Annahmen zu verdeutlichen und ihre Intentionen zu betonen.

Abschließend sei bemerkt, dass ein wesentlicher Faktor für die Rezeption von Sachtexten wie denen, die hier im Mittelpunkt standen, die emotionale Stimulation der Adressaten von großer Beutung ist. Die hier gegebenen Hinweise dienen gerade auch diesem Ziel. Ihre Umsetzung sollte Adressaten zusätzlich motivieren, einen Artikel bis zum Ende zu lesen. Nur so kann dauerhaft einem Wissensgefälle vorgebeugt werden.

6 Quellenverzeichnis

6.1 Spektrum der Wissenschaft (Spek)

Brennendes Eis: Methanhydrat am Meeresgrund (Text 1): Jg. 1999(6), 62–73.

Die Dynamik der Polkappen (Schmelzen die Polkappen?): (Text 2) Jg. 2001(11), 30–37.

Die Entsorgung von Treibhausgasen (Text 3): Jg. 2000(5), 48–54.

Ozonschwund und Klimaschaukel in Europa (Text 4): Jg. 2001(3), 12–14.

Warum das Eiszeitklima Kapriolen schlug (Text 5): Jg. 2001(9), 12–15.

6.2 Bild der Wissenschaft (BdW)

Treibhauseffekt: 7 populäre Vorurteile (Text 6): Jg. 2001(8), 48–53.

Deutschland 2050 – die Klimaprognosen (Text 7): Jg. 2001(10), 44–49.

Eiskalte Widersprüche (Text 8): Jg. 2000(6), 105–107.

Poseidons gefährliche Gase (Text 9): Jg. 2002 Heft 6, 48–53.

Wie sturmfest ist Deutschland? (Text 10): Jg. 2000(9), 20–25.

Wo Sturmfluten drohen (Text 11): Jg. 1999 (7), 78–83.

6.3 GEO

Der Wirbelsturm im Treibhaus (Text 12): Jg. 2000(1), 169–172.

Die Botschaft der Alpenseen (Text 13): Jg. 2001(5), 205–208.

Vor uns die Sintflut (Text 14). Jg. 2001(7), 108–138.

Zeitbombe im Meeresboden (Text 15). Jg. 2000(4), 220–225.

Der Bohrturm auf dem Eis (Text 16). Jg. 1998(2), 138–142.

Die Rätsel des blauen Kontinents (Text 17). Jg. 1999(11), 16–46 (analysierter Abschnitt ab S. 36 „Irrgarten Ozean" bis Textende).

7 Literatur

Dormeier, Silke (2006): Wissensvermittlung im Hörfunk (= Forum für Fachsprachen-Forschung; 72). Tübingen.

Fluck, Hans-Rüdiger (1996): Fachsprachen. 5., überarbeitete und erweiterte Auflage. Tübingen/Basel.

Gruner + Jahr AG & Co (2004): GEO. Zeitschriftenprofil 2004. Hamburg.

Messelken, Hans (1997): Ein Sprachzeugkasten für Wortwerker – Computergestützte Textanalyse. Tagungsband des Forums Sprache ohne Grenzen. 4. und 5. November 1997 in München. Köln, 107–124.

Messelken, Hans (2000): Systembeschreibung zur automatisierten Lokalisierung semantischer Einheiten (Unveröffentlichtes Manuskript). Köln.

Spillner, Bernd (1994): Sprachbezogener Wissenstransfer als Herausforderung an die Angewandte Linguistik. In: Bernd Spillner (Hg.): Fachkommunikation. Kongreßbeiträge zur 24. Jahrestagung der Gesellschaft für Angewandte Linguistik GAL e.V. Frankfurt a. M., 91–96.

Weidenmann, Bernd (1997): Multicodierung und Multimodalität im Lernprozeß. In: Ludwig J. Issing/Paul Klimsa (Hg.): Informationen und Lernen mit Multimedia. Weinheim, 65–84.

Was Hans nicht versteht, wird Hänschen erst recht nicht verstehen.[1] Zur Rolle von Jugendlexika für das Verständnis aktuellen biologischen Wissens

Daniel C. Dreesmann (Köln)

1 Einleitung
2 Wissensvermittlung in Nachschlagewerken
3 Wissensvermittlung in Schüler- und Jugendlexika
4 Fazit
5 Ausblick
6 Quellen
7 Literatur

1 Einleitung

„Woher weißt du das nur alles, fragt der Gatte verwundert seine Frau. Einzig und allein aus Brockhaus Konversations-Lexikon ist die Antwort." Auch wenn diese Werbung für die 14. Auflage des Großen Brockhaus (16 Bände, 1892-1896), die um die vorletzte Jahrhundertwende erschien, heute mehr zum Schmunzeln verleitet, als die Kaufentscheidung für die inzwischen erhältliche 20. Auflage der Enzyklopädie in 24 Bänden (1996–1999) zu beeinflussen, spiegelt sich dennoch die Zielsetzung von damals auch heute wider: Enzyklopädien dienen als allgemeine Nachschlagewerke dazu, sich unbekanntes Wissen anzueignen und bereits bekanntes Wissen aufzufrischen. In Zeiten, in denen gerade in den Natur- und Biowissenschaften das Fachwissen rasant zunimmt, kommt einem modernen Nachschlagewerk eine weitere wichtige Funktion zu, nämlich zwischen dem vorhandenen, aus Expertensicht eventuell veralteten Wissen des Nutzers und dem aktuellen wissenschaftlichen Wissen des Faches zu vermitteln, sodass bestehende Wissenslücken durch Konsultieren des Lexikons geschlossen werden können.

In dieser Hinsicht, nämlich das aktuelle Wissen einer Zeit zusammenzufassen und verständlich aufzubereiten, stehen Lexikographen und Lexikonredakteure mehr denn je vor einer Herausforderung, die vor allem in der klassischen Buchform an ihre Grenzen zu stoßen scheint. Der lexikontypische semasiologische Aufbau

---

[1] Eine Arbeit im Rahmen des Projektes „Die Wissensbrücke", Institut für Biologie und ihre Didaktik, AG Prof. Dr. W. Wichard, Universität zu Köln, Gronewaldstr. 2, D-50931 Köln.

bereitet in Verbindung mit dem in der Regel zeitlich versetzten Erscheinen der Einzelbände einer mehrbändigen Enzyklopädie vor allem dann Schwierigkeiten, wenn ein neues, aktuelles Stichwort die jeweilige alphabetische Teilstrecke bereits „verpasst" hat und nur mit redaktionellen Finessen noch berücksichtigt werden kann. Dies gilt nicht nur für neueste Technologien, sondern auch für Personen von (vermeintlich) wichtiger Bedeutung. So fiel die so genannte „Lewinsky-Affäre" des US-amerikanischen Präsidenten Clinton lexikographisch gesehen in Band 23 der Brockhaus-Enzyklopädie und somit in die Endphase der Bearbeitung des 24-bändigen Werkes, sodass Monica Lewinsky erst dort unter dem Stichwort *Vereinigte Staaten von Nordamerika* erwähnt wurde. Immerhin befindet sie sich mit dieser „verspäteten Würdigung" in guter Gesellschaft: Auch Napoleon Bonaparte wurde erst 1806 und somit 10 Jahre nach Drucklegung der ersten drei Bände des ersten Brockhaus, dem „Conversationslexikon mit vorzüglicher Rücksicht auf die gegenwärtigen Zeiten" (6 Bände, 1796–1808) erwähnt.

In diesem Zusammenhang seien an dieser Stelle auch Anglizismen und Amerikanismen genannt, die auf Gegebenheiten der Alltagswelt oder zeitgeschichtliche Ereignisse ebenso Bezug nehmen wie Dialektwörter oder Slang-Begriffe:

> Gerade der Gebrauch von *Bimbes* hat gezeigt, wie schnell und unmittelbar der Wortschatz Tagesereignisse widerspiegelt. Ob diese oder jene Innovation nur vorübergehend verwendet wird, nur einen okkasionellen Status hat, oder ein „Dauerbrenner" wird, also usuell wird und damit die Berechtigung erhält, in einem allgemeinen einsprachigen Wörterbuch kodifiziert zu werden, muss die Gebrauchsfrequenz zeigen. Hier gilt es die Entwicklung abzuwarten (Ludwig 2001: 406).

Vor allem im Bereich der Biowissenschaften haben sich in den vergangenen Jahren Fachwörter aus dem Englischen auch in der deutschen Expertensprache etabliert, die teils dem Laborjargon entstammen und teils in Ermangelung eines griffigen deutschen Begriffes entstanden sind. Ein gutes Beispiel ist der „genetische Fingerabdruck", der vielfach in den Medien auch als „DNA-Fingerprint" bezeichnet wird; dass heute allgemein eher von der DNA (engl. *d*esoxyribo*n*ucleic *a*cid) als Träger der Erbinformation gesprochen wird und – trotz der Bemühungen überregionaler Tageszeitungen, die der DNS die Treue halten – im Alltag bzw. in der breiten Öffentlichkeit nur noch gelegentlich von der DNS (*D*esoxyribo*n*uklein*s*äure), zeigt, wie einseitig die Übernahme von Fachwörtern und vor allem Abkürzungen erfolgt ist: Kein Mensch nutzt eine deutsche Abkürzung für die im Gentech-Labor wichtige Methode zur Vervielfältigung von DNA-Molekülen, die Polymerase-Kettenreaktion; alle Welt spricht von einer PCR, die sich vom englischen Wort *p*olymerase *c*hain *r*eaction ableitet.

2 Wissensvermittlung in Nachschlagewerken

Enzyklopädische Nachschlagewerke haben als Ort der Wissensvermittlung eine lange Tradition. Mit ihrem systematisch erarbeiteten und organisierten Wissen stellen sie ein „Scharnier zwischen der Wissenschaft und dem Alltagswissen" dar (Tomkowiak 2002: 9), indem sie das für nötig erachtete Wissen einer Zeit speichern und einem breiteren Publikum zugänglich machen. Im Kontext einer „Experten-Laien-Kommunikation" haben sie nach wie vor eine zentrale Funktion, die vor allem die vertikale Schichtung der Fachsprachen berücksichtigt (Schaeder 2001), die zwischen der so genannten Theoriesprache – der Sprache der innerfachlichen Experten-Experten-Kommunikation – und der so genannten Verteilersprache unterscheidet, die als eine Art fachsprachliche „Unterart" der Kommunikation zwischen Experten und Laien dienen soll. Schaeder stellt deshalb fest:

> Es gibt einen begründeten Anspruch des nicht im jeweiligen Fach heimischen Publikums auf Auskunft darüber, was in diesem Fach mit welchen Erkenntnisinteressen auf dessen Kosten und möglicherweise zu dessen Lasten erforscht wird, vor allem dann, wenn – wie etwa im Fall der Gentechnologie – Forschung und Anwendung zusammenfallen (Schaeder 2001: 233).

Auch wenn die klassischen, aufwändig gestalteten Nachschlagewerke in Buchform in den vergangenen Jahren durch zahlreiche elektronische und Online-Enzyklopädien Konkurrenz erhalten haben, handelt es sich in vielen Fällen dabei nur um retrodigitale Fassungen der Printausgaben. Diese werden entweder in bebilderter Form separat zum Kauf angeboten oder aber sie liegen in Form einer reinen Textfassung als kostenlose Beigabe der Printausgabe bei und sollen das Konsultieren durch die hypertextartige Vernetzung der einzelnen Lemmata erleichtern. Daneben existieren zahlreiche populärwissenschaftliche Darstellungen biowissenschaftlicher und medizinischer Themen im WWW, die Antos (2004: 43) nicht nur als „ernste Herausforderung für traditionelle, d.h. ‚objektivistische' Wissensdarstellungen" ansieht; vielmehr kündigen sie eine neue Form des Wissenstransfer an. Des Weiteren bietet das Internet durch E-Learning spezielle Angebote, um sich Wissen systematisch anzueignen; diese Form der Wissensvermittlung unterscheidet sich jedoch grundlegend von den lediglich digitalisierten Versionen zuvor gedruckter Medien (vgl. Ballod 2004).

Dem vermeintlichen Trend weg vom Buch hin zur elektronischen Fassung widerspricht jedoch das parallele Erscheinen zweier neuer mehrbändiger Nachschlagewerke in der klassischen Buchform: Das von der Wochenzeitung *Die Zeit*" vertriebene Lexikon stellt eine Kombination aus klassischem Lexikon mit ausgewählten, in der Wochenzeitung erschienenen Artikeln dar. Die zweite Neuerscheinung, das wissen.de-Lexikon, ist gleichsam *invers retrodigital*, da hier ein ursprüngliches Online-Lexikon in die klassische Buchform gebracht wurde. Offenbar scheint die zunehmende Digitalisierung der Arbeits- und Lebenswelt ein Bedürfnis danach zu wecken, Wissen wieder im wahrsten Sinne des Wortes mit Händen begreifen zu können.

Im Unterschied zu den meisten Textsorten zeichnen sich Nachschlagewerke dadurch aus, dass sie für den Lesemodus des „Konsultierens" konzipiert wurden: Ihr

Inhalt wird nicht von der ersten bis zur letzten Seite gelesen, sondern ist jeweils nur in einem gewissen Kontext gefragt. Durch die semasiologische Strukturierung alphabetische Anordnung werden Zusammenhänge zunächst voneinander getrennt und bei mehrbändigen Werken fragmentiert. Diesem Problem wird durch Verweise begegnet, die im Idealfall dazu führen, dass die Lemmata (Stichwörter) eines Themengebietes „hypertextartig" so miteinander in Verbindung stehen, dass es sich durch das Folgen des Verweissystems erschließen lässt (vgl. Schaeder 1994; Michel 2002).

Gerade weil Nachschlagewerken hinsichtlich eines „lebenslangen Lernens" eine so große Bedeutung zukommt, wurde ihre Eignung zum eigenständigen Wissenserwerb aus lexikographischer und sprachwissenschaftlich-sprachdidaktischer Sicht untersucht. Eine fachliche und vor allem fachdidaktische Bewertung der Inhalte wurde hingegen vernachlässigt.

Für die Bewertung von Nachschlagewerken im Bereich der Biowissenschaften wurde deshalb eine Reihe an Analysekriterien konzipiert (Dreesmann et al. 2004) und am Beispiel ausgewählter Begriffe der Gentechnik in der Praxis erprobt (Dreesmann/Ballod 2006, Balld/Dreesmann 2006). Dabei wurde berücksichtigt, dass es sich bei den Nutzern in den meisten Fällen um fachliche Laien handelt, die Lexika konsultieren, weil ihnen der Zugang zur einschlägigen, häufig englischsprachigen Fachliteratur nicht möglich ist oder als wenig hilfreich erscheint. Aus den Vorüberlegungen leiten sich folgende Anforderungen an die Qualität und somit Brauchbarkeit eines Nachschlagewerkes ab: Das Konsultieren sollte (1.) schnell und ökonomisch möglich sein sowie den Nutzer (2.) auf fachlich kompetente und (3.) auf verständliche Weise informieren.

Während es sich bei der ersten Forderung primär um eine lexikographische Aufgabe handelt, sind die beiden anderen Forderungen primär in den Bereichen Biologiedidaktik und Sprachdidaktik anzusiedeln. Alle drei Kriterien können aber nicht durchgängig isoliert verfolgt werden. Erst die Kombination der gewählten Ansätze gewährleistet eine umfassende qualitative Bewertung der Nachschlagewerke hinsichtlich der intendierten Wissensvermittlung.

3   Wissensvermittlung in Schüler- und Jugendlexika

Neben Nachschlagewerken, die sich an ein erwachsenes Publikum richten, bieten die meisten deutschsprachigen Lexikonverlage auch spezielle Nachschlagewerke für Kinder und Jugendliche an, die sich in Umfang und Bebilderung deutlich von ihren „großen Verwandten" unterscheiden. Sie folgen in ihrem Aufbau jedoch vielfach dem üblichen Muster, d.h. sie bieten Wissen in alphabetischer Reihenfolge und unter Zuhilfenahme eines Verweissystems an. Auf diese Weise führen sie ihre jugendliche Leserschaft an die Kulturtechnik der Lexikonnutzung heran, weil diese ebenso geübt werden muss wie der Gebrauch anderer, scheinbar „moderner" Hilfsmittel des Wissenserwerbs.

Dieser Forderung werden auch die Bildungsstandards im Fach Deutsch für den Mittleren Schulabschluss gerecht, die die Kultusministerkonferenz Ende 2003 verabschiedet hat. Darin werden im Kapitel *Lesen* Nachschlagewerke explizit zur „Klärung von Fachbegriffen, Fremdwörtern und Sachfragen" unter den Methoden und Arbeitstechniken erwähnt. Und auch im Kapitel *Schreiben* soll der Schreibprozess eigenverantwortlich durch die gezielte Nutzung von Informationsquellen, „insbesondere Bibliotheken, Nachschlagewerke, Zeitungen, Internet" erfolgen (Kultusministerkonferenz 2003). Deshalb sollte die Verwendung von Lexika auch im Biologieunterricht eingeübt werden und Lexikonartikel sowohl im Kontext des Themas *Alltagssprache – Fachsprache – Unterrichtssprache*, aber auch bei der Analyse von Texten zum Wissenserwerb, die zu den fachgemäßen Arbeitsweisen (vgl. Eschenhagen et al. 1998) zählt, unbedingt behandelt werden. Neben der Einübung der Nutzung bestimmter Informationsquellen im Rahmen des Erwerbs einer Lesekompetenz sind Lexika auch in Bezug auf eine allgemeine Medienkompetenz von Relevanz, da sie in schier unübersichtlichen Angebot von Verbreitungsformen von Information und Wissen mit anderen Quellen konkurrieren. Der lapidaren Antwort von Studierenden (und Schülern) auf die Frage, welche Quellen sie bei der Vorbereitung eines Referates genutzt haben, „das habe ich *im Netz* gefunden" muss deshalb mit der Vermittlung von Wissen über unterschiedliche Medien als Wissensquelle begegnet werden:

> Mehr denn je erfordert das Finden von relevanten Informationen ein Wissen darüber, welche Medien und welche Verbreitungsformen innerhalb dieser Medien hier als ‚Träger' in Frage kommen und – unter prozeduralen Gesichtspunkten – welche Suchstrategien ggf. erforderlich sind, um auf die Information zugreifen zu können (Schreier/Rupp 2002: 257).

Auch die Bildungsstandards für den Mittleren Schulabschluss im Fach Biologie, die Ende 2004 verabschiedet wurden, zählen – neben Fachwissen, Erkenntnisgewinnung und Bewertung – auch die Kommunikation zu den vier Kompetenzbereichen des Faches Biologie. Unter Kommunikation wird dabei verstanden, „Informationen sach- und fachbezogen [zu] erschließen und aus[zu]tauschen", wobei die Nutzung von „Medien wie Buch, Zeitschrift, Film, Internet [...]" genannt wird (Kultusministerkonferenz 2004).

3.1 Gentechnik in Jugendlexika

Auch wenn das Thema Gentechnik auf den ersten Blick für Kinder im Alter zwischen 9 und 16 Jahren von nicht großer Relevanz zu sein scheint, haben über die Hälfte der im Rahmen einer Studie befragten 164 Schülerinnen und Schüler in der 6. Klasse schon einmal etwas über das Thema Gentechnik gehört (Dreesmann/

Schmaloske 2006), wobei als Informationsquelle das Fernsehen an wichtigster Stelle steht (Abb. 1).

Abb. 1: Informationsquellen zum Thema *Gentechnik*, die von Schülern der Klasse 6 genutzt werden (Orientierungsstufe: 100 Schüler, Gymnasium: 64 Schüler; weitere Details bei Dreesmann/Schmaloske (2006))

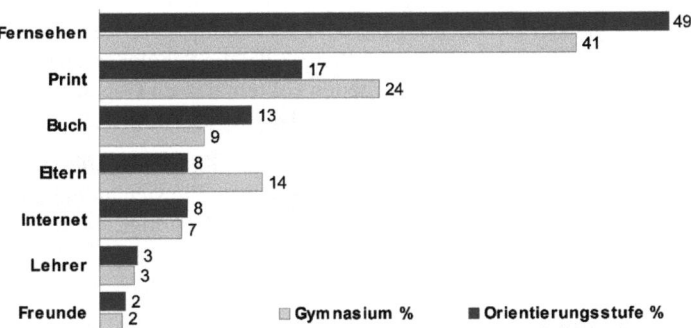

Ein Blick in das Angebot von Kinofilmen und anderen Unterhaltungsmedien zeigt schnell, dass diese inhaltliche Aspekte der Gentechnik sowohl in realistischer Weise, als auch auf Science Fiction-Ebene aufgreifen. Als ein echter „Klassiker" kann der Film *Jurassic Park* (Altersfreigabe 12 Jahre) angesehen werden, in dem die Fiktion, Dinosaurier wieder zum Leben zu erwecken, mit den zum Drehzeitpunkt tatsächlich bestehenden wissenschaftlichen Bestrebungen, DNA aus Bernsteininsekten zu isolieren, verknüpft wurde (vgl. Dreesmann/Wichard 2002). Aber auch Fantasy-Filme behandeln die Thematik der gentechnischen Veränderung. *Spiderman*, der zum Beispiel im Originalcomic aus den 1960er Jahren von einer radioaktiv verseuchten Spinne gebissen wurde, trifft in der Neuverfilmung aus dem Jahr 2002 (Altersfreigabe ab 12 Jahre) auf eine genetisch veränderte Spinne. Im Film wird angedeutet, dass durch einen Biss der Spinne deren DNA in die Zellen des Protagonisten einschleust wurde, wodurch er sich zum Spinnenmann entwickeln konnte. Ein Beispiel aus dem Bereich für eine noch jüngeren Zielgruppe bietet Disneys *Lilo und Stitch* (Altersfreigabe ab 6 Jahre), der im Sommer 2002 mit recht großem Erfolg in den deutschen Kinos lief. Lilo ist ein einsames Mädchen aus Hawaii, das einen kleinen, hässlichen „Hund" namens *Stitch* bei sich aufnimmt, der in Wahrheit ein genetisches Experiment darstellt, das von einem außerirdischen Planeten entkommen und auf der Erde notgelandet ist. Das Thema Gentechnik findet sich aber auch außerhalb von Filmen wieder: Bereits in einem Band des Jahres 2001 von Walt Disneys *Lustiges Taschenbuch* (Nr. 291) war die Geschichte „Drei Mickys sind zwei zu viel!" zu lesen. Sie erzählt, wie Micky Maus von Frau Dr. Nukleus geklont wird.

Neben dieser fiktionalen Konfrontation wird das Thema Gentechnik aber auch in Kindersachbüchern behandelt. Im Zusammenhang mit der Anfang 2005 geführten öffentlichen Diskussion um „heimliche Vaterschaftstests" und der schnellen Täterüberführung im Mordfall eines prominenten Münchner Bekleidungshändlers haben sich auch spezielle Kindernachrichtensendungen im Fernsehen dieser Thematik angenommen – offenbar, weil es für ihre Adressaten von Interesse war bzw. ist.

Dass das Thema für Schüler der 9. oder 10. Klasse nicht völlig fremd sein kann, wird auch in einer Beispielaufgabe der PISA-Studie 2003 zur Erfassung der naturwissenschaftlichen Kompetenz deutlich, in der die Schüler einen kurzen „Zeitungsartikel" zum Thema Klonen bearbeiten sollten, dessen Gegenstand die Schaffung des Klonschafes Dolly war (OECD 2004).

Aus diesem Grund wurde die Analyse ausgewählter Begriffe aus dem Themengebiet Gentechnik auf Jugendlexika ausgedehnt, die sich an Schüler der 5. bis 10. Klassen richten. Dabei wurden nur Werke berücksichtigt, die in den Jahren 2003 und 2004 erschienen waren.

3.2   Methode

Gegenstand der Analyse waren das Duden Schülerlexikon (DSL, 8. Aufl., 2004), das Meyers Jugendlexikon (MLJ, 5. Aufl., 2003), das Bertelsmann Jugendlexikon (BJL, 2004) und das Große Ravensburger Lexikon (GRL, 1. Aufl., 2004). Die Inhaltsanalyse wurde in Anlehnung an die biologiedidaktischen Kriterien durchgeführt, wie sie z.B. auch für die Beurteilung von Schulbüchern (Eschenhagen et al. 1998, Berck 1999) verwendet werden. Dabei war zunächst das Kriterium Sachrichtigkeit von Bedeutung, das von einem redaktionell und für einen bestimmten Adressatenkreis konzipierten Nachschlagewerk ebenso gefordert werden kann wie von einem Schulbuch (vgl. Hedewi/Wenning 2002). Auch wenn Nachschlagewerke redaktionell betreut werden, muss die Übereinstimmung der vorhandenen Informationen mit dem Wissensstand zum Zeitpunkt der Drucklegung in jedem Fall überprüft werden. In diesem Zusammenhang ist aufgrund des heterogenen Adressatenkreises eine Bewertung der verwendeten Fachwörter (Knobloch/Schaeder 1994; Graf 1995; Jahr 2002) von noch größerer Bedeutung, als dies für die Schulbuchbewertung ohnehin schon der Fall ist. Von zentraler Bedeutung sind weiterhin die Bewertung der inhaltlichen Auswahl und Differenziertheit der dargestellten Aspekte:

(1) Es muss ein ausreichendes Basiswissen vermittelt werden, das selbst größere Wissenslücken schließt.

(2) Es muss ein Wissensstand vorhanden sein, der Nutzer dazu befähigt, der aktuellen, öffentlichen Diskussion des Themas Gentechnik folgen zu können. Als Orientierungshilfe wurden Richtlinien und Lehrplan Naturwissenschaften für die Sekundarstufe I – Gesamtschule in Nordrhein-Westfalen aus dem Jahr 1999 verwendet, die um aktuelle Teilbereiche ergänzt und erweitert wurden.

(3) Der Inhalt muss didaktisch so bearbeitet sein, dass er für eine breite Zielgruppe verständlich ist. Hierzu zählt, dass neben der erforderlichen Fachinformation auch Probleme der Anwendungen sowie ethische und rechtliche Bedenken genannt werden. Zudem sollten grundlegende Methoden erwähnt werden, die unter Umständen an entsprechender Stelle nachgelesen werden können.

Wie Tabelle 1 zeigt, wurden die untersuchten Jugendlexika für Schülerinnen und Schüler der Sekundarstufe I (5. – 10. Klasse) konzipiert, sodass im Unterschied zu Schulbüchern, die in der Regel für jeweils einen Jahrgang konzipiert werden, ebenfalls eine heterogene Zielgruppe angesprochen wird.

Tab. 1: Die vier analysierten Jugendlexika im Überblick

	Duden	Meyers	Bertelsmann	Ravensburger
Jahr	2004	2003	2004	2004 (2002)*
Anzahl Stw.	11.000	9.000	7.000	3.000
Seitenzahl	815	768	720	420
Format [cm]	15,5 x 22,7	17 x 24	19 x 23,5	22 x 29
Zielgruppe	5. – 10. Klasse	5. – 10. Klasse	10 – 16 Jahre	ab 9 Jahre

* engl. Originalausgabe

Schüler der 8. Klasse verfügen folglich über ein geringeres Wissen als Schüler der 10. Klasse, wissen über Biologie – zumindest wenn der Schulstoff berücksichtigt wird – wiederum aber mehr als Sechsklässler. Im Mittelpunkt dieser Untersuchung steht deshalb nicht in erster Linie, wie Jugendlexika parallel zum Schulunterricht verwendet werden können, sondern vor allem, wie sie für den Wissenserwerb *außerhalb* der Schule geeignet sind. Gerade in Hinblick auf Themen, die einer großen Aufmerksamkeit der Massenmedien unterliegen, sind Lexika als Wissensspeicher gefragt.

3.3 Ergebnisse zum Thema Klonen

Die vier Begriffe, die zuvor analysiert wurden, waren nicht bei allen vier Jugendlexika vorhanden (vgl. Tabelle 2). Lediglich das Stichwort *Klonen* wurde in allen vier Werken behandelt; der „*genetische Fingerabdruck*" war zweimal vorhanden, *Stammzellen* einmal und die *Gentherapie* keinmal. Interessanterweise fehlte das übergeordnete Thema Gentechnik/Gentechnologie als Stichwort in einem der untersuchten Jugendlexika (Tab. 2).

Tab. 2: Übersicht über die analysierten Begriffe

	Duden	Meyers	Bertelsmann	Ravensburger
Gentechnik	+	+	+	–
Klonen	+	+	+	+*
Fingerprint	+	+	–	–
Stammzellen	–	–	+	–
Gentherapie	–	–	–	–

* Unter dem Stichwort „Klon" lemmatisiert.

Im Folgenden soll deshalb zunächst das Thema *Klonen* näher untersucht werden.

Die Behandlung des Themas *Klonen* erfolgt in den vier Jugendlexika unterschiedlich. Während im BJL eine kurze Definition zu finden ist, bieten die anderen drei Werke einen längeren Lexikonartikel zu diesem Thema an, wobei das GRL als Lemma den Begriff *Klon* gewählt hat, dessen Erzeugung näher beschrieben wird, wohingegen die anderen Werke sich für *Klonen* entschieden haben und das Produkt dieses Prozesses im Text durch eine Hervorhebung erwähnen. Des Weiteren fällt auf, dass die Texte in DSL und MJL identisch sind, was mit der Zugehörigkeit zu demselben Verlagshaus zu erklären ist, das offenbar auf dasselbe Textmaterial zurückgreift. DSL und MJL fügen hinter dem Lemma jeweils noch den synonymen Begriff *Klonieren* ein.

Die Inhaltsanalyse der Stichwörter bzw. Kapitel zum Thema *Klonen/Klonieren* orientierte sich an den Kategoriengruppen *Einsatz und Methoden* (E&M), *Anwendungen* (A) und *rechtliche und ethische Aspekte* (R&E). Zum Vergleich wurden Lehrpläne der jeweiligen Schultypen und Unterrichtswerke für den Biologieunterricht an Gymnasien in Nordrhein-Westfalen herangezogen, die das Thema Klonen zwar nicht bzw. nicht ausführlich behandeln, jedoch Grundwissen wie z.B. den Aufbau der DNA, Vererbungsregeln usw. vermitteln, die für das Verständnis der Lexikonartikel vorausgesetzt werden können. Wie auch bei der Analyse der Enzyklopädien und elektronischen Nachschlagewerke (Dreesmann/Ballod 2006; Ballod/Dreesmann 2006) tritt bei den Jugendlexika das Problem auf, dass im deutschen Sprachgebrauch ursprünglich zwischen den Fachbegriffen *Klonen* und *Klonieren* unterschieden wird, auch wenn sich in den letzten Jahren eine Durchmischung des Gebrauchs abzeichnet, die auch auf der Übersetzung des englischen Verbs *to clone* für zwei verschiedene Prozesse beruht: der Schaffung genetisch identischer Nachkommen einer Zelle bzw. eines Organismus (= Klonen) und der Vervielfältigung identischer DNA-Moleküle (= Klonieren), der die Isolierung des betreffenden Genabschnittes vorausgegangen ist („Wurde dieses Gen schon *kloniert?*"). Das Klonieren ist auch die Grundlage für Anwendungen im Bereich der Gen- und

Biotechnologie, wie z.B. die industrielle Herstellung von menschlichem Insulin oder Impfstoffen in Hefezellen. Während in einem Jugendlexikon die zahlreichen Methoden eher im Hintergrund stehen können, sollten aber Anwendungsmöglichkeiten und die mit ihnen verbundenen wissenschaftlichen, aber auch ethischen und rechtlichen Chancen und Bedenken diskutiert werden. Dieser letzte Aspekt ist vor allem dann wünschenswert, wenn das Thema außerhalb des Biologieunterrichtes aus aktuellem Anlass eines Medienberichtes oder eines anderen Schulfaches (z.B. Ethik, Religion) ansteht.

3.3.1 *Klonen* im Bertelsmann Jugendlexikon (*BJL*)

Der kürzeste Stichworteintrag im *BJL* beschreibt zunächst eine biotechnologische Anwendung, nämlich die Insulinproduktion. Anschließend wird die Erzeugung genetisch identischer Nachkommen „von Pflanzen, Tieren und Menschen" genannt. Hier fällt der Begriff *Klone*. Die Autoren haben sich teilweise um eine einfache Sprache bemüht, wie z.B. der Umschreibung „verpflanzen" anstelle von „transferieren". Andererseits bleiben sie im Zusammenhang mit der Insulinherstellung ungenau, da von „Genprodukten" gesprochen wird, bei denen es sich, biochemisch gesehen, um Proteine handelt. Was den Inhalt und die Sachrichtigkeit anbelangt, wird unerwähnt gelassen, dass Klone bei Pflanzen und niederen Tieren natürlich auftreten können. Auf rechtliche und ethische Probleme, vor allem hinsichtlich des Klonen von Menschen, wird nicht eingegangen. Der Hinweis, „die Methode ist außerdem geeignet [...]" ist insofern falsch, da das zunächst beschriebene Klonieren (Impfstoffherstellung) methodisch nichts mit dem Klonen zu tun hat. Falsch ist auch die Feststellung, man könne genetisch identische Menschen ebenso erzeugen wie Klone von Pflanzen oder Tieren. Das Klonen eines Menschen ist – solange Medienbeiträge nicht als wissenschaftliche Publikationen angesehen werden – nachweislich noch nicht gelungen.

Auch wenn die kurze Definition versucht, minimale Information zu vermitteln, bleiben Verweise auf die vorhandenen Stichwörter Insulin und Gentechnologie aus, die für das Verständnis der erhaltenen Information sicher von Vorteil wären und vor allem die Notwendigkeit gentechnischer Verfahren weiter erläutert hätten.

3.3.2 *Klonen* im Großen Ravensburger Lexikon (*GRL*)

Der deutlich längere *GRL*-Text erläutert zunächst das natürliche Auftreten und die Entstehung von Klonen, was durchaus der Lemmatisierung des Themas unter dem Stichwort *Klonen* entspricht. Anschließend werden in einer klaren und gut verständlichen Sprache neuere wissenschaftliche Methoden erwähnt, um „Lebewesen im Labor zu klonen." Der Hinweis auf das erst 1996 geklonte Schaf ist insofern falsch, da es sich bei dem nicht im Text, aber in einer Textabbildung namentlich erwähnten Schaf Dolly um einen Sonderfall handelt: Dolly war mit seiner Mutter genetisch identisch, was die Bildlegende erklärt. Säugetiere werden in der Tierzucht schon seit längerer Zeit geklont, allerdings sind die erzeugten Klone gleich alt.

Im Unterschied zu allen anderen Werken haben die Autoren 10 Verweise gesetzt, die allerdings eher willkürlich sind. Verweise haben innerhalb der Artikel eine wichtige Funktion, indem sie zu einer Vernetzung einzelner, alphabetisch geordneter Lemmata beitragen. Zur heute üblichen semasiologischen Disposition von Nachschlagewerken gesellt sich eine onomasiologische Komponente, die es ermöglicht, größere Zusammenhänge systematisch zu erschließen. Eine geschickte Verweisführung gestattet es nicht nur, durch Verzicht auf redundante Erklärungen den Umfang der einzelnen Stichwörter so kurz wie möglich zu halten. Vielmehr bietet sie dem Nutzer die Möglichkeit, sich bei Bedarf weiteres Wissen anzueignen, das ihm das Verständnis des gesuchten Begriffes erleichtert. Diese Vielschichtigkeit ist vor allem in Bezug auf die Problematik von Laiensprachen und Expertensprachen relevant, da individuellem Vorwissen Rechnung getragen werden kann. Basierend auf diesen grundsätzlichen Überlegungen ist festzustellen, dass die meisten Verweise überflüssig sind, da Begriffe wie Schaf, Pflanzen, Tiere etc. den Nutzern geläufig sein dürften. Aufgrund der geringeren Anzahl an Gesamtstichwörtern fehlt das Stichwort Gentechnik; deren Aspekte werden aber unter Genetik behandelt, sodass ein Verweis hierhin empfehlenswert wäre.

Der Text endet mit dem Hinweis darauf, dass „viele Forscher" vor dem möglichen Klonen von Menschen warnen, weil sie es „für falsch und gefährlich" halten. Obwohl die Erwähnung dieser Befürchtung als positiv anzusehen ist, bleibt eine nähere Erläuterung aus, warum dies der Fall ist. Inwieweit die jüngeren Adressaten sich darüber eigenständig Gedanken machen können, ist fraglich.

3.3.3 *Klonen* im Duden Schülerlexikon (*DSL*) und in Meyers Jugendlexikon (*MJL*)

Die beiden identischen Lexikonartikel geben im Vergleich zu den beiden zuvor betrachteten Texten die längste und inhaltlich ausführlichste Erklärung des Begriffes *Klonen*. An eine kurze Definition, die sich ausschließlich dem Klonen im eigentlichen Sinne widmet, schließt sich eine Aufzählung mehrerer Verfahren an. Die zweite Texthälfte widmet sich dem (Klon-)Schaf Dolly, dessen Erzeugung detailliert beschrieben wird. Interessanterweise sind die beiden Lexikonartikel nahezu inhaltsgleich zum Stichworteintrag *Klonieren* von Meyers Taschenlexikon (*MTL*; Abb. 2), das bereits zuvor analysiert und in seiner inhaltlichen und lexikographischen Konzeption kritisiert werden musste (Dreesmann et al. 2004; Dreesmann/Ballod 2006; Ballod/Dreesmann 2006).

Abb. 2   Synoptischer Vergleich der Lemmata *Klonen* der vier untersuchten Jugendlexika

DUDEN	MEYERS	BERTELSMANN	RAVENSBURGER
Klonen (Klonieren), das Herstellen einer größeren Anzahl gleichartiger, genetisch identischer Nachkommen von einem Individuum (**Klon**). Mehrere Verfahren sind beim K. möglich, u.a. die Selektion und Vermehrung eines einzelnen Bakteriums, das Träger für eine bestimmte Mutation ist: die Vermehrung von Genen durch den Einbau in kleine ringförmige, doppelsträngige DNS-Moleküle (Plasmide) von Bakterien; die Züchtung von vollständigen Pflanzen aus isolierten Zellen in einem Nährmedium durch bestimmte Wuchsstoffzusätze; der Ersatz der Zellkerne in unbefruchteten Eizellen durch Kerne aus Körperzellen eines anderen Tierembryos. Das K. eines Säugetiers aus Körperzellen eines erwachsenen Tieres gelang erstmals 1996 bei dem Schaf »Dolly«. Hierbei wurde die entkernte Eizelle eines Schafes mit einer Körperzelle aus dem Euter eines anderen Schafes verschmolzen. Die so manipulierte Eizelle teilte sich, ein Embryo wuchs heran, den man einem dritten Schaf in die Gebärmutter einpflanzte. Geboren wurde ein genetisch identisches Ebenbild des Schafes, dem die Körperzelle aus dem Euter entnommen worden war. - Durch die ↗Gentechnologie ist auch das Herstellen menschlicher Klone technisch möglich.	Klonen (Klonieren), das Herstellen einer größeren Anzahl gleichartiger, genetisch identischer Nachkommen von einem Individuum (**Klon**). Mehrere Verfahren sind beim K. möglich, u.a. die Selektion und Vermehrung eines einzelnen Bakteriums, das Träger für eine bestimmte Mutation ist: die Vermehrung von Genen durch den Einbau in kleine ringförmige, doppelsträngige DNS-Moleküle (Plasmide) von Bakterien; die Züchtung von vollständigen Pflanzen aus isolierten Zellen in einem Nährmedium durch bestimmte Wuchsstoffzusätze; der Ersatz der Zellkerne in unbefruchteten Eizellen durch Kerne aus Körperzellen eines anderen Tierembryos. Das K. eines Säugetiers aus Körperzellen eines erwachsenen Tieres gelang erstmals 1996 bei dem Schaf »Dolly«. Hierbei wurde die entkernte Eizelle eines Schafes mit einer Körperzelle aus dem Euter eines anderen Schafes verschmolzen. Die so manipulierte Eizelle teilte sich, ein Embryo wuchs heran, den man einem dritten Schaf in die Gebärmutter einpflanzte. Geboren wurde ein genetisch identisches Ebenbild des Schafes, dem die Körperzelle aus dem Euter entnommen worden war.	Klonen [das], gentechnische Methode, um Gene in andere Zellen zu verpflanzen, dort zu vermehren und die Genprodukte (z.B. Insulin) später zu gewinnen. Die Methode ist außerdem dazu geeignet, genetisch identische Nachkommen (*Klone*) von Pflanzen, Tieren und Menschen zu erzeugen.	Klon, Klone sind Lebewesen mit identischem Erbgut. Es gibt viele natürliche Klone, etwa die Nachkommen einfacher Lebewesen. Bei ihnen teilt sich eine Mutterzelle in zwei identische Tochterzellen (etwa bei ↗Bakterien und ↗Hefen). Auch manche ↗Pflanzen und einfache ↗Tiere, wie Plattwürmer, können sich durch Klonen ohne die Verschmelzung von männlichen und weiblichen Keimzellen, also durch ungeschlechtliche ↗Fortpflanzung. Bei höheren Lebewesen sind natürliche Klone dagegen äußerst selten und entstehen nur durch Zufall - einige Zwillinge sind Klone. In jüngster Zeit ist es Wissenschaftlern gelungen, Lebewesen im Labor zu klonen. Sie entwickelten die erforderliche Technik schon in den 1960er-Jahren an ↗Fröschen. Allerdings war es einem Team von schottischen Wissenschaftlern erst 1996 möglich, ein ↗Schaf zu klonen - das erste künstlich geklonte ↗Säugetier. Vielleicht gelingt es eines Tages sogar, einen ↗Menschen zu klonen, doch viele Forscher warnen davor. Sie halten es für falsch und gefährlich.

Vor allem die Aufreihung von Anwendungsmöglichkeiten muss auch in einer leicht veränderten Form kritisch kommentiert werden: Im Unterschied zur „Erwachsenen-Version" wurde Punkt 2 der Aufzählung gestrichen und auf eine Nummerierung verzichtet. Ob „die Selektion und Vermehrung eines einzelnen Bakteriums, das Träger für eine bestimmte Mutation ist" von 10- bis 16-Jährigen ohne weitere Hilfe verstanden wird, darf ebenso bezweifelt werden wie die Verständlichkeit des Worts „Wuchsstoffzusätze". Dieser Aneinanderreihung zahlreicher Fachbegriffe steht andererseits das Bemühen um eine einfache Sprache gegenüber. Wo im *MTL* noch von „Vermehrung von DNA-Stücken durch Einbau in Plasmide von Bakterien" die Rede ist, findet man in *DSL* und *MJL* jetzt „die Vermehrung von Genen durch den Einbau in kleine ringförmige, doppelsträngige DNS-Moleküle (Plasmide) von Bakterien. Hier ist deutlich ein didaktisches Bemühen seitens der Bearbeiter zu erkennen, die zu einer Verbesserung des Verständnis beitragen dürfte.

Problematisch ist im Vergleich von „Junior-Fassung" und „Senior-Fassung" jedoch, dass die eingangs gegebene Definition in den Jugendlexika das Konzept des Klonierens nicht mehr erwähnt; hier ist nur noch von genetisch identischen Individuen die Rede, wohingegen *MTL* von genetisch identischen Nachkommen „einer Zelle oder identische[n] DNA-Moleküle[n]" gesprochen wird. Diese vermeintliche Vereinfachung führt dazu, dass der Hinweis auf die „Vermehrung von Genen" in Plasmiden ohne inhaltlichen Bezug bleibt. In beiden Fassungen werden *Klonen* und *Klonieren* als gleichwertige Synonyme behandelt, ohne die oben gemachten Unterschiede zu berücksichtigen. Der abschließende Hinweis, das Klonen von Menschen sei technisch möglich, ist insoweit nicht präzise. Der Verweis auf Gentechnologie führt im Falle des *DSL* direkt, im *MJL* bei eigenem Suchen dieses Stichwortes auf einen längeren, inhaltlich ebenfalls an *MTL* angelehnten Artikel, an dessen Ende auf die rechtlichen und ethischen Aspekte eingegangen wird. Im *DSL* wird Gentechnologie zudem auf einer Doppelseite behandelt, hier ist auch eine Grafik zum Klonen, die im *MJL* direkt dem Stichwort zugeordnet ist.

Wie beim Text des *MTL* ist auch im Fall der beiden Jugendlexika zu kritisieren, dass Verweise für als Stichwörter vorhandene Fachbegriffe nicht gesetzt wurden: Unter Mutation und Selektion sind kurze Definitionen vorhanden, die das Verständnis des unter Klonen Gelesenen erheblich verbessern, wenn diese Begriffe dem Nutzer nicht bekannt sind. Da andere Begriffe, wie z.B. Plasmide, nicht vorhanden sind, wird ein Leser, der zweimal vergeblich gesucht hat, es das nächste Mal wohl eher in Kauf nehmen, dass ihm bestimmte Informationen unklar bleiben, als erneut – vergeblich – nach einem Stichwort zu suchen.

3.4 Ergebnisse zum Thema *genetischer Fingerabdruck*

Von den vier untersuchten Jugendlexika ist der „genetische Fingerabdruck" nur in *DSL* und *MJL* vorhanden; wer die Doppelseite zum Thema Genetik im *BJL* aufmerksam durchliest, wird als Bildlegende den Hinweis „So lassen sich bereits viele Erbkrankheiten und im gegenseitigen Vergleich auch Verwandtschaften klären" finden. Die kurzen Texte zum genetischen Fingerabdruck sind in *DSL* und *MJL* wieder identisch. Der 48 Wörter umfassende Text stellt den ersten Teil des gleichnamigen Stichworteintrags aus dem *MTL* dar. Allgemein wird von einem „gentechnischen Verfahren" gesprochen, ohne nähere technische Details zu geben. Zwar werden Ausgangsmaterialien einer Analyse genannt, jedoch wird nicht auf den Vergleich von bestimmten Genen oder DNA-Abschnitten eingegangen, deren individuelle Unterschiede dafür verantwortlich sind, dass die „Wahrscheinlichkeit, dass zwei Personen den gleichen g.f. aufweisen, auf 1:30 Milliarden" geschätzt wird.

Die Fassung der Jugendlexika nennt mit dem Vaterschaftsnachweis nur eine Anwendungsmöglichkeit, wohingegen der Einsatz des „genetischen Fingerabdrucks" zu kriminalistischen Zwecken nicht erwähnt wird. Dies ist insofern erstaunlich, da dieses Verfahren in nahezu jedem Fernsehkrimi zum Einsatz kommt und Medienberichte zur Täterüberführung durch eine DNA-Analyse regelmäßig anzutreffen sind.

4   Fazit

„Wieso, weshalb, warum? – Wer nicht fragt, bleibt dumm", diese Weisheit aus frühen Kindertagen ist heute in Anbetracht von Schlagwörtern wie „Informationsflut" auf der einen und „Infotainment" auf der anderen Seite schwieriger zu beherzigen als früher. Da heute jeder alles im Internet publizieren kann, da dieser Inhalt für jedermann frei zugänglich ist, da von der Professionalität bzw. Seriosität einer Homepage nicht mehr auf die Qualität des gebotenen Inhaltes geschlossen werden kann, da kommerzielle und nichtkommerzielle Anbieter nicht mehr nur nebeneinander, sondern auch miteinander Informationsvermittlung betreiben, gewinnen „bewährte" Quellen mit redaktionell bearbeiteten, fundiertem, aber nur gegen Gebühr erhältlichem Wissen an Bedeutung, da der Griff zum Lexikon zumindest eines garantiert: dass dort das Wissen fachlich richtig und inhaltlich ausgewogen präsentiert wird:

> Zum einen verlieren die Trennungslinien und Beurteilungsmuster ihre Tauglichkeit. Jetzt ist es viel schwieriger zu unterscheiden zwischen guten und weniger guten Angeboten, also etwa zwischen nicht-kommerzieller und kommerzieller oder zwischen zweckfreier und zweckorientierter Sachinformation (Pech 2003: 49).

Gerade im Zusammenhang mit Themen, die wie die Gentechnik Gegenstand öffentlicher Diskussionen sind, ist es wichtig, die Quelle einer Information zu kennen bzw. mehr noch zu *erkennen*, will man nicht im Wirrwarr der Argumente unterschiedlicher Interessensgruppen und Lobbyisten-Verbände den Überblick verlieren.

Die hier beschriebene Analyse von Jugendlexika kommt, was die gebotene Information anbelangt, im Großen und Ganzen zu demselben Ergebnis wie die Analyse von Brockhaus, Meyers Taschenlexikon, Microsoft Encarta und dem Internet-Lexikon wissen.de (Dreesmann/Ballod 2005b). Die Analyse und Bewertung von Inhalten und deren didaktische Umsetzung zeigt zwar, dass die vier Jugendlexika mehr oder weniger das Wissen beinhalten, das für ein Verständnis von *Klonen* oder dem *„genetischen Fingerabdruck"* durch 10- bis 16-jährige Schüler erforderlich ist; allerdings ist hierfür ein gewisses Vorwissen bzw. eine Einarbeitung nötig.

Im Unterschied zu den oben genannten allgemeinen Nachschlagewerken hat das Bestreben, der Zielgruppe didaktisch gerecht zu werden, jedoch dazu geführt, dass Inhalte unpräzise, wenn nicht falsch sind. Inwieweit diese gut gemeinten Vereinfachungen den eigenen Ansprüchen „Aktuelles Wissen für die 5. bis 10. Klasse" (*DSL*), „Kurz. Klipp. Klar" (*MSL*) oder „Wissen macht Spaß" (*BSL*) gerecht wird, sei dahingestellt.

Weiterhin ist kritisch anzumerken, dass vor allem bei *DSL* und *MJL* die Leser mit einer Vielzahl von Fachwörtern konfrontiert werden, die in den meisten Fällen weiteres Nachschlagen erforderlich machen. Auch hier lässt sich schon im Ansatz die „Krankheit moderner Lexika" feststellen, dass sie sich nicht mehr an den gebildeten Laien richten, sondern an den Experten wenden. Im Fall von *DSL* und *MJL* ist dies nicht weiter verwunderlich, da es sich ja um Übernahmen bereits vorhandener Texte handelt.

5 Ausblick

Die Analyse einer Reihe von Nachschlagewerken, die sich in Umfang, medialer Umsetzung und Adressatenkreis voneinander unterscheiden, wirft eine Reihe von Fragen auf:

1. Können allgemeine Lexika ihrer Funktion als Wissensspeicher überhaupt noch gerecht werden?
2. Sind allgemeine Lexika inzwischen viele Fachlexika in einem Band?
3. Stößt das klassische Lexikon (in Buchform) an die Grenzen der Wissensvermittlung?

Die Beantwortung dieser Fragen darf nicht nur innerhalb der einzelnen verantwortlichen Disziplinen erfolgen. Es reicht nicht aus, wenn Lexikographen für eine bessere Verweisstruktur innerhalb der Lexikonartikel sorgen, es reicht nicht aus, wenn Biologen und Biologiedidaktiker den Inhalt so bearbeiten, dass er verständlich und fachlich korrekt ist, und es reicht auch nicht aus, wenn sich Sprachdidaktiker der entstandenen Texte annehmen, um sie basierend auf theoretischen Überlegungen oder empirischen Verfahren hinsichtlich ihrer Verständlichkeit zu untersuchen:

Nur in einem interdisziplinären Ansatz im Sinne der von Antos (2001) skizzierten Transferwissenschaften wird es möglich sein, die Qualität von Nachschlagewerken zu optimieren. Dass diese Qualität ihren Preis hat, ist selbstredend; sie ist auch nicht durch das Prinzip „ein Text – viele Verpackungen" zu erzielen. Nur so können Nachschlagewerke unabhängig davon, ob sie „klassisch" gedruckt oder „modern" online existieren ihrem Anspruch weiterhin gerecht werden. Die im Folgenden zitierte Grimm'sche Feststellung erscheint dagegen problematisch:

> [... A]uch ist gar keine noth, dasz allen alles verständlich […] sei.[…] leser jedes standes und alters sollen auf den unabsehbaren strecken der sprache nach bienenweise nur in die kräuter und blumen sich niederlassen, zu denen ihr hang sie führt und die ihnen behagen" (DWB, I:XII).

Dass dies im 21. Jahrhundert sicher nicht mehr haltbar ist, gilt nicht zuletzt, weil die wenigsten Menschen in einem Lexikon zum Zeitvertreib blättern und hier und da ein Stichwort, das sie im Augenblick anspricht, lesen. Vielmehr dient der Griff zum oder Klick ins Lexikon, um schnell eine Wissenslücke zu schließen. Die Befähigung zum selbstständigen individuellen Wissenserwerb auch über die Schule hinaus muss – verbunden mit der kritischen Analyse aller hierfür verwendeter Medien – deshalb ein zentrales Handlungsfeld der Transferwissenschaften sein.

6   Quellen

[*BJL*] Bertelsmann Jugendlexikon (2004). Gütersloh: Wissen-Media-Verlag.

[*DSL*] Duden Schülerlexikon (2004).). 8., aktualisierte Auflage. Mannheim: Bibliographisches Institut.

[*GRL*] Das Große Ravensburger Lexikon (2004). 1. Auflage. Ravensburg.

[*MJL*] Meyers Jugendlexikon (2005). 5., aktualisierte Auflage. Mannheim: Bibliographisches Institut.

[*MTL*] Meyers Taschenlexikon (2004). 6. Auflage. Mannheim: Bibliographisches Institut.

7   Literatur

Antos, Gerd (2001): Transferwissenschaft. Chancen und Barrieren des Zugangs zu Wissen in Zeiten der Informationsflut und der Wissensexplosion. In: Sigurd Wichter/Gerd Antos (Hg.): Wissenstransfer zwischen Experten und Laien. Umriss einer Transferwissenschaft. Frankfurt a.M., 3–34.

Antos, Gerd (2004): Neuere Tendenzen in populärwissenschaftlichen Darstellungen. Ein Vergleich zwischen Enzyklopädien und Präsentationen im WWW. In: Albert Busch/Oliver Stenschke (Hg.): Wissenstransfer und gesellschaftliche Kommunikation. Festschrift für Sigurd Wichter zum 60. Geburtstag. Frankfurt a.M., 31–43.

Ballod, Matthias (2004): Wissensvermittlung im öffentlichen Raum. In: Albert Busch/Oliver Stenschke (Hg.) Wissenstransfer und gesellschaftliche Kommunikation. Festschrift für Sigurd Wichter zum 60. Geburtstag. Frankfurt a.M., 45–63.

Ballod, Matthias/Dreesmann, Daniel (2006): Nachschlagen statt Nachfragen? [Teil 1]. Eine Untersuchung zum Beitrag von Nachschlagewerken für die Vermittlung biowissenschaftlicher Inhalte am Beispiel Gentechnik. In: Der mathematische und naturwissenschaftliche Unterricht (MNU) 59(1), 49–56.

Berck, Karl-Heinz (1999): Biologiedidaktik. Grundlagen und Methoden. Wiebelsheim.

Dreesmann, Daniel/Matthias Ballod (2006): Nachschlagen statt Nachfragen? Gentechnische Inhalte und deren didaktische Umsetzung in Nachschlagewerken. In: Der mathematische und naturwissenschaftliche Unterricht (MNU) 59(1), 1–10.

Dreesmann, Daniel/Annika Schmaloske (2006): Gentechnik bereits in der Orientierungsstufe? Eine empirische Untersuchung zu Wissen über und Einstellungen gegenüber Gentechnik vor und nach einer unterrichtlichen Intervention zum Thema „genetischer Fingerabdruck". In: Naturwissenschaftlich-mathematischer Unterricht (NMU) 59 (8), 494–499.

Dreesmann, Daniel/Matthias Ballod/Christine Weidemann (2004): „Gewusst wie!" oder „Gewusst wo?". Welchen Beitrag leisten Nachschlagewerke zur Vermittlung wissenschaftlichen Wissens? In: Rainer Klee/Angela Sandmann/Helmut Vogt (Hg.): Lehr- und Lernforschung in der Biologiedidaktik (Band 2). Innsbruck, 195–208.

Dreesmann, Daniel/Wichard, Wilfried (2002): Antike DNA in Bernsteininklusen? Bernsteinforschung zwischen Science Fiction und Wirklichkeit. In: Praxis der Naturwissenschaften – Biologie in der Schule 51(7), 15–20.

Eschenhagen, Dieter/Kattmann, Ulrich/Rodi, Dieter (1998): Fachdidaktik Biologie. Köln.

Graf, Dittmar (1995a): Vorschläge zur Verbesserung des Begriffslernens im Biologieunterricht – ein Literaturvergleich. In: Der mathematische und naturwissenschaftliche Unterricht (MNU) 48(6), 341–345.

Graf, Dittmar (1995b): Vorschläge zur Verbesserung des Begriffslernens im Biologieunterricht – ein Literaturvergleich. Der mathematische und naturwissenschaftliche Unterricht (MNU) 48(7), 392–395.

Hedewig, Roland/Wenning, Ina (2002): Fachliche Fehler in Biologieschulbüchern. In: Der mathematische und naturwissenschaftliche Unterricht 55(5), 293–298.

Jahr, Silke (2002): Adressatenspezifische Aspekte des Transfers von Wissen im wissenschaftlichen Bereich. In: Sigurd Wichter/Gerd Antos (Hg.): Wissenstransfer zwischen Experten und Laien. Tübingen.

Knobloch, Clemens/Schaeder, Burkhard (1994): Fächerübergreifender wissenschaftlicher Wortschatz. In: Burkhard Schaeder (Hg.): Fachsprachen und Fachkommunikation in Forschung, Lehre und beruflicher Praxis. Essen.

Kultusministerkonferenz (Hg.)(2003): Bildungsstandards im Fach Deutsch für den Mittleren Schulabschluss. Bonn.

Kultusministerkonferenz (Hg.)(2004):Bildungsstandards für den Mittleren Schulabschluss im Fach Biologie. Bonn.

Ludwig, Klaus-Dieter (2001): Was (noch) nicht im Wörterbuch steht. Oder: was ist Bimbes? In: Andrea Lehr/Matthias Kammerer/Klaus-Peter Konerding (Hg.): Sprache im Alltag. Beiträge zu neuen Perspektiven in der Linguistik. Herbert Ernst Wiegand zum 65. Geburtstag gewidmet. Berlin, 389–408.

Michel, Paul (2002): Ordnungen des Wissens. Darbietungsweisen des Materials in Enzyklopädien. In: Ingrid Tomkowiak (Hg.): Populäre Enzyklopädien. Von der Auswahl, Ordnung und Vermittlung des Wissens. Zürich, 35–84.

OECD (Hg.)(2004): Learning for Tomorrow's World: First results from PISA 2003. Paris.

Pech, Klaus-Ulrich (2003): Informationsangebote in der Medienvielfalt – Belastung oder Entlastung der Schule?. In: Bettina Hurrelmann/Susanne Becker (Hg.): Kindermedien nutzen. Medienkompetenz als Herausforderung für Erziehung und Unterricht. Weinheim, 45–59.

Schaeder, Burkhard (1994): Das Fachwörterbuch als Darstellungsform fachlicher Wissensbestände. In: Burkhard Schaeder/Henning Bergenholtz (Hg.): Fachlexikographie. Fachwissen und seine Repräsentation in Wörterbüchern. Tübingen, 69–102.

Schaeder, Burkhard (2001): Fachsprachen im Alltag: Anleitungstexte. In: Andrea Lehr/Matthias Kammerer/Klaus-Peter Konerding (Hg.): Sprache im Alltag. Beiträge zu neuen Perspektiven in der Linguistik. Herbert Ernst Wiegand zum 65. Geburtstag gewidmet. Berlin, 233–248.

Schreier, Margit/Rupp, Gerhard (2002): Ziele/Funktionen der Lesekompetenz im medialen Umbruch. In: Norbert Groeben/Bettina Hurrelmann (Hg.): Lesekompetenz. Bedingungen, Dimensionen, Funktionen. Weinheim, 251–274.

Tomkowiak, Ingrid (Hg.)(2002): Populäre Enzyklopädien. Von der Auswahl, Ordnung und Vermittlung des Wissens. Zürich

Warum ist der Himmel blau? Populärwissenschaftlicher Wissenstransfer als Verniedlichung fachlicher Sachverhalte als Inhalt und Zweck der Wissenschaft

Matthias Vogel (Halle)

1 Vorbemerkungen
2 Populärwissenschaft – zwei Medaillen oder zwei Seiten derselben Medaille?
3 Ansatz für das Konzept einer Wissenschaftsrhetorik
4 Elemente einer Wissenschaftsrhetorik
5 Zusammenfassung
6 Literatur

1 Vorbemerkungen

Als ich ein kleiner Junge war, schenkten mir meine Eltern ein Buch mit dem Titel „Wir entdecken das Wunderland der Musik" (1968), von dem schweizer Musikwissenschaftler Kurt Pahlen. In diesem Buch, das für Kinder von 12 bis 13 Jahre geschrieben wurde, geht es um die Geschichte der Musik. Das folgende Zitat aus dem Anfangskapitel des Buches fand ich damals allein deshalb sehr bemerkenswert, da ich nicht verstehen konnte, wie es möglich sei, ein Buch für Kinder zu schreiben, das diese dann nicht verstehen können:

> „Sie sind doch Herr Pahlen?" Ich nickte, ein wenig belustigt, ein wenig verwundert. Er [der Junge] fuhr fort: „Sie haben ein Buch über Musik geschrieben ..." [...] „Und da sind gleich am Anfang zwei schöne Bilder drin, von Kindern, die Flöte spielen und singen ..." setzte das kleine Mädchen fort. „Und darunter steht gedruckt: ‚Freude an der Musik ist allen Kindern angeboren!'", ergänzte nun wieder der Junge. „Das stimmt doch auch?" erwiderte ich vergnügt. Aber dann sah ich, dass meine beiden Besucher sehr ernste Gesichter machten [...] „Wir wollten das Buch lesen", sagte der Junge fast streng. „Aber wir haben nichts davon verstanden", ergänzte das Mädchen. „Fast nichts ...", korrigierte er.

Nach vielen Jahren bin ich nun auf eine Anregung von Gerd Antos hin zur Thematik der Wissens- und Wissenschaftsvermittlung zurückgekehrt. Ich möchte im vorliegenden Beitrag zunächst meine Antwort auf die in der Überschrift gestellte rhetorische Frage begründen und dann die Bestandteile vorstellen, die eine neuartige und wirkungsvolle Wissenschaftsrhetorik aus meiner Sicht aufweisen sollte. Im ersten Abschnitt meines Beitrags soll die Frage aufgeworfen werden, ob Wissenschaft und Populärwissenschaft zwei unterschiedliche Medaillen oder zwei Seiten ein- und derselben Medaille darstellen. Im Anschluss an diese theoretischen Präliminarien werde ich zunächst den Ansatz einer neuartigen Wissenschaftsrhetorik für Kinder und Jugendliche skizzieren, um danach die einzelnen Bestandteile dieser Rhetorik – begriffliche Erklärungstypen, rhetorische Techniken und grammatische Konstruktionen – zu erläutern.

2 Populärwissenschaft – zwei Medaillen oder zwei Seiten derselben Medaille?

„Gehaltvoll, aber leicht geschnürt" (*Sofies Welt*), „eine verständliche Einführung in die heutige Sprachsituation" (*Wörter machen Leute*), „unterhaltsam und leicht verständlich" (*Die Welt der Hieroglyphen*), „amüsant, spannend und leicht zu lesen" (*Theos Reise*), „auf vergnügliche Weise und mit vielen unterhaltsamen Beispielen" (*Wer fremde Sprachen nicht kennt*) oder „wissenschaftliche Darstellungen von literarischem Rang" (verschiedene Veröffentlichungen des Romanisten Hans-Martin Gauger) – die Liste möglicher Epitheta ist lang, mit denen Bücher versehen werden, die fachspezifische Sachverhalte in einer Weise aufbereiten, die für den heutigen normal gebildeten Leser verständlich ist. Allen genannten und vielen anderen Sachbüchern ist eigen, dass sie komplexes Wissen in einer übersichtlichen und verständlichen Form darstellen. Ich verwende hier ganz bewusst den Ausdruck *verständlich* und vermeide die Bezeichnungen *popularisiert* oder gar *vulgarisiert*, da diese abwertend verwendet werden. Und dies zu Unrecht.

Denn: „Wissenschaft verstehen – wer möchte das nicht?" Mit diesen Worten beginnt Jürgen Mittelstraß eine seiner Augsburger Universitätsreden aus dem Jahre 1996. Jeder möchte einen wissenschaftlichen Beitrag verstehen, und doch – so würde man sofort einwenden – ist ein Verständnis nicht in jedem Falle möglich. Wissenschaft ist *per se* unverständlich. Zumindest gilt sie in weiten Teilen der Gesellschaft als ein hermetisch abgeriegelter Bereich, der relativ undurchschaubar und nur von Eingeweihten zu verstehen ist. Tatsächlich scheint aber der Grundzug von Wissenschaft, ihr ureigenster Arbeitsantrieb und der Grund ihres Erfolgs seit jeher von anderer Natur zu sein. So schreibt der Atomphysiker C. P. Snow:

> Wissenschaft wurde in der Öffentlichkeit betrieben, das war ja einer der Gründe dafür, dass sie ihre Siege errungen hatte; wenn sie sich in kleine Gruppen zurückzog, die ihre Ergebnisse voreinander verheimlichten und horteten, würde sie schließlich nichts Besseres mehr sein als eine Sammlung von Kochrezepten [...] (Snow 1970: 138).

Aus meiner Sicht ist die sehr häufig für den Wissenstransfer verwendete *Rohrleitungsmetapher* und der damit verbundene Transfergedanke sprachlich eher ungeeignet, um die Vermittlung von Wissenschaft an die Öffentlichkeit darzustellen. Oft ist in diesem Zusammenhang auch von einem Gefäß oder einer Dose die

Rede, aus der man nur dasjenige herausholen müsse, was die reine Wissenschaft dort zuvor hineingesteckt hatte. Dies ist gewiss zu kurz gedacht. Und trotzdem: „Wissenschaft verstehen", meint Mittelstraß in der oben erwähnten Rede (1996: 9), ist immer noch „wie die Vorbereitung zu einem Spaziergang auf dem Mond." Wie viele Menschen bereits einen solchen Spaziergang unternommen haben, ist allgemein bekannt.

Und doch war Wissenschaft nicht immer derart exklusiv: Noch Franklins *Experiments ... on Electricity*, Darwins *Origin of Species* oder Watsons *Doppelhelix* wendeten sich in populären Sachbüchern an jeden, der an dem Thema interessiert war. Heute jedoch beginnen viele Wissenschaftler, insbesondere aus den Geisteswissenschaften, allein deshalb zu schreiben, damit sie sich – um eine Aussage von Jürgen Trabant aufzugreifen – Klarheit im ehrfurchtgebietenden wie undurchdringlichen Wald der Gelehrsamkeit schaffen können (Trabant 2003: 13).

Wie verständlich also ist, wie verständlich kann, wie verständlich soll Wissenschaft sein? Allein der Begriff *Populärwissenschaft* gilt vielen Wissenschaftlern schon als Provokation. Sachbuchautoren, die populärwissenschaftlich schreiben, wirft man in der Regel vor, nicht mehr wissenschaftlich korrekt zu sein. Schlimmer noch, man stellt diese Vorwürfe in den Raum, ohne genau sagen zu können, was denn eine populärwissenschaftliche Schreibart eigentlich konkret bedeute. Für Eckart Klaus Roloff, den Leiter des Wissenschaftsressorts des *Rheinischen Merkur*, gehören folgende Attribute zu einer solchen Schreibart: „anschauliches Schreiben, Alltagsbeispiele, Vermeidung eines Fachkauderwelschs, Einbau von Zitaten und Originaltönen" (Roloff 2001: 53). Verfälscht ein populäres Sachbuch wirklich die Wissenschaft? Ist dies tatsächlich so einfach? Ich denke, nein.

In der ehemaligen DDR diente seit 1954 die URANIA – ursprünglich die griechische Muse der Astronomie – der Verbreitung wissenschaftlicher Kenntnisse, mit anderen Worten der Popularisierung der Wissenschaften. Dieses Bestreben war – bei allen ideologisch bedingten Abstrichen – stets positiv gemeint, nämlich als verständliche Vermittlung von wissenschaftlichen Sachverhalten als eine Art öffentliche Legitimation von Wissenschaft. Trotz allen Bemühens um klare und verständliche Darstellung gilt allerdings gerade in der deutschsprachigen Wissenschaftslandschaft nach wie vor: Wissenschaftlich ist nur dasjenige, was man als Außenstehender nicht mehr versteht. Dies hängt nicht zuletzt mit dem wissenschaftlichen Stilideal der Durchsichtigkeit zusammen, das sich in Anlehnung an das antike Ideal der *perspicuitas* entwickelt hat, und das uns nach wie vor suggeriert, wissenschaftliche Texte seien lediglich Vehikel zur Übermittlung von Erkenntnissen, nicht aber subjektive Ausprägungen dieser Erkenntnisse.

Sprache wird weiterhin nur unzureichend als Medium wissenschaftlicher Kommunikation wahrgenommen, was dazu führt, dass wissenschaftliche Texte außerhalb ihres jeweiligen Fachbereiches als ein „Buch mit sieben Siegeln" gelten. Und dies gilt sowohl für natur- als auch geisteswissenschaftliche Fächer. Wissenschaftliche

Texte werden erst dann als wertvoll eingestuft und von der *scientific community* akzeptiert, wenn sie diesem Kreis zugänglich sind. Ob diese Texte für die Öffentlichkeit verständlich sind, spielt kaum eine Rolle.

Solange sich Wissenschaften jedoch von der sie umgebenden Außenwelt abschotten statt zu vermitteln, solange kann und wird es nicht gelingen, wissenschaftliche Erkenntnisse erfolgreich in die Öffentlichkeit zu transferieren. Nach Paul Feyerabend (1997: 393) ist die Trennung von Wissenschaft und Nichtwissenschaft nicht nur künstlich, sondern obendrein auch dem Erkenntnisfortschritt abträglich. Wissenschaft und ihre Vermittlung dürfen also nicht getrennt werden, sondern sie bilden zwei Seiten ein- und derselben Medaille (vgl. Abb. 1):

Abb. 1: Wissenschaft und Populärwissenschaft als zwei Seiten einer Medaille

Von grundsätzlicher Bedeutung ist in diesem Zusammenhang auch die Feststellung, dass sich Wissenschaft im öffentlichen Diskurs behaupten muss, um Gelder für ihren Betrieb einzuwerben. Wenn Wissenschaft anerkannt und gefördert werden will, muss sie sich in der Öffentlichkeit darum bemühen. Schon deshalb gehören öffentlicher Diskurs und öffentliche Rhetorik als zwei Seiten zu ein- und derselben Medaille.

Wissenschaften sind etwa vorstellbar als Projekte, die von breiten Gesellschaftsschichten gleichsam „autorisiert" werden müssen, und zwar deshalb, weil sie dieser Gesellschaft nützen sollen. Die Frage, die sich daraus ergibt, lautet: Wie kann ein bestimmter wissenschaftlicher „Modus des Verstehens" mit allgemeinen Modi des Verstehens zusammengeführt werden, so dass die Wissenschaften zu einem untrennbaren Bestandteil unserer Gesellschaft (also zwei Seiten einer Medaille) werden und nicht – wie bisher – in den geheiligten Hallen der Gelehrsamkeit ihr Dasein fristen? Dies wiederum würde in Richtung einer „Spekulativen Rhetorik" gehen, also einer Rhetorik der Bedingungen, unter denen Verständnis (einschließlich des wissenschaftlichen Verständnisses) erreicht werden kann.

3 Ansatz für das Konzept einer Wissenschaftsrhetorik

In der linguistischen Forschung gibt es verschiedene Untersuchungen zur Möglichkeit der Popularisierung von Wissenschaft (Niederhauser 1999; Pörksen 2001; Wolfschmidt 2002) und zum Scheitern der Wissenschaftsvermittlung (Liebert 2002); allerdings gibt es noch immer keinen „Königsweg" zur Popularisierung wissenschaftlichen Wissens. Noch immer gibt es – trotz unzähliger sprachlicher Ratgeber – keine systematisierte und praktikable Wissenschaftsrhetorik. Eine solche müsste ein Modell dafür bieten, wie sowohl naturwissenschaftliche als auch geisteswissenschaftliche Sachverhalte verständlich statt verklausuliert und praxisnah statt weltfremd vermittelt werden können. Eine solche Rhetorik müsste es darüber hinaus schaffen, Hinweise für die Lehre zu geben, so dass sich sehr viel mehr Jugendliche von wissenschaftlichen Themen angesprochen fühlen und zum Weiterdenken angeregt werden. Eine anschauliche Metapher zum Verständnis von Wissenschaften ist das berühmte Schiff in der Flasche: Wenn eine wissenschaftliche Tatsache (Schiff) einmal für gültig erklärt (in der Flasche) ist, dann ist es die Aufgabe der Wissenschaftsrhetorik, herauszufinden und zu erklären, wie es dorthin gekommen ist.

Das Konzept einer „Wissenschaftsrhetorik" wird außerhalb der deutschsprachigen Wissenschaftslandschaft immer noch sehr argwöhnisch beurteilt, und dies, obwohl es in vielen anderen Bereichen des Lebens – in der Wirtschaft, der Werbung, den Medien und in der Politik – längst erfolgreich praktiziert wird. Trotzdem gibt es nach wie vor einen großen Kontrast zwischen der deutsch- und der englischsprachigen wissenschaftlichen Welt in ihrer Grundeinstellung zur Rhetorik. Hierzulande ist die Resonanz anglo-amerikanischer Wissenschaftsvermittlung immer noch vergleichsweise gering. In den Natur- und Technikwissenschaften drückt sich dieser Tatbestand so aus, dass die Zahl der Absolventen in den Ingenieurswissenschaften in den letzten Jahren drastisch gesunken ist; auch in der Elektrotechnik und im Maschinenbau fehlen Ingenieure. Nicht umsonst zählten die Vermittlung der kultur- und gesellschaftsprägenden Rolle der Technik und die verstärkte Gewinnung von Nachwuchs zu den wesentlichen Zielen im *Jahr der Technik*, das 2004 vom Bundesministerium für Bildung und Forschung (BMBF) initiiert wurde.

Um diese Ziele zu erreichen, ist es notwendig, Kinder und Jugendliche auf Naturwissenschaft und Technik neugierig zu machen und sie für Themen aus diesen Gebieten zu begeistern. Dies wiederum hängt sehr eng mit Techniken und Strategien der sprachlichen und nichtsprachlichen Vermittlung von wissenschaftlichen Inhalten zusammen. Ziel der empirischen Untersuchungen, die auf diesen Beitrag folgen sollen, ist die Entwicklung einer neuen und neuartigen Wissenschaftsrhetorik in der Art eines wissenschaftsrhetorischen Wörterbuchs. Letzteres soll dazu beitragen, Lehrern, Dozenten, Wissenschaftsjournalisten und Sachbuchautoren eine Handreichung zu geben, die es Ihnen gestattet, wissenschaftliche Themen für ein breites Publikum verständlich aufzubereiten und dabei sowohl das Zielpublikum als auch die wissenschaftlich fundierte Grundlage der Themen nicht aus den Augen zu verlieren.

Um die empirischen Daten für dieses Wörterbuch zu ermitteln, bieten sich grundsätzlich zwei Vorgehensweisen an:

- die linguistische Analyse vorgegebener erfolgreicher Vermittlungsversuche von Wissenschaft – genannt seien hier beispielsweise die Kinder-Universitäten oder die Zeitschrift GEO bzw. deren kinderspezifische Variante GEOlino – und
- das Schaffen von Anreizen, damit sich Jugendliche ihre eigene Wissenschaftsrhetorik schreiben können.

Beide Ansätze wären möglich, allerdings birgt die erstgenannte post hoc Analyse die Gefahr, dass hier wieder etwas „an der jeweiligen Zielgruppe vorbei" entwickelt wird, ohne dass man auf die spezifische Rückkopplung der Kinder und Jugendlichen eingeht und diese berücksichtigt. Die zweite Vorgehensweise wiederum erfordert einen schwierig abzusteckenden empirischen Rahmen und eine wesentlich größere methodische Vorbereitung der Untersuchungen. Der bereits erwähnte Kurt Pahlen (1968: 7) schreibt zum Thema „Kinder schreiben ihr eigenes Buch" folgendes:

> Und ihr könnt Kameraden und Freunde mitbringen. Dann wollen wir uns über alles das unterhalten, was ihr aufgezählt habt, und über noch viel mehr. Und dann schreiben wir alles auf, und so wird ganz von selbst das Buch entstehen, das ihr haben wollt. Ihr sollt es gewissermaßen selbst schreiben: die Kinder für die Kinder!

Unabhängig von der methodischen Entscheidung bleibt die Frage, welche linguistischen Bestandteile eine Wissenschaftsrhetorik haben muss, damit die bestehenden Formen der Wissenschaftsvermittlung um wirkungsvollere und jugendspezifische Formen ergänzt werden können. Wenn man über Wissenschaftsrhetoriken redet, dann scheint nur so viel sicher, dass es weder um einen vollständigen Nachvollzug noch um bloße Simplifikation gehen darf, sondern darum – um mit Gert Ueding (1996) zu sprechen –, die komplexen Strukturen der Wissenschaft so zu vereinfachen, dass ein vereinfachtes Modell mit allen wesentlichen Inhalten entsteht, das aber gleichzeitig überschaubar ist und auch ohne wissenschaftliches Vorverständnis einzuleuchten vermag.

Welche linguistischen Elemente geeignet sind, ein solches Modell zu schaffen, dazu macht jedoch auch Ueding keine genaueren Angaben. Jürg Niederhausers Werk zum Thema *Supraleitfähigkeit* ist ein großer Schritt in die Richtung einer Wissenschaftsrhetorik; ungeklärt ist jedoch weiterhin die Frage nach den Elementen einer solchen Rhetorik und ihre konkrete Anwendbarkeit auf die Natur- und Geisteswissenschaften. Zum Instrumentarium einer Wissenschaftsrhetorik sollten m.E. die nachfolgend aufgeführten Bestandteile gehören:

- Begriffserklärungen in den Natur- und Geisteswissenschaften
- rhetorische Techniken und Strategien der Vermittlung und

- grammatische Konstruktionen oder praktisch verwertbare Aussagen zur Syntax und Semantik von charakteristischen Formulierungen des Wissenstransfers.

Um die genannten wissenschaftsrhetorischen Bestandteile einer detaillierten Analyse zu unterziehen, halte ich zwei methodische Verfahrensweisen für besonders praxisrelevant: konstruktionsgrammatische Analysen zur Ermittlung musterhafter Konstruktionstypen sowie korpuslinguistische Analysen.

4 Elemente einer Wissenschaftsrhetorik

4.1 Begriffserklärungen

In seinen *Wissenschaftlichen Plaudereien* nimmt der Autor und Satiriker Karl Valentin den wissenschaftlichen Jargon aufs Korn, indem er gängige wissenschaftliche Sachverhalte mit Hilfe von Neologismen und Unsinnswörtern beschreibt. Die Abhandlung über den Regen beginnt folgendermaßen:

> Der Regen ist eine primöse Zersetzung luftähnlicher Mibrollen und Vibromen, deren Ursache bis heute noch nicht stixiert wurde. Schon in frühen Jahrhunderten wurden Versuche gemacht, Regenwasser durch Glydensäure zu zersetzen, um binocke Minilien zu erzeugen. Doch nur an der Nublition scheiterte der Versuch [...] (Valentin 1992).

Was Karl Valentin hier in pseudowissenschaftlicher Art und Weise beschreibt, ist das oft diskutierte Problem, ob ein Fachtext allein dadurch schwierig ist, dass er viele Fachtermini enthält. Dem ist leider nicht so, denn sonst wäre es wohl relativ unproblematisch, einen wissenschaftlichen Text zu „popularisieren". Wenn ein Fachtext als wissenschaftlich bezeichnet wird, so liegt dies vielmehr an dessen Begriffen oder Fachausdrücken. Mehr noch: Eine bestimmte Wissenschaft zu studieren bedeutet, dessen Terminologie zu studieren, oder – mit den Worten des Soziologen André Kieserling – „die sozialen Zumutungen einer wissenschaftlichen Sprache liegen in den Begriffen" (2001: 20). Nicht die einzelnen Worte sind es also, die wissenschaftliche Sachverhalte oder Ideen ausdrücken, sondern die jeweiligen Fachbegriffe. Etwas theoretischer und in den Begriffen der Psycholinguistik ausgedrückt: Wir können uns Wissen erst dann aneignen, wenn wir die Eigenschaften von wissenschaftlichen Sachverhalten zu Begriffsmerkmalen verbunden haben. Erst eine solche Verbindung macht Wissenschaft transparent und damit erklärbar.

Die Besonderheiten von Wissenschaftssprachen entspringen den fachlichen Notwendigkeiten. „Was Polymerisation ist, kann man erklären, verzichten kann man auf die Wortbildung nicht", sagt Manfred Bierwisch (2001: 14) und zielt damit auf eine rationale Verständigung zwischen Wissenschaft und Umwelt. Populärwissenschaft *muss* erklären, wie Fachbegriffe in ihrer jeweiligen Lebenswelt – sprich: in ihrem Wissenschaftsgebiet – funktionieren, und warum sie so funktionieren. Dieser Ansatz trägt zwei Tendenzen Rechnung, die auf dem Internationalen Symposium „Popularisierung" zum 40jährigen Jubiläum des IGN in Hamburg von Willi Schmidt beklagt wurden (vgl. die verschiedenen Aufsätze in Wolfschmidt 2002): der zunehmende Versuch zu deuten, bestenfalls zu beschreiben, statt zu erklären und die zunehmende Zweckforschung der Natur- und Technikwissenschaften, in denen allenfalls noch der ökonomische Nutzen, nicht aber die allen zugängliche Mehrung des Wissens zählt.

Ein wesentlicher Bestandteil einer Wissenschaftsrhetorik sollte sich folglich damit beschäftigen, wie in populärwissenschaftlichen Texten mit Fachbegriffen umgegangen werden soll. Man könnte diesen Vorgang auch als Optimierung der natürlichen Sprache für wissenschaftliche Zwecke beschreiben. Auf den Einwand, es sei heute nicht mehr möglich, die Erkenntnisse der modernen Naturwissenschaften mit Hilfe der natürlichen Sprache darzustellen, antwortete der Biologe Bernhard Hassenstein:

> Die Umgangssprache ist nicht notwendigerweise vage, schillernd oder ungenau; das ist lediglich die ohne Könnerschaft gehandhabte Umgangssprache. Der Möglichkeit nach ist die Umgangssprache in der Darstellung der Wirklichkeit von beliebiger Präzision (Hassenstein 1979: 238).

Der Umgang mit Fachbegriffen bedeutet zunächst einmal eine nähere Betrachtung dessen, welche Definitionen oder Erklärungen sich für vermittelnde Texte in besonderer Weise anbieten. Ich plädiere dafür, nur in Bezug auf natur- und technikwissenschaftliche Begriffe von Definitionen zu sprechen, in Bezug auf sozial- und geisteswissenschaftliche Begriffe hingegen die Bezeichnung „Erklärung" zu verwenden. Dies hängt mit den strukturellen Unterschieden zwischen Geistes- und Naturwissenschaften zusammen, die in dem Gegensatz zwischen einem hermeneutischen und analytischen Verstehen münden.[1] Die Begriffserklärungen müssen genau diese Unterschiede berücksichtigen:

- etablierter Kanon vs. weites und relativ unüberschaubares Wissensgebiet
- horizontal vs. vertikal strukturiertes Wissen
- hermeneutisches vs. analytisches Verstehen
- viele vs. wenige Interferenzen beim Übersetzen.

Ich möchte an dieser Stelle aufgrund des Titels meines Beitrags etwas ausführlicher auf das vertikal strukturierte Wissen in den Natur- und Technikwissenschaften eingehen. So findet sich in Sachbüchern zu verschiedenen „wunderbaren Alltagsrätseln" die folgende Erklärung auf die Frage „Warum ist der Himmel blau?" (O'Hare/New Scientist 2003: 82):

> Die blaue Farbe des Himmels wird von einem Vorgang hervorgerufen, den man Rayleigh-Streuung nennt. Das von der Sonne bei uns ankommende Licht trifft auf die Moleküle der Luft und wird in alle Richtungen gestreut. Die Streuungsrate hängt

---

[1] Vgl. zu diesem Thema den Beitrag von Silke Jahr in diesem Band.

unmittelbar von der Frequenz, also der Farbe des Lichts ab. Blaues Licht mit seiner hohen Frequenz wird zehnmal stärker gestreut als rotes Licht mit seiner niedrigeren Frequenz. Folglich ist das gestreute »Hintergrundlicht«, das wir am Himmel sehen, blau.

Die Adressaten der so genannten *Letzten Seite* des Wissenschaftsmagazins *New Scientist*[2] sind Laien mit einem (vorausgesetzten) allgemeinen Verständnis und Interesse für naturwissenschaftliche Sachverhalte. Ohne den Text einer tiefgründigen Analyse unterziehen zu wollen, ist doch offensichtlich, dass auch er nicht an jedem Punkt die Anforderungen einer allgemeinverständlichen Wissenschaftsrhetorik erfüllt. Dies liegt insbesondere an der erwähnten vertikalen Struktur der Naturwissenschaften, die es erst dann gestattet, einen Text in Gänze zu verstehen, wenn man alle Hierarchiestufen einer Begriffsleiter durchschritten hat. Selbst wenn – wie in unserem Beispiel – durchgängig sehr kurze und einfache Sätze verwendet werden, muss man stets darauf bedacht sein, alle Fachbegriffe auch tatsächlich zu erklären. Im Beispiel wurde der Begriff *Raleigh-Streuung* vorausgesetzt, und auch der Begriff *Frequenz* wird sehr verkürzt mit *Farbe des Lichts* erläutert, die es fraglich erscheinen lässt, ob man hier noch von einer Reduzierung der Komplexität sprechen kann, oder ob man von einer ungenauen bis verfälschten Definition sprechen muss. Der Deutlichkeit halber müsste man in jedem Falle hinzufügen, dass *Raleigh* der Name des britischen Physikers ist, der die Erklärung für das scheinbare Himmelblau im Jahre 1871 gefunden hat. Scheinbar deshalb, da das Sonnenlicht ursprünglich weiß ist. Das bedeutet, dass es aus einer Mischung aller Spektralfarben (auch dies sollte für bestimmte Zielgruppen erklärt werden) besteht, also aus Rot, Orange, Grün, Blau und Violett. Lord Raleigh fand nun heraus, dass das Licht auf dem Weg durch die Erdatmosphäre gestreut wird, so dass ein Teil des Lichts gar nicht direkt zur Erde gelangt, sondern von den Luftteilchen (Molekülen der Luft) aus der Bahn geworfen wird. Dabei wird blaues Licht viel stärker gestreut als rotes Licht. Das hat zur Folge, dass fast nur der blaue Anteil des gestreuten Lichts auf der Erde ankommt; wir nehmen gewissermaßen nur den blauen Anteil wahr. Der Himmel scheint für uns blau auszusehen. Als Metapher ausgedrückt: Die Luftmoleküle wirken wie ein blauer Farbstoff, der für uns die Erdatmosphäre sichtbar macht.

Soweit zu naturwissenschaftlichen Erklärungsversuchen. Nun noch einige Bemerkungen zu geisteswissenschaftlichen Begriffen:

Ich habe in meiner Dissertation einige Erklärungsansätze für geisteswissenschaftliche (hier: religiöse) Schlüsselbegriffe entwickelt und diese in einem lexikographischen Modell zusammenzufassen versucht, das sowohl inhaltlich-semantische als auch pragmatisch-syntaktische Aspekte umfasst. Als Analysebeispiel habe ich

---

[2] Zu erreichen per E-Mail unter *lastword@newscientist.com*.

hier den Begriff *Wiedergeburt* ausgewählt (zu dieser Darstellungsform vgl. ausführlich Vogel 2002, 2004):

I. Inhaltlich-semantische Aspekte:

- Kotextuelle Erklärungen[3] [50% aller Begriffsvorkommen]: neues Leben, Vision, Traum, Gedanken von Gott, Neuausrichtung des Menschen, neue Begegnungen mit Jesus, Zusagen Gottes für das menschliche Leben, Geschenk neuen Lebens, Neugestaltung des Lebens, Entstehung einer neuen Erde
- Funktionale Erklärungen[4] [19% aller Begriffsvorkommen]: Richtlinien und Normen fürs Leben, Möglichkeit zur Umgestaltung des Lebens, Leben bekommt eine neue Mitte, neue Lebensaufgaben, neue Motivation
- Operationale Erklärungen[5] [9%]: Weg des Kreuzes gehen, sich taufen lassen, zulassen, durch Jesus bewegt zu werden

II. Pragmatisch-syntaktische Aspekte:

- Typensatz: Nomen + Verb + Nomen
- Inhalt: Mensch (Gott) + bekommt (gibt, schenkt) + Visionen (Träume, Normen, Richtlinien fürs Leben)

Die Analyse geeigneter Erklärungsansätze muss, wenn sie zu einem aussagekräftigen Ergebnis führen soll, auf einem ausreichend großen Textkorpus basieren. Hier ergeben sich noch viele Fragen, insbesondere bezüglich der Art der verwendeten Texte, der Größe eines exemplarischen Korpus und der technischen Verarbeitbarkeit der Texte mittels eines Konkordanzprogramms, etwa WordSmith©. Ziel der Analysen sollte es sein zu erklären, welche Fachinhalte mit Hilfe welcher Begriffe vermittelt werden können, und welche Bezeichnungen verwendet werden, um die Begriffe auszudrücken: Werden etwa Fachbegriffe nur dort verwendet, wo sie unbedingt zum Verständnis notwendig sind, und wie werden sie im Kontext erläutert? Welche Definitions- und Erklärungstypen werden vorzugsweise verwendet? Schließlich müssen die jeweiligen Bezeichnungen erfasst und daraus praktische Handlungsweisen für eine optimale Wissensvermittlung abgeleitet werden.

---

[3] Ein Begriff muss durch die jeweilige textuelle Umgebung (= Kotext) bedeutungsmäßig erschlossen werden.

[4] Funktionale Erklärungen bezeichnen den Zweck, die praktische Handhabung oder Anwendungsmöglichkeiten eines Begriffes.

[5] Operationale Erklärungen zielen auf die Beschreibung und Erklärung der Vorgänge, die notwendig sind, damit sich ein Begriff überhaupt erst herausbilden und etablieren kann.

4.2 Rhetorische Techniken und Strategien der Vermittlung

Die exakte Abgrenzung und Erklärung von wissenschaftlichen Begriffen ist nur ein erster Schritt im Hinblick auf einen besseren und erfolgreicheren Wissenstransfer. Begriffsdefinitionen müssen stets die jeweilige Zielgruppe berücksichtigen, und jede einzelne Zielgruppe erfordert eine etwas andere rhetorische Herangehensweise. Wenn man Wissenschaft auf eine verständliche und transparente Weise vermitteln will, benötigt man dezidierte Kenntnisse von rhetorischen Techniken und Strategien. Paradoxerweise soll aber genau dieser Abschnitt kürzer als die anderen beiden abgehandelt werden, und zwar deshalb, da in allen rhetorischen Ratgebern rhetorische Techniken automatisch im Zentrum der Betrachtung stehen, was dazu führt, dass das Thema der Wissensvermittlung entweder auf die Verwendung rhetorischer Figuren oder – in pädagogischer Literatur zu demselben Thema – das Vorhandensein methodischer und didaktischer Fähigkeiten reduziert wird. Beides gehört unzweifelhaft zum Kern einer Wissenschaftsrhetorik, allerdings nur in Verbindung mit anderen sprachlichen und nichtsprachlichen Mitteln der Vermittlung. Aus diesem Grunde soll an dieser Stelle lediglich auf die Bedeutung des schier unerschöpflichen Arsenals rhetorischer Techniken verwiesen werden; der Neuheitseffekt für eine Wissenschaftsrhetorik ist jedoch relativ gering, so dass ich auf eine weitergehende Betrachtung verzichten möchte. Eines möchte ich jedoch betonen:

Trotz des steigenden Einflusses des Internets, trotz eines vermehrten Gebrauchs von bewegten und unbewegten Bildern, trotz der steigenden Zahl experimenteller Museen: Verbale Sprache ist nach wie vor die wesentliche Grundlage und unabdingbare Voraussetzung des Wissenstransfers. Die einzelnen linguistischen Elemente müssen jedoch auf ihre Relevanz und Verwendbarkeit für die Zwecke des Wissenstransfers überprüft werden. Definitionen von wissenschaftlichen Begriffen kommen verstärkt in kontroversen Diskursen vor, in denen rhetorische Figuren eine große Rolle spielen. Wissenschaftler und Vermittler müssen eine große Anzahl von rhetorischen Mitteln beherrschen lernen, um in der Lage zu sein, andere Zielgruppen auf ihre Themen neugierig zu machen. Jeder wissenschaftliche Sachverhalt kann in seinen Grundzügen von einem Laien verstanden werden, vorausgesetzt, dieser bemüht sich um Verständnis, und die geeigneten sprachlichen Mittel werden eingesetzt. Zu diesen sprachlichen Mitteln gehören alle Arten des persuasiven Sprachgebrauchs im öffentlichen Bereich der Wissenschaftsvermittlung sowie die dabei eingesetzten sprachlichen Mittel. Welche Grenzen der Wissensvermittlung durch Sprache gesetzt sind, gilt es im Laufe der Untersuchungen herauszufinden.

Häufig wird die Tatsache unterschätzt, dass der Wissenstransfer von Experten zu Laien mehrmals täglich vor sich geht. Mehr noch: Dies ist der Standardfall des Wissenstransfers.

Missverständnisse oder Unverständnis werden durch die Darstellung von Wissenschaft verursacht, nicht durch den wissenschaftlichen Inhalt an sich. Kein wissenschaftliches Konzept, so einfach es auch sein mag, kann verständlich vermittelt werden, wenn es nicht gelingt, den rechten Ausdruck oder die geeignete Metapher zu finden.

An diesem Punkt könnte der eine oder andere Leser zu Recht einwenden, dass Eindeutigkeit und Klarheit nicht allein die Frage des richtigen oder falschen Ausdrucks ist. Es ist vielmehr die Frage danach, wie wir die Art und Weise verändern können, in der wir unsere Welt sehen und erwarten. Sobald Wissenschaft unserem gewohnten Weltbild zuwiderläuft, stößt auch unsere Sprache an eine Grenze.[6]

Was auch immer man beschreiben mag – verbale oder nonverbale Äußerungen: Wenn man eine Wissenschaftsrhetorik entwickeln will, unternimmt man zugleich Forschungen auf dem Gebiet der Angewandten Rhetorik. Eine Rhetorik darf nicht bei der Analyse rhetorischer Figuren stehen bleiben, sie muss aber in jedem Falle die rhetorischen und stilistischen Mittel erforschen, die ein „obskures" wissenschaftliches Thema so transparent wie möglich erscheinen lassen. Dieser Vorgang ähnelt dem der Präsentation von Wissenschaft in einem wissenschaftlichen Sachbuch. Zumindest sollte dieses Ziel sowohl in wissenschaftlicher Fachliteratur als auch in Sachbüchern gleichermaßen verfolgt werden.

Neben korpuslinguistischen Analysen und der Untersuchung rhetorischer Figuren bieten sich zur Ermittlung wissenschaftsrhetorischer Befunde auch grammatische Analysen an, womit ich beim dritten und letzten Punkt angelangt bin.

4.3 Ermittlung von musterhaften grammatischen Konstruktionstypen

Die derzeitige Entwicklung in der Linguistik ist von einem starken Interesse an der Oberfläche von Texten geprägt. Innerhalb der pragmatischen Tradition der Textlinguistik hatte lange Zeit die Tendenz bestanden, die kommunikative Funktion eines Textes gegen seine – linguistisch gesprochen – „Zeichenhaftigkeit", die Handlungs- gegen eine Systemperspektive auszuspielen. Die Frage „Was tun wir,

---

[6] Vgl. die Einstein'sche Relativitätstheorie, die nur dann überhaupt verständlich ist, wenn es einem gelingt, unsere menschliche Vorstellung von Raum und Zeit zu überwinden: In seinem Buch *Das ABC der Relativitätstheorie* (1995: 11) erfindet Bertrand Russell eine Geschichte, um uns zu erklären, weshalb es so schwer ist, die Grundlagen dieser Theorie zu verstehen: „Nehmen wir an, es wird Ihnen ein Mittel verabreicht, das Sie für einige Zeit bewusstlos macht, und Sie haben, wenn Sie erwachen, Ihr Gedächtnis, nicht aber Ihre Urteilskraft verloren. Nehmen wir ferner an, dass Sie während Ihrer Bewusstlosigkeit in einen Ballon gebracht wurden, der, wenn Sie zu sich kommen, in einer dunklen Nacht im Wind treibt [...] Wenn ein gewöhnlicher Sterblicher bei Ihnen im Ballon wäre, würden Ihnen seine Reden unverständlich erscheinen. Aber wenn Einstein bei Ihnen wäre, würden Sie ihn leichter verstehen als der gewöhnliche Sterbliche, weil Sie frei wären von einem Bündel von vorgefassten Meinungen, die die meisten heute daran hindern, ihn zu verstehen.

wenn wir sprechen?" war wichtiger als die Analyse von Wörtern oder Sätzen als den Grundelementen der menschlichen Kommunikation.

Die gegenwärtige Entwicklung der Linguistik scheint diese beiden Perspektiven nun wieder zu vertauschen. Die Handlungsperspektive wird in den Hintergrund gedrängt, die Systemperspektive rückt in den Vordergrund. Das bedeutet, dass nicht primär Textinhalte und -funktionen für das Textverständnis bedeutsam sind, sondern vielmehr Ausdrücke bzw. Formulierungen an der Textoberfläche. Die Schlüsse, die man aus einem Text ziehen kann, hängen ganz entscheidend davon ab, wie der Textinhalt auf der Textoberfläche zum Ausdruck gebracht wird. Die Gestaltung des Ausdrucks kann sehr verschieden ausfallen – je nachdem, ob es sich um einen wissenschaftlichen oder populärwissenschaftlichen Text handelt. Deshalb muss eine Wissenschaftsrhetorik unbedingt Hinweise darauf enthalten, wie die Textoberfläche – also sprachliche Formulierungen und das Textdesign – gestaltet werden müssen, damit eine Wissenschaftsvermittlung möglichst erfolgreich ist.

Die gleichsam wieder entdeckte Textoberfläche als linguistischer Untersuchungsgegenstand drückt sich auch in der Entwicklung des Modells der „Konstruktionsgrammatik" aus. Dies ist eine Theorie, die ihre Ursprünge bereits gegen Ende der 80er Jahre im *Center for the Study of Language and Information* in Berkeley (USA) hatte, und die in den letzten Jahren eine ungeahnte Renaissance erlebt. Die Theorie der Konstruktionsgrammatik basiert auf folgenden Grundannahmen:

> What is perhaps unique about construction grammar is (1) that it aims at describing the grammar of a language directly in terms of a collection of grammatical constructions each of which represents a pairing of a syntactic pattern with a meaning structure, and (2) that it gives serious attention to the structure of complex grammatical patterns instead of limiting its attention to the most simple and universal structures (Fillmore/Kay 1987).

Im Mittelpunkt der Konstruktionsgrammatik steht die Frage, was Menschen für ein sprachliches Wissen besitzen, und was sie auf der Grundlage dieses Wissens tun müssen, um sprachlich „erfolgreich" zu sein oder – im Sinne einer Wissenschaftsrhetorik – erfolgreich Wissen zu transferieren.

Die Konstruktionsgrammatik markiert eine Rückkehr zum Saussure'schen Zeichenmodell in dem Sinne, als dass „Konstruktionen" als fundamentale Einheiten angesehen werden, aus denen sich Sätze und deren Bedeutungen zusammensetzen.

Grammatischen Formen, so Helmuth Feilke (1996), können von den stets wechselnden Gegebenheiten der Erfahrung in ihrem Funktionieren nicht erklärt werden. Dazu müsse der Gebrauch von der funktionalen Determiniertheit der Struktur losgelöst werden. Wichtig sei nicht die Beziehung zwischen Grammatik und Handlung, sondern die zwischen grammatischem Muster und Handlungsschema. Feilke bezeichnet diese Muster als „Ausdrucksgestalten" oder „Ausdrucksmodelle". Dies sind von ihrem tatsächlichen Gebrauch abstrahierte syntaktische Konstruktionen, die einerseits syntaktisch produktiv sind, andererseits bestimmte semantische und pragmatische Potentiale enthalten. Egal, wie ein syntaktisches Muster verwendet und lexikalisch gefüllt wird: Die Anschließbarkeit an pragmatische und semantische Ordnungsleistungen des zugrunde liegenden Musters bleibt gewährleistet.

Wenn also Wissenschaftsvermittler in ihren Texten immer wieder bestimmte Ausdrücke verwenden, so wird durch den Kontext der Wissenschaftsvermittlung die Anzahl der Muster oder Modelle reduziert und letztere einem konkreten Verwendungsschema zugeordnet.

Im folgenden Beispiel sind die einzelnen Verarbeitungsstufen eines syntaktischen Musters dargestellt, in diesem Falle das der klassischen Warum-Frage zugrunde liegende Muster „Fragewort + Verb + Adjektiv":

Syntaktische Konstruktionen mit einem semantischen Potential

Warum ist X Y?

[Warum ist der Himmel blau?]

[Fragewort + ist + Nomen + Präd.Adj.]

|

Aktivierung des Potentials durch Verwendung dieser Konstruktion

|

Voraussetzung für Aktivierung:
grammatische Kompetenz, die an Konstruktionstypen orientiert ist

Kenntnis der grammatischen Form und des Zusammenhangs zwischen der Form und den schematisch geprägten Optionen ihres Gebrauchs

|

Folge:
Interpretation der Konstruktion als Muster im Sinne eines Ausdrucksmodells

Syntaktisches Muster „Warum ist X Y" ist auf bestimmte Funktionen hin geprägt (z.B. Interessewecken beim Wissenschaftstransfer an informierte Laien)

Auf der Göttinger Tagung der Transferwissenschaften im Jahre 2003 wies Gerd Antos auf das enorme Problemlösungspotential solcher Fragen hin. Sie weckten Aufmerksamkeit, strukturierten den Wissenstransfer vor, und sie seien schließlich ein Kriterium für den Erfolg oder Misserfolg des Wissenstransfers.

Die konventionelle Interpretation einer Konstruktion ist zwar grammatisch und semantisch motiviert, eine Konstruktion kann aber nicht mit Hilfe ihrer kompositionellen Eigenschaften erklärt werden. Was es gibt, ist ein zugrunde liegendes syntaktisches Ausdrucksmodell, das – idiomatisch abgestuft – unterschiedlich gefüllt (lexikalisiert) und verwendet werden kann. Unabhängig davon, wie unser Beispiel-Muster lexikalisch ausgefüllt wird, die semantische Interpretation, die dahinter steht, bleibt gleich: Es wird nach den Eigenschaften von X gefragt.

Zusammenfassend kann man sagen, dass Konstruktionen konventionalisierte Verbindungen aus Form und Bedeutung sind, die auch unabhängig von den einzelnen Worten eines Satzes existieren. Sie bilden damit eine Art übergeordnete Kategorie, die sowohl traditionelle grammatische Konstrukte (z. B. Relativ- und Fragesätze) als auch einfache lexikalische Einheiten (z.B. Worte) darstellen können. Die wichtigsten Konstruktionstypen werden im Folgenden anhand von englischen und deutschen Beispielen erläutert:

Subjekt-Prädikat-Konstruktion

Beispiel: *The scientist explains the world.*

Komplement-Konstruktion

Komplemente des Prädikators plus lexikalischer Prädikator (= Wort im *predicate*, der zentralen Wortgruppe neben der Subjekt-Gruppe)

Determinant/Head-Konstruktion

Beispiel: *our objective*, bestehend aus *our* (Determinant) und *objective* (Kopf)

Modifikationskonstruktionen

Adjektivisch: *grünes Buch*

Relativsatz-Modifikationskonstruktion: *das sie Peter gab*

Präpositional/Kasusobjekt-Konstruktion: *Buch für Hans, Buch des Vaters*

Appositionskonstruktion: *mein Freund, der Apotheker*

Komplexe Konstruktionen verschiedenen Typs: *je ... desto*

Die Tatsache, dass Form und Bedeutung oder Funktion nicht getrennt werden dürfen, ist der zentrale Aspekt der Konstruktionsgrammatik – im Gegensatz zu allen generativen Grammatiktheorien. Konstruktionen besitzen eine bestimmte syntaktische Konfiguration, die mit einer bestimmten Semantik verbunden ist. Sie sind gleichsam mit Bedeutungen „geladen". Dies gilt unabhängig davon, welche Worte in der Konstruktion selbst vorkommen. Jede Konstruktion spezifiziert somit die semantischen Rollen verschiedener syntaktischer Positionen. Darüber hinaus können in die Beschreibung einer Konstruktion auch enzyklopädische Informationen mit eingehen, z.B. Informationen über Register, Medienspezifika oder Zielgruppen des Wissenstransfers.

Meine These lautet, dass die sprachliche Vermittlung von wissenschaftlichen Sachverhalten ganz wesentlich auf der Verwendung bestimmter grammatischer Konstruktionen basiert. Die syntaktische Kompetenz ist an die Oberflächen des Ausdrucks gebunden, die sich im Sprechen etabliert haben. Interessant sind in diesem Zusammenhang insbesondere die folgenden Fragen:

- Wenn Konstruktionen die grundlegenden Einheiten sind, aus denen Sätze und ihre Bedeutungen bestehen: Welche Konstruktionen sind dann besonders charakteristisch für die Wissenschaften und welche für die Wissenschaftsvermittlung?

- Inwieweit führen die strukturellen Unterschiede zwischen Geistes- und Naturwissenschaften auch zu Unterschieden in der Verwendung bestimmter Konstruktionstypen?

- Welche Konstruktionstypen werden von der untersuchten Zielgruppe als besonders wirkungsvoll oder „sympathisch" empfunden? Diese Fragestellung würde allerdings erfordern, dass die empirischen Daten aus einer psycholinguistischen Untersuchung stammen.

Um die analysierten Konstruktionen u.a. rhetorische Mittel systematisch darzustellen und anderen als Hilfsmittel zur Verfügung zu stellen, erscheint mir die von der Konstruktionsgrammatik selbst vorgegeben Form am sinnvollsten zu sein: das so genannte „Konstruktionswörterbuch" oder *Constructicon*. Dort würden dann sowohl abstrakte Konstruktionen wie die Subjekt-Prädikat-Konstruktion als auch einfache lexikalische Einheiten und Redewendungen Eingang finden. Alles bisher Geschilderte zusammengenommen, würden sich die folgenden Ingredienzien in einer Wissenschaftsrhetorik wieder finden (vgl. Abb. 2):

Abb. 2: Zutaten einer Wissenschaftsrhetorik

5 Zusammenfassung

Wir dürften uns wohl darüber einig sein, dass es nicht ausreicht, unsere wissenschaftlich geprägte Welt zu gestalten, sondern wir müssen sie den Nicht-Fachleuten auch noch ausreichend erklären. Wenn wir dies nicht tun, dann kehren wir nach Ansicht von Mittelstraß zu einem mythischen Zustand zurück, in dem nun aber keine Götter mehr herrschen, sondern „ein finsterer Verstand, der sich der wissenschaftliche nennt und sein Delphi in den Laboren geschaffen hat". Um genau dies zu vermeiden, ist das Streben nach Popularisierung von Wissenschaft immer zugleich auch als Versuch der Wissenschaft zu betrachten, sich für ihr Handeln vor der Gesellschaft zu rechtfertigen. Damit Wissenstransfer erfolgreich sein kann, müssen wir uns darum bemühen, die Hörer oder Leser von wissenschaftlichen Texten als Partner erst zu nehmen, wie dies schon seit langem in der englischsprachigen Wissenschaft geschieht.

Dass dies mehr ist als eine bloße Wiedererweckung der Rhetorik als Regellehre, erläutert Hans-Joachim Meyer an folgendem Beispiel (Meyer 1998): Im Rahmen seines Auslandsstudiums in Ann Arbor berichtet er über die Bemühungen von John Swales, einem Doktoranden dabei zu helfen, die Einleitung zu einem Zeitschriftenartikel zu schreiben. Swales tat dies mit all seiner linguistischen Raffinesse, aber ohne Kenntnis des Sachgebietes des Doktoranden. Letzterer ging erfreut zu seinem Doktorvater und kam mit einer kompletten Neufassung der Einleitung zurück. Auch diese war rhetorisch korrekt, bewies aber zusätzlich die Kenntnis des Themas. Swales entgegnete daraufhin: „Die alte Version las sich wie eine ganz gewöhnliche Artikeleinleitung. Die neue liest sich wie eine Kriminalgeschichte."

6 Literatur

Bierwisch, Manfred (2001): Die Fata Morgana der gemeinsamen Sprache. In: Vorstand der Berlin-Brandenburgischen Akademie der Wissenschaften (Hg.): Gegenworte. Zeitschrift für den Disput über Wissen. Bonn.

Croft, William (2005): Logical and typological arguments for Radical Construction Grammar. In: M. Fried/J.-O. Östman (Hg.): Construction grammars. Cognitive grounding and theoretical extensions (= Constructional Approaches to Language 3). Amsterdam, 273-314.

Feyerabend, Paul (19976): Wider den Methodenzwang (= Suhrkamp-Taschenbuch Wissenschaft 597). Frankfurt a.M.

Fillmore, Charles J./Paul Kay (1987): Construction grammar lecture. Stanford.

Fillmore, Charles J./Paul Kay (1999): Grammatical constructions and linguistic generalizations: the *what's X doing Y* construction. In: Language 75, 1-33.

Fillmore, Charles J./Paul Kay/Catherine O'Connor (1988): Regularity and idiomaticity in grammatical constructions. The case of *let alone*. In: Language 64, 501-538.

Goldberg, Adele E. (2000): Construction grammar. Illinois.

Hassenstein, Bernhard (1979): Wie viele Körner ergeben einen Haufen? Bemerkungen zu einem uralten und zugleich aktuellen Verständigungsproblem. In: K.D. Bracher (Hg.): Schriften der Carl Friedrich von Siemens Stiftung. Bd. I: Der Mensch und seine Sprache. Berlin, 219-242.

Kieserling, André (2001): Soziologen zwischen Terminologie, Jargon und Alltagssprache. In: Vorstand der Berlin-Brandenburgischen Akademie der Wissenschaften (Hg.): Gegenworte. Bonn.

Krips, Henry, et al. (1995): Science, reason, and rhetoric. Pittsburgh/Konstanz.

Liebert, Wolf-Andreas (2002): Wissenstransformationen: handlungssemantische Analysen von Wissenschafts- und Vermittlungstexten. Berlin u.a.

Meyer, Hans Joachim (1998): Rhetorik in der Wissenschaft. Leipzig.

Mittelstraß, Jürgen (1996): Wissenschaft verstehen. Die Sicht des Wissenschaftstheoretikers. In: Rektor der Universität Augsburg (Hg.): Wissenschaft verstehen. Ein Dialog in der Reihe „Forum Wissenschaft" am 8. Februar 1996 an der Universität Augsburg. Augsburg.

Niederhauser, Jürg (1999): Wissenschaftssprache und populärwissenschaftliche Vermittlung (= Forum für Faschsprachen-Forschung 53). Tübingen.

O'Hare, Mick/New Scientist (Hg.) (2003): Warum fallen schlafende Vögel nicht vom Baum? Wunderbare Alltagsrätsel. München/Zürich.

Roloff, Eckart Klaus (2001): Scientainment. Sprachwahl zwischen Hermetik und Populismus. In: Vorstand der Berlin-Brandenburgischen Akademie der Wissenschaften (Hg.): Gegenworte. Bonn.

Schurz, Gerhard (Hg.) (1990): Erklären und Verstehen in der Naturwissenschaft. München.

Ueding, Gert (1994): Rhetorik des Schreibens. Eine Einführung. Weinheim.

Valentin, Karl (1992): Sämtliche Werke. 8 Bände und Ergänzungsband. München.

Wolfschmidt, Gudrun (2002): Popularisierung der Naturwissenschaften. Institut für Geschichte der Naturwissenschaften, Mathematik und Technik (IGN) der Universität Hamburg. Berlin.

Wissenstransfer als PR-Maßnahme: *Insider*wissen im *Comic*-Element

Taeko Takayama-Wichter (Göttingen)

1 Einleitung
2 Anzeige als Übertext
3 Anzeigenanalyse zum *Insider*wissen und zur PR-Werbung
4 Fazit: Rhetorische Anzeigenchoreographie für die PR-Werbung
5 Bildnachweis
6 Literatur
7 Anhang

1 Einleitung

Abb. 1: Anzeige in der deutschen Übersetzung

1.1 Anzeige in einer Text-Bild-Komposition mit *Comic*-Element[1]

Die Abbildung 1 zeigt eine ins Deutsche übersetzte Version einer japanischen Zeitungsanzeige.[2] Die Originalanzeige nimmt gut das untere Drittel einer Seite einer namhaften japanischen überregionalen Tageszeitung (Yomiuri-Shinbun 2001) ein. Sie misst in der Originalgröße 17 cm (Höhe) x 38 cm (Breite) und ist nicht koloriert. Der Anzeigengeber ist eine aus sechs japanischen Kreditfirmen bestehenden Gruppe, die sich „shôhisha-kinyû-renrakukai" [Kontaktgruppe[3] für Konsumentenkredit] nennt (2.2).

Die Anzeige ist durch ihre Größe und auch durch die großformatige Anwendung des *Comic*-Elements selbst für japanische Verhältnisse recht auffällig (Takayama-Wichter 2003: 62f., 2005: 209–213). Was diese Anzeige auszeichnet, ist aber nicht ihre Aufmachung (allein), sondern vielmehr ihre durchaus raffinierte Text-Bild-Komposition (2.1). Darin übernimmt ein Doppel-*Comic*-Element – quasi[4] – den Bild-Part der Text-Bild-Kommunikation und übt u. a. eine bestimmte Funktion aus, die in den bisherigen Untersuchungen zur Funktion der *Comic*-Elemente nicht behandelt worden ist (2.3, 2.4 und 3.2).[5] Darüber hinaus ist auch von Interesse, dass die Anzeige eine PR-Werbung ist, die m.W. in der Werbeforschung im Gegensatz zur Produktwerbung eher weniger thematisiert wird.

Was diese Anzeige hinsichtlich des vorliegenden Themas analysierenswert macht, ist ihre Erzählstruktur (3.1) und nicht zuletzt ihre choreographische Gesamtkomposition (3.3).

---

[1] *Comic*-Element wird im Folgenden ggf. als „*C*-E" abgekürzt.
[2] Vgl. hierzu eine verkleinerte Kopie der Originalanzeige in Anhang (A1).
Die deutsche Übersetzung in Abb. 1 – wie überhaupt alle Übersetzungen im vorliegenden Beitrag – stammt von der Verfasserin T.T.-W. Bei der größten Überschrift der japanischen Originalanzeige musste die senkrecht verlaufende Schreibanordnung für die deutsche Version in die waagerechte Anordnung geändert werden. In Abbildung 1 wird auf eine Wiedergabe der Hervorhebung verzichtet, da sämtliche Texteinheiten auch mit der jeweiligen Hervorhebung in den zu thematisierenden Abschnitten erneut aufgeführt werden.
[3] Das japanische Wort „kai" kann sowohl mit „Gesellschaft", „Verein" oder aber auch ggf. mit „Gruppe", „Zusammenkunft" oder „Treffen" etc. ins Deutsche übersetzt werden. Da zur genaueren Bestimmung für die Übersetzung kein entscheidender – vor allem kein juristischer – Anhaltspunkt vorhanden ist, wurde „kai" hier einfachheitshalber mit „Gruppe" übersetzt.
[4] „Quasi" deswegen, weil das *Comic*-Element nicht immer und nicht nur aus Bildern (sprich Comic-Zeichnungen) besteht, so wie es auch beim vorliegenden Beispiel der Fall ist (vgl. 2.1).
[5] Vgl. hierzu Takayama-Wichter (2003: 335–338).

1.2 Kredit-Problematik in Japan und *Insider*wissen

In Japan ist die leicht zugängliche alltägliche Kreditaufnahme durch Normalverbraucher außerhalb des Bankwesens ein gesellschaftliches Phänomen. Allgemein bekannt ist, dass ein leichter Zugang zur Kreditaufnahme bei sofortigem Bargeld zu einer leichtfertigen Inanspruchnahme verführt. Vage bekannt sind auch mögliche schwerwiegende Folgen wie Bankrott, Familienzerfall oder gar Selbstmord, oder aber auch die lebensbedrohliche Verfolgung durch einschlägige kriminelle Geldeintreiber etc., was das Stichwort *kinyû-jigoku* [Finanzhölle] auf den Punkt bringt. Weit weniger verbreitet oder gar unbekannt sind dagegen die konkreten Einzelheiten der eher unseriösen oder gar gesetzeswidrigen Praktiken der Kreditabwicklung: „*yami-kinyû*" [Schwarzfinanz].[6]

Vor diesem Hintergrund warnt die vorliegende Anzeige vor Betrug bei der Kreditaufnahme, wie dies die eine große Überschrift auch deutlich zeigt: „[Achtung vor zwielichtigem Mittelmann[7]]" (rechts oben in Abb. 1). In der Anzeige werden durch den Anzeigengeber die Tricks des Schwindlers als *Insider*wissen veröffentlicht. So ist zumindest der erste Eindruck. Wer ist aber dieser Anzeigengeber?

Die Anzeige verfolgt beim genaueren Hinsehen aber eigentlich ein anderes Ziel. Die o.g. Überschrift betrifft nicht die ganze Anzeige (2.3.2). Hier geht es eben nicht (nur) um den Wissenstransfer an sich, was die vorliegende Analyse noch zeigen soll (3).

---

[6] Exkurs: Kreditanzeigen in Deutschland und Japan: Die Münstersche Zeitung (2005) berichtet von einem deutlichen Zuwachs der Konsumentenkredite in Deutschland im Jahr 2004. Der deutsche Ausdruck „Kredithai" deutet in diesem Zusammenhang darauf hin, dass die Kredit-Problematik auch in Deutschland nicht unbekannt ist. Ein Unterschied zwischen den beiden Ländern ist aber deutlich in den diesbezüglichen Anzeigendomänen zu beobachten. In Japan ist in den letzten zwei Jahrzehnten die Tabuisierung bzw. die Ächtung der Kreditaufnahme außerhalb des Bankwesens deutlich zurückgegangen. Die Kreditaufnahme bei Anbieterfirmen außerhalb des Bankwesens ist sozusagen „salonfähig" geworden. Dies ist in den Printmedien, vor allem in den Wochenzeitschriften, leicht beobachtbar. Dort gibt es regelmäßig großformatige Farbglanzinserate von verschiedenen Kreditanbieterfirmen. Auch die Spezialisierung auf Zielgruppen ist vorhanden. Die Abbildung „*Ladies' Mate*" (A2 im Anhang) zeigt z.B. eine derartige (ganzseitige und farbige) Anzeige in einer bekannten japanischen Klatsch-Frauenzeitschrift, aufgegeben von einer – angeblich nur von Frauen geführten – Anbieterfirma, die ausschließlich nur weiblichen Kunden Kredit gewährt. Bei diesem überregional agierenden Kreditanbieter, der den Firmennamen „*Ladies' Mate*" trägt und zum Zeitpunkt der Inserate nach eigener Angabe seit 25 Jahren besteht, kann man – dem Inserat zufolge – bis zu 500.000 Yen oder bis zu 10% des Jahreseinkommens sofort in bar als Kredit aufnehmen. Anders in Deutschland, wo Kredit-Inserate in den Printmedien bekanntlich nur am Rande erscheinen.

[7] „*Ya*" von „*shôkaiya*" zeigt bereits eine Geringschätzung derart an, dass es sich um einen zweifelhaften Vermittler handelt, nicht um einen normalen Vermittler, der ins Japanische nicht mit „*shôkaiya*", sondern mit „*shôkaisha*" u.a. übersetzt wird.

1.3 *Comic*-Elemente in der Text-Bild-Analyse

1.3.1 Das *Comic*-Element

Die Anwendung des *Comic*-Elements in den Printmedien in Japan ist in verschiedenen Bereichen der Werbekommunikation alltäglich und auch in der Fachkommunikation durchaus möglich (vgl. Takayama-Wichter 2003: 58ff., 2005: 218–221). Dafür ist jedoch die linguistische Beschäftigung mit dem *Comic*-Element o.Ä. selbst, im Gegensatz zur Comic- bzw. Manga-Forschung, äußerst selten.

In Deutschland ist die C-E-Forschung noch keineswegs entwickelt, ganz anders als die Beschäftigung mit dem Comic im Allgemeinen mit seinen Prototypen wie z.B. Comic-Strips, Comic-Hefte oder Comic-Books.[8] Es gibt mit Nebel (1984) eine Arbeit, in der „Comic-Elemente" in der Werbung untersucht werden. Doch werden die „Comic-Elemente" – ohne ein jegliches Konzept – lediglich als bloße Elemente des Comics verstanden, was mit dem vorliegenden konzeptionellen „*Comic*-Element" kaum zu vergleichen ist. Die grundlegende Differenz zeigt sich auch darin, dass das Augenmerk von Nebel eher auf den Comic als solchen gerichtet ist; zum kurzen Überblick über die Forschungslage vgl. Takayama-Wichter (2003: 65–69). In der allgemeinen Text-Bild-Forschung muss man, wenn es dabei spezifisch um die Beteiligung des *Comic*-Elements geht, immer noch die einst von Krafft (1978) für die Comic-Forschung im Allgemeinen geäußerte Kritik eben auch hinsichtlich des *Comic*-Elements gelten lassen, nämlich:

> Das Ziel, das „eigenständige Zeichensystem" Comic zu beschreiben, kann nicht erreicht werden, weil der Ansatz es nicht erlaubt, das Comic-Spezifische abzugrenzen von dem, was allgemein für das Bild gilt (ebd.: 12).[9]

Moser (1991: 88) und vor allem Grünwald (2000: 3ff.) zufolge – und m.E. auch nach allgemeinem Einvernehmen der Comic-Forschung – liegt eine allumfassende Definition von Comic nicht vor, da die Gestaltungsmöglichkeiten beim Comic wohl beinahe unbegrenzt vielfältig sind. Dementsprechend ist auch eine Definition des *Comic*-Elements – lediglich nur aus diesem einen Grund – schwierig, da das *Comic*-Element in Anlehnung an die Bestandteile, Merkmale oder Gestaltungsformen des Comics bzw. des Mangas entstanden ist, wobei diese gelegentlich in problematischer Weise als „Definitionsmerkmale" ausgegeben werden wie z.B. bei Strobel (1993: 377f.).

---

[8] „(Der) Comic" wird als Oberbegriff verstanden.
[9] Allerdings kann sein Verständnis vom Comic als „Bildertext" (Krafft 1978: 12) selbst nur begrenzt auf das *Comic*-Element übertragen werden, da es unter den *Comic*-Elementen auch einen solchen C-E-Typ gibt, der keinen Text enthält (hierzu vgl. (5) und (6) im vorliegenden Abschnitt).

Das *Comic*-Element kann aber – trotz dieses Definitionsdefizits beim Comic – durch Eigenschaften näher bestimmt werden, die das Spezifische des *Comic*-Elements hervorheben können. Die sieben Eigenschaften des *Comic*-Elements können – am besten im Vergleich zu den sonstigen „Comic-Formen" (Takayama-Wichter 2003: 58ff.) – wie folgt beschrieben werden:

(1) Zugehörigkeit zur Comic-Welt (ebd.: 70): Das *Comic*-Element ist in dieser Eigenschaft als eine der Comic-Formen der „Comic-Kultur" (ebd.: 58ff.) zugeordnet. Die daraus resultierende Zweiteilung des dem *Comic*-Element eigenen Analyseraums *Übertext* (vgl. 1.3.2 und 2)[10] in zwei Welten (in die Comic-interne Welt und in die Comic-externe Welt) ist für eine das *Comic*-Element involvierende Text-Bild-Analyse von entscheidender Bedeutung (hierzu vgl. (6)).

(2) Gestaltungsvielfalt: „*Comic*-Element" ist ein Sammelbegriff. Nach der Typisierung bei Takayama-Wichter (2003: 63), wobei die Merkmale oder die Bestandteile etc. des Comics bzw. Mangas berücksichtigt werden, ergeben sich insgesamt 10 C-E-Typen. Eine einfache Zweiteilung der *Comic*-Elemente in Comic-Figuren und in Comic-Stil (vgl. Moser 1991: 85) würde, nach meinem deutschen und japanischen Corpus zu urteilen, der umfangreichen Gestaltungsmöglichkeit des *Comic*-Elements nicht gerecht werden, und wäre für den Zweck der Analyse des Komplexes allzu schlicht. Es gibt im Corpus sogar sehr kreative Anwendungen des *Comic*-Elements, die sich auch nicht ohne weiteres einem Typ des o.g. Typisierungskatalogs zuordnen lassen, und es gibt auch Anwendungen solcherart, bei denen teilweise und vereinzelt eine Zuordnung zu einem Typ möglich ist, die aber insgesamt als Komplex oder als Gruppe eine komplizierte Struktur aufweisen wie z.B. das vorliegende Beispiel mit dem verschachtelten *Comic*-Element.

(3) Fremdbestimmte Daseinsberechtigung: Das *Comic*-Element ist von seiner Zweckbestimmung her unselbständig, was bei Comics oder Comic-Strips nicht der Fall ist. Durch diese Eigenschaft unterscheidet sich das *Comic*-Element auch von den von uns so genannten „Sondercomics" (hierzu vgl. (4)).

(4) Unabgeschlossenheit: Die bei (3) erwähnte Fremdbestimmung bringt es mit sich, dass das *Comic*-Element innerhalb seines Analyseraums für das externe Umfeld, also die Comic-externe Welt, offen ist. Das *Comic*-Element ist – in der Regel – in sich nicht abgeschlossen (zur Möglichkeit seiner Abgeschlossenheit vgl. „Übertext-Typ 5" in Fußnote 14).

---

[10] Das Übertext-Modell:

```
              Ü    b    e    r    t    e    x    t    (Ü)
              |                        |              |
         <Comic-Element> (C-E)   <Schrifttext-Teil> (S)   <Sonstiges>
              |                        |
   <Comic-Zeichnungselement> (cZ)   <Comic-Texteinlage> (cT)
```

Gerade in dieser Eigenschaft unterscheidet sich das *Comic*-Element wesentlich von den in sich abgeschlossenen und nur in der Comic-Welt eingeschlossenen o.g. „Sondercomics", die zwar in ähnlichen Anwendungsdomänen angesiedelt sind, aber zu einem bestimmten Zweck bzw. thematisch eigens für sich konzipiert sind wie z.B. der *gakushû-manga* [Comics zum Lernzweck][11] (vgl. Takayama-Wichter 2005: 211), und es unterscheidet sich auch z.T. von bestimmten, in sich abgeschlossenen und selbständigen Info-Comics.

Gerade die bei (3) und (4) genannten Eigenschaften rechtfertigen den Ansatz, das *Comic*-Element als eine eigene Comic-Form zu behandeln.

(5) Das Visuelle mit möglicher Bi-Codalität: Das Visuelle des *Comic*-Elements ist nicht mit dem Bild gleichzusetzen, da das Comic-Element – ggf. – einen „(internen) Text", den wir per Sammelbegriff „*Comic*-Texteinlage"[12] nennen, enthalten kann.

Als ein konstitutives Merkmal des Comics wird eine „Komplementarität von Sprache und Bild" (Kloepfer 1977), eine „enge Verzahnung von Bild(-folge) und Text" (Moser 1991: 88) oder eine „Integration von Wort und Bild" (Strobel 1993: 378) genannt. Die hier gemeinte „Sprache", der „Text" bzw. das „Wort", entspricht in etwa dem Inhalt der Sprech- bzw. Gedankenblase (unabhängig vom Vorhandensein einer sichtbaren Umrandung), der dem „(möglichen) internen Text" des *Comic*-Elements zugeordnet ist (hierzu vgl. „*Comic*-Texteinlage" in Fußnote 12).

(6) (Möglicher) Mehrfacher Text-Bild-Bezug: Das *Comic*-Element kann je nach dem *C-E*-Typ mehrere Text-Bild-Bezüge unterhalten. Grundsätzlich zu unterscheiden sind der externe Text-Bild-Bezug und der interne Text-Bild-Bezug. Der erstere entsteht durch die bei (1) erwähnten zwei Welten. Der letztere innerhalb des *Comic*-Elements (hierzu vgl. (3) und (5)).

Demnach ist z.B. eine Comic-Figur (ohne interne Text-Begleitung wie z.B. eine Sprechblase (mit Inhalt)) auch ein *Comic*-Element, wenn ein externer Text anwesend ist (hierzu vgl. Takayama-Wichter 2003: 99 und Abb. 16 im Anhang). Da-

---

[11] Hierzu vgl. Takayama-Wichter (2003: 59 und Fußnote 11 sowie 2003: Abb. 2 im Anhang).

[12] Der hier „Interner Text" genannte Text wird im Übertext-Konzept mit dem Sammelbegriff „Comic-Texteinlage" erfasst. Die Erscheinungsformen der Comic-Texteinlage sind die folgenden: (a) schrifttextlich vermittelte Inhalte der Sprech- bzw. Gedankenblasen mit einer Blasenform oder ohne eine solche; (b) verschriftlichte primäre und sekundäre Onomatopoetika sowie die im japanischen Kontext *gitaigo* und *gijôgo* bezeichneten Ideophone; (c) „Quasionomatopoetika", d.h. eine kreative Buchstabenreihung mit phonetischen Größen; (d) Buchstabenfolgen mit inkorrekter Buchstabenkombination ohne phonetische Größen; (e) Schriftzeichen(-folgen) in der onomatopoetischen Art mit inkorrekten Zeichensetzungen (daher ohne phonetische Größen); (f) ggf. kurze Erläuterungen wie Über- bzw. Unterschriften, Untertitel o.Ä. (Zur Zweiteilung der Texte und zur Diskussion über die Erscheinungsformen der *Comic*-Texteinlage vgl. Takayama-Wichter (2003: 76ff.))

gegen ist z.B. eine auf einem Schulheft abgebildete Donald Duck-Figur ohne eine interne Textbegleitung kein *Comic*-Element, da hier kein externer Text vorhanden ist. Solche Figuren gehören als solche eigens der Klasse der „national und international populären Comicfiguren (auch im Merchandising)" an (Takayama-Wichter 2003: 61 und Fußnote 12) und sind damit den bereits erwähnten Comic-Formen zuzuordnen.

Das Entscheidende für eine grundsätzliche Zweiteilung der Formen der *Comic*-Elemente liegt nicht in der Nutzung, etwa der Nutzung der Eigenschaft der Comic-Figuren oder der Nutzung des Comic-Stils (Moser 1991: 85), sondern vielmehr im Vorhandensein des besagten internen Textbezugs; vgl. hierzu die Subtypenklassifikation, bei der das Vorhandensein der Texteinlage berücksichtigt ist (Takayama-Wichter 2003: 79–84).

(7) Uneingeschränkter printmedialer Einsatzbereich: Das *Comic*-Element ist nicht etwa mit „Comics in der Werbung" gleich zu setzen, für deren Einsetzbarkeit Moser (1991) zwei Möglichkeiten sieht, nämlich: „entweder die Eigenschaften von Comic-Figuren zu nutzen oder aber Werbung im Comic-Stil zu gestalten" (ebd.: 85). Der Anwendungsbereich des *Comic*-Elements umfasst das Printmedium insgesamt, auch wenn es überwiegend in der Werbekommunikation wie in der Produkt- oder PR-Werbung angesiedelt ist (wie z.B. in unserem Beispiel) oder ggf. auch in der Fachkommunikation (Takayama-Wichter 2004, i.Dr.).

1.3.2   *C*-E-Analyse und das Übertext-Konzept: methodisches Problem

Die Beantwortung grundsätzlicher Fragen in der Text-Bild-Analyse wie „Welches Ziel soll mit der visuellen Gestaltung innerhalb der Werbe-Intention erreicht werden?" (Janich 2001: 196) oder „Welche Funktion übernimmt die jeweils spezifische Text-Bild-Beziehung [...]?" (ebd.) bedarf für das entsprechende Medium adäquater methodischer Anleitungen, wenn die Besonderheiten der Text-Bild-Beziehung beim *Comic*-Element berücksichtigt werden sollen.

Das Übertext-Konzept (Takayama-Wichter 2003, 2004) ist u.a. aus einer Überlegung entstanden, die Text-Bild-Beziehung beim *Comic*-Element seinen o.g. Eigenschaften entsprechend – linguistisch – zu analysieren, da in dieser Hinsicht sonst keine methodischen Ansätze vorhanden sind. Dabei ist der hypothetische Grundgedanke der, dass durch das (mögliche) Zusammenkommen der bereits erwähnten zwei grundunterschiedlichen Welten die Comic-Welt auch in linguistischer Hinsicht die Comic-externe Welt „Schrifttext-Teil" beeinflussen könnte. Grund für diese hypothetische Annahme ist die Tatsache, dass der interne Text der Comics bereits einen eigenen und „eigensinnigen" Sprachgebrauch aufweist oder gar eigene Sprachregeln aufstellt; beides weicht nämlich von der für die Comic-externe Welt gültige Grammatik ab.[13]

Als Kernbereich des Übertext-Konzepts sind vier Hauptpunkte zu nennen: 1) das Übertext-Modell als ein konkreter Analyseraum, der konstitutiv auf der bereits erwähnten Welten-Dichotomie basiert, 2) die Übertexttypisierung, die insgesamt 6 Übertext-Grundtypen bzw. 10 Übertext-Subtypen zählt,[14] 3) die Typisierung der *Comic*-Elemente, 4) das Zuordnungsraster zur Bestimmung der Beziehungen zwischen den Bestandteilen. Das Teilraster 4a) umfasst dabei die Kriterien zur Bestimmung der semantischen Beziehungen zwischen den Übertext-Bestandteilen je nach dem Ü-Typ: {*keine Beziehung*}, {*additiv*}, {*redundant*}, {*komplementär*} zuzüglich eines Zusatzanzeigers [*dominant*], das Teilraster 4b) die Zusatzmerkmale [Diskrepanz] und [Kontradiktion].[15]

Das Ergebnis der Erprobung des Übertext-Konzepts in einigen Untersuchungen (Takayama-Wichter 2004, 2005, i.Dr.) deutet aber im Hinblick auf den dritten und vor allem auf den vierten Punkt auf Defizite hin. Das Teilraster 4a) ist – allein – für eine linguistische Feinanalyse nicht ausreichend,[16] und es besteht für das Teilraster 4b) noch kein strukturiertes Gefüge. (Ein eigens für das *Comic*-Element zugeschnittener Fragenkatalog ist noch in Vorbereitung.)

Es gibt zwei Ansätze, die der vorliegenden Analyse z.T. zusätzliche Anregungen gegeben haben:

---

[13] Vgl. hierzu Arnu (2005), der auf die „Sprachschöpfung" der bekannten Donald Duck-Comics-Übersetzerin hinweist. Ein weiteres Beispiel im deutschen Kontext gibt ein TV-Spot mit Animation für den Softdrink *Red Bull*. Darin erscheint – geschrieben – „Flüüügel" (für „Flügel"); vgl. hierzu auch Takayama-Wichter (2003: Fußnote 33), wo einige japanische „Modifizierungen" im Prädikatsbereich beim Manga erwähnt werden.

[14] Liste der Übertext-Grundtypen (Takayama-Wichter 2003: 80):
(0) Ü-Typ 0: <*Comic*-Element> [0] + <Schrifttext-Teil>: {*keine Beziehung*}
(1) Ü-Typ 1: <*Comic*-Element> + <Schrifttext-Teil> [*dominant*]: {*additiv*}
(2) Ü-Typ 2: <*Comic*-Element> + <Schrifttext-Teil>: {*redundant*}
(3) Ü-Typ 3: <*Comic*-Element> + <Schrifttext-Teil>: {*komplementär*}
(4) Ü-Typ 4: <*Comic*-Element> [*dominant*] + <Schrifttext-Teil>: {*additiv*}
(5) Ü-Typ 5: <*Comic*-Element> + <Schrifttext-Teil> [0]: {*keine Beziehung*}
Hierzu vgl. die dazugehörigen Abbildungen im dortigen Anhang.

[15] Vgl. hierzu Nöth (2000: 484).

[16] Das Raster ist entstanden in Analogie zum Raster von Kalverkämper (1993: 223) und von Ballstaedt (1996: 225f.) bzw. von Nöth (2000: 483ff.). Das Scheitern der Kriterien dieses Rasters liegt z.T. auch daran, dass sie für eine Analyse eines „Gesamttransfers" (Takayama-Wichter 2004: 341) nicht gedacht sind, da es in einer Text-Bild-Komposition mit dem *Comic*-Element nicht immer um den Wissenstransfer allein geht. Die ursprünglichen Kriterien selbst bei den zwei erstgenannten Autoren sind für den ausschließlichen Zweck des Wissenstransfers bestimmt.

Die Überlegung von Gaede (1992), rhetorische Figuren als Basis für Gestaltungs-Prinzipien anzunehmen, ist als solche gewiss für eine Text-Bild-Analyse im Allgemeinen hilfreich und auch für das Übertext-Konzept anregend. Schwierig für die Übertext-Analyse selbst ist allerdings die perspektivisch einseitig festgelegte Zielvorgabe der Methode, nämlich die „Aussage/Bedeutung zu visualisieren" (ebd.: 5). Die Gesamtkomposition eines Text-Bild-Ensembles[17], zumindest mit der Anwendung des *Comic*-Elements, entsteht nicht immer und nicht allein durch diese einseitige Zielvorgabe, also durch die Visualisierung der verbalen Aussage.[18] (Dass die bei Gaede verwendeten Beispiele ausschließlich der Werbekommunikation[19] entnommen sind, macht eine direkte Übernahme zusätzlich schwierig.) Ferner ist es ein aktuelles Problem, dass unter den dort angegebenen 12 Visualisierungs-Methoden keine Methode zu finden ist, mit der die vorliegende Anzeige als Ganzes erfasst werden kann.[20] Das ist wohl deshalb der Fall, weil das vorliegende *Comic*-Element keine direkte Visualisierung der Anzeigen-Aussage darstellt, wie die Analyse noch zeigen wird.

Die Untersuchungsansätze zur Textualität von Comics von Krafft (1978) sind für die Übertext-Analyse auf jeden Fall sehr nützlich, aber nur bedingt und nur partiell anwendbar. Nur bedingt, da sie für den o.g. externen Text-Bild-Bezug nicht geeignet sind. Und nur partiell, da sie lediglich auf bestimmte *C-E*-Typen anwendbar sind, nämlich auf solche, bei denen, wie bereits erwähnt, jeweils eine der o.g. internen Text-Bild-Beziehungen zwischen der „*Comic*-Texteinlage" und der „*Comic*-Zeichnung" vorhanden ist: Übertext-Subtypen. Das macht eine uneingeschränkte Übernahme dieser Ansätze unmöglich. Es gibt natürlich auch Schwierigkeiten, die sich aus den Gestaltungsverschiedenheiten der beiden Comic-Formen ergeben, z.B im Hinblick auf die narrative Länge. Meines Wissens nun gibt es noch keine methodischen Ansätze für einen Text-Bild-Bezug zwischen dem externen Text, den wir nach dem Übertext-Konzept „Schrifttext-Teil" nennen (vgl. 2.1), und dem *Comic*-Element, also für den Bezug, dem das zentrale Interesse des Übertext-Konzepts eigentlich gilt.

---

[17] Mit der Wortwahl „Ensemble", bereits im Titel „*Comic*-Element im Text-Bild-Ensemble beim Wissenstransfer" (Takayama-Wichter 2004) angewandt, wird auf die Vorstellung einer ganzheitlichen Text-Bild-Choreographie hingedeutet, in der der Schrifttext-Teil und das *Comic*-Element je nach dem jeweils eine Haupt- oder Nebenrolle spielen.

[18] Die Bemerkung von Gaede (1992: 28) zu seinem Auswahlkriterium für die Beispielabbildungen deutet selbst auch darauf hin, dass die Text-Bild-Komposition häufig nicht „ungefälscht" und auch nicht „direkt" ist.

[19] „Werbung, Publizistik, Verlagswesen" (Gaede 1992: 24).

[20] Bei Gaede (1992) werden als Beispiele insgesamt 32 *Comic*-Elemente o.Ä. vorgelegt. Allerdings wird auch dort die Eigenart des *Comic*-Elements nicht berücksichtigt.

2 Anzeige als Übertext

In diesem Abschnitt wird die o.g. Anzeige (Abb. 1) im Schema nach dem Übertext-Modell dargestellt (2.1). Zum einen wird sie nach der Analysegrundlage des Übertext-Modells in Einzelheiten erläutert (2.2, 2.3 und 2.4). Die dabei zu stellende Frage ist: „Wie ist das Verhältnis zwischen Text und dem *Comic*-Element in der Gesamtkomposition einer Anzeige?" Zum anderen wird auf die jeweilige Beschaffenheit und auf die Besonderheiten der Teilbereiche bzw. Bestandteile, die für die Gesamtanalyse von Bedeutung sind, hingewiesen (da diese, um Wiederholungen zu vermeiden, in der thematischen Analyse in Abschnitt 3 nicht mehr im Einzelnen und nicht in vollem Umfang diskutiert werden).

2.1 Anzeigenbestandteile im Übertext-Schema[21]

Im Folgenden werden die Bestandteile der Anzeige als Analyseteile in das Übertext-Schema eingeordnet (Zum raschen Auffinden sind sie jeweils mit einer Kurzbenennung im Fettdruck versehen):[22]

Abb. 2: Anzeige im Übertext-Schema

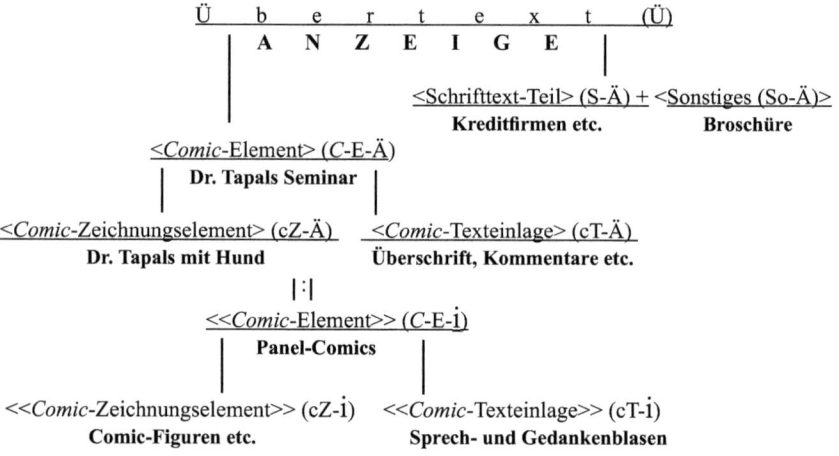

---

[21] Zeichenerklärung: Ä (Äußere): Ebene Ä, die durch < > markiert ist. i (innere): Ebene i, die durch << >> markiert ist. „Ä > i" bedeutet, dass i in die Erzählstruktur von Ä involviert ist. Mit | wird die Zugehörigkeit des jeweiligen Bestandteils angezeigt, während mit |:| lediglich auf den Ebenenwechsel von Ä zu i hingedeutet wird. Die durch unterschiedliche Länge mit | ansatzweise markierte Höhendifferenzierung deutet die Hierarchie der Bestandteile untereinander an. Die Bezeichnung der Bestandteile ist jeweils ein Sammelbegriff.

[22] Zum Übertext-Modell mit der Strukturerläuterung vgl. Takayama-Wichter (2003: 71–79).

- Der Übertext ANZEIGE konstituiert sich zunächst aus zwei Bestandteilen: dem Schrifttext-Teil (S-Ä) *Kreditfirmen etc.* (zwei Texteinheiten ganz links im Bild in Abb. 1) (s. 2.2) und dem *Comic*-Element (*C*-E-Ä) *Dr. Tapals Seminar* (s. 2.3). Diese bilden die äußere Erzählstruktur (Ebene-Ä: < >). Der Bestandteil „Sonstiges" *Broschüre* ist bei diesem Übertext – abweichend vom übrigen Übertext-Modell – im Schrifttext-Teil (S-Ä) integriert, was durch „+" im Schema angedeutet ist (vgl. 2.2.1).

- Das *Comic*-Element (*C*-E-Ä) besteht aus dem *Comic*-Zeichnungselement (cZ-Ä) *Dr. Tapals mit Hund* und aus der *Comic*-Texteinlage (cT-Ä) *Überschrift, Kommentare etc.*

- Das *Comic*-Element (*C*-E-Ä) enthält außerdem in seiner inneren Struktur (Ebene-i: << >>) ein weiteres *Comic*-Element (*C*-E-i) *Panel-Comics* (s. 2.4). (Wir bezeichnen deshalb im Folgenden das erstere als „das Äußere *Comic*-Element" und das letztere als „das Innere *Comic*-Element".) Das Innere *Comic*-Element (*C*-E-i) ist in die Erzählstruktur des Äußeren *Comic*-Elements (*C*-E-Ä) eingefügt und stellt eine Erzähl-Binnenstruktur des Äußeren *Comic*-Elements (*C*-E-Ä) dar. Zur Andeutung dieser Einbettungsstruktur ist das Innere *Comic*-Element (*C*-E-i) im o.g. Übertext-Schema unterhalb des *Comic*-Elements (*C*-E-Ä) gezeichnet.

- Das Innere *Comic*-Element (*C*-E-i) besteht wiederum aus einem *Comic*-Zeichnungselement (cZ-i) *Comic-Figuren etc.* und aus einer *Comic*-Texteinlage (cT-i) *Sprech- und Gedankenblasen etc.*

2.2 Schrifttext-Teil

Der Schrifttext-Teil (S-Ä) besteht, wie bereits erwähnt, aus zwei Texteinheiten: S-Ä1 (links oben in Abb. 1) (s. 2.2.1) und S-Ä2 (links unten in Abb. 1). Die beiden Texteinheiten sind durch einen leeren Raum voneinander getrennt. Die Texteinheit (S-Ä2) ist durch eine durchgehende Linie wiederum in zwei Einheiten geteilt: S-Ä2a (s. 2.2.2) und S-Ä2b (s. 2.2.3), auch wenn durch die Umrandung gegenüber der Texteinheit (S-Ä1) deutlich eine Zusammengehörigkeit angezeigt wird.

Abb. 3: Schrifttext-Teil: Kreditfirmen (mit Kennzeichnung durch die Verfasserin)

<u>Sie sollten darauf achten, nicht zuviel Geld auszugeben und nicht zu oft Geld zu leihen. Ihre Inanspruchnahme des Bargeldleihens sollte planvoll sein.</u>

 Wenn Sie sich eine Broschüre **"Alltagsleben und Verbraucherkredit"** wünschen, in der die monatliche *cashing loan* leicht verständlich erklärt wird, verlangen Sie diese bei der Abteilung "Leben und Verbraucherkredit" unter der Adresse xxx, indem Sie auf einer Postkarte Ihre Adresse, Ihr Alter und Ihren Beruf sowie Ihre Meinung über die vorliegende Anzeige schreiben.

Haben Sie Sorgen wegen der Abzahlung eines Kredits, rufen Sie uns an.
Beratungsservice zur Finanzkontrolle (Kostenlose Beratungsstelle)
Tōkyō: TEL. 03(5205)1800 Ōsaka: TEL. 06(6242)2200
(Anmeldungszeiten/Mo-Fr außer den Feiertagen 10-18 Uhr)
*Die Beratungsstelle wird verwaltet durch den Verein Verbraucherkredit Japan mit der Unterstützung der Stiftung Verbraucherberatung Japan. *In der Beratungsstelle wird keine Rechtsanwalttätigkeit ausgeübt.

Wir denken und handeln, damit Sie das *cashing* planvoll nutzen können.
Kontaktbüro für Verbraucherkredit
Takefuji Akomu Puromisu
Aifuru honobonoReiku Sanyōshinpai

Anfragen zur Anzeige unter der folgenden Adresse:
Anfragestelle (Öffnungszeiten/außer den Feiertagen Mo-Fr 9-18)
TEL.0120(482)634 FAX092(272)3450
Homepage von Dr. Tapals http://www.tapals.com

- Hervorhebung:

  Die Anwendung der Hervorhebungsmittel im Schrifttext-Teil ist insgesamt auffällig und vielfältig. Die optische Differenzierung der drei Texteinheiten erfolgt auch durch die Hervorhebung des jeweiligen Themas. Bei der Texteinheit (S-Ä1) werden für die Hervorhebung die Unterstreichung und der Fettdruck angewandt, während bei der Texteinheit (S-Ä2) die Vergrößerung der Druckschriften benutzt wird. Diese Schriftvergrößerung ist je nach der Subeinheit noch einmal differenziert: Die Schrift der Texteinheit (S-Ä2a) ist kleiner als die der Texteinheit (S-Ä2b).

- Sprachstil/Sprachgebrauch:

  Der Sprachstil des Schrifttext-Teils wird in den drei Texteinheiten gleichsam durchgezogen und durchweg nach der konventionalisierten Norm der geschriebenen Kundenkommunikation gestaltet. Er zeigt sich in der standardisierten Syntax, in der Wahl der höflichen Lexeme und in der Anwendung der Höflichkeitspräfixe[23] (zu den Besonderheiten vgl. „Sprachstil/Sprachgebrauch" der jeweiligen Texteinheit in 2.2.1 und 2.2.3).

Im Schrifttext-Teil gibt es keine explizit formulierte verbale Aussage, die direkt auf eine PR-Werbung hindeutet (vgl. Texteinheit (S-Ä2b) in 2.2.3).

2.2.1 Schrifttext-Teil: Texteinheit (S-Ä1)[24]

Die Texteinheit (S-Ä1) ist die kleinste innerhalb des Schrifttext-Teils (s. Abb. 3). Links in dieser Texteinheit ist die Titelseite[25] der in dieser Texteinheit (S-Ä1) erwähnten Broschüre fotografisch abgebildet; sie ist im Übertext-Schema dem Teilbereich „Sonstiges" zugeordnet.

[Sie sollten darauf achten, nicht zu viel Geld auszugeben und nicht zu oft Geld zu leihen. Ihre Inanspruchnahme des Bargeldleihens soll planvoll sein.

Wenn Sie sich eine Broschüre **„Alltagsleben und Verbraucherkredit"** wünschen, in der die monatliche *cashing loan* leicht verständlich erklärt wird, verlangen Sie diese bei der Abteilung „Leben und Verbraucherkredit" unter der Adresse xxx,[26] indem Sie auf einer Postkarte Ihre Adresse, Ihren Namen, Ihr Alter und Ihren Beruf sowie Ihre Meinung über die vorliegende Anzeige schreiben.]

- Die Texteinheit (S-Ä1) hat zwei Botschaften. Die eine ist die durch die Unterstreichung hervorgehobene Empfehlung im ersten Satz und die andere die Einladung (an den Anzeigenleser) zur Anforderung der o.g. Broschüre. Der Titel der Broschüre ist dann im Text in der Texteinheit (S-Ä1) durch den Fettdruck hervorgehoben.

---

[23] Sprachstil des Schrifttext-Teils:
  1) Deskription: Tätigkeits- und Handlungsbeschreibung mit *masu* (Affirmativ) oder *masen* (Negation):
  2) Instruktion
     2a) mit *-te kudasai* [Sie mögen bitte ...]
     2b) mit *-shô* [Sie sollten/Sie sollen ...]
  3) Anwendung der Höflichkeitspräfixe: *o-* und *go-*
  4) Lexik: höfliche Lexem-Wahl
     4a) Substantiv: *kata* (statt *hito*) (= Mensch; Person; derjenige, der ...)
     4b) Verb: *orimasen* [nicht sein] (statt *imasen*) bei „*okonatte orimasen*" [wir tun nicht].
  (Vgl. hierzu Takayama-Wichter 2001: 162ff., wo für den japanischen Beipackzettel eine ähnliche syntaktische Struktur aufgelistet ist.)
[24] Alle Hervorhebungen im Original.
[25] Darauf ist eine Gruppe von Menschen vor einem Haus abgebildet.
[26] Die im Original angegebene Adresse ist ausgelassen, da sie für die Analyse nicht von Bedeutung ist.

- Text-Bild-Beziehung: Das Bild (Foto), die Titelseite der Broschüre, zeigt eine Gruppe von 9 Menschen vor einem Haus.

  Das Einbettungsverhältnis kann mit dem Prädikat „*textergänzend*" (Kalverkämper 1993: 223) bezeichnet werden; auch das Zuordnungsstichwort Kalverkämpers „das Bild ist zum Text [...] – *unterwertig*" (ebd.) ist noch akzeptabel. Doch seine dazugehörige Erklärung: „Das Bild dient (lediglich) als (schmückende, auflockernde) Beigabe zum sprachlichen Text: es könnte auch wegfallen, ohne dass die Textverständlichkeit verringert würde" (ebd.) trifft so nicht ganz zu. Denn „wegfallen" soll die Foto-Abbildung gewiss nicht, da sie nämlich eine bestimmte Funktion zu erfüllen hat: Gerade diese Funktion ist der eigentliche Grund für das Bild. Der Textsorte entsprechend geht es hier nicht (unbedingt und automatisch) um die „Textverständlichkeit". Es handelt sich vielmehr um die Funktion der Emotionalisierung. Erstens soll an eine gewisse Gruppenmentalität der Japaner appelliert werden: Durch die abgebildeten Menschen soll sich der Leser/die Leserin (als ein/e potenzielle/r Kunde/Kundin) nicht nur persönlich angesprochen fühlen. Er/sie soll vielmehr das Gefühl bekommen, dass nicht nur er/sie, sondern auch andere Menschen die Möglichkeit der Kreditaufnahme in Anspruch nehmen oder vielleicht auch ein Problem haben, das durch die Kreditaufnahme gelöst werden sollte. Das Bild suggeriert etwas normal Alltägliches, was dem Titel der Broschüre entspricht. Zweitens soll durch die Haus-Abbildung ein (möglicher) Hausbau suggeriert werden oder vielleicht auch ein mit dem Hausbau verbundenes (aktuelles) Finanzproblem wie etwa ein Abzahlungsverzug, was möglicherweise zur Kreditaufnahme führen kann.[27]

- Sprachstil/Sprachgebrauch:

  Der Spruch: „*Tsukaisugi, karisugi ni chûi shimashô. Go-riyô wa keikaku-teki ni*" [Übermäßiges Geldausgeben, übermäßiges Geldausleihen, davor soll man sich in Acht nehmen. Planen Sie Ihre Kreditaufnahme][28] dürfte eine Standardformulierung (in zwei Sätzen) sein, denn der gleiche Spruch (in umgekehrter Satzreihenfolge) wird auch in einem anderen Kredit-Inserat einer Frauen-Wochenzeitschrift verwendet.[29]

---

[27] Als gängige Gründe für eine Kreditaufnahme in Japan werden genannt: Ausgabe durch außereheliche Beziehungen, Spielsucht bzw. -schulden und durch Eitelkeit bedingtes Konsumverhalten.

[28] Eine weitere Übersetzungsversion ist: [Sie sollten darauf achten, nicht zu viel Geld auszugeben und nicht zu viel Geld zu leihen. Ihre Inanspruchnahme des Bargeldleihens soll planvoll sein.]

[29] Vgl. Josei-Sebun (Ausgabe vom 17. Oktober 2002).

Mit der Anwendung der Formulierung mit „-shô" („chûi shimashô" [Sie sollten auf ...achten]) in der (sogar unterstrichenen) Überschrift wird eine Empfehlung[30] ausgesprochen, die eine gewisse Selbstdarstellung in der Richtung ahnen lässt, dass die so empfehlende Kreditfirma nur ein seriöses Geschäft betreiben kann.

2.2.2 Schrifttext-Teil: Texteinheit (S-Ä2a)

Die Texteinheit (S-Ä2a) ist der obere Teil der Texteinheit (S-Ä2) innerhalb der Umrandung, die sich links unten in der Anzeige befindet:

> [Haben Sie Sorgen wegen der Abzahlung eines Kredits, rufen Sie uns an.
> **Beratungsservice zur Finanzkontrolle** (Kostenlose Beratungsstelle)
> Tokyô: TEL. 03(5205)1800   Ôsaka: TEL. 06(6242)2200
> (Anmeldungszeiten/Mo-Fr außen den Feiertagen 10-18 Uhr)
>
> * Die Beratungsstelle wird verwaltet durch den Verein Verbraucherkredit Japan mit der Unterstützung der Stiftung Verbraucherberatung Japan. *In der Beratungsstelle wird keine Rechtsanwaltstätigkeit ausgeübt.]

- Die Texteinheit (S-Ä2a) enthält drei Informationen. Erstens wird für diejenigen, die wegen eines Kredits Probleme haben, eine Beratungsstelle genannt mit dazugehörigen Informationen für die Kontaktaufnahme. Zweitens wird eine Auskunft darüber gegeben, wer bzw. was für eine Organisation hinter dieser Beratungsstelle steht. Und drittens wird die Art der Beratung – d.h. vor allem: Beratung „ohne Rechtsanwaltstätigkeit" – mitgeteilt.

2.2.3 Schrifttext-Teil: S-Ä2b

Die Texteinheit (S-Ä2b) ist der untere Teil der Texteinheit (S-Ä2) innerhalb der Umrandung:

> Wir denken und handeln, damit Sie das
> *cashing* planvoll benutzen können.
> **Kontaktbüro für Verbraucherkredit**
> **Takefuji   Akomu   Puromisu**
> **Aifuru   honobonoReiku   Sanyôshinpai**
> Anfragen zur Anzeige unter der folgenden Adresse
> Anfragestelle (Öffnungszeiten/außer den Feiertagen Mo-Fr 9-18)
> **TEL.0120(482)634   FAX092(272)3450**
> **Homepage von Dr. Tapals http://www.tapals.com.**

---

[30] In einer Kundenkommunikation, in der keine Autorität suggeriert wird, ist auf jeden Fall eine Formulierung wie „go-chûi kudasai" oder „chûi shite kudasai" [Bitte achten Sie auf ...] gängig. Die mit -shô formulierte Empfehlung erinnert uns daran, dass bei einem japanischen Medikament auch der Produkt- bzw. Beipackzettelproduzent mit der Überschrift: „Sie [= Die Medikamentverbraucher] sollten neben der Einnahme des vorliegenden Präparats auf das Folgende im Alltag achten" (Takayama-Wichter 2004: 347) drei Empfehlungen gibt.

- Die Texteinheit (S-Ä2b) enthält sechs Botschaften. Erstens stellt sich die Gruppe vor, die der Anzeigengeber zu sein scheint. Zweitens werden die Mitglieder der Gruppe namentlich vorgestellt, was ein wichtiges Anliegen der Anzeige ist. Drittens nehmen sie zur Kreditaufnahme Stellung: [Wir denken und handeln, damit Sie das *cashing* planvoll benutzen können.] Ihre Selbstvorstellung und -darstellung (als seriöse Kreditfirmen) sind die zweitwichtigste Hauptbotschaft dieser Texteinheit. Viertens lässt die Angabe „renrakukai" [Kontaktbüro], anders als „*kaunseringu-sâbisu*" [Beratungsservice] (in der Texteinheit (S-Ä2a)), etwas „Offizielles" assoziieren. Zumindest suggeriert die Angabe eine Verbindung der Gruppe mit einer „übergreifenden" bzw. einer „abhängigen" Institution. Somit stellt sie den Kernpunkt der intendierten, aber nur impliziten PR-Werbung dar. Fünftens gibt es einige Angaben zur Informationsquelle speziell nur für die Anzeige allein. Sechstens wird durch die Erwähnung „Tapals" ein Zusammenhang zum *Comic*-Element hergestellt.

- Sprachstil/Sprachgebrauch:

In der Texteinheit (S-Ä2b) wird beim Verb *kôdô-suru* [sich verhalten; unternehmen; handeln] eine relativ neutrale, sog. allgemein-höfliche Form, *shimasu*, verwendet („*kôdô-shimasu*"). Dies zeigt einen selbstbewussten Ton an, wenn sie mit dem der übrigen Kundenkommunikation verglichen wird. In mancher Kundenkommunikation wird oft eine die „Bescheidenheit" anzeigende, daher als noch höflicher geltende Form *itashimasu* (wie *kôdô-itashimasu*) oder eine noch stärker bescheidene Form *itashiteorimasu* (wie *kôdô-itashite-orimasu*) benützt.

Der „selbstbewusste" Ton ist passend zu der gerade in der Texteinheit (S-Ä2b) verfolgten Intention des Anzeigengebers, nämlich eine PR-Werbung durchzuführen. Dabei stellt sich der Anzeigengeber nicht einfach als eine Gruppe unter „übrigen" Kreditanbieterfirmen vor, und will sogar noch nicht einmal als nur eine Gruppe der „seriösen" Kreditanbieterfirmen in Erscheinung treten. Das ist ihm nicht gut genug. Und nicht nur, dass er sich von den Unseriösen distanziert. Das ist ihm auch nicht gut genug. Er tut vielmehr, als ob er eine „darüberstehende und mahnende Institution" wäre. Er tritt – mithilfe Dr. Tapals' Gestalt – gegen die Unseriösen an (so wie eben Dr. Tapals, der im Inneren *Comic*-Element gezeigt wird), und weist sie zurecht, indem er *Insider*wissen vermittelt, was eher zu einer offiziellen, wie z.B. einer polizeilichen Aufgabe gehört. Zur Aufwertung dieses Transfers wird Wissenschaftlichkeit – Dr. Tapals' Seminar – vorgeschoben und damit eine übergreifende Autorität suggeriert, indem eine Seminarreihe eingerichtet wird. Er will sich abheben.

2.3 Das Äußere *Comic*-Element (C-E-Ä)

Das Äußere *Comic*-Element (C-E-Ä) besteht aus zwei Teilbereichen: aus dem *Comic*-Zeichnungselement (cZ-Ä) (s. 2.3.1) und aus der *Comic*-Texteinlage (cT-Ä) (s. 2.3.2):

Abb. 4: Das Äußere *Comic*-Element: Dr. Tapals' Seminar
(zuzüglich der Kennzeichnung durch die Verfasserin)

- Typenzuordnung: Eine direkte Typenzuordnung dieses *Comic*-Elements (C-E-Ä) ist schwierig, da im Typisierungskatalog (Takayama-Wichter 2003: 63) ein verschachteltes *Comic*-Element nicht vorgesehen ist, auch wenn dort eine – nicht verschachtelte – Kombinationsmöglichkeit wohl eingeräumt ist.

  Wenn wir das Innere *Comic*-Element als solches auslassen würden, dann wäre eine Zuordnung des Äußeren *Comic*-Elements zum C-E-Typ *Ein-Panel-Comic* (ebd.) – von der Gestaltung her – schon möglich. Allerdings enthält dieses Äußere *Comic*-Element keinen Witz, keine Ironie oder Anspielung o.Ä., nicht jene Elemente, die für den C-E-Typ *Ein-Panel-Comic* bezeichnend sind.

- Visualisierung: Das Äußere *Comic*-Element (C-E-Ä) ist die Visualisierung einer Seminarsituation, in der durch einen Dozenten Kenntnisse über den Kreditbetrug vermittelt und Vorsichtsmaßnahmen mitgeteilt werden. Es enthält, wie bereits erwähnt, keine Über- bzw. Untertreibung: Es geht „seriös" zu.

- Verbindung zum Inneren *Comic*-Element: Das Äußere *Comic*-Element (C-E-Ä) ist durch zwei Faktoren mit dem Inneren *Comic*-Element (C-E-i) verbunden: wie oben erwähnt textuell und indirekt durch die *Comic*-Texteinlage des ersteren (mit den auf das Innere *Comic*-Element ausgerichteten Kommentaren der Figur Dr. Tapals) und bildlich und direkt durch die Dr.Tapals-Figur, die in den beiden *Comic*-Elementen erscheint.

Zeichnerisch gesehen ist es selbständig und in sich abgeschlossen. Textuell ist es aber nicht abgeschlossen, da teilweise eine direkte Referenz zum noch zu erläuternden Inneren *Comic*-Element (*C*-E-i) vorhanden ist.

2.3.1 *Comic*-Zeichnungselement: cZ-Ä

Das *Comic*-Zeichnungselement (cZ-Ä) ist eine Figurengruppe aus einer männlichen Figur im mittleren bis höheren Alter und aus einem Hund.[31] Die männliche Figur hat einen Stock in der rechten Hand, ein Buch im linken Arm und ist mit einem Laborkittel (?) bekleidet. An dem Kittel ist sein Namensschild, „TAPALS", angebracht.[32]

- Visualisierung: Die Tapals-Figur hat – in diesem Teilbereich – eine Funktion inne. Sie verkörpert die Wissenschaft. Die Wahl eines promovierten Seminarleiters als Wissensvermittler soll mit dem *Comic*-Element Wissenschaftlichkeit demonstrieren und somit dem Teilbereich Seriosität und Glaubwürdigkeit verleihen. (Die Visualisierung der Wissenschaftlichkeit und der Autorität durch die Anwendung einer dem Wissenschaftler nachempfundenen Figur im *Comic*-Element ist in Japan oft anzutreffen; vgl. hierzu Takayama-Wichter (2004: 334 sowie Abb. 5 und Abb. 6 im Anhang).)

2.3.2 *Comic*-Texteinlage: cT-Ä

Die *Comic*-Texteinlage (cT-Ä) enthält drei sehr unterschiedliche Teile. Der eine Teil ist die Überschrift rechts oben in der Anzeige: „[Achtung vor betrügerischem Mittelsmann!]" (cT-Ä1). Der zweite Teil besteht aus den sechs Äußerungen bzw. Kommentaren, die dem jeweiligen Panel des unten noch zu besprechenden *Comic*-Elements (*C*-E-i) zugeordnet sind (cT-Ä2). Der dritte Teil ist das Namensschild „TAPALS" für die männliche Figur (cT-Ä3) (vgl. 2.2.3).

- Sprachstil/Sprachgebrauch: In der gesamten Texteinlage gibt es kein Sprachspiel o.Ä.

---

[31] Die Funktion der Hundefigur ist nicht erklärlich, so dass sie aus der weiteren Diskussion ausgeklammert wird.

[32] Die Figur mit der Mähne und der Knollennase ist die (schlechte) Nachahmung der japanischen Comic-Figur „*Ochanomizu hakase*". Dr. *Ochanomizu* ist der Mentor des Roboterjungen *Atomu* in der auch in Deutschland unter „*Astroboy*" bekannten Comic- bzw. *anime*-Serie „*Tetsuwan-Atomu*" (1951–1968) und verkörpert dort eine (natur)wissenschaftliche Kapazität mit einem weichen Herz (vgl. hierzu auch Knigge 2004: 243).

2.3.2.1 *Comic*-Texteinlage: cT-Ä1

Die *Comic*-Texteinlage (cT-Ä1) ist die Überschrift: Sie hat einen schwarzen Grund mit hellen Schriften. Sie besteht aus zwei Teilen, die durch eine durchgehende Linie voneinander getrennt sind. Sie sind auch durch die zwei verschiedenen Schriftgrößen unterschieden:

> Seminar zum *cashing* von Dr. Tapals 28
> Achtung vor betrügerischem Mittelsmann!

- Der jeweilige Teil gibt eine Information. Der mit der kleineren Schrift versehene Teil ist die Benennung der (durch das *Comic*-Element repräsentierten) Seminar-Reihe.

- Die aus der Nummerierung 28 erschließbare Serienmäßigkeit spiegelt den für das Comic typischen erzählerischen Fortsetzungscharakter wider.

- Die eigentliche Überschrift in der größeren Schrift ist die Kernaussage des *Comic*-Elements, die in Form einer Warnung formuliert wird. Für diese *Comic*-Texteinlage werden überhaupt die größten Schriftgrößen innerhalb der ganzen Anzeige benutzt.

- Die Überschrift betrifft aber, wie schon erwähnt, trotz dieser Schriftgröße nicht die ganze Anzeige, sondern nur das *Comic*-Element.[33]

2.3.2.2 *Comic*-Texteinlage: cT-Ä2

Die *Comic*-Texteinlage (cT-Ä2) besteht aus sechs kleineren Texteinheiten (von cT-Ä2/1 bis cT-Ä2/6), die auf das jeweilige Panel des *Comic*-Elements (C-E-i) zu ihrer rechten bzw. linken Seite ausgerichtet sind.[34] Die Texteinheiten lauten wie folgt:

> cT-Ä2/1:
> Ein unseriöser Mittelsmann lockt die Kreditwilligen durch das Inserat oder eine DM,[35] die in etwa lautet wie „Wir gewähren Ihnen auf jeden Fall Kredit" oder wie „Kein Problem, wenn Sie schon woanders mehrere Kredite aufgenommen haben". Er wird aber versuchen, **einen anderen Geldverleiher zu empfehlen, ohne selbst einen Kredit zu gewähren.**

---

[33] Hierzu vgl. Wichter (2004: 35-44) zur Variationsvielfalt von Überschriften. Demnach ist die vorliegende Überschrift, was die gesamte Anzeige angeht, dem Typ „*nicht-zusammenfassende' Überschrift*" (ebd.: 41) zuzuordnen; innerhalb des Doppel-*Comic*-Elements ist sie auf eine Emotionalisierung aus (ebd.: 38f.).

[34] Die Darbietung erfolgt in deutscher Übersetzung ohne Anführungs- und Übersetzungszeichen.

[35] DM ist die Abkürzung von *direct mail*, mit der Reklame und Einladungen für Verkaufsausstellungen in Briefform an den Verbraucher geschickt werden.

cT-Ä2/2:
„Durch meine Vermittlung wird Ihnen bestimmt ein Kredit gewährt" oder so etwas Ähnliches wird er sagen. Aber das ist eine Lüge. Er wird sich sicherlich bei Ihnen absichern wollen, etwa derart: **„Es muss ein Geheimnis zwischen uns bleiben, dass Sie von mir eine Empfehlung haben."**

cT-Ä2/3:
Er tut nur so, als ob er sich die Mühe der Vermittlung macht. Er begleitet dann den Kreditwilligen zu einer Kreditfirma, mit der er nichts zu tun hat, und lässt den Kreditwilligen dort Geld leihen. Er selbst hat aber mit der Abwicklung der Kreditaufnahme überhaupt nichts zu tun.

cT-Ä2/4:
Die Summe, die dem Kreditwilligen zugeteilt wird, hätte dieser auch so bekommen können. **Dies hat mit der angeblichen Empfehlung absolut nichts zu tun.**

cT-Ä2/5:
Das ist aber nicht alles. Es wird auch von **einer neuen Masche** berichtet, mit der er **sogar auch noch um das verbliebene Geld aus dem Kredit betrogen wird,** indem sich der Betrüger nach solch einer Abwicklung als Branchenangehöriger ausgibt und erneut die Nähe des alten Kreditkunden sucht.

cT-Ä2/6:
Die Vermittlungsgebühr ist **gesetzlich auf unter 5% der Kreditsumme** festgelegt.

- Die Texteinheiten, die alle mit der gleichen Aufmachung ausgestattet sind, ergeben sich inhaltlich im Ganzen als eine Art „Theorie" der Betrügerei und sind zum Teil auch als Kommentar (zu P4 und P5) identifizierbar, der durch die Figur Dr. Tapals zu der im Panel neben dem Kommentar dargestellten Szene geäußert wird (vgl. Sprachstil/Sprachgebrauch).

- Die Anwendung der Hervorhebung: Die Tricks der Betrüger, die Erläuterung zu den Tricks und die wichtigen juristischen Hinweise werden durch die größere Schrift und durch den Fettdruck hervorgehoben. Außerdem werden die (unwahren) Äußerungen eines möglichen Mittelsmannes eigens mit Anführungszeichen versehen. Damit werden die gängigen Formulierungen eines solchen Betrügers betont.

- Sprachstil/Sprachgebrauch:
Der dort gebrauchte Sprachstil weist eine (Pseudo-)Altmännersprache auf.[36] Das zeigt sich in den Schlusspartikeln oder in den Suffixen bzw. in Syntagmen wie „*no ja*" (in P1 und in P4), „*oru no ja yo*" (in P6) oder auch „*oru zo*" (in P5). Gerade

---

[36] Die Altmännersprache wird als solche eher stereotypisch in der Literatur und auch im Manga verwendet. Ein älterer bzw. alter männlicher japanischer Wissenschaftler spricht daher in der Realität eine solche Sprache, wenn überhaupt, dann nicht in seinem Seminar (so weit ich das beurteilen kann), da dafür einer gewisse Vertrautheit o. Ä. vorausgesetzt ist.

der Stil der künstlichen Altmännersprache gibt dieser Texteinheit (cT-Ä2) den zusätzlichen Akzent einer Comic-Welt, was im Schrifttext-Teil (S-A) nicht zu finden ist. Die gezielte Verwendung einer künstlich erzeugten Altmännersprache zielt ab auf einen zusätzlichen positiven Charakterzug wie „altersweise".

Als Verbform am Satzende wird, wenn dieses gerade nicht durch die o.g. Altmänner-Schlusspartikeln etc. besetzt ist, nur die (kurze) Finitform (= *ru*-Form) wie z.B. „*atsumeru*" gebraucht statt einer als Gesprächsstil geltenden *masu*-Form (*atsumemasu*). Ferner wird als Satzabschluss der sog. *taigen-dome* [Satzabschluss durch das Nomen] (mit Verzicht auf ein Finitverb bzw. ohne die Hinzufügung des Verbalsuffixes *desu* o.Ä.) verwendet.

Der Gebrauch der o.g. Sprachverfahren bringt insgesamt einen sehr prägnanten und harten (stenographieartigen) Satzklang mit sich. Er ist – im gegebenen Kontext – als mahnende Stimme (des autoritären alten Seminarleiters) konzipiert und unterscheidet sich auch dadurch deutlich von dem noch zu erwähnenden Sprachgebrauch im Inneren *Comic*-Element (*C*-E-i).

2.4 Das Innere *Comic*-Element (*C*-E-i)

Das Innere *Comic*-Element (*C*-E-i) enthält ein *Comic*-Zeichnungselement (cZ-i) (s. 2.4.1) und eine *Comic*-Texteinlage (cT-i) (s. 2.4.2):

Abb. 5: Das Innere *Comic*-Element: Mehr-Panel-Comic
(zuzüglich der Kennzeichnung durch die Verfasserin)

- Was die Typisierung angeht, kann das *Comic*-Element (*C*-E-i) eindeutig dem *C*-E-Typ *Mehr-Panel-Comic* (Takayama-Wichter 2003: 63) zugeordnet werden. Seine Gestaltung ist in sich abgeschlossen, seine Zweckbestimmung ist allerdings fremdgesteuert. Der *C*-E-Typ *Mehr-Panel-Comic*, das gilt auch für unser vorliegendes Beispiel, erzählt eine Geschichte; er kann mit diesem Erzählcharakter – etwas übertrieben – als eine Mini-Ausgabe eines *story*-Manga[37] betrachtet werden.

- Visualisierung: Inhaltlich gesehen, stellt das Innere *Comic*-Element (*C*-E-i) die Visualisierung eines konkreten Beispiels für die „Theorie" dar, also für den Redeinhalt des Seminarleiters Dr. Tapals aus dem Äußeren *Comic*-Element (*C*-E-Ä): Hier im Verhältnis zwischen dem Inneren und dem Äußeren *Comic*-Element wird die rhetorische Figur der Hypotypose angewandt.

- Aufbau: Das Innere *Comic*-Element (*C*-E-i) besteht aus sechs Panelen, die in vier „Sequenzen" (vgl. Krafft 1978) einteilbar sind: erste Sequenz mit P1 und P2, zweite Sequenz mit P3 und P4, dritte Sequenz mit P5 und vierte Sequenz mit P6. Die Sequenzierung entspricht dem japanischen Textstrukturprinzip der Vier-Stufen-Logik.[38] Die 1. Sequenz (P1 und P2): Einleitung (Szene im Büro des Mittelsmannes mit dem Kreditkunden); die 2. Sequenz (P3 und P4): Weiterentwicklung der Geschichte mit zwei Perspektiven: der des Kunden und der des Mittelsmannes; die 3. Sequenz (P5): Wechsel der Geschichte (Betrügerei); die 4. Sequenz (P6): Schluss(folgerung) (eine böse Überraschung und eine erteilte Lektion).

2.4.1 *Comic*-Zeichnungselement (cZ-i)

Das *Comic*-Zeichnungselement (cZ-i) enthält zwei Gruppen von Zeichnungselementen. Die eine ist die Gruppe der Figuren und die zweite ist eine Gruppe der Comic-typischen Zeichen bzw. Symbole.

---

[37] Exkurs zum Verhältnis zwischen dem – internen – Textumfang und dem Panelenumfang: Schodt, amerikanischer Manga-Kenner und -Übersetzer, nennt den japanischen *story*-Manga – übertrieben, aber trefflich – „Bildergeschichte" (allerdings mit der Qualität einer Erzählung) im Gegensatz zum Typ „Geschichte mit Bildern" des U.S.-amerikanischen Comics. Er hebt damit auf die erzähltechnische Schwerpunktsetzung des Manga mit den weit entwickelten Bildeffekten ab, die z.T. auch aus den verschiedenen Filmtechniken entliehen sind (hierzu vgl. auch Knigge 2004: 241 u. 398). Er weist in diesem Zusammenhang auf die daraus resultierende unvergleichliche Knappheit des Texts beim Manga im Gegensatz zu den Comics in den U.S.A. oder in Europa hin. Zur Kompensation tendiere der Manga dazu, den Panelen einen wesentlich größeren Umfang einzuräumen, was dementsprechend zu einer größeren Seitenproduktion führt (Schodt 2000).

[38] Der Logikaufbau besteht aus vier Stufen: „1. Führe ein Thema ein (ki), 2. entwickle es (shoo), 3. gehe zu einem Unterthema, das dazu nicht in direkter Beziehung steht (ten), 4. ziehe eine Schlussfolgerung aus allem (ketsu)" (Mihm 1994: 216); vgl. hierzu auch Hinds (1983).

Zum einen gibt es drei männliche Figuren: F1 (die Figur mit dem gepunkteten Jackett, die einen jungen[39] Kreditkunden darstellt), F2 (die Figur mit dem nichtgepunkteten Jackett, die den unseriösen Mittelsmann darstellt) und F3 (die „Dr. Tapals" genannte Figur).

Zum anderen werden verschiedene Comic-typische Zeichen und Symbole mit unterschiedlichen Funktionen angewandt. Diese sind: eine *Speedline* in verschiedenen Variationen (in P2; P3; P4; P5), ein Erleuchtungssymbol (in P2 am Kopf der Figur F1 und in P4 am Geldumschlag) (als ein positives Zeichen), ein dreifaches Dolchsymbol (in P3) (als Andeutung einer bösen Absicht), ein Ausrufezeichen (in P5) (im Sinne von „Achtung!"), eine Musiknote (in P5) (als Zeichen für eine glückliche Stimmung), ein Schweißtropfenzeichen (in P6) (für den Schweißausbruch bei Verlegenheit) und ein Zeichen des Schauderns (in P6) (als Zeichen für Entsetzen und Angst).

Unter den 6 Panelen gibt es nur ein einziges Panel (P1), in dem die Szene *Büro der Kreditfirma* „detailliert" dargestellt wird. Nach dem „Verweisungsschema" von Krafft (1978: 20) können wir die Szene in P1 wie folgt zwei Gruppen zuordnen, nämlich der Gruppe *Vordergrund: Personen/Gegenstände* (sprich *F1 und F2/Stuhl und Fenster*) und der Gruppe *Hintergrund: Personen/Gegenstände* (sprich *Keine Personen/Hochhäuser*). Die anderen Panele stehen dann im Schema *Vordergrund: Personen/Keine Gegenstände*.

Der gänzliche Verzicht auf die Darstellung von *Hintergrund: Personen/Gegenstände* bzw. *Vordergrund: Gegenstände* in den sonstigen Panelen zeigt, dass der Schwerpunkt des *Comic*-Zeichungselements sehr auf *Vordergrund: Personen*, nämlich auf die Figuren und auf das Abwicklungsgespräch zwischen Figur/Kreditkunde und Figur/Mittelsmann gelegt ist. Eine derartige Detail-Auslassung bedeutet ferner eine bewusste Vereinfachung des *Comic*-Zeichungselements überhaupt, indem es nur auf die Darstellung der Betroffenheit durch die Figurenzeichnung ankommt. Die Nachvollziehbarkeit durch den Leser/Betrachter als potenziellen Kreditkunden ist wichtig; sonst ergibt sich keine semiotische Erklärung durch die Detailzeichnungen etc., was wiederum eine geringere semiotische Schwerpunktsetzung beim Zeichnungsteil andeutet.

F3 (Dr. Tapals) taucht als Aufpasser (in P5) und als Mahner (in P6) auf. Damit verbindet er die Erzählebene (Ä) und die erzählte Ebene (i).

In P3 wird das wahre Gesicht des Mittelsmannes (durch eine verschlagene Miene, Haifischzähne sowie listig-böse Augen) gezeigt. Das dreifache Dolchsymbol

---

[39] Das jüngere Alter des Kreditkunden, das bei der Figur F1 angedeutet ist, ist der Anlass, dass der Mittelsmann (F2) ihn (F1) mit „*kimi*" [du] anredet. Durch diese zwei Anzeichen werden die Unerfahrenheit des Kreditkunden (F1) und das Gehabe des eine Überlegenheit demonstrierenden Mittelsmannes (F2) signalisiert.

untermalt seine böse Absicht. Das Zeichnungselement führt die versteckte böse Absicht des Mittelsmannes im wahrsten Sinne des Wortes vor Augen, was die im Folgenden zu thematisierende *Comic*-Texteinlage allein nicht derart einfühlsam vermitteln kann.

2.4.2 *Comic*-Texteinlage (cT-i)

Zu der *Comic*-Texteinlage (cT-i) gehören die folgenden Einheiten: der Textinhalt der Sprechblasen (in allen Panelen außer in P3), der Textinhalt der Gedankenblase (bei Figur F2 in P3) und zwei onomatopoetische Ausdrücke: „*huhuhu*" [HuHu][40] (innerhalb der Gedankenblase von Figur F2 in P3) und „*e. e...!!*"[41] [waaas!!][42] (in P6 ohne eine Sprechblase bei Figur F1).

Die sprachlichen Inhalte der Panelen sind die folgenden:[43]

> Panel 1 (Sprechblase rechts):
> Ehm... Ich würde gerne Geld leihen...
> Panel 1 (Sprechblase links):
> Uhm, bei Deinem Einkommen ist es uns unmöglich, Dir einen Kredit zu gewähren. Wir können Dir aber eine andere Kreditfirma **vermitteln**.
> Panel 2 (Sprechblase rechts):
> A! Wirklich?!
> Panel 2 (Sprechblase links):
> Aber **Du darfst** überhaupt **niemandem davon erzählen**.
> Panel 3 (Gedankenblase)
> He,he,he. Wir **vermitteln** in Wahrheit **nicht**, wir wollen nur die Vermittlungsgebühr abkassieren.
> Panel 4 (Sprechblase rechts):
> Ich **konnte** ja 500.000 Yen **leihen**.
> Panel 4 (Sprechblase links):
> Das verdankst Du mir.
> Panel 5 (Sprechblase):
> Nun **gib mir** also 200.000 Yen als **Vermittlungsgebühr**.

---

[40] Während „HuHu" im Deutschen nach Krieger (2003) ausschließlich der „Schadenfreude (= ins Fäustchen lachen [sic!])" (ebd.: 140) zugeordnet ist, steht der japanische paraverbale Ausdruck „*huhuhu*" semantisch darüber hinaus auch für ein leises Lachen vor sich hin, das gerade während der Konzeption eines intriganten Gedankens (= etwas im Schilde führen) produziert wird.

[41] Die genauere Wiedergabe dieses japanischen onomatopoetischen Ausdrucks in lateinischer Schrift ist nicht möglich. (Zur Problematik der Übersetzung der japanischen Onomatopöie ins Deutsche vgl. Takayama-Wichter 2003: 76ff. und Fußnote 32.)

[42] Vgl. hierzu sonstige paraverbale Ausdrücke für den „Angst-/Furcht-/Schreckensschrei" bzw. für „Überraschung/Staunen" bei Krieger 2003: 139.

[43] Sie werden ohne Übersetzungszeichen dargestellt, vor allem ohne Anführungszeichen, um die Anführungszeichen innerhalb der *Comic*-Texteinlage hervorzuheben.

Panel 6 (Sprechblase)
Wartet einen Augenblick!! Das ist doch ein Betrug mit der <u>Wuchergebühr</u>. Lässt Du Dich einmal ein, hast Du im Nu Schuldenberge. Achtung!

- Die Anwendung der Hervorhebung: Die Stichpunkte sind sowohl durch Fettdruck als auch durch Unterstreichung hervorgehoben, wobei der Sprechblaseninhalt in P6, die Äußerung des Dr. Tapals, zwar ohne Unterstreichung bleibt, aber gänzlich in Fettdruck und einem größeren Schrifttyp gehalten ist.
- Aus dem Rahmen der Hervorhebung fällt eine Stelle in P5 mit „*chôdai ne*" [gib mir] heraus. Obwohl sie kein Stichpunkt ist, wird sie mit Fettdruck (aber ohne Unterstreichung) versehen.
- Sprachstil/Sprachgebrauch:

Der Sprachstil der Texteinlage (cT-i) ist zum guten Teil im alltäglichen Gesprächsstil gehalten. Die Sprechweise der Figur F1 (mit dem gepunkteten Jackett), die den Kredit-Kunden darstellt, ist in den Panelen (P1 und P4) im natürlichen und realistischen Ton formuliert, indem der gängige *desu/masu*-Gesprächsstil angewandt wird. Bei Panel P2 dagegen wird in der Sprechweise von Figur F1 in der Formulierung „*e...honto ni?!*" [Ist es wahr?!] auf das Höflichkeitssuffix *desu* (wie in *honto desu ka?!*) verzichtet, was eine vertrauliche Nähe anzeigt.

Die Sprechweise der zweiten Figur F2 (mit dem Jackett ohne Punkte), die den unseriösen Mittelsmann verkörpert, variiert je nach dem Panel erheblich. Während in Panel P1 seine Sprechweise – noch auf der Siez-Ebene – sehr natürlich klingt, ändert sie sich in Panel P2 in den sehr vertraulichen Ton durch eine verkürzte Verb-Formulierung „*i'cha*" (statt *i'tte wa*) sowie durch die Anwendung des Verbalsuffixes „*da*" (statt *desu*), das – im Gespräch gebraucht – Vertraulichkeit anzeigt: „*i'cha dame da yo*" (statt *i'tte wa dame desu yo*). Allerdings ist die so konstruierte Sprechweise der Figur F2 zur durchgehenden Charakterisierung gerade einer betrügerischen Person weder ausreichend noch adäquat.

Was die sprachliche Comicartigkeit am meisten verdeutlicht, ist die Formulierung der Figur F2 in P5 mit der Verwendung von „*chôdai*" [gib (mir)]; sie wird normalerweise bei Kindern oder nur unter sehr vertrauten Personen familiär benutzt (statt etwa *kudasai* auf der Siez-Ebene).

Die Sprechweise der Figur F3 (Dr. Tapals) ist die gleiche wie im *Comic*-Element (*C*-E-Ä). (Allerdings gibt die Hinzufügung von „*o!*" am Satzende des letzten Satzes von Figur F3 in P6: „*go-chûi o!*" [Nun Achtung!] der Formulierung einen nicht natürlichen und theatralischen Klang.)

Es gibt überhaupt nichts Ungrammatisches, wobei Ungrammatisches in japanischen Comics oder Mangas oft angewandt wird.

Der Gebrauch der Schrifttypen: Eine Auffälligkeit ist beim Gebrauch der Silbenschrift *katakana* beobachtbar: Die Wörter „*chôdai*" [gibt (mir)] (in P5) und

„*sagi*" [Betrug; Schwindel] (in P6), bei denen normalerweise die Silbenschrift *hiragana* oder die *kanji*-Schriftzeichen angewandt werden, werden in der *katakana*-Schrift geschrieben, was, da ungewöhnlich, als eine Art von Hervorhebung zu verstehen wäre.

3 Anzeigenanalyse zum *Insider*wissens-Transfer und zur PR-Werbung

Der Anzeigen-Übertext wird in Bezug auf den Transfer des *Insider*wissens und die PR-Werbung in den folgenden drei Aspekten diskutiert und analysiert: 1) Anzeigenkonstruktion als Erzählstruktur, 2) Funktionen des Schrifttext-Teils und 3) Funktionen des *Comic*-Elements: Transfer des *Insider*wissens.

3.1 Anzeigenkonstruktion als Erzählstruktur

Der Anzeigen-Übertext (im vorliegenden Abschnitt als Kredit-Übertext bezeichnet) ist in seiner Erzählstruktur in zwei Welten eingeteilt: in die Comic-Welt und in die Comic-externe Welt. Die erstere wird repräsentiert durch das Doppel-*Comic*-Element, und die letztere wird verkörpert durch den Schrifttext-Teil. Die Trennung ergibt sich sowohl inhaltlich (unterschiedliche Themen bzw. Aspekte) als auch gestalterisch.

Die Konstruktion dieser Welteinteilung des Anzeigen-Übertexts mit ihrer eigentlichen Zweckbestimmung soll im Folgenden durch einen Vergleich mit einer anderen Anzeige verdeutlicht werden.

Die Konstruktion der vorliegenden Anzeige weist eine Parallelität zu der Konstruktion einer von uns *Jauch* genannten deutschen Anzeige auf (Focus 2001) (A4 im Anhang).[44] Der Übertext dieser *Jauch*-Anzeige (im Folgenden kurz als *Jauch*-Übertext bezeichnet) besteht ebenfalls aus einem Schrifttext-Teil und aus einem (nicht-doppelten, sondern einfachen) *Comic*-Element, das – genau wie beim Inneren *Comic*-Element des Kredit-Übertexts – dem C-E-Typ *Mehr-Panel-Comic* zugeordnet werden kann. Es gibt darüber hinaus zwischen den beiden Übertexten eine erzählstrukturelle Gemeinsamkeit in der Existenz einer Schaltstelle. Beim *Jauch*-Übertext übernimmt der Journalist Jauch – im Portrait fotografisch abgebildet – den Part eines Märchenerzählers in der äußeren Erzählstruktur, also auf der Erzähl-ebene, die in der realen Welt liegt. Zugleich taucht Jauch als die Jauch-Comicfigur im 3-Schweinchen-Märchen auf, also auf der erzählten Ebene, die zugleich die Comic-Welt ist. *Jauch* besetzt durch diese bi-codale Ikonisierung die Schaltstelle der beiden Welten. Solch eine Schaltstelle wird auch beim Kredit-Übertext durch die Figur Dr. Tapals besetzt.

---

[44] Hierzu vgl. Takayama-Wichter (2003: 57 und Fußnote 7).

Die beiden Übertexte unterscheiden sich aber in den folgenden drei Aspekten, was zugleich die Eigenart des Kredit-Übertexts hervorhebt.

(1) Die Frage der gestalterischen Differenzierung oder Nichtdifferenzierung zwischen der Realitätsebene und der irrealen Ebene: Beim *Jauch*-Übertext werden, wie bereits erwähnt, die beiden Ebenen, die Realitätsebene, die zugleich die Erzählebene ist, und die irreale Ebene, die zugleich die erzählte Ebene ist, voneinander durch die Anwendung von zwei Bild-Codes unterschieden: die Realitätsebene durch eine reale Fotoaufnahme von Jauch (ohne Montage) und die irreale Ebene der Comic-Welt durch eine Jauch-Comicfigur. Das reale Jauch-Foto, das näher zur Person Jauch ist, hält den Zugang zur realen Welt aufrecht. Dagegen ist die Figur Dr. Tapals im Doppel-*Comic*-Element des Kredit-Übertexts in den beiden Welten präsent. Das deutet darauf hin, dass in der verschachtelten Erzählstruktur keine Trennlinie zwischen wirklich und unwirklich gezogen wird: Alles spielt in der Comic-Welt. Nur der Schrifttext gehört zur realen Welt (die selbst aber durch die „*Web-site* von Dr. Tapals" mit der *Comic*-Welt verbunden ist).

(2) Die Art des Verhältnisses zwischen dem Schrifttext-Teil und dem *Comic*-Element: Die beiden Bestandteile im *Jauch*-Übertext stehen semantisch inhaltlich eher im Verhältnis der Redundanz, was für die beiden Bestandteile des Kredit-Übertexts keinesfalls zutrifft. (Auf das Thema wird in 3.2 näher eingegangen.)

(3) Der Grad bzw. das Vorhandensein von Verfremdung: Das Doppel-*Comic*-Element des Kredit-Übertexts enthält – im Gegensatz zur Häufigkeit in der Comic-Welt – keine „surrealistischen" Züge, weder visuell noch sprachzeichnerisch. Es gibt keinen dimensionalen Wechsel etwa in die Welt des Märchens. Das Doppel *Comic*-Element ist – auch wenn es paradox klingen mag – trotz der typischen *Comic*-Zeichnung und der Comic-typischen Zeichen/Symbole in einer „normalen" Alltagswelt dargestellt im Gegensatz zum *Comic*-Element im *Jauch*-Übertext mit seiner Märchen-Form (mit drei „sprechenden" Schweinchen etwa).[45]

3.2 Funktionen des Schrifttext-Teils

Der Schrifttext-Teil verfügt als solcher allein über die folgenden zwei Funktionen: Die erste Funktion liegt in der Selbstvorstellung der Gruppe von sieben Kreditfirmen, möglichst als die seriösen in Erscheinung zu treten.

Die zweite, die eigentliche, liegt darin, über die erste Funktion hinaus, die Gruppe als Ratgeber, sogar als „darüberstehende Institution" erscheinen zu lassen, indem ein paar unabhängig „anmutende" Organisationen o.Ä. vorgeschoben werden, obwohl die Gruppe selbst kein unabhängiger Dritter ist wie etwa die deutsche *Stiftung*

---

[45] Vgl. hierzu Preissler (2005), die in diesem Zusammenhang auf die „ernste" Seite des Comics wie folgt hinweist:„Doch immer öfter zeigt der ‚Comic', dass er auch ‚Earnest' sein kann. Statt Funny Animals oder Superhelden präsentiert er den Alltag normaler Menschen."

Warentest. Die Beziehungen zwischen den im Schrifttext-Teil angegebenen insgesamt vier Gruppen bzw. Organisationen (Broschürenausgabestelle; Beratungsstelle; Stiftung; Kontaktgruppe) sind einfach zu undurchsichtig.[46] Die Anwendung der Hervorhebung in verschiedener Art in diesem Teil weist auf eine Hierarchie unter den drei o.g. Texteinheiten hin, die die im Schrifttext-Teil verfolgte Intention widerspiegelt. Die Hierarchie besteht in der Reihenfolge der Wichtigkeit der dargebotenen Informationen. An erster Stelle steht der Name der Kontaktgruppe (in S-Ä2a). An zweiter Stelle folgen die Namen der Mitglieder dieser Kontaktgruppe (in S-Ä2a). An dritter Stelle kommt der Name der Beratungsstelle (in S-Ä2b) und am Ende der Titel der Broschüre (in S-Ä1). (Die Stärke der Hervorhebung wird nur durch die Stärke der Überschrift im Äußeren *Comic*-Element übertroffen.)

Der Schrifttext-Teil kann insgesamt, wie bereits erwähnt, selbständig als eine „Selbstvorstellung" des Anzeigengebers funktionieren und zwar auch ohne das *Comic*-Element. Ohne das *Comic*-Element wäre er allerdings nur eine bloße „Selbstvorstellung" ohne jegliche besondere Aussage. Erst mithilfe des *Comic*-Elements gewinnt solch eine einfache Selbstvorstellung den Sinn einer gezielten „Selbstdarstellung" (vgl. 4).

3.3 Funktionen des *Comic*-Elements: Transfer des *Insider*wissens

Im vorliegenden Beispiel sind die Botschaft der Anzeige und der Inhalt des Wissenstransfers nicht identisch. Dabei ist der Schrifttext-Teil nicht der Träger des Wissenstransfers, was der gängigen Erwartung nicht entspricht.

Die Anwendung des *Comic*-Elements ist in erster Linie auf den Transfer des *Insider*wissens über die Betrügerei einschließlich der Information über die dazugehörige Gesetzgebung angelegt. Trotz der Comic-typischen Zeichnungsart und einer der Comicartigkeit nacheifernden Texteinlage liegen das Anliegen und die Aufmachung des *Comic*-Elements nicht im „surrealistischen" Bereich. Es gibt außerdem weder Ironie noch Anspielung, Sarkasmus oder Witz: Der *Insider*wissens-Transfer ist in keiner Weise darauf angelegt. Er ist so gemeint, wie er abgebildet und getextet ist.

Durch das Bild und durch die Texteinlage (Seminartitel und Seminarinhalt) ist die Zweischichtigkeit mit ihrer entsprechenden Schichtreihenfolge der beiden *Comic*-Elemente eindeutig bestimmt: Das Äußere *Comic*-Element (Dr. Tapals' Seminar)

---

[46] Während bei der Broschürenausgabestelle in Texteinheit (S-Ä1) nur die Adresse ohne Telefon-Nummer oder Fax-Nummer angegeben ist, ist die Beratungsstelle in Texteinheit (S-Ä2a) nur mit der Telefon-Nummer versehen und die Kontaktgruppe (wegen der Anfrage über die Anzeige) in Texteinheit (S-Ä2b) nur mit der Telefon- und Fax-Nummer. Die Angabe der Adresse fehlt bei den zwei letztgenannten Adressen (vgl. hierzu Abschnitt 2.2.1).

involviert das Innere *Comic*-Element, das ein Beispiel in der Rede des Dr. Tapals darstellt. Es stellt somit eine Zwischenstation zwischen dem Schrifttext-Teil und dem Inneren *Comic*-Element dar.

Die beiden *Comic*-Elemente haben zunächst jeweils eine für ein *Comic*-Element „natürliche" Funktion wie die der Aufmerksamkeitslenkung und vor allem beim Inneren *Comic*-Element die der Emotionalisierung. Sie haben darüber hinaus aber jeweils einige unterschiedliche Funktionen inne:

Das Äußere *Comic*-Element ist zwar in Form eines *Ein-Panel-Comics* gehalten, hat jedoch, wie bereits erwähnt, keinen für diesen C-E-Typ typischen eigenen „Witz" o.Ä. Es übt dennoch vier Funktionen aus. Die erste liegt im Transfer des *Insider*wissens. Der „Wissenstransfer", speziell als Transfer des *Insider*wissens, wird im vollen Umfang durch das Äußere *Comic*-Element getragen. Die zweite Funktion liegt in der Raumgebung für das Innere *Comic*-Element. Die dritte liegt in der Rolle der Verbindungsstelle zwischen dem Schrifttext-Teil und dem Inneren *Comic*-Element. Die vierte liegt in der Demonstration von Wissenschaftlichkeit und der Verleihung der Seriösität, die durch das Innere *Comic*-Element allein überhaupt nicht erzielt werden kann.

Das Innere *Comic*-Element ist, wie bereits erwähnt, in der Form eines *Mehr-Panel-Comics* gestaltet. In dieser für den Comic typischen Erzählform, also in einer Bildergeschichte, hat das Innere *Comic*-Element zwei Funktionen inne. Die erste ist die des *Insider*wissens-Transfers zum Thema *Trickmasche*. Die zweite Funktion ist die nicht minder wichtige, bereits erwähnte Emotionalisierung, die wiederum das Äußere *Comic*-Element – wegen eines fehlenden Betroffenheitspotenzials – allein nicht erzielen kann. Das Innere *Comic*-Element trägt zum Wissenstransfer also auf seine Weise bei. Seine Funktion liegt in der Anschaulichkeit des Transferinhalts; dabei spielt das *Comic*-Zeichnungselement eine wesentliche Rolle, das die Nachvollziehbarkeit und Betroffenheit durch die Identifikation mit der Kunden-Figur leicht erzeugen kann, und zwar durch die rhetorische Figur der Hypotypose/Hypotyposis.

Was nun den Wissenstransfer, den Transfer des *Insider*wissens, als Hauptfunktion des Comic-Elements angeht, stehen die beiden *Comic*-Texteinlagen etwa im Verhältnis von „Theorie" (cT-Ä) und „Beispiel" (cT-i), wobei der Anteil der *Comic*-Texteinlage des Äußeren *Comic*-Elements größer ist als der der *Comic*-Texteinlage des Inneren *Comic*-Elements. Die letztere *Comic*-Texteinlage enthält kein wesentlich neues Wissen. Das heißt, dass auf die letztere im Hinblick auf den Wissenstransfer verzichtet werden könnte. Die beiden *Comic*-Elemente stehen also in einem semantischen Verhältnis der Redundanz. Aber in der Analyse der Aufgabenaufteilung der jeweiligen Funktionen in der Gesamtkomposition wird der Sinn für den Einsatz dieses einen Doppel-*Comic*-Elements deutlich: Dem in dieser Weise gestalteten *Insider*wissens-Transfer selbst wird in der Anzeigen-Komposition eine unten zu spezifizierende Aufgabe zugeteilt. Hier stellt sich die Frage: Wer ist aber der Transferierende dieses *Insider*wissens? Dr. Tapals etwa, der der Comic-Welt zugehörig ist? Oder der Anzeigengeber in der Comic-externen Welt?

Der Wissenstransfer nun ist aber nur das Mittel für die PR-Werbung, nicht das Hauptanliegen der Anzeige.[47]

4 Fazit: Rhetorische Anzeigenchoreographie für die PR-Werbung

Wenn es – lediglich – nach der Optik ginge, so könnte der Anzeigen-Übertext dem Ü-Typ 4 zugeordnet werden, wobei das *Comic*-Element eine dominantere Rolle spielt. Dies ist aber nicht der Fall. Der Schrifttext-Teil selbst ist auch keineswegs „dominant". Stehen die Hauptbestandteile dann in der Beziehung: <*Comic*-Element mit *Comic*-Texteinlage> + <Schrifttext-Teil>: {*komplementär*} (Takayama-Wichter 2003: 82)?

Die Anzeige ist, wie bereits erwähnt, eine Gesamtkomposition aus den drei Bestandteilen: dem Schrifttext-Teil, dem Äußeren *Comic*-Element und dem Inneren *Comic*-Element. Sie sind einander jeweils mit einer Aufgabe zugeordnet und sind zusammen nach einer Rhetorik der These/Antithese oder nach dem Muster: *Positiv vs. Negativ* choreographiert. Wenn es nur um eine PR-Werbung mit einer „einfachen" Selbstvorstellung ginge, hätte der Schrifttext-Teil womöglich allein ausgereicht.

Die Gesamtkomposition gerade mit der rhetorischen Choreographie als solcher und als Ganzes stellt eine – implizite – Aussage der Anzeige dar, die über eine „einfache" Selbstvorstellung hinausgeht.

Der eigentliche Kernpunkt der PR-Werbung in der Gesamtkomposition liegt in der eigenen Aufwertung durch die Abwertung der anderen. In etwa: „Wir verurteilen die Unseriösen: Wir sind vertrauenswürdig, wir sind seriös, auch wenn die anderen nicht seriös sind."

---

[47] Dieser Befund wird unterstützt durch eine andere Zeitungsanzeige desselben Anzeigengebers. Diese Anzeige mit dem Titel „[Kennen Sie diese TV-Werbung?]" befindet sich im Anhang A5. Sie hat die gleiche Größe und Position auf einer Zeitungsseite wie die bisher untersuchte Anzeige und besitzt im Grunde auch die gleiche Anzeigenstruktur mit dem Einsatz einiger *Comic*-Elemente. Ein Unterschied liegt darin, dass die Anzeige nicht im Rahmen einer Serie, sondern solitär ist, und ein weiterer darin, dass hier die Figur TAPALS weder als Seminarleiter noch als Ratgeber auftritt. In der Anzeige macht (den Zeitungsleser) die Figur TAPALS, quasi als „Beauftragter" des Anzeigengebers, auf eine TV-Werbung aufmerksam, wie dies das eine *Comic*-Element in der Mitte der Anzeige auch darstellt. In der TV-Werbung werden neben dem Wissenstransfer noch drei Ratschläge direkt durch die bereits erwähnte Gruppe der Kreditinstitute „[Kontaktgruppe für Konsumentenkredit]" erteilt, die ja nunmehr der Zeitungsanzeigengeber und auch der TV-Werbeanzeigengeber ist. Die Figur TAPALS erklärt lediglich diese drei Ratschläge mittels drei weiterer *Comic*-Elemente.

In der rhetorischen Choreographie wird dem Schrifttext-Teil, in dem der Anzeigengeber erscheint, die erste Hälfte der Aussage zugedacht: „Wir verurteilen die Unseriösen: Wir sind vertrauenswürdig, wir sind seriös [...]", und dem Inneren *Comic*-Element die zweite Hälfte: „[...], auch wenn die anderen nicht seriös sind." Das Äußere *Comic*-Element stellt dabei, wie bereits erwähnt, eine Verbindung zwischen den beiden Bestandteilen her. Die Schaltstelle ist dabei der Name „Dr. Tapals", der im Schrifttext-Teil („Homepage von Dr. Tapals") genannt wird, bzw. die Figur Dr. Tapals, die im Äußeren *Comic*-Element erwähnt wird („Das Seminar über *cashing* von Dr. Tapals") und ebenso auch im Inneren *Comic*-Element erscheint. Dr. Tapals ist dann ein visualisierter Beauftragter des Anzeigengebers.

Für die Gesamtkomposition mit der gezielten choreographischen Rhetorik sind die Bestandteile, Schrifttext-Teil und *Comic*-Element, beide unverzichtbar. (Sonst gäbe es die o.g. Rhetorik nicht.) Insofern sind die beiden gleichberechtigt. Daher kann die am Anfang des vorliegenden Abschnitts gestellte Frage mit „ja" beantwortet werden.

Aber es ist – trotz der Ganzheits-Sinngebung durch eine Gesamtkomposition und trotz der Gleichberechtigung der beteiligten Bestandteile – eine gewisse Funktionshierarchie im Aufgabengewicht zu erkennen. Unverkennbar ist eine dreistufige Hierarchie, in der die drei Bestandteile, Schrifttext-Teil, das Äußere *Comic*-Element und das Innere *Comic*-Element, aufgebaut sind. Dabei steht auf der obersten Stufe der Schrifttext-Teil, der die *Comic*-Elemente auf den tieferen Stufen dirigiert. (Auf die Eigenschaft der Fremdbestimmung des *Comic*-Elements wurde bereits in Abschnitt 1.3.1 (3) hingewiesen.)

Die Aufgabenverteilung der Bestandteile und ihre Reihenfolge sind nach der o.g. Rhetorik eindeutig festgelegt. Die Darstellung im Schrifttext-Teil steht demnach für den Anzeigengeber, also implizit für die Seriösen, während das *Comic*-Element für die Verdeutlichung der Unseriösen zuständig ist. Der „höhere" Stellenwert des Schrifttext-Teils liegt ferner – gäbe es die rhetorische Orientierung für die Gesamtkomposition nicht – in seiner größeren eventuellen Unverzichtbarkeit in der Gesamtkomposition.[48] Das ist aber keineswegs mit einer „Textzentriertheit" zu verwechseln, da dort, im Schrifttext-Teil, eine alleinige – explizite – Verbalaussage ja nicht vorhanden ist. Die „Unterordnung" des *Comic*-Elements dem Schrifttext-Teil gegenüber zeigt sich auch nicht in der Art, dass das *Comic*-Element für den Schrifttext-Teil als eine „bloße" Illustration dient. Die übermäßige Größe des *Comic*-Elements, die größer ist als der Schrifttext-Teil, und auch die größte Hervorhebungsstärke bei der Überschrift im Äußeren *Comic*-Element deuten auf einen eigenen Stellenwert des *Comic*-Elements hin. Das *Comic*-Element ist of-

---

[48] Mit der Bezeichnung „Hauptrolle" – im Vergleich zur „Nebenrolle", die das *Comic*-Element im Ensemble zu spielen hat – kann diese „Höherstellung" ausgedrückt werden; hierzu vgl. Takayama-Wichter (2005: 216f.).

fensichtlich auch keinesfalls eine Visualisierung des Schrifttext-Teils. Sein untergeordneter Stellenwert rührt vielmehr von seiner – vergleichsweise – geringeren eventuellen Unverzichtbarkeit im Hinblick auf den Zweck einer PR-Anzeige her. Die zweite Hälfte der Aussage „[...] auch wenn die anderen nicht seriös sind" ist verzichtbar, nicht aber die erste Hälfte: „Wir verurteilen die Unseriösen: Wir sind vertrauenswürdig, wir sind seriös."

5 Bildnachweis

Abb.1: Yomiuri-Shinbun [Yomiuri-Zeitung]. Ausgabe vom 15. Juli 2001 (Sonntagsausgabe).

Anhang 2: Josei-jishin [Frau Sie-selbst] (2003). Ausgabe vom 25. Okt. 2003.

Anhang 4: Focus (2001): „Das Haus der 3 Schweinchen". 40/2001, S. 216.

6 Literatur

Arnu, Titus (2005): Seufz! Schnüff! Schluchz! In: Süddeutsche Zeitung Nr. 96. Ausgabe vom 27. April 2005.

Ballstaedt, Steffen-Peter (1996): Bildverstehen, Bildverständlichkeit – Ein Forschungsüberblick unter Anwendungsperspektive. In: Hans Peter Krings (Hg.): Wissenschaftliche Grundlagen der Technischen Kommunikation (= Forum für Fachsprachen-Forschung, 32). Tübingen, 191–233.

Gaede, Werner (1992): Vom Wort zum Bild. Kreativ-Methoden der Visualisierung. 2. Auflage. München.

Grünewald, Dietrich (2000): Comics (= Grundlagen der Medienkommunikation Bd. 8). Tübingen.

Hinds, John (1983): Contrastive rhetoric: Japanese and English. In: Text 3, 183–195.

Janich, Nina (2001): Werbesprache: ein Arbeitsbuch (= Narr-Studienbücher). 2. Auflage. Tübingen.

Josei-Sebun [Frau-7] (2002): Ausgabe vom 17. Oktober 2002.

Kalverkämper, Hartwig (1993): Das fachliche Bild. Zeichenprozesse in der Darstellung wissenschaftlicher Ergebnisse. In: Hartmut Schröder (Hg.): Fachtextpragmatik, 215–238.

Kloepfer, Rolf (1977): Komplementarität von Sprache und Bild. Am Beispiel von Comic, Karikatur und Reklame. In: Roland Posner/Hans-Peter Reinecke (Hg.): Zeichenprozesse. Semiotische Forschung in den Einzelwissenschaften (= Schwerpunkte Linguistik und Kommunikationswissenschaft Bd. 14). Wiesbaden, 129–145.

Knigge, Andreas C. (2004): Alles über Comics. Hamburg.

Krafft, Ulrich (1978): Comic lesen. Untersuchungen zur Textualität von Comics. Stuttgart.

Krieger, Jolanta (2003): Paraverbale Ausdrücke als Gestaltungsmittel der Textsorte Comic am Beispiel der Reihe Asterix. Lublin.

Mihm, Arend (1994): Zur Kulturgebundenheit narrativer Strukturen. Expositionen in deutschen und japanischen Alltagserzählungen. In: Deutsche Sprache 22(3), 193–221.

Münstersche Zeitung (2005): Deutsche kaufen mehr auf Kredit. Ausgabe vom 10. Februar 2005.

Moser, K. (1991): Comics in der Werbung. In: Hans-Jürgen Kagelmann (Hg.): Comics Anno. Jahrbuch der Forschung zu populär-visuellen Medien. München, 85–96.

Nebel, E. (1984): Comic-Elemente in der Werbung. Stuttgart. [Diplomarbeit an der Fachhochschule für Druck Stuttgart.]

Preissler, Brigitte (2005): Ein Genre macht ernst. In: DIE WELT. Ausgabe vom 19. Februar 2005.

Rinner-Kawai, Yimiko (1991): Anglo-amerikanische Einflüsse auf die deutsche und japanische Sprache der Werbung. Eine Untersuchung von Publikumszeitschriften (= Hochschulsammlung Philosophie: Sprachwissenschaft Bd. 8), Freiburg.

Schodt, F. L. (2000): Sekai no dokonimo nai „monogatari-manga" wa shôsetsu ni hittekisuru nihon dokutoku no âto da [„*Story*-Manga" ist eine der Erzählung vergleichbare typisch japanische Kunstform, die in der Welt ihresgleichen sucht]. In: SAPIO 26. Juli 2000, 18f.

Spillner, Bernd (1980): Semiotischer Aspekt der Übersetzung von Comics-Texten. In: Wolfram Wilss (Hg.): Semiotik und Übersetzen. Tübingen, 73–85.

Spillner, Bernd (1996): Interlinguale Stilkontraste in Fachsprachen. In: ders. (Hg.): Stil in Fachsprachen (= Studien zur Allgemeinen und Romanischen Sprachwissenschaft 2). Frankfurt a.M., 105–137.

Strobel, Ricarda (1993): Text und Bild im Comic. In: Klaus Dirscherl (Hg.): Bild und Text im Dialog. Passau, 377–395.

Takayama-Wichter, Taeko (2001): Kulturspezifik des Wissenstransfers: Experten und ihre Laieneinschätzung im deutsch-japanischen Vergleich am Beispiel der

Textsorte Beipackzettel. In: Sigurd Wichter/Oliver Stenschke (Hg.): Wissenstransfer zwischen Experten und Laien. Umriss einer Transferwissenschaft (= Transferwissenschaften 1). Frankfurt a.M., 159–192.

Takayama-Wichter, Taeko (2003): *Comic*-Elemente in der Text-Bild-Kommunikation. Anhand des „Übertext"-Modells mit deutschen und japanischen Beispielen. In: Göttinger Beiträge zur Sprachwissenschaft 9, 55–104.

Takayama-Wichter, Taeko (2004): *Comic*-Elemente im Text-Bild-Ensemble beim Wissenstransfer – am Beispiel der japanischen Textsorten Beipackzettel. In: Sigurd Wichter/Oliver Stenschke (Hg.). Theorie, Steuerung und Medien des Wissenstransfers (= Transferwissenschaften 2), 321–348.

Takayama-Wichter, Taeko (2005): Das *Comic*-Element beim Wissenstransfer – sein Stellenwert in der japanischen Gesellschaft und seine Intertextualität. In: Gerd Antos/Sigurd Wichter (Hg.) (2005): Wissenstransfer durch Sprache als gesellschaftliches Problem (= Transferwissenschaften 3). Frankfurt a.M., 203–230

Takayama-Wichter, Taeko (2005): Leistungen des *Comic*-Elements in der Frage der Transferqualität anhand von Beispielen aus dem japanischen medizinischen Bereich. In: Gerd Antos/Tilo Weber (Hg.): Transferqualität (= Transferwissenschaften 4). Frankfurt a.M., 129–154.

Wakisaka, Yutaka/Atsuo Kawashima/Yumiko Takahashi (2002): Retorikku-shôjiten (Taschenwörterbuch der Rhetorik). Tokyo.

Wichter, Sigurd (1994): Experten- und Laienwortschätze. Umriß einer Lexikologie der Vertikalität (= RGL 144). Tübingen.

Wichter, Sigurd (2004): Metamorphosen. Zum Zusammenspiel der Kommunikationsebenen am Beispiel der Zeitungsüberschrift. In: DIE DEUTSCHE LITERATUR 48. Festschrift für Prof. Maya Ninomiya zu ihrem 70. Geburtstag. Gesellschaft für Germanistik der Kansai Universität Osaka Japan, 11–47.

Wichter, Sigurd/Oliver Stenschke (Hg.) (2004): Theorie, Steuerung und Medien des Wissenstransfers (= Transferwissenschaften 2). Frankfurt a.M.

Yoshijima, S. (1999): Unterschiedliche Sprachsozialisation – unterschiedliches Sprachverhalten. Ein Vergleich zwischen Deutschland und Japan. In: Haruo Nitta/Minuro Shigeto/Götz Wienold (Hg.) (1999): Kontrastive Studien zur Beschreibung des Japanischen und des Deutschen. München.

Danksagung: Herrn Manuel Tants danke ich herzlich für seine Unterstützung bei der Computertechnik.

7 Anhang (A1 - A5)

A1: Die japanische Originalanzeige

A2: „Ladies' Mate"

A3: Transkription der japanischen Anzeige in lateinischer Schrift nach dem jeweiligen Bestandteil: (A3-1) – (A3-6) (Hervorhebung im Original)

(A3-1): Schrifttext-Teil: Texteinheit (S-Ä1):

<u>Tsukaisugi, karisugi ni chûi shimashô. Go-riyô wa keikaku-teki ni.</u> Kyassingu-rôn ni tsuite wakari-yasuku setsumeishita sasshi „**kurashi to shôhisha-kinyû**" o gokibô no kata wa, hagaki ni jûsho, shimei, nenrei, shokugyô, kono kôkoku ni taisuru go-iken o o-kaki no ue, xxx „kurashi to shôhisha-kinyû"-gakari made go-seikyû kudasai.

(A3-2) Schrifttext-Teil: Texteinheit (S-Ä2a):

° Rôn no henzai nado de o-nayami no kata wa o-denwa kudasai.
Kinsen-kanri-kaunseringu-sâbisu (muyô sôdan-madoguchi)
Tokyô: TEL. 03(5205)1800 Ôsaka: TEL. 06(6242)2200
(uketsuke-jikan/shukujitsu o nozoku getsu-kinyô no 10-ji – 18-ji)
*Nihon-shôhihya-kaunseringu-kikin o shien o uke, nihon-shôhisha-kinyû-kyôkai ga uneishite imasu. *kono sôdan-madoguchi de bengoshi-gyômu wa okonatte orimasen.

(A3-3) Schrifttext-Teil: Texteinheit (S-Ä2b):

Kyassingu no keikaku-teki na go-riyô no tame ni, watashitachi wa kangae, kôdôshimasu.
Shôhisha-kinyû-renrakukai.
Takefuji   Akomu   Puromisu
Aifuru   honobonoReiku   Sanyôshinpai
°Kono kôkuku ni kansuru o-toiawase wa kaki made
o-toiawase madoguchi (uketsuke-jikan/ shukujitsu o nozoku getsu-kinyô no 9-ji-18-ji)
TEL.0120(482)634   FAX092(272)3450
Taparusu-hakase no hômu-pêji http://w.ww.tapals.com.

(A3-4) *Comic*-Texteinlage des Äußeren *Comic*-Elements (cT-Ä1)

<u>Tapals-hakase no kyassingu-zeminâru 28</u>
<u>Akushitsu na shôkaiya ni go-chûi!</u>

(A3-5) *Comic*-Texteinlage des Äußeren *Comic*-Elements (cT-Ä2)

cT-Ä2/1:
Akushitsu na shôkaiya ha "kanarazu shûshishimasu" „Shakunyû-kensû no ooi kata mo daijôbu" nado to iu chirashi ya DM de o-kyaku o atsumeru. Shikashi **jissai ni wa yûshi o sezu ni, hoka no kinyûgyôsha o shôkai** shiyô to suru no ja.

cT-Ä2/2:
„Jibun no shôkai ga are ba, kanarazu yûshi ga ukerareru" nado to iu ga sore wau so. Dakara, „**Shôkai sareta koto wa himitsu ni suru yô ni**" to nen o oshite kuru hazu.

cT-Ä2/3:
Shôkai suru yô ni misekakeru dake. Nan no kankei mo nai kin'yûgyôsha ni tsureteiki, kashiire shitekuru yô ni susumeru. Jissai ni wa, nan no hatarakikake mo shinai.

cT-Ä2/4:
Motomoto sono hito ga karirareru kanô na gaku o karitekita dake no koto. **Shôkai to wa, mattaku kankei ga nai** no ja.

cT-Ä2/5:
Kore dake de wa sumazu, sonogo, kin'yûgyôsha ni narisumashite saido chikazuki, **shakunyûkin subete o damashitoru to iu shôkaiya no shinte no sagi** mo hôkoku sarete oru zo.

cT-Ä2/6:
Hôritsu de wa, shôkai(baikai)tesûryô wa **yûshigaku no 5% inai** to sadame rarete oru no ja.

(A3-6) *Comic*-Texteinlage des Inneren *Comic*-Elements (cT-i)

Panel 1 (Sprechblase rechts): Anô, o-kane o karitain'desu ga.. .
Panel 1 (Sprechblase links): Ûn, kimi no shûnyû da to uchi de wa kasenai nâ. Demo, hoka no kin'yûgyôsha o shôkai suru yo.
Panel 2 (Sprechblase rechts): E! Honto ni?
Panel 2 (Sprechblase links): Tadashi, shôkaisareta koto wa zettai, hito ni **iccha dame** da yo.
Panel 3 (Gedankenblase): Huhuhu. Hontô wa **shôkai nanka shinai** de, tesûryô o damashi toru no sa.
Panel 4 (Sprechblase rechts): 50-man-en, **karirare mashita** yô.
Panel 4 (Sprechblase links): Watashi no shôkai no okage da yo.
Panel 5 (Sprechblase): Ja, **tesûryô** 20-man-en **chôdai** ne.
Panel 6 (Sprechblase): **Chotto matta!! Sore wa hôgai na tesûryô o damashitoru sagi ja. Kon'na hanashi ni nottara, tachimachi saimu ga fukurete shimau zo. Go-chûi o!**

A4: Anzeige *Jauch*

A5: Die japanische Originalanzeige

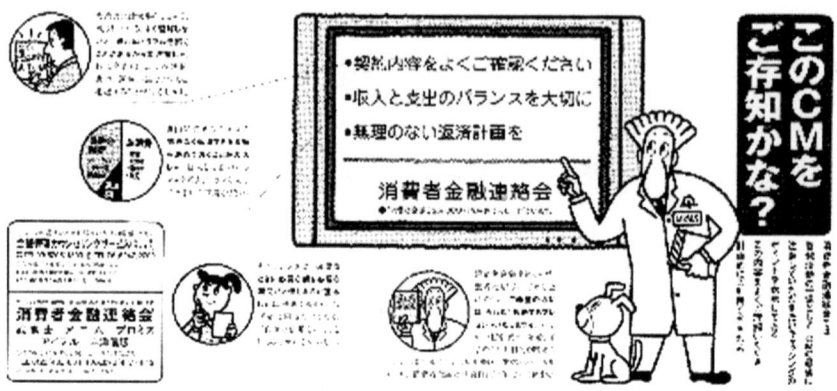

Wissenstransfer und Narration: der Sachcomic

Heike Elisabeth Jüngst (Leipzig)

1 Gegenstand und Abgrenzung
2 Narrative Themenentfaltung und informative Elemente
3 Typen von Sachcomics
4 Beispielanalyse
5 Schlussfolgerung
6 Literatur

1   Gegenstand und Abgrenzung

Bei Sachcomics handelt es sich um Comics, die einen primär informativen Inhalt haben. Dabei sind Sachcomics keine Textsorte, sondern vielmehr ein Darstellungsformat, das in verschiedenen Medien (Print, Online) auftreten kann und in dem man verschiedene Spendertextsorten (Schulbuch, Biographie) darstellen kann (Jüngst 2000, 2002). Die Bezeichnung von Comics als Format, also einer Darstellungsform zwischen Medium und Textsorte, findet sich sowohl in der englischsprachigen (Eisner 2001a,b) als auch in der französischsprachigen Fachliteratur (z.B. Peeters 1993: 107 „forme"), seltener in der deutschsprachigen.

Normalerweise nutzen Sachcomics ein prototypisches Comics-Format mit sequentiell angeordneten Einzelbildern, sogenannten Panels, in denen Verbaltext in Blocktexten (Erzähltext) und Sprechblasen (Dialogtexte) vorkommt. Ferner enthalten prototypische Comics oft als Bildelemente gestaltete Onomatopöen.

Für eine Analyse der narrativen Gestaltung ist die sequentielle Form der Comics wichtig (vgl. Eisners Bezeichnung *sequential art* für Comics): Eine Abfolge von Einzelbildern (Panels) wird zu einer Narration kombiniert.[1] Illustrationen, die Sprechblasen enthalten oder im Comic-Stil gezeichnet sind, sind noch keine Sachcomics. Die narrative Struktur, die in fiktionalen Comics selbstverständlich erscheint, findet sich auch in fast allen Sachcomics.

---

[1] Nach de Beaugrande/Dressler: „Deskriptive Texte dienen demnach zur Auffüllung von Wissensräumen, deren Steuerungsmittelpunkte Objekte oder Situationen sind […] Hingegen wären narrative Texte solche, die Handlungen und Ereignisse in einer bestimmten sequentiellen Reihenfolge anordnen" (de Beaugrande/Dressler 1981: 190). Dies entspricht auch der Definition bei Malmkjær: "Narrative discourse tells a type of story which involves contingent temporal succession and agent orientation"(Malmkjær 1991b: 456).

Geschichten sind eine alte Form der Wissensvermittlung, die im Sachcomic genutzt wird.² Die Frage "Is your message suited to become part of an interesting story?" (Packalén/Odoi 2003: 11) wird in einer Handreichung für Autoren von Sachcomics mit politischem und aufklärerischem Inhalt geradezu als Kernfrage gestellt. Mit der narrativen Struktur verbunden ist das Phänomen der Personalisierung, eine beliebte Strategie bei der Popularisierung von Fachthemen, für die sich Comics mit ihren Dialogtexten besonders eignen (dazu auch McAllister 1992: 18 und passim). Entsprechend sind bei Sachcomics die deskriptiven Elemente in eine narrative Struktur eingebettet.³

Nun ist aber nicht jedes Thema sozusagen von Natur aus mit einer narrativen Struktur verbunden. Geschichten zu erfinden, die zu dem jeweiligen Thema passen und nicht „aufgesetzt" wirken, gehört zu den großen Problemen des Sachcomics.

2   Narrative Themenentfaltung und informative Elemente

Zu Beginn dieses Aufsatzes wurden bereits die Definitionen des Narrativen von Beaugrande und Dressler sowie von Malmkjær zitiert. Für die Definition des Narrativen im Sachcomic ist darüber hinaus die Themenentfaltung wichtig. Anhand der typischen Themenentfaltung wird Spannung erzeugt, die den Leser zum Weiterlesen verführen und sein Interesse an dem Sachthema wecken soll.⁴

Nach Brinker hat die Themenentfaltung im Narrativen normalerweise folgende Bestandteile: Komplikation, Resolution, Evaluation, Orientierung und Koda (Brinker 2001: 69). Dabei sind

> [...] die ‚Komplikation' (Darstellung des ungewöhnlichen Ereignisses) und die ‚Resolution' (Auflösung der Komplikation in positiver oder negativer Hinsicht) sowie die ‚Evaluation' (Bewertungen, emotionale Einschätzungen und Stellungnahmen des Erzählers zu den erzählten Ereignissen) anzusehen. Hinzu kommen noch die ‚Orientierung' (Angaben zu Ort, Zeit, handelnden Personen usw.) und ggf. die ‚Koda' (‚Moral', ‚Lehren für die Zukunft') (Brinker 2001: 69).

---

[2]   Daher ist es besonders hübsch, dass Eisner seine Comic-Beispiele, auch die Sachcomics, von Steinzeitmenschen an die Höhlenwand malen lässt (in Eisner 2001b).

[3]   McCloud erwähnt stellt fest: "Pure nonfiction comics—those that examine a subject directly without the pretense of a story—remain scarce" (McCloud 2000: 41). Sein Beispiel für diese Kategorie sind allerdings die historischen Comics von Larry Gonick, die nicht dem prototypischen Comic entsprechen, sondern eine Hybridform zwischen Comic und Fließtext darstellen. Überdies brauchen historische Themen nicht unbedingt eine zusätzlich konstruierte Narration.

[4]   In dieser Beziehung hat der Sachcomic, gleich ob er sich an ein jugendliches oder ein erwachsenes Publikum richtet, viel mit dem erzählenden Sachbuch gemein (vgl. die Übersicht über Sachbuchdefinitionen in Groeben 1982: 168–173).

Die Koda findet sich nur in bestimmten Typen von Sachcomics, normalerweise in den *attitudinal instruction comics* (s.u.). Die anderen Elemente der narrativen Themenentfaltung lassen sich jedoch in beinahe allen Sachcomics nachweisen.

Im Comic gibt es verschiedene narrative Räume mit verschiedenen Erzählern (Saraceni 2003: 69). Die Bildabfolge bietet eine visuelle Narration, während die verbale Narration einerseits durch einen oft allwissenden Erzähler in den Blocktexten stattfindet und andererseits in den Sprechblasen erscheint, wenn die handelnden Figuren etwas erzählen.

Die Wichtigkeit einzelner Panels wird im Rahmen dieser Themenentfaltung durch emotiv-appellative Elemente (im Sinne von Bühlers Organonmodell) hauptsächlich im Bild hervorgehoben. Hierzu zählt wieder die Personalisierung, insbesondere Nahaufnahmen von emotional bewegten menschlichen Gesichtern oder Darstellungen von Menschen in sozialer Interaktion. Diese emotiven Bilder können mit informativem Verbaltext kombiniert werden.

3   Typen von Sachcomics

Generell unterscheidet man bei Sachcomics nach Eisner zwischen *technical instruction comics* und *attitudinal instruction comics* (Eisner 2001a: 142 und 144). Diese Kategorien sind durch den Inhalt definiert: *Technical instruction comics* vermitteln technisches Fachwissen. Hierher gehören z.B. Betriebsanleitungen im Comic-Format. *Attitudinal instruction comics* wollen eine Verhaltensänderung beim Leser bewirken. Dazu kommt eine dritte Gruppe, die Eisner nicht näher behandelt, und die ich als *fact comics* bezeichne.[5] Bei dieser Gruppe werden Fakten vermittelt, aber es wird nicht angenommen, dass der Leser anschließend eine Handlung begeht. Die meisten japanischen Sachcomics für Schüler (*gakkushuu manga*), die auf der Spendertextsorte *Schulbuch* basieren, gehören in diese Gruppe.

Bei Sachcomics aller Typen gibt es Präferenzen für bestimmte Textsorten. Historische Themen oder Biographien sind mit ihrer chronologischen Abfolge und ihre Bindung an die Auf- und Abbewegungen persönlicher Schicksale ausgezeichnete Spendertextsorten für den Sachcomic, da sie bereits eine narrative Struktur haben, und ähneln auch hier wieder dem erzählenden Sachbuch. Dies zeigen auch Bibliographien zu diesem Thema (vgl. Fix 1996; Sonderheft *Geschichte lernen* 1994).

3.1   Technical Instruction Comics

Betriebsanleitungen sind keine narrativen sondern deskriptive Texte. Wenn sie in einen Comic umfunktioniert werden, sollte idealerweise eine narrative Struktur

---

[5]   Diese Gruppe kommt dem Zweck einer Gruppe von Sachcomics in Kempkes, „Wissensstoffe vermitteln", allerdings sehr nahe (vgl. Kempkes 1971b: 17).

um die deskriptiven Elemente herum geschaffen werden. Hier spielt die Personalisierung wieder eine wichtige Rolle. Will Eisners berühmte *Joe Dope*-Serie, in der für die US-Army die Handhabung verschiedener Waffen dargestellt wurde, nutzt den dämlichen Soldaten Joe Dope als Figur, der alles noch einmal extra erklärt werden muss (Beispiele in Eisner 2001a: 142). *Sushi entdecken* (Studio Isamoto 2004) zeigt ein junges Paar, das sich – mal mehr, mal weniger erfolgreich – mit den Schwierigkeiten der Sushi-Herstellung herumschlägt.

Die „Aufgabe", nämlich das Bedienen der Waffe oder die Herstellung der Sushi, dient praktisch als Komplikation für eine narrative Themenentfaltung. Gerade bei den Sushi geht es auch einmal schief, was die Geschichte deutlich interessanter und unterhaltsamer macht. Außerdem liefert sich das Pärchen einen Wettkampf, wer die besten Sushi hinbekommt.

Am Ende steht in beiden Fällen das erfolgreiche Meistern einer Aufgabe.

3.2 Attitudinal Instruction Comics

Im Gegensatz zu den *technical instruction comics* ist diese Gruppe von Comics sehr weit verbreitet. Sie umfasst die kleinen, kostenlosen Broschüren zu Gesundheitsthemen, die von verschiedenen Behörden und Organisationen verteilt werden, wie auch Comics zur politischen Bildung. Die Bundeszentrale für gesundheitliche Aufklärung in Deutschland ist ein Beispiel für eine Behörde, die mit solchen Comics arbeitet, ebenso die Migrantclinicians, eine Organisation, die sich um spanischsprachige Wanderarbeiter in den USA kümmert. Auch viele Organisationen in Entwicklungsländern nutzen *attitudinal instruction comics*. Solche Comics warnen z.B. vor AIDS und leiten den Leser an, wie man sich davor schützt,[6] lehren grundlegende Hygienemaßnahmen unter schwierigen Bedingungen oder zeigen, warum man mit dem Rauchen aufhören sollte.

Zu den *attitudinal instruction comics* gehören auch Sachcomics, die allgemein erstrebenswertes soziales Verhalten zeigen. Comics zu Themen wie Umweltschutz stellen meist eine Mischform zwischen *attitudinal instruction comic* und *fact comic* dar.

Bei *attitudinal instruction comics* ist die Einbettung der informativen Elemente in die Narration im Allgemeinen unproblematisch. Wenn jemand das Rauchen aufgeben möchte und es nicht schafft, ergeben sich genug Situationen, um eine Geschichte daraus zu zimmern. Eine häufige Spendertextsorte für diesen Comictypus ist das vertrauliche Gespräch zwischen Freunden, in dem glaubhaft alle Fragen angesprochen werden können, die für die Leserschaft wichtig sind. So handelt *Alles ganz easy* (BzgA 2003) davon, dass ein Junge sich verliebt und sich Gedanken um

---

[6] Sie enthalten also manchmal durchaus Elemente des *technical instruction comic*.

Verhütung macht. Ein Freund hilft ihm in einem vertraulichen Gespräch weiter, und alles wird gut.

3.2.1 Der kleine Bildungsroman

Viele der *attitudinal instruction comics* wählen also die Geschichte eines Protagonisten als Basis für die narrative Struktur. Dieser Protagonist quält sich durch Irrungen und Wirrungen und hat am Ende sein Verhalten verbessert und dazugelernt. Daher enthalten diese Comics oft tatsächlich eine Koda, in der der Protagonist (bzw. die Protagonisten) zusammenfasst (bzw. zusammenfassen), was er (sie) gelernt hat (haben).

Die Protagonisten in *attitudinal instruction comics* machen häufig eine Reihe von Erfahrungen in ihrem alltäglichen Umfeld und ziehen eine Lehre daraus. So versucht Fran in *The Tar Gits Get Pregnant* (GB 1998) immer wieder, das Rauchen aufzugeben, wird aber wieder und wieder rückfällig. In *The Champion in All of Us* (USA 2001) muss das Mädchen Lisa lernen, dass nicht alle machen, was sie will. Sie ist einsichtig und wird damit belohnt, dass die anderen Kinder weiterhin ihre Freunde bleiben.

Trotz dieser Muster sind *attitudinal instruction comics* eine vielfältige Gruppe. Man kann fast jede narrative Struktur mit einer Botschaft zur Verhaltensänderung verknüpfen.

3.3 Fact Comics

Wie oben erwähnt, sind *fact comics* unproblematisch, wenn die Spendertextsorte eine narrative Struktur hat. Dies trifft besonders auf historische Themen zu, da eine chronologische Abfolge und die bereits vorhandene Personalisierung eine narrative Struktur fast unvermeidlich machen.

Wenn das Thema des Comics jedoch aus dem Bereich der Naturwissenschaften kommt und ausdrücklich nicht an der Biographie eines Wissenschaftlers ausgerichtet werden soll, treten Probleme bei der narrativen Gestaltung auf. In diesem Fall wird eine narrative Struktur gewählt, die keiner Sach-Spendertextsorte entspricht, sondern die eine fiktionale narrative Struktur nutzt. In diese Struktur muss das Faktenwissen eingebettet werden – oder diese Struktur muss um das Faktenwissen herum konstruiert werden. So ergeben sich verschiedene Strukturpräferenzen.

3.3.1 Die fantastische Reise

Eine narrative Struktur, die Personalisierung und Wissensvermittlung ideal zu verbinden scheint, ist die fantastische Reise. Auf solchen Reisen können Organismen betreten werden, z.B. auch der menschliche Körper, oder die Reisenden finden sich in einer anderen historischen Epoche wieder.

Die Tatsache, dass sich diese Struktur anbietet, führt leider dazu, dass solche fantastischen Reisen nicht besonders originell sind. Eine ganze Reihe von Sachcomics für Kinder verwendet fantastische Reisen als narratives Modell. Häufig müssen die Protagonisten ein Ziel erreichen (normalerweise die gesunde Rückkehr) oder jemandem helfen (Sachcomics mit historischen Themen haben oft eine kleine Krimi-Handlung). Auf ihrer Bewegung durch die fremde Welt begegnen die Protagonisten den Dingen, die dem Leser vermittelt werden sollen.

Ein Beispiel für eine gelungene fantastische Reise ist „Blumen, Ohren und ein Bild" aus der Serie *Matz & Mikke* (Mrozek/Kreitz 2003).[7] Die Helden besuchen dabei van Gogh, werden Zeugen, wie er seinem Bruder sein Herz ausschüttet, und kommen schließlich sogar in sein Atelier. Spannung wird dadurch erzeugt, dass Matz sich immer wieder verplappert. So erwähnt er van Goghs Sonnenblumengemälde, obwohl dieser zum Zeitpunkt des Zeitreisebesuchs noch nie Sonnenblumen gemalt hatte. Eine Analyse dieses Comics findet sich unten in Abschnitt 4.

Puck, der Spaßvirus (Kurze 1995), macht Reisen durch den menschlichen Körper. Das Spannungselement liegt darin, dass ihm bestimmte Bestandteile des menschlichen Körpers wie z.B. die (personifizierte) Magensäure übel wollen und er einen Ausweg suchen muss.

3.3.2 Der Bildungsausflug

Nicht alle Reisen im Sachcomic führen in exotische Gefilde oder gar in Welten, die man im wirklichen Leben nicht betreten kann. Manche Sachcomics schicken ihre Helden einfach in ein Museum oder ins Grüne (z.B. *Konchuu no Fushigi [Insekten]*, Japan 1989), wo sie sich dann selbst über das Thema informieren können. Der Ausflug und die Begeisterung der Protagonisten dienen dann als narratives Element. Diese Struktur wird leider schnell langweilig. Es ist schwer vorstellbar, dass jemand davon so fasziniert ist, dass er den gesamten Sachcomic begeistert liest, wenn er sich nicht ohnehin für das Sachthema interessiert.

3.3.3 Die Alltagshandlung

Fact comics verwenden Alltagsgeschichten nur in Ausnahmefällen. „Das Mofa-Projekt" (Schmitt/Götte 1994) ist eine solche Ausnahme. Harte Fakten aus dem Mathematikunterricht werden mit typischen Alltagserfahrungen der Zielgruppe

---

[7] Diese Serie erschien monatlich in der Kinderzeitschrift *Geolino*.

verknüpft. Dieser Comic enthält überdies deutliche Elemente des *attitudinal instruction comic* (eine Analyse findet sich in Abschnitt 4).

3.3.4 Die Superhero-Story

Wenn man schon das Comic-Format benutzt, kann man doch auch gleich eine narrative Struktur nutzen, die typisch für das Format ist. So erklärt sich zumindest teilweise, warum es Superhero-Stories zu den verschiedensten Sachthemen gibt: zur Meteorologie (Xu/Laurie 1998), zur Behandlung von Haustieren (*Super Hamster on a visit to the animal hospital*, USA o.J.) oder zur Information von Inuit-Künstlern über ihre Rechte und Pflichten (*The adventures of Sananguaqatiit*, eine Sachcomic-Serie für Erwachsene auf Inukitut, Kanada). Superhero-Stories findet man aber auch bei den *attitudinal instruction comics*.

Obwohl Superhero-Stories heute weltweit verbreitet sind, ist ihre kulturelle Anbindung an US-amerikanische Comics doch deutlich. Die Struktur wird denn auch bevorzugt in amerikanischen Sachcomics genutzt. Superhero-Stories folgen einer typischen narrativen Struktur: Ein Ereignis (meist ausgelöst durch einen Superbösewicht) stürzt eine Stadt o.Ä. in eine Katastrophe. Alle Mittel, diese Katastrophe zu bekämpfen, helfen nicht. Ein Superhero tritt auf den Plan und rettet dank seiner Superkräfte die Lage. Meist verschwindet er danach, ohne sein wahres Ich zu offenbaren.

Wenn Superhero-Stories für Sachcomics benutzt werden, dann hängen die Sachinformationen gewöhnlich mit der Katastrophe und ihrer Lösung zusammen. In *The weather genie* will ein wahnsinniger Wissenschaftler das Wetter unter Kontrolle bringen,[8] und ein Flaschengeist schreitet zusammen mit zwei Knaben dagegen ein. Im Lauf der Handlung monologisiert er allerdings gar schaurig und unmotiviert über meteorologische Erscheinungen. Man kann hier ohne Weiteres ein, zwei Seiten überblättern und unter Umgehung der deskriptiv-informativen Stellen die Handlung verfolgen.

4 Beispielanalyse

Im Folgenden sollen zwei gelungene Sachcomics analysiert werden. Beide gehören in den Bereich des *fact comics* und binden Sachwissen in eine narrative Struktur ein, die sich nicht notwendigerweise aus diesem Sachwissen ergibt, sondern speziell für den Comic entwickelt wurde. Hier wird jeweils eine Beispielseite aus den mehrseitigen Comics analysiert. Es handelt sich um das zuvor erwähnte „Mofa-Projekt" (s.u. Abb. 1) und um eine Folge aus der Serie *Matz & Mikke* (s.u. Abb. 2).

---

[8] ... ähnlich wie im Film *The Avengers* – nur leider nicht so lustig.

„Das Mofa-Projekt" erschien in einem Mathematikbuch für die Jahrgangsstufe 10 (*Kurs Mathematik 10*). In diesem Buch werden durchgehend Illustrationen im Comic-Stil genutzt; „Das Mofa-Projekt" ist jedoch der einzige abgeschlossene Sachcomic in diesem Buch. Den Lesern sollen verschiedene mathematische Operationen nahe gebracht werden, indem gezeigt wird, dass man diese Kenntnisse im Alltag durchaus brauchen kann.

Der Comic verwendet sämtliche Elemente der „Comic-Sprache" wie z.B. Onomatopöen, Noten als Symbol für Singen/Pfeifen in der Sprechblase oder das Wut- und Langeweilewölkchen über dem Kopf des Helden im letzten Panel in der dritten Reihe. Auch von der Möglichkeit, die gezeichneten Charaktere nach Bedarf zu verzerren, wird Gebrauch gemacht (das lange Gesicht im vorletzten Panel). Die Gestaltung ist dynamisch-filmisch, was man besonders an der Schuss-Gegenschuss-Technik bei der Darstellung des Unfalls in der dritten Panelreihe sehen kann.

Abb. 1: Das Mofa-Projekt (Götte/Schmitt 1994: 88)

(*Forts. Abb. 1*)

In diesem Comic werden dynamische Perspektiven verwendet, z.B. das dritte Panel in der zweiten Reihe, das eine monotone Panelabfolge vermeidet. Die Beispielseite (s.o. Abb.1) enthält allein drei Rechenaufgaben (die im ersten Panel ist halb von der vorhergehenden Seite übernommen). Aber dieses Sachwissen, bzw. dieser Appell zum Einsatz von Fachwissen, wird nur dort eingesetzt, wo es die Narration sinnvoll ergänzt und Anlass zu emotiv-appellativen Strukturen gibt, wie bei der besserwisserischen Schwester oder bei der wütenden Mutter in der letzten Reihe.[9] Natürlich will der Leser wissen, wie der Unfall ausgeht. Neben dem Sachwissen, dem Einsatz der Matheaufgaben, gibt es auch eine gute Portion *attitudinal instruction*: Mofa frisieren bringt nichts.

Matz & Mikke erschien als Serie mit abgeschlossenen Folgen in *Geolino*, einer populärwissenschaftlichen Zeitschrift für Kinder. Das bevorzugte Erzählmuster ist die fantastische Reise; die Protagonisten sind die Geschwister Matz und Mikke, etwa neun und elf Jahre alt, was dem Alter der Zielgruppe entspricht. Der Zeichner Peter Mrozek hatte bei der Entwicklung der Serie die Vorgabe, sich stilistisch an *Tim und Struppi* zu orientieren (Mrozek 2004), hat aber trotzdem eine unverkennbare künstlerische Eigenleistung erbracht.

Man sieht auch an diesem Comic (s.u. Abb. 2) sehr gut, wie deskriptive und narrative Teile unaufdringlich miteinander verzahnt werden können. Ein geschickter Kunstgriff besteht in der Charakterisierung des Experten, des Roboters Lino, der mit seiner Faktenhuberei auch den Protagonisten ab und an auf die Nerven geht. So können viele Informationen untergebracht werden, ohne dass der Experte als unumstößliche Autorität konstruiert wird. Auch der manchmal etwas bildungsunwillige Matz trägt zur Unterhaltung und Entspannung bei.[10]

---

[9] Mrozek hält solche Figuren für besonders wichtig für die Auflockerung des Stoffes (Mrozek 2004).

[10] Auf der nächsten Seite rupft van Gogh übrigens an seinem Ohr, weil er es abreißen will wie Lino.

Gleichzeitig ist die Serie ein gutes Beispiel dafür, wie Informationen zwischen dem Verbaltext und den Bildern aufgeteilt werden können und wie die Aktionen und Reaktionen der Figuren zur Emotionalisierung des Themas beitragen.

„Matz & Mikke: Blumen, Ohren und ein Bild" (2003) führt die Protagonisten auf eine Zeitreise zu Vincent van Gogh. Die Beispielseite zeigt, wie sie van Gogh ausfindig gemacht haben und ihn nun belauschen:

Abb. 2: „Matz & Mikke: Blumen, Ohren und ein Bild." (Mrozek/Kreitz 2003: 69)

Die Personalisierung findet einerseits über die Protagonisten statt, andererseits bieten Vincent van Gogh und sein Bruder Theo Informationen aus erster Hand, die die Leser gemeinsam mit den Protagonisten vermittelt bekommen. Das Café und die Straße (deutlicher auf der vorhergehenden Seite, wo ein Panel mit „Paris 1886" markiert ist) vermitteln einen optischen Eindruck von Paris zu van Goghs Zeit. Die van Goghs selbst sind offensichtlich nach Originaldokumenten gestaltet. Der Zeichenstil ist realistischer als bei den Figuren Matz und Mikke.

Gleichzeitig werden dynamische Bildausschnitte gewählt, die die Narration visuell unterstützen. Dies wird besonders deutlich im letzten Panel, einem Cliffhanger. Van Gogh hat die Verfolger entdeckt, aber sie haben es noch nicht bemerkt. Der Leser muss umblättern, um diese spannende Situation zu lösen.[11]

Die Situation „Zeitreise" bleibt stets präsent, so im ersten Panel in der vorletzten Reihe, in dem Matz auf die exorbitant hohen Preise anspielt, die van Goghs Bilder heute erzielen.

Der Comic hat einen gelungenen narrativen Aufbau mit Spannungselementen und bietet trotzdem viele (aber nicht zu viele) Informationen über van Gogh. Von der Länge und der Faktenauswahl erscheint er ausbalanciert.

5   Schlussfolgerung

Die Verknüpfung deskriptiv-informativer Inhalte mit einer narrativen Struktur ist ein wesentliches Problem bei der Entwicklung eines Sachcomics. Man kann nicht einfach eine Erzählstruktur nehmen und mit Fakten anreichern – so entstehen unbefriedigende Ergebnisse wie der oben angesprochene Comic *The weather genie*. Erzählstruktur und informativer Gehalt müssen logisch zueinander passen. Wo ein zu starkes Gewicht auf die Erzählstruktur gelegt wird, geht der informative Gehalt unter. Wo aber die Erzählstruktur nur als Aufhänger für die Informationsvermittlung genutzt wird, kann kein Leseinteresse aufkommen. Man kann daher zusammenfassend sagen, dass der Sachcomic ein komplexes Format ist, und dass man Wissen nicht „einfach mal so" in das Comic-Format packen kann.

6   Literatur

American Animal Hospital Association (ed.) (o.J.): Super Hamster. In: A visit to the animal hospital. o.O.

Beaugrande, Robert-Alain de/Wolfgang Ulrich Dressler (1981): Einführung in die Textlinguistik. Tübingen.

Brinker, Klaus (2001): Linguistische Textanalyse. Eine Einführung. 5. Auflage. Berlin.

Comic Company (1998): The tar tits get pregnant. Story and illustration Ed Hillyer. Research and text Philip Boys. London: NSEC, Health Education Authorty.

Deschaine, Scott (Text)/June Brigman, Roy Richardson (Illustrations) (2001): The champion in all of us. Doylestown, PA: Discovery Comics. Produced and distributed by Kids Do Matter.

Eisner, Will (2001a): Comics and sequential art. Tamarac, FL. [1985]

Eisner, Will (2001b): Graphic storytelling and visual narrative. Tamarac, FL. [1996]

Fix, Marianne (1996): Politik und Zeitgeschichte im Comic (= Bibliothek 20(2)), 161–190. http://www.bibliothek-saur.de/1996_2/; 17. Januar 2007.

Geschichte lernen – Geschichtsunterricht heute. 7.37 (1994). Themenheft: Geschichte im Comic.

Götte, Bernd/Peter Axel Schmitt (1994): Das Mofa-Projekt. In: Kurs Mathematik 10. Frankfurt a.M., 86–89.

Groeben, Norbert (1982): Leserpsychologie. 1.Textverstehen-Textverständlichkeit. Münster.

Groensteen, Thierry (1999): Système de la bande dessinée. Paris.

Jüngst, Heike Elisabeth (2000a): Educational comics: text-type or text-types in a format? In: Image [&] Narrative: online magazine of the visual narrative no. 1. http://www.imageandnarrative.be/narratology/heikeelisabethjuengst.htm; 17. Januar 2007.

Jüngst, Heike Elisabeth (2000b): Landeskunde mit Cartoons. In: Zielsprache Englisch 30(1-2), 19–23.

Jüngst, Heike Elisabeth (2002): Textsortenrealisierung im Comic-Format: Comics zum Fremdsprachenlernen. In: Lebende Sprachen 1, 1–6.

Kempkes, Wolfgang (1971a): Informationen über Comics, Educational Comics und ihre schulische Verwendung. In: Jugendschriften-Warte (März/3): 10–11.

Kempkes, Wolfgang (1971b): Informationen über Comics, Educational Comics und ihre schulische Verwendung. In: Jugendschriften-Warte (Mai/5), 17–19.

Konchuu no fushigi (2002 [1989]). Tokio.

Kurze, Cleo-Petra (1995): Alarm im Darm. In: Ewa Rossberg (Hg.): Unser Körper: Ernährung und Verdauung. Reinbek. Seitenzählung unabhängig von der Seitenzählung des Buches [16 Seiten zwischen Seite 48 und 49].

McAllister, Matthew P. (1992): Comic books and AIDS. In: Journal of popular culture 26.2 (Fall), 1–24.

McCloud, Scott (1994): Understanding comics. New York.

McCloud, Scott (2000): Reinventing comics. New York.

Malmkjær, Kirsten (Hg.)(1991a): The linguistics encyclopedia. London/New York.

Malmkjær, Kirsten (1991b): Tagmemics. In: Kirsten Malmkjær (ed.), 452–457.

Mrozek, Peter/Isabel Kreitz (2003): Matz & Mikke: Blumen, Ohren und ein Bild. In: Geolino 5, 68–71.

Mrozek, Peter (2004): Fragebogen. Manuskript.

Packalén, Leif/Frank Odoi (2003): Comics with an attitude. Helsinki: Ministry for Foreign Affairs of Finland, Department for Development Policy.

Peeters, Benoît (1993): La bande dessinée. Paris.

Reiss, Katharina (1983): Texttyp und Übersetzungsmethode. 2. Auflage. Heidelberg.

Saraceni, Mario (2003): The language of comics. London.

Studio Isamoto. Isabel Kreitz and Junko Iwamoto (2004): Sushi entdecken. Hamburg.

Visart GmbH (2003): Alles ganz easy. Illustrationen: Dirk Schulz. Köln: Bundeszentrale für gesundheitliche Aufklärung.

Xu, Paul (Art Director)/James Laurie (Text) (1998): The weather genie. Los Angeles.

Gegenstands- und Handlungswissen im Deutschunterricht. Zur Frage der Vermittlung von Schreibfähigkeiten in der Sekundarstufe I

Ina Karg (Göttingen)

1 Vorstellung dreier Lerngruppen und des unterrichtlichen Vorgehens
2 Tradition des Aufsatzschreibens im muttersprachlichen Deutschunterricht
3 Wie verfahren andere Länder?
4 Alternativen im Dialog zwischen Sprachwissenschaft und Unterrichtspraxis
5 Quellen
6 Literatur

1 Vorstellung dreier Lerngruppen und des unterrichtlichen Vorgehens

Den Ausführungen liegt die unterrichtliche Arbeit von drei Lerngruppen in verschiedenen Bundesländern zugrunde. Ihre Lehrpersonen sind unterschiedlichen Alters.

Bei Lerngruppe I handelt es sich um eine 5. Klasse eines Gymnasiums. Zu Beginn des Schuljahres lässt die Lehrperson zur Orientierung über den Lernstand ohne Vorbereitung und ohne Vorgaben eine „Erlebniserzählung" schreiben. Ein Beispiel:[1]

Ein Erlebnis mit einem Tier

Ich habe zwei Hasen.

Ein männchen und ein weibchen, das weibchen wurde dicker und dicker. Ob sie wohl Junge bekam? Mein Opa sagte das wir den Hasen vom anderen trennen. Als der Hase seinen eigenen Stall hatte, haben wir jeden Tag gehofft, das er ein Nest baut. Dann auf einmal stürmte meine Mutter ins und sie rief. Der Hase hat ein Nest gebaut. Ich lief nach draußen und griff in das Nest, da spürte ich etwas. Ja, die kleinen Hasen waren da! Zwei kleine süße Hasen. Endlich.

Die Lehrperson bemerkt dazu:

---

[1] Die Schreibung in den Arbeiten ist beibehalten, auch in den folgenden Aufsatzbeispielen; die Namen der Kinder sind verändert.

Die schönste Stelle musst du ausführlicher beschreiben, Sandra! Dein nächster Aufsatz sollte schon eine Seite lang werden!

Die Kinder von Lerngruppe II besuchen die 5. Klasse einer Orientierungsstufe. Auch sie schreiben eine „Erlebniserzählung", bei der jedoch die ersten beiden Sätze vorgegeben sind. Der Aufsatz ist etwa vier Wochen nach Beginn des Schuljahres entstanden.

Gestern war ich erst um ein Uhr ins Bett gekommen. Wir waren recht spät von unserem Sonntagsausflug heimgekehrt. Sehr müde hatte ich den Wecker statt auf acht Uhr auf sechs eingestellt. Am Morgen weckte mich der Wecker auf. Ich machte die Augen langsam auf und bemerkte, dass schon acht Uhr ist. Ich denkte mir, was in der Schule passieren könnte. Ich stand schnell aus meinem Bett auf. Schnell holte ich aus meinem Schrank eine Kleidung und zog mir sie an. Ohne Frühstück nahm ich meine Schultasche und raste zur Schule. In der Schule bin ich um 15 Minuten später angekommen. Der Lehrer gab mir eine Strafarbeit.

Hier bemerkt die Lehrperson:

Leider ist deine Erzählung überhaupt nicht spannend. Schildere doch ausführlicher, was der Junge fühlt und empfindet, als er Angst hat, zu spät zur Schule zu kommen.

Lerngruppe III besucht eine 6. Klasse einer Gesamtschule. Das unten zu findende Beispiel stammt aus dem dritten Aufsatz, der – nach einer „Nacherzählung" und einer „Nacherzählung mit veränderter Perspektive" – etwa Mitte des Schuljahres geschrieben wurde. Ein kurzer Text, in dem von einem Jungen, der nach der Zeugnisausgabe am Schuljahresende verschwunden ist, erzählt wird, ist vorgegeben. Die Kinder sollen die Geschichte fortsetzen. Es handelt sich im Folgenden um einen Ausschnitt aus einer Schülerarbeit:

[...] Ich verabschiedete mich und rannte zu meinem Fahrrad. Nun schwang ich mich in den Sattel und radelte so schnell in Richtung Spielplatz das man hätte meinen können das ich mit Düsenantrieb fahre. Als ich nach einer guten halben Stunde an meinem Ziel angekommen war bekamm ich plötzlich ein ungutes Gefühl, denn es war toten still. Aber im gleichen Augenblick hörte ich ein Handy klingeln und es war nicht meins. Ich schlich mich in den Wald und folgte dem klingeln. Plötzlich sah ich zwei Maskierte Männer, die vor einer Klaptür im Wald standen [...]

Zunächst sind einige Erläuterungen erforderlich, die die exemplarischen Schülerarbeiten in den unterrichtlichen Zusammenhang stellen, den sie ihrerseits illustrieren. Aus Lerngruppe I liegen Arbeitshefte der Schüler und Schülerinnen vor, aus denen deutlich wird, dass der Aufsatzunterricht mit einer Diagnose beginnt. Ohne Vorgaben oder Instruktionen soll ein Erlebnis mit einem Tier geschrieben werden. Die Lehrkraft kommentiert die eingegangenen Arbeiten in Form einer individuellen schriftlichen Korrektur. Die Kinder schreiben jeweils ihre eigene „Verbesserung" der Arbeit: In den meisten Fällen berichtigen sie dabei Orthographieverstöße. Auch finden sich in den Heften Formulierungen von Regeln zu

Rechtschreiben und Grammatik, was darauf hinweist, dass Erscheinungen, die immer wieder auftauchen, besprochen wurden. Anschließend setzt Unterricht ein, der lehrgangsmäßig angelegt ist:

Rechtschreiben wird besprochen und geübt, vollständige Sätze werden gefordert, Wortwiederholungen sollen vermieden werden, der Zeitengebrauch wird festgelegt: Die Lehrperson verlangt konsequent das „Imperfekt". Vor allem aber wird Sprachliches relevant, das mit der gewünschten Aufsatzart zu tun hat: Verwendet werden sollen „spannende Adjektive", wörtliche Rede und Abwechslung in den Satzanfängen. Das zeigt: Entscheidend für unterrichtliches Handeln ist die anvisierte „Aufsatzgattung". Erlebnis und Phantasie werden klar getrennt, der „geschlossene" Aufbau der Erlebniserzählung wird verlangt, die so genannte „Erzählmaus"[2] eingeführt, und der Höhepunkt muss ausgestaltet werden. Dazu dient die „Zeitlupe", wie dies im Schülerarbeitsheft heißt. Gemeint ist, dass mit der zeitlichen Dehnung bestimmter erzählter Phasen eine „bessere Erlebniserzählung" erreicht werden soll. Die einschlägigen Seiten aus den Arbeitsheften der Kinder illustrieren dies.

Auf diese Kriterien hin wird der nächste Aufsatz, der zur Übung, nicht zur Leistungserhebung, geschrieben wird, dann durchgesehen und entsprechend kommentiert. Dabei wird der Lernfortschritt in Bezug auf die Aufsatzgattung festgestellt, d.h. kriterienorientiert und individuell verfahren. Unterstützend wird Wortschatzarbeit angeboten, werden Erzähltexte aus dem Lesebuch behandelt und Diktate geschrieben, deren Texte ebenfalls den Vorstellungen vom spannenden Erzählen entsprechen. Bis eine Klassenarbeit ansteht, hat die Lehrperson zwei vollständige Klassensätze Schülerarbeiten zum Aufsatz und ein Diktat korrigiert und mit individuellen Bemerkungen versehen. Die Arbeit dieser Lerngruppe kann geradezu modellhaft und idealtypisch den lehrgangsmäßig angelegten Unterricht im Bereich *Deutscher Aufsatz* veranschaulichen. Sie ist gegenstandsorientiert und folgt einem Muster von Reiz, Reaktion und Reinforcement.

Ein durchaus vergleichbares Unterrichtskonzept wird aus den Dokumenten der Lerngruppe II deutlich. Doch zeigt sich hier aus den Arbeiten wie aus den Bemerkungen der Lehrperson, dass vor allem deren Intention, den Kindern die Fähigkeit zu vermitteln, eine spannende und einfühlsame Geschichte zu schreiben, auf Widerstände und Probleme stößt. Die Kommentierungen der Schülerarbeiten – das Beispiel „Verschlafen" ist nicht der erste Versuch der Kinder in diesem Unterricht – geben Zeugnis davon, dass die Lehrperson unermüdlich anmahnt und einen bewundernswerten individuellen Korrekturaufwand betreibt, um den Kindern ihre (vermeintlichen) Defizite zu zeigen bzw. diejenigen zu bestärken, die das anvisierte Ziel schon erreichen. Einige Beispiele von Bemerkungen unter den Arbeiten mögen dies illustrieren:

---

[2] Dies ist die wohl erfolgreichste und am weitesten verbreitete Darstellung des Erzählschemas; vgl. Boueke/Schülein (1988: 388).

> *Leider ist deine Erzählung überhaupt nicht spannend. Schildere doch ausführlicher, was der Junge fühlt und empfindet, als er Angst hat, zu spät zur Schule zu kommen.* Oder:
>
> *Eine gute Idee, aber leider ist deine Geschichte nicht recht spannend. Außerdem: Du musst in Vergangenheit schreiben!* Oder:
>
> *Eine spannend erzählte Geschichte! Nur: Wo ist die Phantasie? Das kann durchaus geschehen!* Oder:
>
> *Du hast da eine recht seltsame Geschichte geschrieben. Rechte Spannung kommt leider nicht auf. Versuche doch deinen Aufsatz so anzulegen, dass er der Spannungstreppe gleicht und gestalte die höchste Stufe, den Höhepunkt, aus.* Oder:
>
> *Erlebniserzählungen sollten in der Zeitstufe der Vergangenheit abgefasst werden!*

Auch die Randbemerkungen mahnen an den einschlägigen Stellen vor allem die Ausgestaltung des „Höhepunktes" und der Gefühle der handelnden Personen an, etwa:

> *Das ist der Höhepunkt, den du ausbauen und ausschmücken solltest!*

Für Lerngruppe III liegen neben den Schülerarbeiten Darstellung und Material der unterrichtlichen Arbeit durch die Lehrkraft vor. Sie hat in acht Schritten, die jeweils eine Unterrichtsstunde füllen, auf den Aufsatz vorbereitet und dabei ein Lehrwerk nebst Arbeitsheft verwendet (vgl. Biermann/Schurf 1998). Die Themen der einzelnen Unterrichtsstunden verbinden die Analyse von vorgegebenen Geschichten im Unterrichtswerk mit eigenen Übungen der Kinder. Hier kann kein Hinweis auf Korrekturen seitens der Lehrperson erfolgen, da keine kompletten Arbeitshefte der Kinder vorliegen und die Schülerarbeiten selbst unkommentiert sind. Dennoch zeigt sich die Arbeit auch dieser Lehrperson dem Lehrgangskonzept und der Aufsatzgattung als Ziel unterrichtlichen Handelns verpflichtet.

Deutlich geworden ist aus der Arbeit aller drei Lerngruppen ein institutionalisiertes Wissen der Lehrpersonen von einem Lerngegenstand und ein spezifisches unterrichtliches Handeln, mit dem dieses Wissen und dieser Gegenstand vermittelt werden soll. Mehr oder weniger starke Kontrollen sind eingebaut, die den Fortschritt der Schüler und Schülerinnen diagnostizieren und weitere Maßnahmen darauf abstimmen. In allen drei Fällen ist Schreiben die Vermittlung und Einübung der Aufsatzgattung *Erlebniserzählung*. Das Muster, dem sie folgt, wird dabei als Erzählmuster schlechthin betrachtet: Phantasieerzählungen und Bildergeschichten folgen in den Unterrichtskonzepten denselben Erzählprinzipien von Spannung, Höhepunkt, Erlebnissprache, einzubeziehender und auszugestaltender Gefühlsund Gedankenwelt und Abgeschlossenheit der Erzählung. Der Unterricht in den Lerngruppen I und II ist dabei weitgehend von der jeweiligen Lehrperson selbst organisiert, folgt jedoch genau dem Muster, das beispielsweise das in Lerngruppe III verwendete Lehrbuch – und viele andere – bietet: Dort finden sich einschlägige Tipps, die sich auf „treffende Verben", „Gedanken und Gefühle", „Adjektive", mit denen eine Erzählung „anschaulicher" wird, auf Höhepunkt und unterschiedliche Satzanfänge beziehen. Die Kinder verwenden Aktionsverben, schreiben etwas von „Totenstille", von „zitternden Knien", vom „Angstschweiß" und vom „Herzklopfen bis zum Halse", wenn es im Grunde genommen nur um Banalitäten geht. Auch das „Plötzlich" im zitierten Beispiel gehört in diese Reihe. Alle Schüler und Schülerinnen in Gesamtschule, Gymnasium oder Orientierungsstufe und in Schulen, die hunderte von Kilometern auseinander liegen, sollen eine solche Erlebniserzählung schreiben. Sie versuchen dies, und sind dabei unterschiedlich erfolgreich. Die Arbeit dieser drei Lerngruppen ist ein Substrat deutscher Aufsatzerziehung, nicht etwa Ergebnis subjektiver Theorien der Lehrpersonen. Ferner ist die Erlebniserzählung, die zu schreiben war, nicht von ungefähr gewählt, sondern stellt aus mehreren Gründen ein bedeutsames Beispiel für Praxis und didaktische Reflexion in der Geschichte des deutschen Schulaufsatzes dar: Sie ist heftigst kritisiert worden – vielleicht am heftigsten von allen Schultextsorten, beginnend mit Geißler (1968) – und dennoch hartnäckig im Unterricht verblieben. Sie steht in der Schulkarriere eines Kindes an prominenter Stelle, da sie die erste Textproduktion in der späten Primarstufe ist und daher die Vorstellung der Kinder von Aufsatz und schulischem Schreiben entscheidend prägt. In der Geschichte der Aufsatzlehre hat sie eine dominierende Rolle gespielt. Ihre Geschichte ist gut untersucht (Ludwig 1984; Karg 1999), und man kann von ihr ausgehend ein Muster in der Geschichte des schulischen Schreibens überhaupt darstellen. Vor diesem Hintergrund ist das Lehrerhandeln zunächst hinsichtlich seiner Gegenstandsorientierung zu sehen.

2 Tradition des Aufsatzschreibens im muttersprachlichen Deutschunterricht

Als Markierungspunkt für die didaktische Reflexion des schulischen Schreibens im muttersprachlichen Deutschunterricht kann die Wende vom 19. zum 20. Jahrhundert genommen werden. Sie hat paradigmatischen Charakter, denn an ihrem Beispiel lässt sich ein Muster beschreiben, das sich durch die gesamte Entwicklung des schulischen Schreibens zieht. Zu diesem Zeitpunkt setzt eine heftige Diskussion ein, die symptomatisch ist: Schulisches Schreiben gerät vehement in das Spannungsfeld von Bindung und Freiheit, von Alltagstauglichkeit und Schulübung, von konkreter Schreibform (was entstehen soll) und allgemeiner Schreibfähigkeit (dass überhaupt geschrieben wird). Als Postulat und gleichsam Markenzeichen einer Bewegung um 1900, auf die man sich im späteren Verlauf immer wieder beruft und an die man mit einschlägigen Vorstellungen auch immer wieder anknüpft, taucht im Kontext der Reformpädagogik der „Freie Aufsatz" auf. Aus den entsprechenden Dokumenten der Zeit lässt sich zeigen, dass man sich gegen den moralisch-philosophischen und den literarischen Stilaufsatz – so an Höheren Schulen – und die bloße Reproduktion von Schriftstücken gleich welcher Art in Volksschulen wendet. „Frei" heißt dabei freie Themenwahl, Ausdrucksform und eine Aufwertung der persönlichen, individuellen „Erlebnisse" der Kinder. Damit wird auch deutlich, dass sich dieses neue Konzept als Gegenkonzept zu der bis dahin vorherrschenden Praxis versteht und sich damit zum einen auf einer eigenen Traditionslinie des schulischen Schreibens im muttersprachlichen Unterricht bewegt, zum anderen sich an pädagogische Argumentationsmuster der Zeit anschließt bzw. von ihnen Unterstützung bekommt. Reformpädagogischen Ideen war in der Kunsterziehungsbewegung und den Kunsterziehungstagen von 1901, 1903 und 1905 ein Erfolg beschieden, der sich auf Schule, Erziehung und Unterricht insgesamt auswirken sollte (Mieth 1994).

Allerdings kommt es im Bereich des Aufsatzes sehr schnell zu einer schrittweisen Zurücknahme – daher das Muster von Bindung und Freiheit – zunächst bezüglich der Zahl der Themen, dann der „Gestaltung", und schließlich gelangt man zum Konzept des „stilbildenden", „sprachbildenden" und „sprachgestaltenden" Aufsatzes (Seidemann, Schneider) – ein Konzept, das man nach dem 2. Weltkrieg wieder aufgreift und das die bekannten Gattungen zugleich in einem Curriculum ansiedelt, dessen Grundlage einst (so bei Susanne Engelmann) in der Psychologie des frühen 20. Jahrhunderts lag.[3] Was der lehrgangsartig organisierte Unterricht auch heute noch anvisiert, sind letztlich diese Aufsatzgattungen, die nach wie vor Unterricht, Richtlinien und Schulbücher anbieten.

Nun mag man einwenden, dass man seitens der Didaktik sehr wohl und mit Blick auf eine sich allmählich etablierende und ausfaltende moderne Sprachwissenschaft die Aufsatzgattungen kritisiert und die Praxis des Aufsatzunterrichts in wissenschaftlicher Verantwortung auf eine andere Grundlage zu stellen gedachte. In den 70er Jahren des 20. Jahrhunderts wird das Dasein der Aufsatzgattungen im Schulghetto und der mangelnde praktische Nutzen einer kommunikationsorientierten Aufsatzdidaktik problematisiert, die ihrerseits Textsorten der Realität in den schulischen Zusammenhang bringen und Schüler tatsächlich kommunizieren lassen möchte, so z.B. mit Bürgermeistern ihrer Stadt oder mit Autoren von Kinderbüchern, um nur zwei beliebte Adressatengruppen zu nennen. Drei Gründe haben jedoch sehr rasch dazu geführt, dass es nicht zu einer völligen Umorganisierung des schulischen Schreibens in Richtung Kommunikationsorientierung kam: Einmal entstehen dabei standardisierte Texte, wie Protokoll, Lebenslauf, Bewerbungsschreiben oder Beschwerde, d.h. einige wenige Textmuster, die zudem qua Standardisierung weder als Textsorten Differenzierungen haben noch solche in der Beurteilung der Schülerarbeiten erlauben. Zum anderen erschöpft sich die tatsächliche Kommunikation sehr bald, wenn sie bei den Adressaten in der Öffentlichkeit nicht unbedingt auf Gegenliebe stößt. Vor allem aber fehlte seinerzeit eine theoretische Fundierung des Konzepts: Adressaten, Textsorten und Kommunikationssituationen waren, wie sie seitens der geplanten Neuorientierung verstanden wurde, allenfalls vortheoretisch (Frilling 1996). Sie sind dies bis heute, sofern sich überhaupt Spuren davon finden,

---

[3] Die wohl ausführlichste Darstellung der Geschichte des deutschen Schulaufsatzes stammt von Ludwig (1988).

was nicht selten der Fall ist – im Übrigen auch in anderen Ländern. Illustriert werden kann dies damit, dass sich die Kommunikationsorientierung nur als Anspruch zeigt. Denn wo Schüler nicht eine Erzählung schreiben, sondern „erzählen" sollen, ist das, was sie letztlich schreiben, dennoch dasselbe geblieben. Nicht selten stehen sich daher auch kommunikativer Anspruch und verlangter Schülertext widersprüchlich gegenüber, etwa wenn ein Kochrezept „ordentlich aufgeschrieben" werden soll (vgl. Schurf/Zirbs 2004: 55): Die Kommunikationssituation *Kochrezept* fordert gerade *keine* Schultextsorte *Vorgangsbeschreibung*, sondern eine rasch überschaubare und in Handlung umsetzbare Liste von Zutaten und Verfahren der Zubereitung.

Eine weitere Herausforderung des schulischen Schreibens erfolgte durch den Einfluss des Kreativen Schreibens und der Schreibbewegung, was u.a. mit der erfolgreichen Rezeption von Gabriele Ricos Buch *Garantiert schreiben lernen* (deutsch 1984) zusammenhängt. Die didaktische Reflexion hat unterschiedliche Konzepte erarbeitet und versteht „Kreativität" häufig als Alternative zu den Aufsätzen. Die Praxis des Unterrichts aber sieht nicht selten so aus, dass der „Kreative Aufsatz" lediglich als eine weitere „Gattung" im ansonsten klassischen Reigen erscheint.

Schließlich ist auf ein weiteres Paradigma der Schreibdidaktik zu verweisen, das seit geraumer Zeit erfolgreich vertreten ist und sich im methodischen Bereich unter Lehrkräften auch gewisse Anhänger verschafft hat. Die Rede ist von einer Umorientierung weg von den Produkten und hin zu den „Prozessen" und „Phasen", die beim Schreiben zu bedenken seien (Böth 1995). Propagiert wird das Überarbeiten und die Textrevision. In Form von so genannten Schreibkonferenzen hat dies auch Eingang in die Klassenzimmer gefunden.

Zwar kann ein Text mehrmals überarbeitet und revidiert werden, wobei die Arbeitsphasen und Besprechungen zu einem Ergebnis führen müssen. Doch da letztlich am Ende dieses Prozesses ein Produkt stehen muss, das der Hersteller „entlässt", hat diese didaktische Umorientierung in der Praxis zu keiner einschneidenden Veränderung des Aufsatzunterrichts geführt. Wenn sich die didaktische Reflexion um die Prozesse kümmert, können die Ergebnisse im Unterrichtsalltag sehr wohl wieder die traditionellen Aufsatzgattungen sein. Wenn sich die didaktische Reflexion um die Prozesse kümmert, können die Ergebnisse dann im Unterrichtsalltag sehr wohl wieder die traditionellen Aufsatzgattungen sein. Die Prozessorientierung führt noch nicht zu einem anderen Produkt. Blickt man daher in Lehrbücher für den Schreibunterricht, so gewinnt man den Eindruck, dass sie sich im Gegenteil, geradezu zur Stabilisierung der Aufsatzformen eignet. Und wo in Schreibkonferenzen im Klassenzimmer die Verantwortung den Kindern übertragen wird, ist zu befürchten, dass sich die Entscheidungen zur Überarbeitung entweder auf Orthographie- und Grammatiknormen beschränken oder aber der Willkür des augenblicklichen Geschmacks einer Lerngruppe und ihrer Lehrperson überlassen bleiben.

Die gegenwärtige Situation des schulischen Schreibens zeigt Spuren der Geschichte von Konzepten und Gegenkonzepten. Zugleich wird deutlich, dass sich Alternativen unschwer in die traditionelle deutsche Aufsatzkultur haben integrieren lassen. Die kommunikative Aufsatzdidaktik der 70er Jahre hat sich ebenso eingefügt, wie sich heute der „Kreative Aufsatz" als eine weitere Gattung zu den übrigen gesellt (vgl. z.B. Ensberg u.a. 2003).

3 Wie verfahren andere Länder?

Die in Kürze dargestellte Geschichte des schulischen Schreibens als Hintergrund für das Verständnis des Lehrerhandelns ist ein Teil der Schulkultur des muttersprachlichen *Deutsch*unterrichts. Kinder und Jugendliche in anderen Ländern schreiben in diesem Sinne keine Aufsätze. Was aber schreiben sie dann?

Zunächst sei Finnland in den Blick genommen, dessen Rahmenplan für den muttersprachlichen Unterricht – in den verschiedenen Muttersprachen der Kinder und Jugendlichen – vor nicht allzu langer Zeit neu konzipiert wurde.[4] Die Vorgaben seitens des *opetushallitus,* einer Einrichtung zur Sicherung von Unterrichtsqualität, sind vergleichsweise knapp und sehr überschaubar, tragen aber der Tatsache Rechnung, dass Kinder unterschiedlicher Muttersprachen in Finnland leben. Jedes Kind hat Anrecht auf Unterricht in seiner Muttersprache, zumindest gibt es Konzeptionen dafür. Den folgenden Aussagen liegt der Plan für den Unterricht in Finnisch als Muttersprache zugrunde.[5]

Muttersprachlicher Unterricht wird während der gesamten schulischen Ausbildung erteilt und ist Pflicht bis zum Abitur. Die Jahrgänge sind in größere Einheiten zusammengefasst, nämlich Klasse 1 und 2, Klasse 3 bis 5 und Klasse 6 bis 9. Die Oberstufe („Gymnasium" – und nur sie hat diesen Namen!) bietet eine Art modularisiertes Kurssystem. Was man für den Bereich *Schreiben* anstrebt, mag ein Blick auf die Standards veranschaulichen, die am Ende der Klasse 5 erreicht werden sollen:

So heißt es zunächst, dass im Vergleich zu den vorausgehenden Jahrgängen der Bereich *Schreiben* umfangreicher und expliziter wird. Wie auch schon in den ersten Schuljahren wird Wert auf die Rechtschreibung und Zeichensetzung gelegt, vor allem aber auf die Entwicklung der Schreibfähigkeit in einer vielfältigen Weise. Schüler sollen regelmäßig für verschiedene Zwecke schreiben, sollen gelernt haben, eigene Texte zu planen und diese nach Hinweisen der Lehrperson oder der Mitschüler zu überarbeiten. Wissen, Erfahrung und Fantasie sollen helfen, die Texte sinnvoll zu gestalten. Abwechslung im Satzbau soll für die Textgestaltung nutzbar

---

[4] Der derzeit gültige Plan findet sich unter http://www.edu.fi (letzter Zugriff: 3. Oktober 2008).

[5] An dieser Stelle sei Annikki Koskensalo, Universität Turku, für ihre organisatorische Unterstützung, sowie ihr und Tiina Alonen-Lindenlaub, Hannover, für die große Hilfe beim Verständnis gedankt.

gemacht werden, und die Schüler sollen in der Lage sein, Texte in Abschnitte zu gliedern.

An welche Texte dabei zu denken ist, wird an Beispielen gezeigt: Die Rede ist von Bericht, Beschreibung und Erzählung, die zwar im Einzelnen nicht bei der Zusammenstellung des anvisierten Könnens, sehr wohl jedoch bei den zentralen Inhalten genannt werden. Wenn unter den Texten beispielsweise *Erzählung* auftaucht und als *juonellinen kertomus* spezifiziert wird, so heißt dies, dass man sich für die Erzählung offenbar eine bestimmte Handlungsführung vorstellt.[6] Doch auch dies bleibt sehr offen bzw. ist so formuliert, dass keine detailliert-programmatischen Festlegungen hinsichtlich der Textgestaltung vorgeschrieben werden, was generell für die genannten Textformen gilt. Von einem Einüben von bestimmten Textsorten mit klaren Vorgaben sieht man daher ab; was hingegen gleichsam als ein Prinzip aufscheint und sich in den späteren Jahrgangsstufen fortsetzt, ist die Tatsache, dass immer wieder Schreibakte, wenn man so will, benannt werden, die man offensichtlich mit den Texten in Zusammenhang sieht und die im Unterricht auch in diesen Zusammenhang gebracht werden sollen.

Der Publikumsbezug, die Schreibabsicht, die Gliederung in Absätze und eine flüssige Handschrift werden betont; doch fällt auf, dass der Bereich der Schriftlichkeit insofern weit über einen herkömmlichen Textbegriff hinausgeht, als auch Notizen und Listen für eine sehr weit gefasste Alltagsnützlichkeit des Schreibens einbezogen sind. Der Rahmenplan ist, so besehen, sehr pragmatisch ausgerichtet und lässt große Spielräume. Für die Jahrgangsstufen 6 bis 9 setzt sich das Prinzip fort: Texte werden als Instrumente verstanden, um sprachliche Situationen zu meistern. Weitgehend bleiben die Angaben allerdings auch hier exemplarisch und *tatsächliche* Situationen, in denen bestimmte Texte eine Rolle spielen sollen, werden nicht genannt.

Insgesamt gesehen stellt dies einen Rahmenplan dar, der einer Konkretisierung vor Ort, d.h. an der einzelnen Schule und mit der jeweiligen Lerngruppe, bedarf, und diese auch ermöglicht. Gerade deswegen wäre aber von Lehrpersonen eine hohe wissenschaftliche Kompetenz zu fordern, wenn man ihr unterrichtliches Handeln nicht in Zufälligkeiten versanden lassen will. Es ist allerdings zu vermuten, dass es ähnlich dem deutschen Zusammenhang auch anderswo Traditionen des „unterrichtlichen Brauchtums" (Hubert Ivo) gibt, die sich perpetuieren, oder aber eine vortheoretische Vorstellung von Schreiben, Text, Kommunikation und sprachlich zu bewältigender Situation das unterrichtliche Handeln leitet.

Als weiteres Beispiel für den Unterricht im Schreiben seien einschlägige Ausschnitte des *National Curriculums for England* herangezogen, das Mitte der 80er Jahre des 20. Jahrhunderts eingeführt wurde, um in den Schulen des Landes einheitliche Standards zu sichern und gleichzeitig der Heterogenität der Bevölkerung bzw. der

---

[6] Die Bedeutung von *juoni* reicht von ‚roter Faden' bis ‚Intrige' (Böger u.a. 2000).

Kinder aufgrund ihrer unterschiedlichen Herkunft – man denke an die postkoloniale Situation in Großbritannien – Rechnung zu tragen (Schottland und Wales sind mittlerweile nicht mehr einbezogen). Das *National Curriculum for English*[7] ist für den Pflichtschulbereich, der mit dem *General Certificate for Secondary Education* (mit 16 Jahren und nach 11 Schuljahren) abschließt, in vier so genannte *Key Stages* eingeteilt, die sich wiederum in jeweils zwei so genannte *Levels* ausfalten. Sieht man sich den Bereich *Schreiben* über die vier *Key Stages* bzw. acht *Levels* nun genauer an, so fällt auf, dass auf Progression besonderen Wert gelegt wird. Sie lässt sich überblickartig etwa folgendermaßen darstellen:

1. Kommunikation mit einfachen Wörtern und Phrasen.
2. Kommunikation mit erzählerischen und nicht-erzählerischen Formen.
3. Die Schriftstücke werden imaginativ, organisiert und klar.
4. Schreiben in einer Vielzahl von Formen: lebendig und überlegt.
5. Verschiedene Leser werden bedacht, denen Schüler gerecht werden sollen.
6. Stil und Register für verschiedene Schriftstücke und Absichten und Wirkungen
7. Angemessene Wahl von Stil, Register und Absichten; bei narrativen Formen sind Charaktere und Konstellationen „entwickelt".
8. Besondere Effekte sollen erzielt werden können.
9. Eine „außerordentliche Leistung" besteht darin, mit Form und Inhalt zu zeigen, dass eine Vielzahl von Möglichkeiten sich auszudrücken zur Verfügung steht und genutzt werden kann.

Anders als in der deutschen „traditionellen" Aufsatzlehre bestimmen demnach nicht spezielle Aufsatzarten ein Schreibcurriculum, sondern man geht von Gründen und Zielen des Schreibens aus, die zunehmend komplexer, bzw. was man unter „komplexer" versteht, entfaltet werden. Von Anfang an spielen Kommunikation, das Schaffen imaginärer Welten, die Fähigkeit, Erfahrung zu erkunden und Information zu organisieren und zu erklären eine Rolle. Dies klingt zunächst sehr systematisch und überzeugend. Auch scheinen die Erkenntnisse der Schreibentwicklungsforschung Eingang gefunden zu haben (vgl. Feilke 1993), insofern adressatenbezogenes Schreiben ab *Level 5* angesetzt wird, was sich offenbar auf einschlägige empirische Befunde stützt. Zumindest kann dies so gesehen werden.

Betrachtet man allerdings diese Kategorien genauer, so fällt auf, dass sie nicht oder zumindest nicht immer und nicht nur gleichrangige Elemente in einer umfassenden Systematik sind. Information zu sammeln und zu erklären, kann beispielsweise – und dies ist wohl auch in der Mehrzahl der Fälle so – auch der Kommunikation

---

[7] S. http://curriculum.qca.org.uk/ (letzter Zugriff: 24. September 2008).

mit Partnern dienen. Auch imaginäre Welten kann man erschaffen, um andere damit zu unterhalten oder aber sie zu belehren oder aber ihnen anschaulich etwas zu vermitteln, nicht etwa nur, um sich selbst zu erfreuen. Damit aber ergibt sich die Notwendigkeit, solche Kategorien auf ihre theoretischen Voraussetzungen zu befragen und zu untersuchen, wie die praktische Realisierung im Unterricht und in den regelmäßig stattfindenden Prüfungsverfahren aussieht. Wer dies tut, stößt auf kommentierte Prüfungsarbeiten, die im weltweiten Netz veröffentlicht sind.[8] Betrachtet man sie genauer, so gewinnt man den Eindruck, dass ein abstrakter Stilbegriff vorherrscht und die Aufgabenstellung nicht den angeblich erwünschten Adressatenbezug ermöglicht. Ein Brief ist selbstverständlich eine unmittelbar einsichtige Bewältigung – tatsächlich oder simuliert – einer kommunikativen Situation; doch bei Aufgaben wie „My Dad", als Thema ohne Kontext gestellt,[9] bleibt der Anspruch eine leere Floskel.

Als Ergebnis lässt sich demnach festhalten, dass auch ein Blick in die Curricula anderer Länder einen eher vortheoretischen Umgang mit dem Schreiben in der Schule zeigt. Insgesamt gesehen ist ein erfolgreicher Dialog zwischen schulischem Schreibunterricht und Wissenschaft zumindest noch nicht zu Ende geführt, vielleicht nicht einmal begonnen.

4   Alternativen im Dialog zwischen Sprachwissenschaft und Unterrichtspraxis

Zurück zur Situation des Schreibens im muttersprachlichen Deutschunterricht: Die Spannung, Opposition, ja mitunter Widersprüchlichkeit und Unvereinbarkeit von Bindung und Freiheit, Nützlichkeit, Alltagstauglichkeit und Schulübung, konkreter Schreibform oder „Schreiben" zu welchen Zwecken und aus welchen Anlässen heraus auch immer ist bisher nicht überzeugend bearbeitet, geschweige denn für die Praxis gelöst. Wenn Texte gelehrt werden sollen, welche sollen es dann sein? Wenn es aber im Schreibunterricht nicht um Texte gehen soll, was ist dann überhaupt zu lehren? Gibt es eine allgemeine Schreibkompetenz, die, einmal erreicht, universell einsetzbar wäre? Wie wäre sie aber anders zu erreichen als

---

[8] S. http://www.qca.org.uk/nq/framework/making_sense.asp (letzter Zugriff: 25. November 2003).

[9] Die genannte Prüfungsaufgabe bezog sich zur Zeit des Aufrufs der Seite (Anm. 8) auf die Vorgaben des *National Curriculum* in der Fassung von 1999. Eine Neufassung ist ab Herbst 2008 gültig. Die *attainment targets* haben sich dabei nur geringfügig geändert, doch stehen nun kommentierte Schülerarbeiten zur Verfügung, bei denen der Bezug zu den Vorgaben sehr viel expliziter wird. Genaueres bedürfte aber einer weiteren Untersuchung. Vgl. http://curriculum.qca.org.uk/key-stages-3-and-4/assessment/nc-in-action/index.aspx?fldSubject=English&fldKeyStageYear=9&fldKeyword=&fldProgOfStudyRef=&btnSubmit.x=27&btnSubmit.y=12&btnSubmit=Submit (letzter Zugriff: 3. Oktober 2008).

über das Schreiben von Texten? Man scheint sich mit diesen Fragen im Kreis zu drehen und versteht angesichts dieser Situation nur allzu gut die Lehrpersonen, die beim vermeintlich Bewährten bleiben. Dennoch kann der Blick in die Praxis alles andere als überzeugen:

Die oben vorgestellte Lerngruppe III erwirbt ein gewisses „deklaratives Wissen", das in bestimmten sprachlichen Floskeln, die wiedergegeben werden, und im Versuch, die Texte des Lehrwerks nachzubauen, besteht. Dass dies einem „eigenen Ausdruckswunsch" (Dehn 1999) der Schüler und Schülerinnen entspricht oder von ihnen auf ihren Verwendungszusammenhang im entstehenden Text überprüft wurde, ist kaum anzunehmen.

Bei Lerngruppe II perpetuiert sich das traurige Spiel, dass der Reiz nicht die Reaktion hervorruft, die die Lehrperson haben möchte.

Bei Lerngruppe I[10] stellt sich in den meisten Fällen ein einigermaßen zufriedenstellender Lernerfolg ein. Nur: Ob eine so verstandene „Erlebniserzählung" ein sinnvoller Text ist – diese Frage beunruhigt bislang die Praxis offenbar überhaupt nicht.

Für den Bereich des Schreibens gilt demnach, was auch für andere Gegenstände und Sachverhalte des Deutschunterrichts festzustellen ist: Fachdidaktischer Diskurs, wissenschaftlicher Diskurs und schulische Praxis führen jeweils weitgehend ein Eigenleben; Vermittlungen zwischen ihnen und Auswirkungen aufeinander sind gering. Von der Fachdidaktik angebotene Alternativen der kommunikativen Aufsatzdidaktik einst und des Kreativen Schreibens und der Prozessorientierung in jüngster Zeit, d.h. all das, was man gegen die Orientierung am „Aufsatz" vorbrachte, hat zu keiner grundlegenden Veränderung der Praxis geführt, ja eher in Ironie der Logik zu ihrer Stabilisierung beigetragen: Denn wenn es gar nicht mehr um die Gegenstände gehen soll, so kann es im Grunde genommen auch bei dem bleiben, was man schon immer gelehrt hat. Das *Wie* der Prozessorientierung verändert gerade nicht das *Was* des entstehenden Produkts.

Erst recht ist damit nicht die Frage gelöst, ob Schulaufsätze überhaupt Texte sind. Sie ist noch nicht einmal gestellt. Wer sie stellt, kommt jedoch unweigerlich zum Problem: Was ist ein Text? Die Frage richtet sich an die Sprachwissenschaft, die sich damit nicht erst in jüngster Zeit beschäftigt. Sie zielt jedoch nicht auf eine rasche Antwort in Form einer der mehr oder weniger konsensfähigen „Definitionen" (Adamzik 2004), die man in einschlägigen Publikationen nachsehen und mit denen man dann ins Klassenzimmer gehen könnte, sondern sie fordert zum Dialog zwischen Praxis, didaktischer Reflexion und sprachwissenschaftlicher Theoriebil-

---

[10] Ein anderes Problem, nämlich dass es zu Konflikten mit dem „Schema" kommt, da die Kinder andere Vorstellungen von Erleben und Erzählen haben (Karg 1999), ließe sich auch in diesen Lerngruppen nachweisen und illustrieren.

dung auf. Wenn es gelänge, ein Paradigma für das schulische Schreiben zu entwickeln, das den Dialog zwischen Wissenschaft und Praxis führt – und in Zukunft weiterführt –, könnte sich daraus eine Möglichkeit ergeben, das Schreiben in der Schule aus seiner dilemmatischen Situation zu befreien und es nachhaltig auf eine verantwortbare Basis zu stellen. Eine Stelle, an der sich dieser Dialog gegenwärtig ansetzen ließe, soll abschließend benannt und die Perspektiven, die sich daraus ergeben, kurz skizziert werden.

Seine Möglichkeit ergibt sich gegenwärtig dort, wo die Sprachwissenschaft einen Textbegriff entwickelt hat, mit dem „Text" nicht (mehr) als eine absolute Größe und auch nicht (mehr) als die „oberste Einheit" linguistischer Beschreibung (Adamzik 2004: 46) verstanden wird, sondern als „Bestandteil von übergreifenden Diskursen, in die er eingebettet ist" (ebd.). Diese Auffassung bzw. Erkenntnis könnte als Chance für das schulische Schreiben und seine Vermittlung gesehen werden, die in der Umsetzung eine Alternative zum Bestehenden und eine Überwindung der Opposition von unmittelbarer Nützlichkeit und allgemeiner Befähigung, vor allem aber der von Bindung und Freiheit ermöglicht. Sie nimmt also nicht nur die Aufsätze ins Visier, sondern den Textbegriff. Der Vorschlag besteht darin, *Diskursfähigkeit* als Begriff in die didaktische Reflexion einzuführen und unterrichtliche Konsequenzen daraus zu ziehen. Ausgangspunkt ist dabei die Beobachtung, Einsicht und Überzeugung,

> dass Texte, die vom Produzenten als abgeschlossene Ganzheiten gesetzt werden, dennoch nie völlig unabhängig von anderen Texten sind. Sie stehen vielmehr immer in Traditions- und/oder Diskurszusammenhängen, greifen Stichworte und Gedanken anderer auf, wenden sich gegen diese o.ä., und sie sind auf jeden Fall vollständig nur mit Rücksicht auf das verstehbar, was der Produzent schon an anderen Texten zum selben Thema rezipiert hat. (Adamzik 2004: 46)

Zunächst soll dieses Konzept erläutert werden, um es dann produktiv für die unterrichtliche Praxis werden zu lassen. Wenn dabei auf den Diskursbegriff rekurriert wird, so wird dieser verstanden als die „nicht individuell, sondern gesellschaftlich konstituierte Gesamtheit der Texte" (ebd.). Ein Diskurs ist in diesem Sinne keine abgeschlossene Menge von Texten und steht als solche auch nicht einfach zur Verfügung. Er manifestiert sich jedoch in Texten, auch in einem Einzeltext, den er aber zugleich transzendiert.

> Ein Diskurs ist also eine prinzipiell offene Menge von thematisch zusammenhängenden und aufeinander bezogenen Äußerungen. Es handelt sich nicht um objektiv gegebene und (streng) gegeneinander abgegrenzte Komplexe, sondern um Zusammenhänge, die eine Kommunikationsgemeinschaft im gesellschaftlich-historischen Prozess als geistige Ordnungsgrößen konstituiert, vor deren Hintergrund einzelne Äußerungen und Texte produziert und rezipiert werden oder, um eine modische Formulierung zu benutzen, in die sie sich einschreiben. Keine Äußerung und kein Text (ent-)steht unabhängig von anderen, als rein individuelle Kreation, die lediglich und unmittelbar auf das Sprachsystem bezogen wäre, dessen Regeln gewissermaßen nur

applizierte, sondern ist immer eingebunden in das Universum von bereits Gesagtem (Adamzik 2001: 254).

Hierzu scheinen einige Konturierungen und Akzentuierungen erforderlich, die diesen Diskursbegriff bei grundsätzlicher Übereinstimmung noch etwas differenzierter fassen:[11]

Auf einen *Diskurs* als „thematisch zusammenhängende und aufeinander bezogene Äußerungen", würde man sich etwa beziehen, wenn man beispielsweise vom „gegenwärtigen Rechtschreibdiskurs" spricht. In diesem Fall wäre in der Tat das Thema diskurskonstituierend und prinzipiell gehören alle Äußerungen, die sich mit diesem Thema befassen, zum *Diskurs*. Die Menge ist offen und Grenzen zu anderen Diskursen sind fließend. Doch kann in etwas anderem, aber doch vergleichbarem Sinn auch dann von *Diskurs* gesprochen werden, wenn sich andere als thematische Konstituenten finden lassen. Der juristische Diskurs einer Zeit beispielsweise kann alle möglichen Themen betreffen. Es handelt sich dabei dann um die Art und Weise, wie verschiedene Themen – und zu welcher Zeit welche! – von bestimmten Diskursträgern verhandelt werden: Damit wird deutlich, dass man in diesem Fall an Experten oder eine bestimmte Gruppe oder Institution denkt, die den Diskurs führen.

Und schließlich mag es sinnvoll erscheinen, auch von der Diskursivität bestimmter Äußerungsformen als Möglichkeiten, Themen jeder Art zu verhandeln, auszugehen. Unter dieser Voraussetzung würde man etwa vom *Erzähldiskurs* sprechen können, wobei man das Erzählen als eine Form der Kommunikation im weitesten Sinne verstehen würde: Sie dient der Orientierung in der Welt und deren Weitergabe an andere in Erzählungen, d.h. Texten, die eine Gemeinschaft als Erzählungen ansieht, und an die jeder anschließt, der sich vornimmt, etwas zu erzählen. Der *Erzähldiskurs* würde sich absetzen von anderen Diskursen auf gleicher Ebene, etwa dem rational-argumentativen. Dass es dabei auch Überschneidungen gibt, v.a. bei historischen Umbauprozessen, dem trägt die Offenheit des Diskurses bzw. des Diskursbegriffes Rechnung. Gemeinsam ist allen Facetten des Diskursbegriffes, dass sich Diskurse in Texten manifestieren und greifbar werden, jeder Einzeltext aber immer über sich hinausweist. Gemeinsam ist vor allem auch, dass Rezeption und Produktion von Texten nicht in Opposition zueinander stehen, dass sie auch nicht getrennte Prozesse sind, die unabhängig voneinander ablaufen, sondern als Teilvorgänge in wechselseitiger Erhellung ineinandergreifen. Die Abgeschlossenheit und Ganzheit des Textes ist vom Produzenten verantwortet in dem Augenblick, in dem er seiner Äußerung Öffentlichkeitscharakter verleiht und diese nunmehr als *Text* dem *Diskurs* überantwortet, aus dem er als Text seinerseits gespeist ist.

Es sollte unmittelbar einsichtig sein, dass sich damit *Diskursfähigkeit* als ein didaktischer Begriff und ein verantwortbares Ziel von Unterricht im Schreiben be-

---

[11] Vgl. dazu auch Bluhm u.a. (2000); ausführlicher dazu demnächst in Karg (2007).

gründen lässt. Für das konkrete Vorgehen im Unterricht bedeutet dies allerdings, dass ein Diskurs in diesem Sinne abgegrenzt bzw. ein Ausschnitt bestimmt werden muss und dieser in Form von Texten in das Klassenzimmer eingebracht werden muss, um dort für Schüler und Schülerinnen als Rezipienten *und* Produzenten zur Verfügung zu stehen. Wenn sich Kinder und Jugendliche mit ihren Texten in einen Diskurs „einschreiben" sollen, so ist dieser nicht nur theoretisch als allgemeiner Bezugsrahmen zu postulieren, sondern er ist selbst in der Schule aufzubauen. Die konkrete Arbeit besteht daher in einer Diskurssimulation, die garantiert, dass Texte entstehen können, deren Prä- und Posttexte nicht dem Zufall überlassen sind, sondern zusammen den Diskurs(ausschnitt) konstituieren. Dann erst wären die Voraussetzungen geschaffen, um Texte entstehen zu lassen, mit denen die Schüler und Schülerinnen diskursfähig werden, insofern die selbst am Diskurs (mit)arbeiten.

Kehrt man unter diesem Blickwinkel und auf der Grundlage dieser Überlegungen zurück zu unseren drei Lerngruppen, die „Erzählen" lernen sollen, so bietet sich folgendes Vorgehen an: Eine Lehrperson kann beispielsweise die Schüler und Schülerinnen selbst Erzählungen mitbringen lassen, auf die sie außerhalb der Schule stoßen, was auch dazu dient, dass sie sich eine Vorstellung von dem verschafft, was Kindern an Prätexten – und damit auch Wahrnehmung vom Erzählen – zur Verfügung steht und was sie zur Verfügung stellen wollen. Man wird ferner die Lesebücher nutzen, wird aber vor allem auch selbst Texte auswählen, um steuern, d.h. eine Vorsortierung nach Mustern, Themen und Motiven vornehmen zu können, denn schließlich bietet dies die Grundlage und den Bezugsrahmen für die Lernvorgänge der Schüler und Schülerinnen. Den Diskurs erkunden zu lassen bedeutet dabei wohlgemerkt nicht, „Mustertexte" zur unmittelbaren Nachahmung zur Verfügung zu stellen, sondern die Erkundung als bewusst gemachte Rezeption und damit als Voraussetzung zur Eigenproduktion – etwas, das immer geschieht, das hier im unterrichtlichen Zusammenhang aber kontrolliert erfolgen soll – zu ermöglichen.

Man wird bei der Eigenproduktion die Tatsache bedenken, dass Erzählen immer bedeutet, einen Ausschnitt aus der Wirklichkeit abzugrenzen, dass die zu erzählenden Einzelheiten in eine – nicht notwendigerweise chronologische – Ordnung gebracht werden müssen, dass mit Ausschnitt und Ordnung, d.h. erst durch die Gestaltung der Erzählung Sinngebungen vorgenommen werden, die nicht im Ereignis der Wirklichkeit, sondern in der Verantwortung des Erzählers liegen. Man wird je nach Altersstufe auf Perspektiven und Erzählhaltungen eingehen und nicht vergessen, dass auch die Textoberfläche – Sprachliches im engeren Sinne – bedacht werden muss.[12] Die Vorteile solcher Arbeit sind vielfältig:

---

[12] Im Einzelnen gehe ich hier auf die Phasen des Erzählvorgangs und seiner unterrichtlichen Begleitung nicht ausführlicher ein. Vgl. auch hierzu Karg (2007).

Lehrpersonen geben nicht „ihr" Wissen – oder das des Lehrbuches oder der Unterrichtstradition – an Schüler und Schülerinnen weiter, sondern arbeiten mit ihnen an einem Diskurs. Sie haben damit die Möglichkeit, die Qualität der entstehenden Texte im Hinblick auf deren Beitrag zum Diskurs einzufordern und den Schülern und Schülerinnen dies sachbezogen zu vermitteln. Überarbeitungen und „Verbesserungen" spielen sich daher nicht (nur) auf der oberflächlichen Textebene ab, sondern nehmen den gesamten entstehenden Text in Bezug auf den Diskurs(ausschnitt), in den er sich einschreibt, in den Blick. Diese Art der Arbeit kann Modulcharakter bekommen, insofern sich unmittelbare und längerfristig planbare Anschlussmöglichkeiten bieten. Erzählen und Erzählfähigkeit bleibt damit nicht auf die Jahrgangsstufen 3 bis 6 oder ggf. 7 beschränkt, wie dies in der augenblicklichen Praxis weitgehend der Fall ist, sondern wird zu einer Grundfertigkeit, die sich ausfalten und in komplexer werdenden Einschreibungen in Erzähldiskurse auch mit älteren Jugendlichen praktizieren lässt.

Es verändert sich der Gegenstand des Schreibunterrichts und seine theoretische Fundierung, ja letztere wird recht eigentlich erst geleistet. Damit verändern sich auch Lehrerrolle und Unterrichtsverfahren und tragen eher einer Vorstellung von Lernberatung auf der Vermittlungsseite und selbstbestimmter Eigentätigkeit auf der Seite der Schüler und Schülerinnen Rechnung als das mittlerweile kaum mehr konsensfähige Modell von Reiz und Reaktion.

Und schließlich zu einer letzten Frage, die ebenfalls beantwortet werden kann, ohne sich in Definitionsdilemmata zu verstricken: Sind Schulaufsätze Texte? Sie wären es unter den hier entwickelten Voraussetzungen, wenn sie es ihren Verfassern ermöglichen würden, sich mit ihnen und über sie in (öffentliche) Diskurse einzuschreiben. Bei der gegenwärtigen Praxis ist zu vermuten, dass dies eher nicht der Fall ist.

5 Quellen

5.1 Unterrichtswerke

Biermann, Heinrich/Schurf, Bernd (1998): Deutschbuch 5 (mit Arbeitsheft). Berlin: Cornelsen.

Schurf, Bernd/Zirbs Wieland (2004): Deutschbuch 6, Berlin: Cornelsen.

Ensberg, Claus, u.a. (2003): Wort Art, Sprachbuch. Braunschweig: Westermann.

5.2 Lehrpläne

Deutsche Lehrpläne abrufbar unter http://www.bildungsserver.de (letzter Zugriff: 23. September 2008).

Lehrplan Finnland: Perusopetuksen Opetussuunnitelman Perusteet 2004. http: //www.oph.fi/SubPage.asp?path=1,17627,1558 (letzter Zugriff: 3. Oktober 2008).

National Curriculum for England. http://curriculum.qca.org.uk/ (letzter Zugriff: 24. September 2008).

QCA: Qualifications and Curriculum Authority.
- http://www.qca.org.uk/ (letzer Zugriff: 23. September 2008)
- http://www.qca.org.uk/nq/framework/making_sense.asp (letzter Zugriff: 26. November 2003).

5.3 Wörterbuch

Böger, Joachim u.a. (2000): Suomi-saksa-suomi-sanakirja, Helsinki.

6 Literatur

Adamzik, Kirsten (2001): Sprache: Wege zum Verstehen. Tübingen/Basel.

Adamzik, Kirsten (2004): Textlinguistik. Eine darstellende Einführung, Tübingen.

Bluhm, Claudia/Dirk Deissler/Joachim Scharloth/Anja Stukenbrock (2000): Linguistische Diskursanalyse: Überblick, Probleme, Perspektiven. In: Sprache und Literatur in Wissenschaft und Unterricht 31 (2. Halbj.), 3–19.

Böth, Wolfgang (1995): Bewußter schreiben. Prozeßorientierte Aufsatzdidaktik. Frankfurt a.M.

Boueke, Dietrich/Frieder Schülein (1988): Von der Lehr- und Lernbarkeit des Erzählens. In: Diskussion Deutsch 102, 386–403.

Dehn, Mechthild (1999): Texte und Kontexte. Schreiben als kulturelle Tätigkeit in der Grundschule. Berlin.

Feilke, Helmuth (1993): Schreibentwicklungsforschung. Ein kurzer Überblick unter besonderer Berücksichtigung der Entwicklung prozeßorientierter Schreibfähigkeiten. In: Diskussion Deutsch 24, 17–33.

Frilling, Sabine (1966): Kommunikativer Aufsatzunterricht. Linguistische Probleme eines didaktischen Konzepts. In: Deutschunterricht (Berlin) 49(11), 533–538.

Geißler, Rolf (1968): Die Erlebniserzählung zum Beispiel: Versuch einer fachdidaktischen Erörterung. In: Die Deutsche Schule 60(2), 102–112. Wieder abgedruckt in: Albrecht Schau (Hg.) (1974): Von der Aufsatzkritik zur Textproduktion. Baltmannsweiler, 35–48.

Karg, Ina (1999): Erleben und Erzählen? Ein Schulaufsatz im Kreuzverhör. In: Ortwin Beisbart u.a. (Hg.): Befreites Schreiben (= LUSD, Literatur und Sprache – didaktisch – Bamberger Schriftenreihe zur Deutschdidaktik 12). Bamberg, 114–147.

Karg, Ina (2007): Diskursfähigkeit als Paradigma schulischen Schreibens. Ein Weg aus dem Dilemma zwischen *Aufsatz* und *Schreiben* (= Germanistik-Didaktik-Unterricht 1). Frankfurt a.M.

Ludwig, Otto (1984): Wie aus der Erzählung der Schulaufsatz wurde. Zur Geschichte einer Aufsatzform. In: Konrad Ehlich (Hg.): Erzählen in der Schule. Tübingen, 14–35.

Ludwig, Otto (1988): Der Schulaufsatz. Seine Geschichte in Deutschland. Berlin/New York.

Mieth, Annemarie (1994): Literatur und Sprache im Deutschunterricht der Reformpädagogik. Eine problemgeschichtliche Untersuchung, Frankfurt a.M.

Rico, Gabriele L. (1984): Garantiert schreiben lernen. Reinbek.

Berufsbezogene Schreib- und Lesekompetenz – ein Sprachenportfolio als Mittel der Wissensdokumentation in der Berufsschule

Christian Efing (Heidelberg)

1 Einleitung
2 Das Konzept der *Vocational Literacy*
3 VOLI und PISA
4 Die aktuelle Situation an hessischen Berufsschulen
5 Das Sprachenportfolio
6 Fazit
7 Literatur

1 Einleitung

Von Dezember 2003 bis November 2006 unterstützten das Hessische Kultusministerium sowie die Bund-Länder-Kommission in Hessen den Modellversuch VOLI – *Vocational Literacy. Sprachliche und methodische Kompetenzen in der beruflichen Bildung*, der vom IQ (Institut für Qualitätssicherung) in Zusammenarbeit mit der TU Darmstadt als wissenschaftlicher Begleitung durchgeführt wurde. Dieser Modellversuch wollte die methodischen und (fach-) sprachlichen Kompetenzen von Berufsschülern der Teilzeitberufsschule erheben und Konzepte entwickeln, die festgestellten Defizite zu beheben. Besonders standen dabei Schüler im Blickpunkt, die Deutsch nicht als Muttersprache sprechen. Als Ausgangspunkt des Modellversuchs dienten folgende Hypothesen:

1) Sprachliche Kompetenz ist Voraussetzung für berufliche Kompetenzen. Insbesondere das Lesen als elementare Kulturtechnik und basale sprachliche Kompetenz ermöglicht erst den kommunikativen Umgang mit der Welt, die Erschließung von Wissen, insbesondere von Fachwissen.

2) Fachsprachenerwerb ist nicht isoliert, sondern nur im integrierten Deutsch- und Fachunterricht möglich.

Die Ursache für mangelnde fachliche Kompetenz sowie die hohen Durchfallquoten in den Abschlussprüfungen (v.a. bestimmter Fächer) sind vor allem in den sprachlichen Problemen der betroffenen Schüler(gruppe)n zu sehen; die jeweilige Fachsprache sowie für die DaF-/DaZ-Schüler auch Deutsch wurden als Filter gesehen, der sich zwischen die Auszubildenden und die Inhalte des Unterrichts schiebt, die Wissensvermittlung erschwert und für Wissensdefizite in relevanten Bereichen verantwortlich zeichnet: Wissenstransfer scheitert an (fach-)sprachlichen Schranken.

Im Anschluss an eine Diagnose der sprachlichen Defizite, vor allem bezogen auf die relevanten Texte der Berufsausbildung, sollten im Rahmen des Modellversuches Unterrichtsmaterialien sowie ein langfristiges Konzept der individuellen Förderung zur Erlangung von Lese- und Methodenkompetenz entwickelt werden. Hierbei sollte unter anderem das Mittel des Sprachenportfolios erprobt werden. Ziel war es schließlich, die Lese- und Methodenkompetenz der sprachlich benachteiligten Auszubildenden zu stärken sowie die Lehrer zu sensibilisieren und bei ihnen ein Problembewusstsein für die sprachlichen Defizite der Schüler und die Wichtigkeit der sprachlichen Kompetenzen zu schaffen. Schließlich belegte schon die PISA-Studie ein fehlendes Bewusstsein seitens der Lehrer für Problemschüler und Probleme, sodass „die meisten schwachen Leserinnen und Leser von den Lehrkräften unerkannt bleiben" (Artelt et al. 2001: 119).

2 Das Konzept der *Vocational Literacy*

Mit *Vocational Literacy* ist die berufliche Grundbildung im sprachlichen und methodischen Bereich gemeint. Der Terminus wurde in Anlehnung an die PISA-Terminologie *reading literacy, mathematical literacy, scientific literacy* gewählt und umfasst

- die Lese- und Schreibkompetenz zur Erschließung der Inhalte fachlicher Texte

- die Medienkompetenz zum Suchen, Finden und Bearbeiten fachlicher Texte im Internet

- die Kommunikationskompetenz zum Arbeiten in Gruppen und zur Präsentation von Arbeitsergebnissen

- die Anwendungsorientierung zum handlungsbezogenen Lernen in Lernfeldern

- die Methodenorientierung zum Erwerb und zur eigenständigen Anwendung von positiven Lernhaltungen, von Lernstrategien und von Methoden der (Selbst-)Evaluation als Teil selbstregulierten Lernens.

Kern der Vermittlung von *Vocational Literacy* ist nicht der Transfer von Faktenwissen (*knowing that*), sondern von Strategiewissen, von Können, von Kompetenzen[1]

---

[1] VOLI versteht Kompetenz hier im Sinne von PISA als kognitiven Kompetenzbegriff, „der sich auf prinzipiell erlernbare, mehr oder minder bereichsspezifische Kenntnisse, Fertigkeiten

(*knowing how*): Die Schüler sollen in der Schule darauf vorbereitet werden, später im Beruf und lebenslang autonom weiterlernen zu können. Die Vermittlung von *Vocational Literacy* ist nicht nur Aufgabe des Deutsch-, sondern muss auch Aufgabe des Fachunterrichts sein, damit beruflich-fachliches und sprachliches Lernen Hand in Hand gehen. Schließlich ist Lesekompetenz in jedem Fach die Voraussetzung für den Erwerb von Wissen (Baumert et al. 2002: 201), sodass sich sprachliche Defizite kumulativ in Sachfächern auswirken.

Der Modellversuch VOLI verstand hierbei Lesekompetenz weniger eng im Sinne der internationalen PISA-Studie, nämlich nach dem *reading literacy*-Konzept als lediglich den verstehenden Umgang mit Texten (aktives Auseinandersetzen mit Texten, Bedeutungsentnahme und -erzeugung durch den Dreischritt: Informationen Ermitteln, textbezogenes Interpretieren, Reflektieren und Bewerten, vgl. Artelt et al. 2001: 83f.), sondern im erweiterten Sinne der nationalen PISA E-Erweiterungsstudie, also auch als die Fähigkeit zum Lernen aus Texten (vgl. Artelt et al. 2001: 84–86).

3 VOLI und PISA

Die Zielgruppe des Modellversuchs waren die Berufsschüler der Teilzeitberufsschule mit den größten sprachlichen Defiziten, also diejenigen, die laut PISA-Studie als Risikogruppe[2] angesehen werden müssen, da sie im Bereich Lesekompetenz unterhalb oder maximal auf der ersten Kompetenzstufe anzusiedeln sind, und deren berufliche Erfolgsaussichten demnach äußerst gering sind:

> Schüler mit einer Lese- und Verstehensfähigkeit im Bereich der Kompetenzstufe I entwickeln auch bei einfachsten Texten lediglich ein oberflächliches Textverständnis. [... Sie] haben jedoch schon im Umgang mit gegliederten und sehr einfach geschriebenen Texten Verständnisschwierigkeiten. Man darf vermuten, dass diese Schülerinnen und Schüler auch im alltäglichen Umgang mit Texten mit ähnlichen Schwierigkeiten konfrontiert sind und vor allem während der Berufsausbildung vor erheblichen Schwierigkeiten stehen. [...] Für Schüler, die nicht einmal die Kompetenzstufe I erreicht haben, sind jedoch schon die Entnahme von auffällig markierten Informationen aus Texten sowie das Herstellen von Verbindungen zwischen einzelnen

---

und Strategien bezieht. Diese werden in der kognitiven Psychologie und Wissenserwerbsforschung als unterschiedliche Formen des Wissens aufgefasst, und als solche sind sie mitteil- und vermittelbar. Dieser breite und in sich differenzierte Wissensbegriff der Psychologie ist also in aller Deutlichkeit von einem in pädagogischen Feldern häufig anzutreffenden umgangssprachlichen Wissensbegriff abzusetzen, der Wissen auf reproduzierbares Faktenwissen reduziert und wirklichem Verstehen entgegensetzt" (Deutsches PISA-Konsortium 2001: 22).

[2] Es handelt sich hier immerhin bezogen auf Deutschland um 22,6% der getesteten 15-Jährigen (Artelt et al. 2001: 103), in Hessen sogar um 27% (Baumert et al. 2002: 65). Hessen liegt damit an neunter Stelle von 14 Bundesländern.

Textabschnitten Aufgaben, die ihr Fähigkeitsniveau überschreiten. [...] Dies heißt allerdings nicht, dass alle Schüler dieses Leistungsniveaus beim Übergang in das Berufsleben scheitern müssen. Die Leistungen im PISA-Test legen jedoch nahe, dass bei diesen Schülern Übergangsprobleme wahrscheinlich sind (Baumert et al. 2002: 61f.).

Zwar wurden in der PISA-Studie Schüler an beruflichen Schulen nur in der nationalen Erweiterung PISA E (Ländervergleich), und hier auch nur in geringer Zahl und unsystematisch, getestet, doch ist PISA für VOLI insofern relevant, als

> so gut wie alle der getesteten bildungsbenachteiligten Jugendlichen, inzwischen salopp als „das nicht ausbildungsfähige untere Viertel" der Schülerinnen und Schüler bezeichnet, weitere zwei bis drei Jahre bis zur Erfüllung ihrer Schulpflicht eine berufliche Schule besuchen werden (Toepfer 2003).

Besonders stark vertreten in der Risikogruppe nach PISA E sind Schüler mit Migrationshintergrund (vor allem, wenn beide Eltern im Ausland geboren wurden, hier vor allem die Jungen), bei denen die sprachlichen Defizite sowohl die berufliche als auch die soziale Integration gefährden. Diese Beobachtung ist für VOLI wichtig, da zum Erhebungszeitpunkt von PISA E in Hessen 32,7% der 15-Jährigen einen Migrationshintergrund hatten, von denen wiederum 31,4% eine Haupt- oder berufliche Schule besuchten (Baumert et al. 2002: 190, 197). Diese Ergebnisse decken sich mit der Einschätzung der an VOLI beteiligten Lehrer, die als die Haupt-Problemgruppen männliche Schüler sowie Schüler mit Migrationshintergrund sehen, bei denen Deutsch nicht die Muttersprache ist.

Eine weitere Verbindung zwischen PISA und VOLI schafft die Tatsache, dass die PISA-Aufgaben stark den Aufgabentypen, wie sie in der Teilzeitberufsschule beherrscht werden müssen, ähneln:

> Die in der PISA Studie verwendeten kontinuierlichen und nichtkontinuierlichen Texte entsprechen in den Textsorten in hohem Maße den Vorgaben des Lehrplans Deutsch für berufliche Schulen, der in Hessen zurzeit zu einer Endfassung redaktionell bearbeitet wird und zur Qualitätsentwicklung des Deutschunterrichts vor allem in der Teilzeitberufsschule als unterstützendes Instrument zu sehen ist (Toepfer 2003).

4 Die aktuelle Situation an hessischen Berufsschulen

Einer der Anstöße für den Modellversuch VOLI war der Wunsch nach Reduzierung der hohen Misserfolgsquoten von Auszubildenden in ihren Abschlussprüfungen[3] sowie die Hypothese, der Grund dieser Misserfolge liege häufig nicht in fachlichen, sondern in sprachlichen Defiziten der Schüler, denen häufig zudem die Einsicht in die Wichtigkeit und Notwendigkeit sprachlicher Kompetenzen für ihre berufliche

---

[3] „Das Hessische Kultusministerium hat daher die Minimierung der Misserfolge bei Theorieprüfungen um ein Drittel zu einem strategischen Ziel erklärt" (Biedebach 2004: 42).

Ausbildung und ihren beruflichen Erfolg fehlt. Unter Berufung auf Zahlen des Statistischen Bundesamtes berichtet Biedebach:

> Von den Schülern, die am Ende des Schuljahres 2001/2002 in Deutschland an einer beruflichen Abschlussprüfung teilnahmen, haben circa 15% die Prüfung nicht bestanden. Während die Erfolgsquote bei den weiblichen Teilnehmern 88 Prozent betrug, lag sie bei den männlichen Teilnehmern lediglich bei 83 Prozent (Biedebach 2004: 41).[4]

Besonders hohe Durchfallquoten haben die Straßenbauer (50%), Elektroinstallateure (37%), Gas-/Wasserinstallateure (34%) und die Karosseriebauer (34%). Zudem wurden in Hessen im Jahre 2003 insgesamt 21,1% der Ausbildungsverträge vorzeitig gelöst (Biedebach 2004: 41f.). Eine Ursache hierfür dürfte auch die sprachliche Überforderung der Schüler gewesen sein, denn

> [i]n der Berufsausbildung werden die Auszubildenden mit einer Sprache konfrontiert, die sie in der Regel noch nicht beherrschen: mit der Fachsprache ihres Berufsfeldes (Biedebach 2004: 47).

Die in den Bereichen „Theorieunterricht, praktische Unterweisung, Schreiben von Berichten, Texte Lesen/Verstehen, exakt Benennen, Definitionen Nutzen, Begriffssysteme Kennen" unerlässliche Fachsprache haben die Ausbilder und Lehrer zumeist ganz nebenbei im Studium gelernt, sodass ihnen das Problembewusstsein fehlt und sie nicht nachvollziehen können, dass und wo die Berufsschüler fachlich scheitern, da sie sprachlich scheitern. Hier ist es die Aufgabe von VOLI, zu sensibilisieren und auch und gerade den Fachlehrern die Notwendigkeit des Fachsprachenunterrichts, der nicht losgelöst von den fachlichen Inhalten stattfinden darf, vor Augen zu führen.

> Besonders Jugendliche, die Deutsch als eine Zweitsprache erlernt haben, haben sprachliche Probleme, die oft gar nicht als solche erkannt werden. Ihre sprachlichen Fertigkeiten sind zwar häufig ausreichend für die Alltagskommunikation, nicht aber für die Bewältigung beruflicher Anforderungen. Tätigkeiten wie die Beratung von Kunden, das Nachvollziehen von Betriebsanweisungen, das Verfassen von Berichten und Protokollen, das Verstehen und Benutzen von Gerätebezeichnungen erfordern eine hohe sprachliche Kompetenz (Biedebach 2004: 47).

Oft haben auch Deutsch-Muttersprachler große Probleme mit der Fachsprache ihres Berufes, doch die Probleme beginnen zumeist schon weit vor der Varietät *Fachsprache*. Dies zeigen die Ergebnisse einer Umfrage, die unter den an VOLI beteiligten Lehrern durchgeführt wurde. Ziel der Erhebung war es, einen ersten Überblick über die sprachlichen Probleme und Defizite der Schüler zu gewinnen.

Die Lehrerbefragung basierte auf einer Sichtung und Auswertung der für die Berufsschüler relevanten Textsorten. 48 Lehrern wurde daraufhin eine Liste mit Wissensanforderungen, mit denen die Schüler konfrontiert werden, präsentiert,

---

[4] S. Statistisches Bundesamt (2004): http://www.destatis.de/presse/deutsch/pm2004/p1260071.html (letzter Zugriff: 6. Oktober 2004).

und sie mussten ankreuzen und gewichten, in welchen Bereichen die Schüler die gravierendsten Wissensdefizite aufweisen.

Tab. 1: Probleme von Berufsschülern im Bereich *Lesekompetenz*[5]

	Lehrer (absolut)	Lehrer (in %)
allgemeine Lesekompetenz	36	75%
Erschließung von Texten	34	71%
berufsspezifische Lesekompetenz	32	67%
Verständnis längerer Satzgefüge	29	60%
Verständnis „gehobener Bildungssprache"	20	42%
Erkennen der Gliederung eines Textes	19	40%
Verständnis von Fachwortschatz/Terminologie	17	35%
Verständnis von Standardwortschatz	15	31%
Erschließung von Graphiken/Diagrammen	15	31%
Erschließung von Tabellen	7	15%
Verständnis komplexer Wortbildungen	6	13%
Verständnis von Nominalisierungen/Attributen	4	8%
Verständnis unpersönlicher Ausdrücke	3	6%
Textsortenkenntnis	3	6%
Konzentrationsschwäche	1	2%

Tab. 2: Probleme von Berufsschülern im Bereich *Schreibkompetenz*

	Lehrer (absolut)	Lehrer (in %)
Rechtschreibung	39	81%
allgemeine Schreibkompetenz	28	58%
Ausdruck/Stil	25	52%

---

[5] Die Lehrer sollten aus einer Liste vorgegebener Problemfelder die drei Probleme benennen, die ihnen am gravierendsten erscheinen. Die Zahlen geben die Anzahl der Nennungen wieder.

Forts. Tab. 2:

Logik im Satz/Text	20	42%
Aktiver Wortschatz	20	42%
Berufsspezifische Schreibkompetenz	18	38%
Fachwortschatz	17	35%
Zeichensetzung	13	27%
Bezüge der Textteile	12	25%

Auffällig ist die oft häufigere Nennung von Problemen in basalen Grundfertigkeiten denn in komplexeren Bereichen. Dies heißt natürlich nicht, dass die Schüler schwierigere Aufgaben besser beherrschen, sondern deutet daraufhin, dass die Lehrer offensichtlich eher die Bereiche angegeben haben, in denen eine Problembehebung am dringendsten oder vielleicht auch am ehesten erreichbar wäre.[6] Auf jeden Fall zeigen die Ergebnisse deutlich, auf welch niedriger Kompetenzstufe die sprachlichen Probleme bereits beginnen: sicherlich nicht erst mit der Varietät Fachsprache, sondern bereits mit der Standardsprache.[7]

Gleichzeitig gewinnen aber an der Berufsschule die sprachlichen und methodischen Kompetenzen immer stärker an Gewicht, da der Unterricht wie auch die Prüfungsaufgaben zunehmend nach den Prinzipien der Handlungsorientierung und Lernfeldtheorie organisiert werden: Dabei sind die Fähigkeiten der Recherche, Auswertung und Bewertung von Informationen zentrale Ziele eines Unterrichts, der selbstorganisiertes Lernen stützen und Eigeninitiative fördern will. Hier rückt also, auch in den Prüfungen, das *knowing how*-Wissen (Fähigkeit zur eigenständigen Lösung von Problemsituationen) ganz deutlich an die Stelle des bisher zumeist in Form von *Multiple-choice*-Aufgaben abgefragten systematischen *Knowing that*-Wissens, was zu einer offensichtlichen „Vertextung" des Unterrichts und damit zu höheren Anforderungen an die sprachlichen Kompetenzen der Schüler führt.

---

[6] Sicherlich spielte es auch eine Rolle, auf welche Kompetenzen die Lehrer in ihrem Unterricht jeweils traditionell großen Wert legen, etwa Rechtschreibung. Diese hohe Gewichtung des traditionellen Deutschunterrichts im Sinne eines Grammatik- und Orthographieunterrichts und des dort gelehrten und geforderten Faktenwissens zeigt sich etwa auch noch in einem Eignungstest für Karosserie-/Fahrzeugbauer, wenn dort nach der korrekten Schreibung von *Dampfschiff(f)ahrt* gefragt wird.

[7] Diesen Eindruck bestätigten über den Fragebogen hinausreichende Gespräche mit Berufsschullehrern, die aus ihrem Unterricht berichteten, dass die Schüler zum Teil nicht in der Lage sind, in einem Fachtext vorkommende Personennamen als solche zu erkennen. Weitere Verständnisnachfragen zu Fachtexten richteten sich ebenfalls zunächst auf Probleme mit dem Standardwortschatz („Was heißt *rücksichtsvoll?*").

Während Ergebnisse von Studien darauf hindeuten, dass die Kombination von Text, Bild und Graphik, also die mehrkanalige, in einzelne Informationsmodule aus verschiedenen visuellen und textlichen Darstellungsformen segmentierte Wissensvermittlung der Verständniserleichterung dient und für eine bessere Behaltensleistung verantwortlich zeichnet,[8] fehlt vielen Berufsschülern gerade hier das Wissen, wie sie unterschiedlich aufbereitete Informationen auswerten und miteinander in Beziehung setzen, also die Clusterkohärenz erkennen bzw. herstellen können. Bucher verdeutlicht:

> In linearen Texten besteht die Verstehensaufgabe darin, zu erkennen, *welcher* Zusammenhang zwischen Beitrag A und B besteht. Bei nicht-linearen Texten fängt die Aufgabe bereits einen Schritt früher an, nämlich beim Sehen, *daß* überhaupt ein Zusammenhang besteht (Bucher 1998: 69).

Die Probleme beginnen aber auch hier viel früher, wie die Lehrer berichten, zum Beispiel bereits damit, dass Schüler nicht wissen, dass man Tabellen sowohl vertikal als auch horizontal, also zeilen- als auch spaltenweise lesen kann.

Die Konsequenz für die Form des Wissenstransfers: Der traditionelle Deutschunterricht, der den Grammatikunterricht in den Vordergrund stellt und kommunikative Zusammenhänge vernachlässigt (vgl. Biedebach 2004: 47), ist nicht mehr zeitgemäß. Stattdessen muss die Lese- und Methodenkompetenz, vor allem auch die Fähigkeit, die für die Berufsausbildung typischen nichtkontinuierliche Texte auszuwerten, gestärkt werden, damit die Schüler kurzfristig auf die Anforderungen der schulischen Lernfeldtheorie[9] und langfristig auf eine sich ständig wandelnde

---

[8] Vgl. Bucher 1998: 67, 74f.:
Während die Verständlichkeit von Texten schon einigermaßen erforscht ist, gibt es wenig empirische Befunde für den Wissenserwerb mit Bildern und Informationsgrafiken sowie für die komplementäre Rezeption der drei Informationskanäle (vgl. Schnotz 1994: 140f.). Eine der wenigen Ausnahmen ist eine Studie aus dem Poynter-Institut [...,] bei der die Rezeption von vier verschiedenen Präsentationsmodellen oder Clustertypen experimentell getestet wurde. Dieselbe Geschichte eines Flugzeugabsturzes wurde einer Testgruppe von 400 Lesern als reine Textversion, als Version aus Text und Bild, als Version aus Text und Grafik und als Version aus Text, Bild und Grafik präsentiert. Das Ergebnis: Die schlechtesten Werte in den Verstehens- und Behaltensleistungen erzielte die reine Textversion. Auch die emotionale Betroffenheit war hier am geringsten. Sie wurde erheblich erhöht durch die Verwendung eines Fotos, während die Grafik signifikant zum besseren Verständnis der berichteten Sachverhalte und Zusammenhänge beitrug. Fazit: Leser, die die Information über alle drei Kanäle, Text, Foto und Grafik aufgenommen hatten, konnten die meisten Fragen beantworten, waren am genauesten in der Beantwortung und fühlten sich hochgradig emotional berührt. Eine andere Studie zeigt jedoch, daß dieser Induktions- oder Synergie-Effekt nicht automatisch gegeben ist: Es kommt entscheidend auf die Qualität der einzelnen Bausteine an.

[9] „Nicht zuletzt ‚steht und fällt' folglich mit der Lesekompetenz der gesamte Ansatz der Lernfeldkonzeption" (Toepfer 2003).

Arbeits- und Berufswelt vorbereitet werden, in der sie eigenverantwortlich lebenslang weiterlernen müssen.

5 Das Sprachenportfolio

Wie bereits angedeutet, fehlt vielen Berufsschülern neben der Sprachbewusstheit (Bewusstsein der eigenen Fehler, Defizite und Probleme) und Reflexion des eigenen sprachlichen Könnens und Handelns auch die Einsicht in die Notwendigkeit des (selbständigen Bemühens um) sprachlichen Kompetenzausbau(s) für eine berufliche (und soziale) Integration. Die Motivation, sich mit Sprache und Texten auseinanderzusetzen, fehlt aufgrund der mangelnden Erkenntnis, dass Sprachkompetenz die notwendige Grundlage für lebenslanges Lernen und beruflichen Erfolg ist. Die Schule muss hier zu bewusster Auseinandersetzung mit Sprache – auch nach der Schulzeit – sowie zu reflektierter Bewertung und Selbsteinschätzung anregen. Der Modellversuch erprobte hierzu das *Sprachenportfolio* als Mittel der Evaluation und des selbstregulierten Lernens nicht zuletzt auch deshalb, weil es als individuell abgestimmtes Lerninstrument der heterogenen Zusammensetzung der Berufsschulklassen,[10] die den Wissenstransfer erheblich erschwert, entgegenzukommen schien.

> Lernen ist ein hochgradig individuell ablaufender Prozeß vor dem Hintergrund je eigener Lernbiographien, eines je eigenen Weltwissens, kulturell vermittelter, aber individuell geprägter Schemata und Skripte sowie individuell ausgeprägter Fertigkeiten, die darauf gerichtet sind, dieses Weltwissen mit neuen Erfahrungen und Wissensbeständen bei der Sprachrezeption und -produktion in Einklang zu bringen (Schröder et al. 2002).

Das Portfolio kann diesem Aspekt der Individualität des Lernprozesses gerecht werden, indem es den jeweils individuellen Weg des Lernens dokumentiert und dieser an individuelle methodische Bedürfnisse angepasst werden kann.

Vorbild für das zu entwickelnde Portfolio war dabei das Europäische Sprachenportfolio (ESP), das im Folgenden vorgestellt und hinsichtlich seiner Definitionen von Wissen und Kompetenz ausgewertet werden soll. Dabei soll die Möglichkeit der Übertragung dieser Portfolio-Idee auf die Berufsschule diskutiert werden.

---

[10] „Im schlimmsten Falle bedeutet Heterogenität hier beispielsweise: Auszubildende, Jungarbeiter und Umschüler im Alter zwischen 15 und über 40 Jahren aus verschiedenen Nationen ohne Hauptschulabschluß bis hin zum Abitur oder abgebrochenen Studium besuchen gemeinsam eine Klasse, um einen Beruf im Gastgewerbe, z.B. Koch/Köchin, zu erlernen bzw. ihre Schulpflicht zu erfüllen" (Toepfer 2003).

5.1 Zur Geschichte des ESP[11]

Ein Portfolio lässt sich als „strukturierte Sammlung von Dokumenten unterschiedlicher Art und von Beispielen persönlicher Arbeiten, die von den Lernenden zusammengestellt wird" (IDS Schweiz 1999), beschreiben. Diese Sammlung lässt sich immer wieder ergänzen und aktualisieren. Speziell im ESP geht es darum, die Mehrsprachigkeit der Lernenden, „ihre Kompetenzen in verschiedenen Sprachen, ihr Sprachlernen, ihre Sprachkontakte und ihre interkulturellen Erfahrungen für sich selbst und für andere transparent zu dokumentieren" (IDS Schweiz 1999).

> Von Portfolios, die ganz auf die Arbeitswelt, die Laufbahnplanung oder Stellensuche ausgerichtet sind, [...] unterscheidet sich das Sprachenportfolio einerseits durch die Beschränkung auf den Aspekt der sprachlichen und interkulturellen Kompetenzen, andererseits dadurch, dass es nicht nur die entsprechenden Qualifikationen im Hinblick auf das Berufsleben zeigt, sondern ebenfalls eine Rolle für das Lernen und im Lernprozess spielen soll (IDS Schweiz 1999).

Den Anstoß zur Entwicklung des ESP, ursprünglich ein Projekt des Europarates,[12] gab 1995 das Weißbuch der EU-Kommission zur allgemeinen und beruflichen Bildung, das unter dem Titel *Einführung neuer Formen der Validation von Kompetenzen* forderte, die Möglichkeit für eine „Anerkennung von Teilkompetenzen in einem flexiblen, permanenten (je nach Wunsch nutzbaren) System der Validation von Wissenseinheiten" zu schaffen und Modelle „persönlicher Kompetenzausweise" zu entwickeln (EU-Kommission 1995). Zwischen 1998 und 2000 wurden dann in 15 Ländern und Regionen sowie im Rahmen von vier transnationalen Projekten Portfolio-Fassungen für unterschiedliche Alters- und Zielgruppen erprobt, sodass heute verschiedene Versionen mit gleicher Struktur und gleichen Zielen existieren (vgl. IDS Schweiz 1999).

Das ESP soll den Wert des lebenslangen (Fremd-)Sprachenlernens, der Mehrsprachigkeit und des Multikulturalismus vor Augen führen und als Mittel zur individuellen Weiterentwicklung in Bildung und Beruf dienen. Zudem fördert es vor allem die internationale Transparenz und höhere Aussagekraft von Qualifikationen durch kontinuierliche Evaluation sowie den Bezug auf ein gemeinsames europäisches Referenzsystem aus detaillierten, verbalen Niveaubeschreibungen (Europarat 2001; vgl. auch Bausch et al. 2003) und damit die Vergleichbarkeit und Anerkennungsmöglichkeit von Abschlüssen (im Vergleich zum oft geringen Informationswert von einförmigen, punktuellen Leistungsbeurteilungen wie etwa Zeugnisnoten oder Ergebnisse einer einmaligen Übertrittsprüfung[13]), was berufliche Flexibilität und Mobilität fördert (vgl. IDS Schweiz 1999).

---

[11] Vgl. u.a. IDS Schweiz 1999.
[12] Die Ausarbeitung des ESP wurde hier 1991 beschlossen.
[13] Das Notensystem fremder Länder ist oft unbekannt; zudem finden sich auch unterschiedliche Beurteilungskriterien innerhalb eines Systems. Noten sind daher wenig nachvollziehbar

5.2 Der Aufbau des ESP

Im Gegensatz etwa zu individuellen Portfolios von Künstlern oder Architekten hat das ESP eine fest vorgegebene Struktur aus den drei Teilen: Sprachenpass, Sprachenbiographie und Dossier.

Der *Sprachenpass* dokumentiert in Kurzform und durch Selbsteinschätzung (nach dem Raster des europäischen Referenzrahmens; ergänzt durch einen Kommentar der Lehrperson) sowie den Nachweis von Diplomen o.Ä. den jeweiligen allgemeinen Stand in den Fremdsprachen, wobei hier schulische wie außerschulische Erfahrungen beim Sprachenlernen miteinbezogen werden.

In der *Sprachenbiographie* wird detaillierter

1) die persönliche Geschichte des Sprachlernens festgehalten (wann, wo, mit welcher Vorgehensweise, wie intensiv wurde/wird gelernt (werden)) und

2) die Kommunikationsfähigkeit in verschiedenen Sprachen frei sowie anhand von niveauspezifischen Checklisten zur Selbsteinschätzung („Ich kann ..."-Beschreibungen) beschrieben. Die Sprachenbiographie als Mittel des Unterrichts zielt ab auf das Wecken der Sprachbewusstheit, der Reflexion über Sprache, Spracherwerb und Kommunikationssituationen.

Das *Dossier* bietet Platz für freie Gestaltung und stellt eine Zusammenstellung von persönlichen oder Gruppen-Arbeiten (schriftlich [Brief, Aufsatz, ...], Ton, Video) dar. Durch seine Anschaulichkeit animiert es zu zielgerichtetem Arbeiten für ein interessantes, anschauliches Dossier, schult dabei die Methodenkompetenz (kreatives Schreiben, Präsentieren) und „kann einen belebenden und bereichernden Einfluss auf die Lernformen und das Unterrichtsgeschehen ausüben" (IDS Schweiz 1999). Produkte aus unterschiedlichen Zeiträumen verdeutlichen zudem die Entwicklung und Lernprozesse der Lernenden.

5.3 Funktionen und Ziele des ESP

Die Funktionen des ESP, das als Informationsinstrument wie als Lernbegleiter konzipiert ist, lassen sich auf zwei Hauptfunktionen zurückführen, die Dokumentations- und Vorzeigefunktion sowie die pädagogisch-didaktische Funktion:

Im Rahmen der *Dokumentations- und Vorzeigefunktion* will das ESP glaubwürdig, umfassend und detailliert über Sprachkompetenzen informieren und diese nachvollziehbar, über nationale Grenzen hinweg vergleichbar, transparent machen. Dies gewinnt vor allem beim Wechsel zwischen Bildungsinstitutionen, zwischen

---

und praxisbezogen und lassen keine Aussage darüber zu, was ein Lerner tatsächlich in einer Sprache kann.

Ausbildern oder in das Berufsleben (Bewerbungsunterlagen) an Bedeutung. Gleichzeitig erleichtert das Portfolio die Kommunikation über Leistung und Wissen der Lernenden (etwa zwischen Lehrer und Eltern). Durch die immer wieder ergänzten und aktualisierten Daten, die sich gegenseitig stützenden und ergänzenden Informationsquellen und -arten entsteht ein verlässliches Bild, das Produkte wie Prozesse des Lernens dokumentiert und vermittelbar macht.

Im Rahmen der *pädagogisch-didaktischen Funktion* will das ESP autonomes Lernen und eine eigenständige Auseinandersetzung mit Lernzielen, Lernwegen/-prozessen und Lernerfolgen fördern und dadurch Lernanreize schaffen und die Motivation der Schüler stärken, indem dem Lernenden mehr Selbstbestimmung und -verantwortung für den eigenen Lernprozess übertragen wird: Er bespricht selber mit dem Lehrer die (Nah-, Fern-, Teil-) Ziele, die er sich setzt, sowie den Lernweg (woher komme ich, wo stehe ich, wohin will ich), kann positive außerschulische Erfahrungen mit einbringen, und seine Muttersprache (falls sie nicht Deutsch ist) erfährt eine Aufwertung. Ziel ist dabei insgesamt die Erweiterung der Kommunikationsfähigkeit in verschiedenen/neu erlernten Sprachen sowie das Sammeln neuer interkultureller Erfahrungen. Nebenbei, durch die Auseinandersetzung mit den Kompetenzstufen und Niveaubeschreibungen, also mit dem potentiell Erlernbaren, wird das Bewusstsein für die Zusammensetzung von Sprachkompetenz sowie für die Wichtigkeit von Sprachbeherrschung und Sprachkompetenz als Schlüsselqualifikation auch für beruflichen Erfolg geweckt und damit zum lebenslangen (Fremd-)Sprachenlernen motiviert.

Bei VOLI stand vor allem die pädagogisch-didaktische Funktion im Vordergrund, die daher näher beleuchtet werden soll.

Das Portfolio stellt den Weg der Erwerbs von Sprachkompetenz in Form von Kompetenzstufen dar. Die geforderte Selbsteinschätzung veranlasst die Schüler, über ihre eigene Sprachkompetenz zu reflektieren. Hierdurch sowie durch die detaillierten Niveaubeschreibungen des Referenzrahmens werden den Schülern ihre Schwächen idealiter erstmals bewusst. Die Einordnung in eine Kompetenzstufe lenkt gleichzeitig den Blick bereits auf die nächsthöhere Kompetenzstufe. Hierdurch wird den Schülern ein erreichbares Nahziel vor Augen geführt, das sie motivieren könnte, die nächste Stufe erreichen zu wollen, weil man nicht nur das eventuell noch weit entfernte Ziel sieht, das man für unerreichbar halten könnte, sondern der Lernweg in Schritte eingeteilt ist, die zu bewältigen sich der Lerner jeweils zutraut. Gleichzeitig bleibt Sprachkompetenz als Ganzes im Blick: Die Kompetenzstufen bzw. die unterschiedlichen Kompetenzbereiche (Verstehen [Hören, Lesen], Sprechen [an Gesprächen teilnehmen, zusammenhängendes Sprechen], Schreiben) mit den jeweils zugeordneten ausformulierten Niveaubeschreibungen vermitteln dem Lerner ein Bild von der Komplexität der Sprachkompetenz, machen aber auch deutlich, dass ein Lernen etappenweise möglich ist und es keine polare Situation von Können vs. Nicht-Können gibt, sondern Zwischenstufen, die zu erreichen ein

Teilziel wird. Und auch diese Zwischenstufen sind nicht nur die Kompetenzstufen als Ganzes (etwa der Wunsch, von B 1 nach B 2 zu kommen), sondern es kann zunächst einmal ein Teilziel sein, sich nur in einem einzigen Kompetenzbereich zu verbessern (etwa, wenn man das Niveau B 1 hat, zunächst einmal im Bereich Hör-Verstehen auf B 2 zu gelangen). Der Schüler bestimmt seinen Lernweg damit selber, unterstützt durch das Portfolio, das ihm eine Perspektive und Orientierung gibt: Er weiß, dass das, was er aktuell lernt, nicht die endgültig angestrebte Kompetenz ist, sondern jeweils nur ein Teilziel, aber er weiß auch, wohin der Lernweg führen soll, was die vollständig ausgebildete Kompetenz ist, und kann sich klarmachen, wie und wie schnell er an das eigentlich Ziel der Lernens gelangen kann. Lernen bleibt somit nicht partikular (Grundsatz der distalen Orientierung; vgl. Neuweg 2001: 392f.).

Dabei motivieren die Kompetenzstufen natürlich nicht nur, sondern regen auch automatisch und zwangsläufig an zur Reflexion über die Ausprägung der eigenen Kompetenzen mittels Selbstanalyse und -beurteilung. Erleichtert wird diese Selbstbeurteilung durch die detaillierten „Ich kann ..."-Beschreibungen in den Checklisten, die die Niveaus in den einzelnen Kompetenzbereichen noch einmal nachvollziehbar und anschaulich machen. Immer wieder aufs Neue muss der Lerner so seine Kompetenzgrenzen neu ausloten, wenn er sukzessive fortschreiten möchte. Der Ausbau von Sprachkompetenz wird ein lebenslanger, stufenweiser, aber dadurch zu bewältigender Prozess:

> Der Lerner soll Lerner bleiben, sich durch „progressives Problemlösen" (vgl. Bereiter/Scardamalia 1993: 93ff.) immer wieder um die Auslotung seiner jeweiligen Kompetenzgrenzen bemühen, indem er sich komplexeren Problemen stellt oder alte Probleme in einem breiteren Kontext zu sehen versucht (Neuweg 2001: 394).

Das Portfolio hilft den Schülern hierbei, selber die Verantwortung für und Kontrolle über ihr Lernen zu übernehmen und wird damit Mittel der Erziehung zum selbstbestimmten, autonomen Lernen, die heutzutage als immer wichtiger erkannt wird: Denn die Fähigkeit, sich selber Wissen aneignen zu können, ohne die Vermittlung in klassischen Lehr-Lern-Situationen, wird in einer Arbeitswelt immer wichtiger, in der sich die Berufsbilder ständig erneuern bzw. in der man immer häufiger den Beruf wechseln muss. So ging im Übrigen bereits das Untersuchungskonzept von PISA „von einem dynamischen Modell lebenslangen Lernens aus, das kontinuierliches Weiter-, Um- und Neulernen verlangt" (Deutsches PISA-Konsortium 2001: 28):

> Die Entwicklung der Fähigkeit zum selbstregulierten Lernen wird gerade im Zusammenhang mit der Vermittlung von Sach- und Fachwissen als eine Hauptaufgabe institutioneller Bildungsprozesse angesehen. Selbstreguliertes Lernen ist gleichzeitig Ziel und Mittel schulischer Lernprozesse. [...] Selbstregulation beim Lernen bedeutet, in der Lage zu sein, Wissen, Fertigkeiten und Einstellungen zu entwickeln, die zukünftiges Lernen fördern und erleichtern und die – mit den nötigen Anpassungs- und Abstimmungsleistungen – auf andere Lernsituationen übertragen werden können. Eingebettet in ein Rahmenmodell des dynamischen Wissenserwerbs lässt

sich selbstreguliertes Lernen als ein zielorientierter Prozess des aktiven und konstruktiven Wissenserwerbs beschreiben, der auf dem reflektierten und gesteuerten Zusammenspiel kognitiver und motivational-emotionaler Ressourcen einer Person beruht. Bei der Fähigkeit, selbstreguliert lernen zu können, handelt es sich also um eine komplexe Handlungskompetenz (Deutsches PISA-Konsortium 2001: 28).

Das ESP fördert autonomes Lernen, die Selbständigkeit und -verantwortung des Lernenden, also insofern, als er über den Lernprozess, über Lernziele, die Methodik sowie über Lernmaterialien, -zeit, -orte und -partner mitentscheidet und auch die Evaluation nicht allein Sache außenstehender Experten bleibt (vgl. IDS Schweiz 1999).

Die wichtige Rolle der Fähigkeit zur Selbstbeurteilung, die ein zentraler Bestandteil des ESP ist, ist dabei seit Langem bekannt:

> Wir glauben, daß konventioneller Unterricht die Bedeutung der Urteilskraft systematisch unterschätzt, daß eine zentrale Funktion erfahrungsorientierten Lernens gerade ihre Heranbildung sein muß und daß häufiger gefragt werden muß: „Was sieht der Lernende, welcher Aspekte seiner Erfahrung wird er sich bewußt, welche Einzelheiten der Situation beurteilt er als bedeutsam?" (Kessels/Korthagen 1996: 20). Denn die Schulung der Urteilskraft ist auch, aber nicht nur, eine Schulung des bloßen Betrachtens und Kategorisierens. Sie ist wesentlich *auch Schulung von Handlungskompetenz*, weil Situationsdiagnose und Handeln sich beim Könner so nicht trennen lassen, wie die intellektualistische Legende das nahelegt (Neuweg 2001: 389f.; Hervorhebungen im Original).

Zusammenfassend lassen sich die Funktionen von Sprachenportfolios wie folgt beschreiben: Portfolios

- lenken die Aufmerksamkeit der Lernenden auf ihren eigenen Lernprozess, helfen ihnen, diesen zu strukturieren und zu verbessern und ermöglichen erst „reflexives Lernen"

- dokumentieren den (individuellen) Lernfortschritt und erlauben dadurch eine individuelle Hilfe und Beurteilung der Lernenden

- ermöglichen die Einbeziehung von Aspekten in die Leistungsbeurteilung, die meist unbeachtet bleiben, wie etwa soziale Kompetenzen

- machen die individuellen Leistungen und Qualifikationen deutlich

- sind nicht zuletzt Ausweis der sprachlichen Kompetenzen und damit von Schlüsselqualifikationen (vgl. jeweils Wintersteiner 2002)

- regen – durch die Kommentare der Lehrer – zur Lehrer-Schüler-Kommunikation an.

5.4 Wissen im ESP

Welches Wissen wird im ESP nun vorausgesetzt, verlangt, abgefragt, dokumentiert und transferiert, und wie wird Wissen als Ziel der Arbeit mit dem ESP eingeteilt und definiert?

Ein Hauptaspekt des ESP ist die Fokussierung auf die kommunikativen Kompetenzen der Lernenden. Es geht also nicht um die Dokumentation oder das punktuelle Abfragen von Faktenwissen, sondern um die differenzierte Darstellung sprachlicher Kompetenzen in realitätsnahen, authentischen, alltäglichen Kommunikationssituationen.

Das ESP unterteilt die Sprachkompetenz dabei in die fünf Kompetenzbereiche Verstehen (Hören, Lesen), Sprechen (an Gesprächen teilnehmen, zusammenhängendes Sprechen), Schreiben, wobei jeder Bereich in sechs aufeinander aufbauende Kompetenzstufen (A 1 [geringe Anfangskenntnisse], A 2, B 1, B 2, C 1, C 2 [fast perfekte Sprachbeherrschung]) unterteilt ist, die im europäischen Referenzrahmen für Sprachen (Europarat 2001) dargelegt sind.

Eine nächsthöhere Kompetenzstufe ist dann erreicht, wenn ein Lerner die jeweils zugeordneten „Ich kann ..."-Beschreibungen der Checklisten „weitgehend" beherrscht (ESP 2000).[14] Der Bereich A bezeichnet dabei die Fähigkeit zur „elementaren Sprachverwendung", der Bereich B die „selbstständige Sprachverwendung" und der Bereich C die „kompetente Sprachverwendung" (Europarat 2001: 41).

Die allgemeinen Kompetenzbeschreibungen sowie die detaillierteren Skalen zur Beschreibung, Beurteilung und Selbsteinschätzung der fremdsprachlichen Kommunikationsfähigkeit wurden empirisch in der Schweiz entwickelt (vgl. IDS Schweiz 1999; Schneider/North 1999, 2000).

5.4.1 Exkurs: Kommunikative Sprachkompetenzen im Sinne des gemeinsamen europäischen Referenzrahmens für Sprachen

Da das ESP sich auf den gemeinsamen europäischen Referenzrahmen für Sprachen bezieht, soll hier kurz die dort zugrunde gelegte und somit im ESP implizit vorhandene Definition von kommunikativer Sprachkompetenz vorgestellt werden (vgl. Europarat 2001: 109–130).[15] Dort werden kommunikative Sprachkompetenzen in linguistische, soziolinguistische und pragmatische Kompetenzen unterteilt.

---

[14] Im Schweizer ESP wird hier ein Richtwert von 80% der gekonnten „Ich kann..."-Beschreibungen angegeben.

[15] Neben den kommunikativen Kompetenzen beschreibt der Referenzrahmen auch die „allgemeinen Kompetenzen", die Sprachlerner beherrschen müssen (Europarat 2001: 103–109):
- deklaratives Wissen (*savoir*) (Weltwissen, soziokulturelles Wissen, interkulturelles Bewusstsein)

Die *linguistischen Kompetenzen* wiederum werden unterteilt in

- die lexikalische Kompetenz (Kenntnis von Einzelwörtern wie von idiomatischen Wendungen, feststehenden Mustern, Phrasen, Kollokationen u.ä.; Kenntnis grammatischer Elemente [Pronomen, Konjunktionen, ...])
- die grammatische Kompetenz (Kenntnis der grammatischen Beziehungen, Mittel, Prozesse und Strukturen sowie die Fähigkeit, diese zu erkennen, anzuwenden und umzusetzen)
- die semantische Kompetenz (Fähigkeit der Organisation von Bedeutungen; lexikalische, grammatische, pragmatische Semantik)
- die phonologische Kompetenz (Kenntnisse und Fertigkeiten der Wahrnehmung und Produktion phonetisch-phonologischer Phänomene)
- die orthographische Kompetenz
- die orthoepische Kompetenz.

Die *soziolinguistischen Kompetenzen* umfassen die Bereiche:

- sprachliche Kennzeichnung sozialer Beziehungen (Begrüßungs-, Anredeformen, Sprecherwechsel, Ausrufe/Flüche)
- Höflichkeitskonventionen (positive/negative Höflichkeit, angemessene Verwendung von *bitte/danke*, Unhöflichkeit)
- Redewendungen, Aussprüche, Zitate, sprichwörtliche Redensarten
- Registerunterschiede
- Varietäten.

Die *pragmatischen Kompetenzen* werden gebildet aus

- der Diskurskompetenz (organisierte, strukturierte, arrangierte Sprachverwendung)
- der funktionalen Kompetenz (Erfüllung kommunikativer Funktionen)
- der Schemakompetenz (Anordnung des Mitgeteilten nach interaktionalen und transaktionalen Schemata).

- Fertigkeiten und prozedurales Wissen (*savoir-faire*) (praktische Fertigkeiten (soziale, berufliche sowie Fertigkeiten für das tägliche Leben und die Freizeit), interkulturelle Fertigkeiten)
- persönlichkeitsbezogene Kompetenz (*savoir-être*) (Einstellungen, Motivationen, Wertvorstellungen, Überzeugungen, kognitiver Stil, Persönlichkeitsfaktoren)
- Lernfähigkeit (*savoir-apprendre*) (Sprach- und Kommunikationsbewusstsein, allgemeines phonetisches Bewusstsein und phonetische Fertigkeiten, Lerntechniken, heuristische Fertigkeiten).

5.4.2 Kommunikative Kompetenz im ESP

Für das ESP lässt sich allgemein feststellen, dass sich die Kompetenzbeschreibungen auf realitätsnahe Kommunikationssituationen beziehen. Dabei sind die Kompetenzen derart gestaffelt, dass die untersten Kompetenzstufen von einfachen, alltäglichen Situationen ausgehen, auf die man vorbereitet ist und die man nur deshalb meistert. Die höchsten Kompetenzstufen verlangen hingegen die Beherrschung einer Kommunikationssituation auch dann, wenn sie spontan auftritt, inhaltlich (sachlich-fachlich) komplex wird und das Medium oder die Textsorte größere Anforderungen an den Lerner stellen. Wer nur A 1 beherrscht, verfügt demnach über rudimentäres sprachliches Wissen, das lediglich für das punktuelle Verstehen von Kurztext-Einheiten (z. T. unter der Satzebene) alltäglichen, vertrauten oder erwarteten, vorhersehbaren Inhalts ausreicht. Zudem ist der Lerner auf diesem Niveau von der Rücksichtnahme der anderen Kommunikationsteilnehmer abhängig (langsam sprechen, wiederholen, ...). Auch im Bereich der Textproduktion reicht die Sprachkompetenz lediglich zu rudimentären Äußerungen über konkrete, bekannte Sachverhalte und in Form von bekannten Textmustern (Postkarte). Auf der Stufe A 2 ist mit Einschränkungen und weiterhin Unterstützung anderer zumindest schon „eine aktive Teilnahme an Unterhaltungen" (Europarat 2001: 43) möglich. Wer Niveau B 1 beherrscht, verfügt bereits über „die Fähigkeit, Interaktionen aufrechtzuerhalten und in einem Spektrum von Situationen auszudrücken, was man sagen möchte" sowie über „die Fähigkeit, sprachliche Probleme des Alltags flexibel zu bewältigen" (ebd.). Auf der nächsten Kompetenzstufe (B 2) rückt der Aspekt der Fähigkeit zum erfolgreichen Argumentieren und Verhandeln im Rahmen eines effektiven sozialen Diskurses in der Vordergrund, sodass „man im Diskurs mehr kann als sich selbst behaupten": Der Fokus liegt damit auch auf einer erhöhten Sprachbewusstheitsebene.

> Dieser höhere Grad an Diskurskompetenz zeigt sich im „Diskursmanagement" (Kooperationsstrategien). [...] Sie zeigt sich auch in Bezug auf Kohärenz und Kohäsion (Europarat 2001: 44).

Hier zeigt sich, dass mit steigender Kompetenzstufe die Anwendungssituationen bzw. der Inhalt des betreffenden Textes jeweils kontinuierlich komplexer werden, die Sprachverwendung/-rezeption wird vom Umfang her ausgedehnt, allmählich verliert die Voraussetzung an Bedeutung, dass der Lerner einen persönlichen Bezug zur Thematik haben und dass es sich weitgehend um Alltagssprache handeln muss, damit die Kommunikation gelingt. In den höchsten Kompetenzstufen kann der Umfang bzw. Inhalt der rezipierten/produzierten Texteinheiten schließlich noch umfangreicher bzw. abstrakter und unbekannt/unerwartet sein, sodass auch bei komplexeren Zusammenhängen beruflich-fachliche Kommunikation gelingt oder belletristische Sprache verstanden oder benutzt werden kann. Auf C 1 steht dem Lerner bereits „ein breites Spektrum sprachlicher Mittel zur Verfügung [...], das flüssige, spontane Kommunikation ermöglicht" (Europarat 2001: 44), bis mit

C 2 schließlich zwar keine muttersprachliche Kompetenz erreicht ist, aber eine „Präzision, Angemessenheit und Leichtigkeit" (Europarat 2001: 45) der Sprachverwendung, die ein sprachliches Scheitern in der Kommunikation ausschließt.

Insgesamt lässt sich also eine kontinuierliche Loslösung der Kommunikationssituationen, die beherrscht werden, von Kontextgebundenheit und persönlicher (emotionaler) Involviertheit des Lerners feststellen. Nicht nur die beschriebenen sprachlichen Kompetenzen werden komplexer, sondern auch die Anforderungen an die kognitiven Fähigkeiten des Lerners nehmen mit jeder Kompetenzstufe zu.

Die Kompetenzbeschreibungen beziehen sich dabei zunächst scheinbar gänzlich auf die Fremdsprache und lassen die Muttersprachenkompetenz des Lerners außen vor. Vielmehr scheint der Niveaufestlegung die stillschweigende implizite Annahme eines idealen Muttersprachlers mit voll entwickelten sprachlichen und kognitiven Fähigkeiten zugrundezuliegen (beherrscht etwa Textmusterwissen, Stilsicherheit, rhetorische Brillanz), d.h., offensichtlich gehen die Beschreibungen von einem Lerner aus, der in seiner Muttersprache ein C-Niveau beherrscht und der von Lernbeginn in der Fremdsprache an die intellektuellen Fähigkeiten und Voraussetzungen mitbringt, C 2 erwerben zu können. Nur die unbekannte Sprache hindert ihn anfangs daran, in der fremdsprachlichen Kommunikation seine Fähigkeiten auszuspielen, sein vorhandenes sprachliches Können und Wissen, seine Sprachbewusstheit und Sprachreflexion anzuwenden/auszuleben, d.h. bspw. Detailinformationen zu erkennen, Kohärenz in komplexen Texten herzustellen oder auch selber stilsicher Texte zu produzieren. Genau hier aber bestehen in der Berufsschule die Probleme; dies sind in der Berufsschule eben keine selbstverständlichen Voraussetzungen.

Umgekehrt bedeutet diese implizite Voraussetzung natürlich verständlicherweise auch, dass auch nur der fast perfekte Muttersprachler in der Fremdsprache die Kompetenzstufe C 2 erreichen kann, da hierfür einzelsprachenunabhängige kognitive Fähigkeiten (etwa Lesekompetenz des höchsten PISA-Niveaus) vorausgesetzt werden.

Betrachtet man allerdings auch die detaillierteren Niveaubeschreibungen anhand der „Ich kann ..."-Beschreibungen in den Checklisten zur Selbstbeurteilung, fällt auf, dass die ESP-Kompetenzstufen durchaus auf die sprachlichen Kompetenzen in der Muttersprache Bezug nehmen. So setzt bspw. folgende Selbstbeurteilung der Stufe A 2 im Bereich Lesen ein gewisses Textmusterwissen bereits voraus:

> Wenn ich [...] die Art der Quelle kenne (z.B. Fahrpläne, Rezepte, Speisekarten, Lehrbuchtexte), kann ich Texten alle wesentlichen Informationen entnehmen (ESP 2000: Anhang, S. 28).

Dennoch setzt diese Formulierung implizit bereits wieder den kompetenten Muttersprachler voraus, der in der PISA-Studie im Lesekompetenz-Teilbereich „Informationen ermitteln" eine hohe Kompetenzstufe erreichen würde. Ein weiteres Beispiel der Stufe A 2 im Bereich Lesen liefert folgende Formulierung:

Ich kann Texte auch dadurch entschlüsseln, dass ich auf andere Informationen, etwa in Bildern, Überschriften, zurückgreife, auch auf das, was ich zu dem Thema aus Erfahrung weiß (ebd.).

Das Beherrschen gezielter Lesestrategien wie auch die Fähigkeit, Textwissen mit eigenem Vor- oder Weltwissen zu verbinden und unterschiedliche Präsentationsformen auswerten zu können, was durchaus nicht jeder Muttersprachler kann, wird einfach vorausgesetzt. Wie bereits angedeutet, werden diese Fähigkeiten von Berufsschülern aber häufig nicht beherrscht. Die an VOLI beteiligten Lehrer ordneten ihre Schüler in Deutsch nach den Skalen des ESP zwischen den Kompetenzstufen A 2 und B 1 ein,[16] doch zeigen die beiden gegebenen Beispiele, dass das ESP selbst auf der Stufe A 2 in der Fremdsprache Fähigkeiten voraussetzt, die zum Teil über den Fähigkeiten der Berufsschüler in ihrer Muttersprache liegen, da das ESP den Lernern ein für die Berufsschule unrealistisches Maß an Sprachreflexion und Sprachbewusstheit zuschreibt. Andererseits werden im ESP erst auf einem Niveau, das die deutschen Berufsschüler selbst in ihrer Muttersprache eventuell nie erreichen, die Sprachkompetenzen an die Produktion/Rezeption beruflich-fachlicher Inhalte geknüpft. Die Berufsschüler aber werden mit eben diesen Textsorten und Inhalten konfrontiert und müssen sie beherrschen.

Dennoch sind zumindest die unteren im ESP benutzten Kompetenzstufen nicht gänzlich unübertragbar auf VOLI, sondern konnten als Orientierungsrahmen für die im Modellversuch festzulegenden Kompetenzstufen dienen, da sie unterhalb der in PISA definierten Kompetenzstufen (im Bereich *Lesekompetenz*) ansetzen.[17] Allerdings ist im Rahmen einer Übertragung aufs Deutsche als Muttersprache eine Spezifizierung und Untergliederung sowie eine frühere (bereits auf niedrigerem Niveau) Anknüpfung an fachlich-berufliche Inhalte und Textsorten/Kommunikationssituationen notwendig. Hierbei konnten die in der PISA-Studie verwendeten Kompetenzstufen hilfreich sein.

Grundsätzlich nehmen PISA und das ESP gänzlich unterschiedliche Perspektiven ein: Während die PISA-Studie lediglich die *Lese*kompetenz in der *Mutter*sprache erhebt, bezieht sich das ESP auf *verschiedene sprachliche* Kompetenzen in der *Fremd*sprache. Damit ist PISA im Gegensatz zum ESP wesentlich detaillierter im Bereich *Lesekompetenz*: Lesen wird hier weiter ausdifferenziert in drei Teilkompetenzen, *Informationen Ermitteln, Textbezogenes Interpretieren, Reflektieren und Bewerten* (vgl. Artelt et al. 2001: 89). Zu jeder dieser drei Teilkompetenzen werden fünf Kompetenzstufen beschrieben.

---

[16] In der Schweiz plädiert man im Rahmen des Vorschlags, die europäischen Kompetenzstufen auch auf den Erstsprachenunterricht anzuwenden, dafür, „[f]ür die entsprechende Standardsprache [...] als Richtziel das Niveau C1" anzusetzen (IDS Schweiz 1999).

[17] Schließlich sind unter den Berufsschülern viele der von PISA als Risikogruppe ermittelten Schüler, die selbst im Deutschen im Lesen nicht oder nur PISA-Kompetenzstufe 1 erreichen.

VOLI konnte also von beiden Ansätzen nur die jeweils geeigneten und übertragbaren Aspekte in modifizierter Weise übernehmen. An den Kompetenzbeschreibungen des ESP orientierte es sich insofern, als diese auf einem Niveau ansetzen, das dem Niveau der Berufsschüler eher entspricht als das der Kompetenzstufen in PISA; die PISA-Studie diente insofern als Orientierungsrahmen, als sie zum einen differenzierter vorgeht, indem die Lesekompetenz noch einmal in drei Teilbereiche untergliedert und hier davon ausgegangen wird, dass sprachliche Teilkompetenzen, auch die unterschiedlichen Bereiche der Lesekompetenz, unterschiedlich gut ausgeprägt sein können, dass also bspw. unabhängig von der rein grammatischen Kompetenz die Kompetenz *Reflektieren und Bewerten* nicht ausgeprägt ist. Beim ESP hingegen scheint die Ebene *Reflektieren und Bewerten* und eventuell sogar schon *Textbezogenes Interpretieren* gänzlich unberücksichtigt bzw. als stillschweigend vorausgesetzt; man orientiert sich vor allem an der Fähigkeit der Informationsermittlung, der einfachsten der drei PISA-Subkompetenzen (wobei PISA ergeben hat, dass es durchaus Schüler geben kann, die Probleme mit der Informationsermittlung haben, aber gut im *Reflektieren und Bewerten* sind).

Doch das ESP will nicht nur Wissen und Kompetenzen dokumentieren, sondern setzt auch bereits gewisse Kompetenzen implizit voraus und verlangt einen instruierten, selbständigen Lerner. Problematischerweise handelt es sich hierbei nämlich teilweise um Kompetenzen, die durch die ESP-Arbeit eigentlich erst ausgebildet werden sollen. Die Schüler brauchen von Beginn der Arbeit mit dem Sprachenportfolio an eine gewisse Beschreibungs- und Analysekompetenz (wie wird gelernt, was wird gelernt, welche sprachlichen und interkulturellen Erfahrungen wurden gemacht), eine gewisse Sprachreflexions- und Selbstbeurteilungskompetenz (wie gut wird etwas beherrscht), eine Art der Selektionskompetenz (was kommt (warum) ins Dossier, was sollten andere lesen, worüber möchte ich andere informieren) sowie die Kompetenz, sich selber realistische, angemessene, nützliche Lernziele und zeitlich angemessene Schritte im Fortschritt für die Zukunft zu setzen. Das ESP funktioniert also nach dem Prinzip des *Learning by doing*, wobei die flankierende Hilfe einer Lehrperson anfangs sicherlich wesentlich stärker gefragt ist als nach einer gewissen Zeit der Einarbeitung in die Portfolioarbeit (etwa durch Thematisierung im Unterricht, Besprechen einer sinnvollen Art der Nutzung), wenn man den Schüler an autonomes Lernen herangeführt hat.

5.5 Das Portfolio als Mittel des Wissenstransfers

Die Rolle des Lehrers als Verantwortlicher für den Wissenstransfer nimmt folglich bei steigender Selbstregulierung des Lernens durch den Lernenden stetig ab und wird zunehmend zu einer Rolle, die sich eher als die eines kommentierenden, beratenden und bisweilen regulierenden Coaches beschreiben lässt, wobei das Portfolio als Mittel der Lernberatung dient. Der Lehrer muss

- die Vorkenntnisse der Lerner einschätzen
- zusammen mit den Lernern angemessene Lernziele formulieren und helfen, den Lernweg zu planen, indem er verschiedene Lernmöglichkeiten aufzeigt
- zur Reflexion über Lernfortschritte und das Sprachlernen anregen
- die Sprachkompetenz der Lerner evaluieren und kommunizieren.

Dieser Rollenwechsel verspricht als positiven Nebeneffekt zudem eine deutliche Verbesserung von Lehrer-Schüler-Verhältnis und -Kommunikation, zumal der Lehrer durch die Sprachenbiographie (außerschulische Sprachaktivitäten) einen wesentlich besseren Einblick in die Situation und Motivation des Schülers erhält und somit ein besseres Verständnis für den Lernenden entwickeln kann.

Als Dokumentation der Kenntnisse in verschiedenen Sprachen und der Erfahrungen beim Sprachenlernen, als Dokumentation der eigenen Lerngeschichte sowie des jeweils aktuellen Sprachstands und der (selbst gesteckten) Lernziele ist das ESP aufgrund der detaillierten Art der Leistungsbewertung sowie des ständigen Rückbezuges des dokumentierten Könnens auf den gemeinsamen europäischen Referenzrahmen für Sprachen aber auch prädestiniert als Instrument des Wissenstransfers, das die Transparenz der Leistungen und Beurteilungen garantiert.[18] Auch wenn die Lernenden durch das zunehmend selbstregulierte Lernen immer seltener darauf angewiesen sind, vom Wissenstransfer durch andere zu profitieren (klassische Lehr-Lern-Situation zwischen Lehrer und Schüler), verbleiben zahlreiche Möglichkeiten, das Portfolio an anderer Stelle zum Wissenstransfer, etwa bei übernehmenden Bildungsinstitutionen oder Berufseinrichtungen, einzusetzen. Lehrende und Arbeitgeber erhalten durch das Portfolio bspw. ein differenziertes Bild über Sprachkenntnisse, Lernerfahrungen und -entwicklungen, Bedürfnisse, Motivationen und Ziele der Lerner, Bewerber bzw. Mitarbeiter, sodass bspw. Betriebe das sprachliche Potential ihrer Mitarbeiter besser einsetzen oder die Portfolio-Informationen als Anhaltspunkt für Weiterbildungen nutzen können.

Doch auch der Lerner selbst macht sich durch die Portfolio-Arbeit häufig sein implizites Sprachwissen erst bewusst und gewinnt so an Sprachbewusstheit und -reflexion wie an Selbstvertrauen – hier liegt ein Wissenstransfer vom Unbewussten ins Bewusstsein, vom impliziten zum expliziten Wissen vor. Was zuvor eventuell ein vorhandenes, aber nicht wahrgenommenes Wissen/Können war und als selbstverständlich und daher nicht beachtenswert oder als nicht relevant/nützlich angesehen wurde, erhält so den Status eines wertvollen Wissens. Das Portfolio dient als Instrument der Könnens-Aufwertung und Steigerung des sprachlichen Selbstbewusstseins. Dieser Effekt dürfte vor allem auf Schüler mit Migrationshintergrund zutreffen, die Probleme mit dem Deutschen haben und eventuell ob ihrer Muttersprache ausgegrenzt werden, die aber nun in das Portfolio auch ihre

---

[18] Man denke etwa an die Möglichkeit der Zuordnung von Programmen, Lehrmaterial, Mindeststandards o.Ä. zu den Kompetenzbeschreibungen des Europarates.

Mutter-/ Familiensprache einbringen und sich so ihres Wertes bewusst werden können (vgl. Biedebach 2004: 46).

Auch und vor allem in Rahmen der geforderten Selbstbeurteilung muss sich der Schüler selber mit seinem Sprachwissen auseinandersetzen. Dies kann nur funktionieren, wenn der Lehrer den Schülern zu Beginn der Portfolio-Arbeit die wichtige Rolle der Sprachreflexion verdeutlicht und ihnen zeigt, wie man sich mit dem eigenen Wissen auseinandersetzen kann. Ein Besprechen und (zunächst gemeinsames) Ausfüllen der Checklisten zur Selbstbeurteilung ist hier ein wichtiger Schritt zur Weckung von Sprachbewusstheit und Reflexion über die Zusammensetzung von Sprachkompetenzen, denn hierdurch

> [...] wird den Lernenden deutlich, was zum Beispiel für die Gesprächsfähigkeit oder die Verstehensfähigkeit auf einem bestimmten Niveau charakteristisch ist. Wenn man die Lernenden zunächst anhand der Formulierungen im Raster zur Selbstbeurteilung Hypothesen zu ihrem Niveau bilden lässt, dann können sie anschliessend die entsprechende Checkliste durchgehen, um festzustellen, ob die Hypothese bei detaillierter Betrachtung bestätigt werden kann (IDS Schweiz 1999).

Die Schüler werden in ihrer Fähigkeit zur Selbstbeurteilung im weiteren Verlauf der Portfolio-Arbeit durch eine zusätzliche kommentierende, korrigierende oder bestätigende Beurteilung des Lehrers geschult, die durch den Vergleich von Eigen- und Fremdbeurteilung eine weitere Sensibilisierung bei der Selbsteinschätzung bewirkt. Zusammengefasst (nach Schneider 1996: 17) sind wichtige Funktionen der Selbstbeurteilung, dass sie

- Lernfortschritte bewusst macht und so das Selbstbewusstsein stärkt
- Lernen individuell planbar macht (weiterlernen oder was wie wann wiederholen?)
- Prüfungsanforderungen transparent machen und so der Prüfungsvorbereitung dienen kann
- den Lehrer dazu zwingt, die Lernziele transparent zu machen und den Lehrplan in einen verständlichen Lernplan umzuformulieren.

5.6 Der Portfolio-Einsatz in der Berufsschule

Die vorliegenden Fassungen des ESP konnten zwar als Orientierungsrahmen und Vorlage für ein Portfolio in der Berufsschule dienen, sie waren aber keineswegs nahtlos auf die Berufsschule übertragbar, was sich allein schon aus der auf den Fremdsprachenerwerb gerichteten Blickrichtung[19] sowie daraus ergab, dass die im

---

[19] Allerdings kann die Auseinandersetzung mit einer Fremdsprache natürlich auch gut dazu geeignet sein, die Sprachbewusstheit und -reflexion für die Muttersprache zu wecken oder zu schärfen, da die Sprachreflexion in einer Fremdsprache häufig höher als in der Muttersprache ist (vgl. etwa Willenberg 2002: 218).

ESP vorausgesetzten kognitiven Fähigkeiten zu hoch angesetzt waren. Zu diesem Ergebnis kam eine Gruppe von an VOLI beteiligten Lehrern aus Frankfurt:

> Das europäische Portfolio der Sprachen wird übereinstimmend von den KollegInnen in dieser Form als ungeeignet für unsere Zielgruppe beurteilt. Es ist viel zu umfangreich und zu detailliert und enthält selbst schon so viele Informationen, dass es eher abschreckend wirken könnte. Für unsere Zielgruppen müsste eine wesentlich vereinfachte Form gefunden werden (Protokoll des Frankfurter Qualitätszirkels).

Die Schweiz fordert bezüglich eines Portfolio-Einsatzes in der Schule, die Kompetenzbeschreibungen anzupassen,

> [...] da sie sich vor allem auf kommunikatives Handeln in Situationen des wirklichen Lebens beziehen. Für die Schule sollte vermehrt auch die Fähigkeit zu sprachlichem Handeln in Lern- und Unterrichtssituationen formuliert werden (IDS Schweiz 1999).

Diese Art der Anpassung schien für die Berufsschule nicht nötig, da hier der Praxisbezug und die Nähe zum Alltag und Berufsleben erwünscht ist. Notwendig schien hingegen eine Ausdifferenzierung und detailliertere, differenziertere Beschreibung gerade der unteren Kompetenzstufen (im Bereich der Checklisten etwa auch die Aufnahme von grammatischen Phänomenen als „Ich kann ..."-Beschreibungen) sowie ein stärkerer Bezug auf beruflich-fachliche Kommunikationssituationen und Textsorten. Es schien auch denkbar und wünschenswert, explizit einen Bereich *Fachsprachenkompetenz* und *Methodenkompetenz* zu etablieren und hierfür Niveaubestimmungen und „Ich kann ..."-Beschreibungen zu entwerfen, wie bspw.:

- Ich kann Texte sinnvoll zusammenfassen.
- Ich kann die syntaktische Struktur eines Satzes erkennen.
- Ich kann die Gliederung eines Textes erkennen.
- Ich kann Hilfen, die mir der Text gibt (z.B. Zwischenüberschriften), zum Verständnisaufbau nutzen.
- Ich kann unbekannte Wörter in einem (Fremd-)Wörterbuch/Fachbuch nachschlagen.
- Ich kann mich in der Umgangssprache/Standardsprache/Werkstattsprache/ Fachsprache unterhalten/sie benutzen/sie zumindest verstehen.

Im Bereich des Dossiers, das als geeignetes, motivierendes Mittel zur Förderung der Schreib- und Methodenkompetenz, der kreativen Arbeit, angesehen werden kann, werden engere Vorgaben zu formulieren sein (Projektideen, Wege der Recherche, Inhalte für die eigene Textproduktion, Vorgabe bestimmter Textsorten oder sogar vorentlastender Textanfänge, die nur weitergeführt werden müssen), um die Schüler mit einem Zuviel an Eigenverantwortung nicht zu überfordern, zumal die Bereitschaft zur freiwilligen Arbeit für das Dossier ohnehin nicht sehr groß sein wird, da die Schüler nach Lehreraussagen große Probleme bei der eigenen Textproduktion haben.

Überhaupt scheint der Aspekt der Eigenverantwortung und Selbständigkeit beim Lernen sowie die im ESP den Schülern teilweise zugeschriebene, bereits recht ausgeprägte Fähigkeit zu Sprachreflexion und -bewusstheit nicht auf die Zielgruppe in der Berufsschule übertragbar zu sein. Die an VOLI beteiligten Lehrer bezweifelten, dass ihre Schüler in der Lage sind, ihre eigenen Leistungen und Kompetenzen realistisch einzuschätzen oder gar ihr Lernen autonom zu planen, da sie kein Problembewusstsein für die eigenen sprachlichen Defizite haben: Nur wenige merkten, dass sie auch aus sprachlichen Gründen in der Ausbildung oder zumindest im schulisch-theoretischen Teil der Ausbildung, in den Prüfungen, scheitern. Auch fehlte den Schülern die Fähigkeit, die eigenen Lernziele realistisch zu stecken und den Lernweg zu strukturieren, da sie aufgrund der mangelnden Sprachbewusstheit nicht wissen konnten, wie man ein Ziel erreicht, wann es (noch nicht) erreicht ist und wie lange der Weg zum Ziel dauert. Da sie tendenziell eher Fernziele statt zukunftsnahe Teilziele formulierten, kann es demotivierend wirken, wenn die Ziele nicht so schnell wie erhofft erreicht werden. In der Berufsschule müssen daher in weit stärkerem Maße, als es das ESP vorsieht, die Lehrer mit einbezogen werden. Dennoch kann die Sprachenbiographie die Schüler auch motivieren, da sie hier eintragen, was sie besonders häufig und intensiv getan und gelernt haben sowie was sie in einer Sprache schon können. Sie führen sich also die eigenen Stärken vor Augen (was ansonsten in der Schule nicht sehr häufig geschieht) und gewinnen dadurch eventuell Selbstbewusstsein und Spaß am Weiterlernen, dem sie in der Definition von neuen Zielen Ausdruck verleihen müssen (Rubrik *Was ich in nächster Zukunft häufiger für mein Sprachlernen tun will*).

Dennoch ist beim Portfolio-Einsatz viel Vor- und Begleitarbeit zu leisten. Das Portfolio kann daher im Rahmen der Berufsschule nur eingesetzt werden, wenn die Arbeit intensiv durch den Unterricht angeleitet und begleitet wird. Das Portfolio selbst sollte bereits konkrete Vorschläge und Hilfen für die Arbeits- und Lernorganisation und -methodik enthalten, um die Schüler zu einer Methodenreflexion zu animieren. Dann könnte am Ende der Arbeit die Fähigkeit zum selbstregulierten Lernen stehen, die Fähigkeit, sich selber Lernziele zu setzen, den Lernweg zu wählen und über das Erreichen der Ziele zu urteilen. Ob für die nur langfristig denkbare Vermittlung dieser Fähigkeiten die Zeit der Berufsschule ausreicht, darf angezweifelt werden. Das ESP setzt für die Arbeit mit der Sprachbiographie bspw. einen Zeitraum von 5 bis 6 Jahren an (ESP 2000), der in der Berufsschule nicht zur Verfügung steht. Man müsste also bereits in der Hauptschule mit der Portfolioarbeit beginnen. Umso mehr muss es Aufgabe der Schule sein, die Schüler dazu zu bewegen, mit der Portfolio-Arbeit auch nach der Schule weiterzumachen, also die Motivation zum Selber-Lernen zu vermitteln.

6 Fazit

Portfolioarbeit kann auch in der Berufsschule ein sinnvolles Instrument zur Wissensdokumentation und zur Verbesserung der Lehrer-Schüler-Kommunikation sein, das durch die Schaffung von Sprachbewusstheit, Selbstbeurteilungskompetenz sowie von Einsicht in den Aufbau und die Wichtigkeit von Sprachkompetenzen seitens der Schüler diese zum autonomen Lernen, zum lebenslangen selbstregulierten Neu-, Um-, Weiterlernen und Wissensausbau auch über die Schule hinaus motivieren kann: Portfolios können dem Lernenden deutlich machen, warum er etwas lernt, warum Sprache wichtig ist, wie er Fortschritte erzielt; sie verleihen Eigenverantwortung und versetzen den Lerner in die aktive Rolle des selbstreguliert Wissen Erwerbenden statt des passiv transferiertes Wissen Rezipierenden. Wie realistisch diese Hoffnungen sind, lässt sich jedoch erst nach einer tatsächlichen Erprobung im Unterricht sagen.

Auf jeden Fall aber kommt das Portfolio der gestiegenen Bedeutung von Lese- und Schreibkompetenz im Rahmen der Lernfeldtheorie wie auch der Entwicklung entgegen, dass in der Schule zunehmend die Vermittlung von *knowing how* als von *knowing that* an Bedeutung gewinnt.

Auch Nina Janich (i.d.B.) plädiert implizit für das Sprachenportfolio als Mittel der Verbindung von schulischen mit außerschulischen Erfahrungen:

> Da [...] bei den meisten Kompetenzen im Spracherwerb das eigene sprachliche Handeln, d.h. also durch Erfahrung erworbene und eigenständig reflektierte Erkenntnis sowie das Lernen am Vorbild, fast immer eine wichtigere Rolle spielt als das Lernen in Lehr-Lern-Kontexten, sollte Wissenstransfer im Bereich sprachlicher Bildung darauf abzielen, durch Anknüpfen an Erfahrungskontexte der Lerner das (vermittelte) Lernen dem (eigenständigen) Erkennen anzunähern [...] (Janich i.d.B.).

Das Sprachenportfolio möchte eben diese Verbindung schaffen.

7 Literatur

Artelt, Cordula, et al. (2001): Lesekompetenz: Testkonzeption und Ergebnisse. In: Deutsches PISA-Konsortium (Hg.): PISA 2000. Basiskompetenzen von Schülerinnen und Schülern im internationalen Vergleich. Opladen, 69–137.

Baumert, Jürgen, et al. (Hg.) (2002): PISA 2000 – Die Länder der Bundesrepublik Deutschland im Vergleich. Opladen.

Bausch, Karl-Richard et al. (Hg.) (2003): Der gemeinsame europäische Referenzrahmen für Sprachen in der Diskussion: Arbeitspapiere der 22. Frühjahrskonferenz zur Erforschung des Fremdsprachenunterrichts. Tübingen.

Bereiter, Carl/Marlene Scardamalia (1993): Surpassing Ourselves. An Inquiry into the Nature and Implications of Expertise. Chicago/La Salle IL.

Biedebach, Wyrola (2004): Der Modellversuch „Vocational Literacy" (VOLI): welche sprachlichen und methodischen Kompetenzen benötigen Schüler in der beruflichen Bildung? In: Barbara Toepfer (Hg.): Sprachliche und kulturelle Bildung in beruflichen Schulen. Ansätze des Beurteilens und Förderns. Wiesbaden, 41–49.

Bucher, Hans-Jürgen (1998): Vom Textdesign zum Hypertext. Gedruckte und elektronische Zeitungen als nicht-lineare Medien. In: Werner Holly/Bernd Ulrich Biere (Hg.): Medien im Wandel. Opladen, 63–102.

Deutsches PISA-Konsortium (Hg.) (2001): PISA 2000. Basiskompetenzen von Schülerinnen und Schülern im internationalen Vergleich. Opladen.

EU-Kommission (1995): Lehren und Lernen. Auf dem Weg zur kognitiven Gesellschaft. Weißbuch zur allgemeinen beruflichen Bildung. Herausgegeben von der Kommission der Europäischen Gemeinschaft. Luxemburg.

ESP (2000): Europäisches Portfolio der Sprachen. Hg. vom Landesinstitut für Schule und Weiterbildung. Bönen.

Europarat/Rat für kulturelle Zusammenarbeit (Hg.) (2001): Gemeinsamer Europäischer Referenzrahmen für Sprachen: Lernen, lehren und beurteilen. Berlin/München.

IDS Schweiz (Institut für deutsche Sprache (Universität Freiburg/Schweiz)) (1999): Europäisches Sprachenportfolio. In: www.unifr.ch/ids/Portfolio/html-texte/teil1-aufsatz-gu-sprachportfolio.htm (letzter Zugriff: 24. September 2008).

Janich, Nina (i.d.B): Sprachkompetenz und Sprachkultiviertheit – ein Modell von Können und Wollen. In: Tilo Weber/Gerd Antos (Hg.): Typen von Wissen. Beiträge zum 6. Kolloquium *Transferwissenschaften* (= Transferwissenschaften Bd. 7). Frankfurt a.M.

Kessels, Jos P. A./Fred A. Korthagen (1996): The relationship between theory and practice. Back to the classics. In: Educational Researcher 17(3), 17–22.

Neuweg, Georg Hans (2001): Könnerschaft und implizites Wissen. Zur lehr-lerntheoretischen Bedeutung der Erkenntnis- und Wissenstheorie Michael Polanyis. Münster u.a.

Schneider, Günther (1996): Selbstevaluation lernen lassen. In: Fremdsprache Deutsch. Zeitschrift für die Praxis des Deutschunterrichts, Sondernummer autonomes Lernen, 16–23.

Schneider, Günther /North, Brian (1999): „In anderen Sprachen kann ich..." – Skalen zur Beschreibung, Beurteilung und Selbsteinschätzung der fremdsprachlichen Kommunikationsfähigkeit. Umsetzungsbericht. Bern/Aarau.

Schneider, Günther/North, Brian (2000): Fremdsprachen können, was heisst das?

Skalen zur Beschreibung, Beurteilung und Selbsteinschätzung der fremdsprachlichen Kommunikationsfähigkeit. Chur/Zürich.

Schnotz, Wolfgang (1994): Aufbau von Wissensstrukturen. Untersuchungen zur Kohärenzbildung bei Wissenserwerb mit Texten. Weinheim.

Schröder, Konrad, et al. (2002): Rahmenkonzeption zur Erfassung sprachlicher Kompetenzen. http://www.philhist.uni-augsburg.de/lehrstuehle/anglistik/ didaktik/forschung/desi/desis/DESI_Theoretisches_Rahmenkonzept_10_ 2002.html (letzter Zugriff: 24. September 2008).

Statistisches Bundesamt (2004): http://www.destatis.de/presse/deutsch/pm2004/ p1260071.htm (letzter Zugriff: 6. Oktober 2004).

Toepfer, Barbara (2003): Was bedeuten die PISA-Ergebnisse für berufliche Schulen? Einige vorläufige Anmerkungen. In: Ulrich Steffens/Rudolf Messner (Hg.): Macht PISA Schule? Folgerungen aus PISA für Schule und Unterricht. HeLP. Materialien für Schulentwicklung, Heft 35. Wiesbaden, 58–71.

Willenberg, Heiner (2002): Eine bundesweite Vergleichsuntersuchung zum Leistungsstand in Deutsch. Was kann die Didaktik dazu beitragen und wird sie darunter leiden? In: Clemens Kammler/Werner Knapp (Hg.): Empirische Unterrichtsforschung und Deutschdidaktik. Baltmannsweiler, 215–231.

Wintersteiner, Werner (Hg.) (2002): Portfolio. Innsbruck u.a. (= Informationen zur Deutschdidaktik, Heft 1/2002).

Transferwissenschaften

Herausgegeben von Gerd Antos und Sigurd Wichter

Band 1   Sigurd Wichter/ Gerd Antos (Hrsg.). In Zusammenarbeit mit Daniela Schütte und Oliver Stenschke: Wissenstransfer zwischen Experten und Laien. Umriss einer Transferwissenschaft. 2001.

Band 2   Sigurd Wichter/ Oliver Stenschke (Hrsg.). In Zusammenarbeit mit Manuel Tants: Theorie, Steuerung und Medien des Wissenstransfers. 2004.

Band 3   Gerd Antos/ Sigurd Wichter (Hrsg.). In Zusammenarbeit mit Jörg Palm: Wissenstransfer durch Sprache als gesellschaftliches Problem. 2005.

Band 4   Gerd Antos/ Tilo Weber (Hrsg.): Transferqualität. Bedingungen und Voraussetzungen für Effektivität, Effizienz, Erfolg des Wissenstransfers. 2005.

Band 5   Sigurd Wichter/ Albert Busch (Hrsg.): Wissenstransfer – Erfolgskontrolle und Rückmeldungen aus der Praxis. 2006.

Band 6   Oliver Stenschke/ Sigurd Wichter (Hrsg.): Wissenstransfer und Diskurs. 2009.

Band 7   Tilo Weber / Gerd Antos (Hrsg.): Typen von Wissen. Begriffliche Unterscheidung und Ausprägungen in der Praxis des Wissenstransfers. 2009.

www.peterlang.de

Sigurd Wichter / Albert Busch (Hrsg.)

Wissenstransfer – Erfolgskontrolle und Rückmeldungen aus der Praxis

Frankfurt am Main, Berlin, Bern, Bruxelles, New York, Oxford, Wien, 2006.
445 S., zahlr. Tab. und Graf.
Transfer Wissenschaften. Herausgegeben von Gerd Antos und Sigurd Wichter.
Bd. 5
ISBN 978-3-631-53671-1 · br. € 71.70*

Wie vollzieht sich Wissenstransfer in der Praxis und wie lässt sich der Transfererfolg messen? Die Beiträge dieses Bandes geben aus verschiedenen Perspektiven Antworten auf diese Fragen und arbeiten domänenspezifische Regularitäten des Wissenstransfers und seiner Bewertung heraus. Dabei wird sichtbar, dass es kein fixierbares allgemein gültiges Set domänenübergreifender Regeln gibt, sondern dass eine Vielzahl von Operationalisierungen und Evaluationsmethoden mit der Vielzahl der Perspektiven und Wissenstypen korrespondiert. Um im Sinne einer Bestandsaufnahme eine möglichst breite Bewertungsbasis zu gewinnen, wurde eine große Palette von Sachbereichen einbezogen. Das Spektrum umfasst dabei u.a. Untersuchungen zum Zusammenspiel von Erwartung und Transfererfolg in Gesprächen, verschiedene Transferperspektiven in der forensischen Linguistik und der Experten-Laien-Kommunikation, fremdsprachendidaktische und translationswissenschaftliche Perspektivierungen sowie die Frage textlich basierten Wissenstransfers und politischer Kommunikation.

Aus dem Inhalt: Mit Beiträgen von: Udo Baron · Karl-Heinz Best · Oliver B. Büttner/Anja S. Göritz · Albert Busch · Albert Busch/Stefan Goes · Albert Busch/Susanne Catharina Heitz · Barbara Czwartos · Helmut Ebert/Klaus-Peter Konerding · Eilika Fobbe · Susanne Göpferich · Edith Haugk · Nina Janich · Ina Karg · Ulrike Pospiech · Kersten Sven Roth · Gesine Lenore Schiewer · Carsten Schultze/Erhard Kühnle · Philipp Steuer · Philipp Steuer/Charlotte Voermanek · Harald Süssenberger · Taeko Takayama-Wichter · Viktoria Umborg · Thorsten Unger · Maja N. Volodina · Tilo Weber · Tatjana Yudina

Frankfurt am Main · Berlin · Bern · Bruxelles · New York · Oxford · Wien
Auslieferung: Verlag Peter Lang AG
Moosstr. 1, CH-2542 Pieterlen
Telefax 00 41 (0) 32 / 376 17 27

*inklusive der in Deutschland gültigen Mehrwertsteuer
Preisänderungen vorbehalten

Homepage http://www.peterlang.de